Praktische Getriebelehre

Erster Band

Rauh / Hagedorn

Praktische Getriebelehre

Erster Band
Die Viergelenkkette

Dritte überarbeitete Auflage
von
Dr.-Ing. Leo Hagedorn
Wuppertal-Elberfeld

Mit 539 Abbildungen
und 3 Konstruktionstafeln

Springer-Verlag
Berlin Heidelberg GmbH
1965

Titelnummer 0818

Vorwort zur dritten Auflage

Die „Praktische Getriebelehre" von RAUH war von je her für den Praktiker am Reißbrett bestimmt. Es hat sich in vielen Gesprächen mit Konstrukteuren bestätigt, daß vor allem die Gestaltung der Abbildungen dem Leser eine Fülle konstruktiver Anregungen gibt. So hat denn dieses Buch seit seinem ersten Erscheinen im Jahre 1931 der Getriebelehre viele Freunde gewonnen.

Inzwischen sind über drei Jahrzehnte vergangen. Im Jahre 1951, also wenige Jahre nach dem zweiten Weltkrieg, erschien die zweite Auflage, deren Druckunterlagen bereits einmal durch Kriegseinwirkung zerstört waren. Es war eine wesentlich erweiterte Auflage, bei der die Abbildungen nicht mehr in den Text eingestreut, sondern in einem Bildanhang zusammengefaßt waren.

Bei der nun vorliegenden dritten Auflage wurde versucht den Stoff straffer zu gliedern. Dabei ergab sich die Notwendigkeit einerseits Ergänzungen, andererseits auch Kürzungen vorzunehmen, da auf einige Abschnitte mit Rücksicht auf die Entwicklung der letzten 30 Jahre verzichtet werden konnte. Dabei wurde gleichzeitig das gesamte Werk auf die Begriffsbestimmung der VDI/AWF-Fachgruppe „Getriebetechnik" umgestellt. Diese, in den letzten 15 Jahren erarbeiteten Empfehlungen, haben das Ziel, in der Fachliteratur einheitliche Begriffe und Bezeichnungen einzuführen.

An dieser Stelle darf ich dem Springer-Verlag dafür danken, daß die Neugestaltung des Buches voll unterstützt und das Werk in bewährter Weise ausgestattet wurde. Der Bitte des Springer-Verlages die dritte Auflage vorzubereiten, habe ich im Gedenken an meinen verstorbenen Lehrer Kurt RAUH gern entsprochen. Er verstand es, seine Studenten für die Getriebelehre zu begeistern. Möge auch diese neue Auflage in seinem Geiste wirken.

Wuppertal, im Herbst 1964

Leo Hagedorn

Hinweis: Sämtliche Abbildungen sind in einem Bildanhang zusammengestellt. Dieser Anhang hat eine selbständige Seitennumerierung mit halbfetten Seitenzahlen. Im Text wird ebenfalls mit halbfetten Ziffern auf die Seiten des Bildanhangs verwiesen. Es bedeutet z. B. Abb. **36**.12 die Abb. 12 auf der Seite **36** des Bildanhangs.

Aus dem Vorwort zur ersten Auflage

Das geistige Schauvermögen, die plastische Phantasie, das ist das Naturgeschenk des geborenen Konstrukteurs, des Erfinders. Und diesem Schauvermögen dient das vorliegende Buch, auf dieser wertvollen Begabung baut es auf, diese Begabung nutzt es zur Veranschaulichung der Zusammenhänge, Eigentümlichkeiten und Gesetze.

Bei der Bearbeitung des Buches war der Gedanke maßgebend, ein der Konstruktionspraxis — auch des Nichtingenieurs — dienendes und in der Handhabung und Anordnung übersichtliches und praktisches Werk zu schaffen, nicht für den Bücherschrank, sondern für den Arbeitstisch, für das Reißbrett. Die dem Buche zugrunde liegende Betrachtungsweise fußt auf REULEAUX, hat aber ihre strenge Systematik durch Prof. HUNDHAUSEN, meinem verehrten Lehrer, erhalten.

Bonn, im Frühjahr 1931

Kurt Rauh

Aus dem Vorwort zur zweiten Auflage

Kann man schon eine ganze Maschine auf Koppelkurvenanwendung umstellen? Diese Frage bewegt heute viele Konstrukteure von Maschinen, bei denen für alle möglichen Bewegungen vielfältige Getriebe angewendet werden müssen, die man heute noch mit Metallkurven betreibt.

In einer Besprechung der ersten Auflage dieses Bandes wurde die Behandlung der Koppelkurven noch viel umfangreicher gewünscht, als sie damals geboten werden konnte, und mit dem Hinweis auf die voraussichtliche Bedeutung des Wendekreises auch sehr zutreffend die Richtung der weiteren Arbeiten erkannt. Es bedurfte aber erst etwa 20 Jahre langer Forschungs- und Entwicklungsarbeiten, bis dieser damalige Wunsch so hat erfüllt werden können, daß tatsächlich die Koppelkurven, ihre Gesetze und ihre Auffindungsverfahren das ganze Gepräge des Buches bestimmen. Ich habe dabei unter meinen Studenten freudige Helfer und Mitarbeiter gehabt, denen ich hier meinen besonderen Dank aussprechen möchte.

Gerade die Koppelkurven verlangen wirkliches Eindringen in die Probleme. Trotz mancher konstruktiven Erleichterungen muß das schöpferische Können, die plastische Vorstellungskraft und das Einfühlen in die Bewegungsvorgänge in so starkem Maße mit herangezogen werden, daß man im Zweifel sein kann, ob es nicht sogar überwiegt. Das aber ist in gewisser Beziehung ein Vorteil, bringt es ja die wertvollen, schöpferischen Veranlagungen immer wieder zur Wirkung, so daß solches Entwerfen in erster Linie eine Kunst bleibt, wobei die Ermittlungsverfahren angenehme Hilfen sind.

Aachen, Weihnachten 1950

Kurt Rauh

Inhaltsverzeichnis

In einer Tasche am hinteren Einbanddeckel:

Tafel   I: Koppelpunkte auf konzentrischen Kreisen um den Mittelpunkt
      des kleinen Kardankreises

Tafel II: Koppelpunkte auf konzentrischen Kreisen um den Pol

Tafel III: Netz der Koppelpunkte gleicher Bahnkrümmung

1. Bauelemente und konstruktive Abwandlungen

1.1 Baugruppen von Maschinen

Jede Maschine hat ein festes, meist mit dem Aufstellungsort verbundenes Maschinengestell, das vielfach aus einem Stück besteht, das aber auch aus mehreren Teilen zusammengesetzt sein kann, die dann bei der Montage fest verbunden werden.

Alle anderen Teile der Maschine bewegen sich im Betrieb dauernd — zum Teil mit immer wiederkehrenden Ruhepausen (Ventile, Greifer usw.) — oder sie werden auch nur gelegentlich in Bewegung gesetzt, meist zum Ein- oder Ausschalten der Maschine und zum Regeln oder Steuern der Maschinenbewegungen.

Alle diese einzelnen Teile, bewegliche und feste, bezeichnet man, wie bei den Lebewesen, als Glieder. Sie gehorchen gruppenweise ganz bestimmten Bewegungsgesetzen, und zwar so, daß jeder Lagenwechsel eines Gliedes einer solchen Gruppe eine im voraus bestimmbare Bewegung der anderen Glieder der Gruppe zur Folge hat. So entspricht jeder Verschiebung eines Kraftmaschinenkolbens eine bestimmte Drehung der Kurbel. Jede Verstellung des Lenkrades eines Kraftwagens bewirkt ganz bestimmte Stellungen der Vorderräder usw.

Derartige Gruppen heißen Getriebe. Eine Maschine kann aus einem einzigen Getriebe bestehen. Meist sind die Maschinen aber aus einer Anzahl von Getrieben zusammengesetzt, die untereinander wieder gegenseitige Bewegungsbeziehungen haben, entsprechend der Art und Wirkung der betreffenden Maschine. Die Seilführung einer Winde z. B. bewegt sich immer, wenn sich die Windentrommel dreht, beide Arbeitsvorgänge wirken ja zusammen. Die Betätigung der Bremse, der Kupplung zwischen Winde und Motor, des Gaspedals und seines Gestänges dagegen erfolgt nach den Erfordernissen der Zugarbeit zum Steuern des Bewegungsverlaufes der ganzen Maschine.

Die in sehr großer Zahl vorhandenen und möglichen verschiedenen Getriebe lassen sich zwar, wie REULEAUX[1] gezeigt hat, auf nur sechs Grundgetriebe zurückführen — Kurbeltrieb, Kurventrieb, Rädertrieb, Rollentrieb, Schraubentrieb, Sperrtrieb —, die äußeren Formen der Getriebe sind jedoch so verschieden und wandelbar, daß es oft nicht leicht ist, zu erkennen, welches Getriebe überhaupt vorliegt. Jedes einzelne Getriebe ändert fast von Maschine zu Maschine, von Aufgabe zu Aufgabe seine Gestalt, und der Zusammenbau in der Maschine erfordert in den meisten Fällen dazu noch ein Anpassen an den verfügbaren Raum. Oft wird dabei ein Glied nicht gerade, sondern gebogen oder gegabelt ausgebildet, durchbrochen oder gekröpft, um etwa eine Welle oder den Bewegungsraum eines anderen Maschinenteiles zu umgeben oder zu umfassen. So ist z. B. bei der Teigknetmaschine in Abb. **30**.2 der Knetarm sogar aus der Ebene des Getriebes herausgebogen, um freien Arbeitsraum zu schaffen. Ähnlich geformte Getriebeglieder

---

[1] Franz REULEAUX (1829 bis 1905) Prof. in Zürich u. Berlin.

1   Rauh/Hagedorn, Getriebelehre, Bd. I, 3. Aufl.

verwendet man u. a. bei Schuhmaschinen für Arbeiten im Schuh, wo für das zugehörige Getriebe kein Platz vorhanden ist.

1.2 Bauelemente von Getrieben

1.2.1 Glieder

Bei aller äußerlichen Mannigfaltigkeit haben aber alle Getriebe doch etwas Gemeinsames. Ihre Glieder sind durch Zapfen und Lager, Geradführungen und Gleitschuhe, Kurvenbahn und Kurvenrolle, Schraube und Muttergewinde, Verzahnung und Gegenverzahnung usw. miteinander verbunden, jedoch gegeneinander beweglich. Diese Verbindungselemente treten immer paarweise auf und erhielten von REULEAUX die Bezeichnung: Elementenpaare. Die Glieder sind dabei die körperliche Verbindung zweier oder mehrerer Elemente, je nach der Zahl der mit ihnen beweglich verbundenen Nachbarglieder, die die Gegenelemente zu den jeweiligen Elementenpaaren tragen. Die Elementenpaare, die nur in einer beschränkten Anzahl von Typen vorkommen, sind Grundbestandteile der Getriebe.

Man kann ein Getriebe ohne weiteres aus der notwendigen Zahl von Elementenpaaren aufbauen. Man braucht diese nur entsprechend der Größe und den Bewegungsgesetzen des Getriebes verteilt anzuordnen, und dann die zusammengehörigen Elemente zu irgendwie körperlich geformten Gliedern zu vereinigen, so, wie es die jeweilige Aufgabe gerade verlangt. Die Glieder sind dabei meist starr, es werden aber auch federnde Baustoffe verwendet; sogar Flüssigkeiten oder Gase können als Getriebeglieder betrachtet werden. So können z. B. die Antriebe von Schiffen oder Flugzeugen als Schraubentrieb aufgefaßt werden; dabei bildet das Wasser bzw. die Luft das Gegenelement — d. h. das Muttergewinde — zur Schiffsschraube oder zum Propeller.

Beim Entwurf einer Schubkurbel, wie sie beispielsweise der Dampfmaschine, dem Kolbenmotor, der Pumpe oder der Presse zugrunde liegt, geht es um ein Getriebe, das die Umwandlung einer drehenden in eine hin- und hergehende Bewegung ermöglicht oder umgekehrt. Wir zeichnen die einzelnen Elementenpaare (Abb. 1.1), verbinden sie sinngemäß miteinander und schon liegt das Getriebe mit all seinen Eigenschaften und Gesetzen fest. Für die äußere Formgebung der Glieder besteht aber volle Freiheit. Die Abb. 1.2, 1.3 und 1.4 zeigen einige Gestaltungsmöglichkeiten der Kurbel. Die meist übliche Stirnkurbel ist in Abb. 1.2 dargestellt, in Abb. 1.3 ist die Kurbel zu einer Schwungscheibe ausgebildet und in Abb. 1.4 ist durch besonders große Abmessungen des Kurbelzapfens ein sogenannter Exzenter entstanden. Man könnte in ähnlicher Weise natürlich auch die Formen der anderen Glieder konstruktiv abwandeln. In keinem Falle würden aber hiervon die Bewegungseigenschaften des Getriebes selbst beeinflußt, solange die Mittenabstände der Elementenpaare nicht verändert werden.

1.2.2 Elementenpaare

Seit REULEAUX kennt und unterscheidet man niedere und höhere Elementenpaare.

Die niederen Elementenpaare (Umschlußpaare) berühren sich in Flächen, die sich durchweg als Voll- und Hohlkörper umschließen. Infolge der Flächenberührung hat der Konstrukteur die Möglichkeit, den Flächendruck durch Wahl der Flächengröße zu beeinflussen; er kann ihn niedrig halten.

Bei den niederen Elementenpaaren unterscheidet man nach der Bewegungsmöglichkeit linienläufige und flächenläufige Elementenpaare.

Es gibt 3 linienläufige Elementenpaare, und zwar

das Drehkörperpaar (Rundlingspaar) (Abb. 1.5)
das Prismenpaar (Geradführung) (Abb. 1.6)
das Schraubenpaar (Abb. 1.7)

Sie gestatten Bewegungen auf Kreislinien, Geraden oder Schraubenlinien.

Die 3 flächenläufigen, niederen Elementenpaare sind

das Ebenenpaar (Abb. 1.8)
das Zylinderflächenpaar (Abb. 1.9)
das Kugelpaar (Abb. 1.10).

Sie ermöglichen das Bestreichen von Flächen (Ebene, Zylinderfläche, Kugelfläche). Während die linienläufigen niederen Elementenpaare einen Freiheitsgrad haben, hat das Zylinderflächenpaar zwei Freiheitsgrade, Ebenenpaar und Kugelpaar dagegen drei Freiheitsgrade. Das Zylinderflächenpaar gestattet Dreh- und Schiebebewegungen, Ebenenpaar und Kugelpaar dagegen noch eine dritte Bewegung als Drehung um eine zur Ebene senkrechte Achse bzw. um eine durch die Kugelmitte gehende Achse.

Alle anderen Elementenpaare sind höhere Elementenpaare und diese berühren sich nur in Linien oder in Punkten. Es tritt hier die sogenannte HERTZsche Pressung auf. Beispiele sind etwa Kurve und Kurvenrolle, Zahnflankenpaare, Reibräder, Wälzlager und viele andere. Die Frage der Berührungsart ist natürlich auch eine Frage der Haltbarkeit der Elementenpaare und damit der Getriebe.

Bei gleichem Kraftdurchfluß entsteht bei der Linien- oder gar bei der Punktberührung der höheren Elementenpaare ein wesentlich höherer spezifischer Flächendruck als in den Berührungsflächen der niederen Elementenpaare. Beim Vergrößern der Abmessungen kommt man bei den höheren Elementenpaaren sehr schnell an die praktischen Grenzen, weil der spezifische Flächendruck bei der Linienberührung nur entsprechend dem linearen Vergrößerungsverhältnis abnimmt, d. h. nur bezüglich der Vergrößerung in Richtung der Berührungslinie. Bei den niederen Elementenpaaren sinkt er dagegen entsprechend der Flächenvergrößerung, also umgekehrt zum Quadrat des Vergrößerungsverhältnisses. Man kann bekanntlich beim Gleitlager den spezifischen Lagerdruck herabmindern sowohl durch Vergrößern des Wellendurchmessers als auch durch Verlängern des Lagers, also durch Vergrößern in zwei verschiedenen Richtungen. Ähnliche Überlegungen gelten für das Schraubenpaar und für das Prismenpaar.

Man ist also bei höheren Elementenpaaren gezwungen, zur Aufnahme größerer Kräfte hochwertigere Werkstoffe zu wählen und gegebenenfalls auch in besonderer Weise zu behandeln (Härten und Schleifen). Hinzu kommt noch, daß bei höheren Elementenpaaren vielfach die Schmierungsverhältnisse ungünstig sind, es sei denn, daß man die Getriebe ganz im Ölbad laufen lassen kann.

Das alles soll den Konstrukteur von vornherein veranlassen, höhere Elementenpaare möglichst zu vermeiden, wenn stärkere Kräfte zu übertragen sind. Bei getrieblichen Verbesserungen von Maschinen erfolgt übrigens häufig neben der Vereinfachung des Aufbaues ein Ersetzen von höheren Elementenpaaren durch niedere.

Eine Ausnahme machen die Wälzlager sowie die mit besonderer Sorgfalt hergestellten und in der Fertigung laufend kontrollierten Zahnräder. Beide haben als Erzeugnisse großer Sonderindustrien einen ungewöhnlich hohen Grad an Güte und Haltbarkeit vorausgesetzt, daß sich die laufende Kontrolle nicht nur auf die Fertigungsmaße sondern auch auf die Werkstoffe bezieht. Hinzu kommt noch, daß die Berechnungsverfahren für die Haltbarkeit von Wälzlagern und von Zahnrädern sich auf umfangreiche Forschungen und Serienversuche stützen, bei denen der Begriff der Lebensdauer ein wesentlicher Gesichtspunkt ist.

Zwischen den Elementen der niederen Elementenpaare kommt nur Gleiten vor, bei den höheren Elementenpaaren kommt dazu noch das Rollen und gelegentlich das Schroten, eine Bewegung, die ein gleichzeitiges Rollen und Gleiten darstellt.

1.2.3 Konstruktive Abwandlungen

Die nachfolgenden Überlegungen beziehen sich nur auf die niederen Elementenpaare. Bei den Umschlußpaaren ist es grundsätzlich gleich, welchem der beiden benachbarten Getriebeglieder der Vollkörper oder der Hohlkörper angehört, d. h. in welcher Weise die beiden Teile eines Elementenpaares den betreffenden Getriebegliedern zugeordnet sind. Die Bewegungsgesetze eines Getriebes werden hiervon nicht beeinflußt. Hieraus ergibt sich, daß man zwischen benachbarten Getriebegliedern ohne weiteres beispielsweise die Elemente eines Drehkörperpaares gegeneinander austauschen kann. Man kann also dem einen Glied statt des Bolzens eine Bohrung geben und das andere dafür mit einem Bolzen ausbilden. Dieser an sich einfache Vorgang ist die zwanglose Lösung mancher konstruktiven Schwierigkeit. Einige Möglichkeiten der Gestaltung niederer Elementenpaare seien nachfolgend erwähnt.

Die einfachste Ausführung des Drehkörperpaares ist die sogenannte „fliegende" Lagerung (Abb. 1.11); man sollte sie wenigstens bei denjenigen Getriebegliedern vermeiden, die nicht im Maschinengestell sicher gelagert sind. Auch bei geringen Kräften bewirkt das hier auftretende Biege- und Kippmoment leicht ein Klemmen oder Kantenpressung in der Lagerung, wodurch der Sitz des Drehkörperpaares allmählich lockerer wird; dies wirkt sich ungünstig auf den Lauf des Getriebes aus.

Etwas besser ist der beiderseits der Lagerstelle befestigte Zapfen (Abb. 1.12). Wirklich gute und sichere Führung erhält man aber nur mit der „doppelten" Lagerung (Abb. 1.13), besonders dann, wenn man die beiden Lagerstellen möglichst weit von einander anordnet. Wie Abb. 1.14 zeigt, kann in dieser Weise auch eine „fliegende" Lagerung kippsicher ausgebildet werden. Man erhält im übrigen durch Austausch von Bolzen und Bohrung zwischen den benachbarten Gliedern in Abb. 1.12 die doppelte Lagerung der Abb. 1.13.

Wenn für eine weitgespannte, kippsichere Lagerung nicht genügend Platz in Achsrichtung vorhanden ist, kann die gleiche Wirkung auch durch eine in radialer Richtung angeordnete zusätzliche Planfläche erreicht werden (Abb. 1.15).

Eigentlich noch zu wenig beachtet und angewendet ist das Blattfedergelenk (Abb. 1.16), ein „Elementenpaar", bei dem die Drehung eines Bolzens im Lager ersetzt ist durch die elastische Verbiegung eines bandförmigen Stückes aus federndem Baustoff, etwas Federstahl oder Holz. Besonders einfache Bauweise, völlige Kippsicherheit und wartungsfreie Lagerung sind die beträchtlichen Vorzüge dieser Ausführung. Dazu kommt noch, daß die Blattfeder beim Verbiegen elastische Formänderungsarbeit aufnimmt, die sie beim Zurückfedern wieder abgibt; hierdurch können hin- und hergehende Bewegungen arbeitssparender ausgeführt werden.[1]

Abb. 1.17 zeigt eine entsprechende Ausführung unter Verwendung eines einvulkanisierten W-förmigen Gummikörpers als federndes Teil. Derartige Anordnungen sind als dämpfende Lagerungselemente für unruhig laufende Maschinen üblich; sie sind jedoch auch im Falle begrenzter Bewegungen verwendbar und besonders in solchen Fällen zu empfehlen, wo Wartung nicht möglich oder gar Verschmutzen, Versanden oder Verschlammen unvermeidbar sind.

---

[1] Nur anwendbar für schwingende Bewegung.

Abb. 1.18 zeigt in dem Gummigelenk eine andere Form solcher Dämpfungskörper, in Abb. 1.19 im Gummikugelgelenk bzw. Gummi-Kreuzgelenk, die sich ohne weiteres als federnde schwingfähige Drehkörperpaare verwenden lassen.

Das Gummigelenk in Abb. 1.18 entspricht in seinem Aufbau einem Kugellager, bei dem der Laufring mit den Kugeln ersetzt ist durch einen einvulkanisierten Gummiring. Allerdings ist hier der äußere Metallring in mehrere Ringbogen aufgeteilt mit ausreichenden Zwischenräumen, damit das Ganze gut in die Bohrung des angeschlossenen Gliedes eingepaßt werden kann. Auch dieses Gelenk ist nur bei begrenzter Schwingbewegung verwendbar. Stellt man sich vor, daß im entspannten Zustand eine Gummifaser in radialer Richtung verläuft (enge Zickzacklinie in Abb. 1.18), so wird diese Faser in jedem Falle verlängert, also gedehnt, wenn der äußere Ring gegen den inneren verdreht wird.

Das Federgesetz gilt dabei so lange ungestört, wie die Faser in Drehrichtung frei folgen kann. Die dabei möglichen äußersten Lagen sind in Abb. 1.18 eingezeichnet (gedehnte Zickzacklinie); sie begrenzen den möglichen äußersten Ausschwingwinkel. Beim Überschreiten dieses Bewegungsbereiches würden sich die Fasern von innen nach außen übereinander rollen und zusammenpressen. Hierdurch verkürzt sich fortschreitend ihre dehnfähige Länge, was zur Zerstörung des Gummiringes führen würde.

Eine Reihe von Entwicklungsstufen zeigt der Übergang vom Drehkörperpaar zum Prismenpaar (Abb. 2.1 bis 2.12). Ein weißes Getriebeglied bildet mit einem seiner beiden Drehkörper und einem ortsfesten, schraffierten Gegenstück ein Drehkörperpaar. Das weiße Glied soll schwingend, entsprechend der angedeuteten Kreisbahn, beweglich sein. Der andere Drehkörper des weißen Gliedes, ein Zapfen, bildet mit dem Lager eines anschließenden gerasterten Gliedes ein zweites Drehkörperpaar. Das Drehkörperpaar zwischen dem weißen und dem schraffierten Glied, dessen Veränderungen bis zum Prismenpaar gezeigt werden sollen, hat in Abb. 2,1 einen schraffierten Zapfen und ein weißes Lager, in Abb. 2.2 dagegen einen weißen Zapfen und ein schraffiertes Lager (vertauschte Elemente!).

Die zweite Reihe zeigt in Abb. 2.3 eine Scheibenbildung, eine nur äußerliche besondere Gestaltung des weißen Gliedes. Die Drehkörperpaare selbst sind unverändert geblieben. Veränderungen, und zwar Zapfenerweiterungen des Drehkörperpaares zwischen dem weißen und dem schraffierten Glied, finden sich in den Abb. 2.4 und 2.5. Bei Abb. 2.4 übergreift der erweiterte Zapfen sogar das zweite Drehkörperpaar (zwischen dem weißen und dem gerasterten Glied). Die Bewegungseigenschaften bleiben davon unberührt.

Zapfenerweiterungen dieser Art müssen oft angewendet werden, wenn man ein theoretisch geeignetes Getriebe praktisch überhaupt ausführen und antreiben will. Ist z. B. eine Kurbel so klein, daß der Kurbelzapfen noch innerhalb der Kurbelwelle liegen würde, so hilft eine „Zapfenerweiterung" des Kurbelzapfens, die man so groß wählt, daß sie den Kurbelwellenquerschnitt umschließt (Abb. 1.4). Es entsteht ein sogenannter Exzenter.

Dieselbe Zapfenerweiterung wendet man an, um an einer durchlaufenden Welle eine Kurbel anzuordnen, ohne die Welle zu kröpfen (z. B. Bewegungsableitung bei Dampfmaschinensteuerungen, ohne Schwächung der Kurbelwelle).

Eine andere Anwendungsmöglichkeit einer Zapfenerweiterung zeigt die Doppelkurbel (Abb. 2.13 und 2.14). Im Getriebegestell (schwarz) sind zwei Lager ziemlich dicht beieinander angeordnet (Abb. 2.13). In dem einen Lager dreht sich eine gerasterte Kurbel, in dem andern eine schraffierte. Die Kurbelenden tragen je einen Bolzen und sind miteinander durch einen weißen Lenker verbunden. Bei der Bewegung des Getriebes läuft die gerasterte Kurbel an der Lagerung der schraffierten Kurbel vorbei, wie auch umgekehrt die schraffierte Kurbel an der Lagerung der gerasterten vorbeiläuft. Der Raum zwischen den beiden Lagern im Gestell muß also, wie die Seitenansicht (Abb. **2.13**) zeigt, für die ungehinderte Bewegung der beiden Kurbeln frei gehalten werden. Wenn die gerasterte Kurbel von links her durch eine Welle angetrieben wird, kann daher die Drehbewegung der schraffierten Kurbel nur nach rechts weitergeleitet werden.

Bei der praktischen Ausführung kann es jedoch einmal notwendig werden, daß man die Abtriebsbewegung nicht nach rechts weiterleitet, sondern nach links zurückführt. Das ist möglich mit einer Zapfenerweiterung bei einem der beiden Drehkörperpaare im schwarzen Gestell, etwa bei dem mit dem schraffierten Glied. Zuvor erfolgt ein Austausch von Voll- und Hohlkörpern zwischen dem schwarzen und dem schraffierten Teil. Dann wird der neue schwarze Zapfen so stark erweitert, daß er das danebenliegende schwarze Lager des gerasterten Lenkers noch umgreift (Abb. **2.14**). Damit ist die Aufgabe gelöst. Das gerasterte und das weiße Glied bleiben unverändert, das schraffierte Glied erhält einen entsprechend großen Ring, von dem die Drehbewegung mit Hilfe eines Zahnkranzes und eines Ritzels zur Antriebsseite zurückgeleitet werden kann.

Abb. **3.1** zeigt eine praktische Anwendung dieser Zapfenerweiterung beim Schaufelradantrieb eines Dampfers. Dabei dient allerdings die schraffierte Kurbel nur zur Führung der Schaufeln (diese entsprechen dem weißen Glied der Doppelkurbel in Abb. **2.13**). Die Zapfenerweiterung gestattet aber die hier erwünschte Durchführung der gerasterten Antriebswelle durch das ganze Schaufelrad hindurch, so daß die Doppelkurbel außen nochmals angeordnet werden kann.[1]

Das weiße Glied in Abb. **2.1** bis **2.12** läuft nicht voll um, sondern schwingt nur in begrenztem Bereich hin und her. In diesem Falle braucht man von der Zapfenerweiterung des weißen Gliedes und von der schraffierten Lagerung nur soviel übrig zu lassen, als für die einwandfreie Durchführung dieser Bewegung notwendig ist. In Abb. **2.6**, **2.7** und **2.9** ist dies an dem weißen Glied als Vollkörper dargestellt, in den Abb. **2.8** und **2.10** dagegen mit dem weißen Glied als Hohlkörper.

Die Bewegungsgesetze sind durch diese konstruktiven Abwandlungen nicht beeinflußt, solange die Bahn des betreffenden Gelenkes einen Krümmungshalbmesser hat, der der Länge des weißen Lenkers in Abb. **2.1** und **2.2** entspricht. Ist also eine kreisbogenförmige Bewegung auszuführen, so kann man ganz nach Belieben oder nach Zweckmäßigkeit entweder eine Lenkeranordnung oder eine Bogenführung wählen. Zu beachten ist jedoch, daß auf die Laufeigenschaften der Bogenführung die Reibungsverhältnisse in der Führung einen erhöhten Einfluß ausüben. Kippmomente können hier leicht zu Klemmungen führen.

Wählt man den Krümmungshalbmesser der Bogenführung zwischen dem gerasterten und dem weißen Glied immer größer und schließlich unendlich lang, so wird aus der Bogenführung eine Geradführung und man erhält das Prismenpaar (Abb. **1.6**). Dabei verändert sich allerdings die Länge des weißen Lenkers aus Abb. **2.1**, wodurch die Bewegungsgesetze des betreffenden Getriebes beeinflußt werden.

Der Übergang von der Lenkerführung zur Geradführung ist keineswegs von nur „theoretischer" Bedeutung. Oft baut man einfacher und billiger, dabei aber ausreichend genau, wenn man die umgekehrte Entwicklung vornimmt, d. h. von der verhältnismäßig teueren Geradführung zur billigeren Lenkerführung. Man kann dabei die Lenkerführung so anordnen, daß die ursprüngliche Geradführung zur Sehne oder aber auch zur Tangente des neuen Schwingenbogens wird.

---

[1] Es sei darauf hingewiesen, daß bei dem Schaufelradantrieb nur eine von 7 Steuerungen als Doppelkurbel läuft, und zwar in Abb. **3.1** die unterste Schaufel. Die übrigen 6 Steuerungen sind am schraffierten Kranz mit einem Gelenk angeschlossen.

Auch im Patentwesen wird die getriebliche Gleichwertigkeit von Lenkerführung und Bogenführung, sowie die nahe Verwandtschaft zur Geradführung anerkannt. Es ist allerdings nicht immer einfach, an ausgeführten Getriebeanordnungen für eine vorhandene Bogenführung den entsprechenden Lenker zu finden, wenn nicht ganz systematisch vom Bogenpaar über die Zapfenerweiterung zum Lenker übergegangen wird.

Suchen wir doch einmal z. B. zu der schwingenden Bogenkulisse einer HEUSINGER-Lokomotivsteuerung (Abb. 3.2) die entsprechende Lenkeranordnung! In Abb. 3.4 ist sie dargestellt. Trotz der stark veränderten konstruktiven Ausführung besteht getrieblich völlige Übereinstimmung zwischen den Darstellungen in Abb. 3.2 und 3.4. Abb. 3.3 zeigt die Übergangsform. Die Bogenführung ist hier zur Zapfenerweiterung ergänzt, in deren grauem Zapfen schon der später verwendete graue Lenker angedeutet ist. In der Mitte der Zapfenerweiterung liegt später das Drehkörperpaar, das den grauen und den schwarzen Lenker miteinander verbindet. Die Form des schwarzen Lenkers ergibt sich zwangläufig, wenn man den Mittelpunkt der Zapfenerweiterung mit dem Aufhängepunkt der schwingenden Kulisse und dem Angriffspunkt des Pleuels verbindet. Zweifellos ist die Herstellung dieses Teiles mit drei Bohrungen in Abb. 3.4 mit geringeren Fertigungskosten verbunden als die Fertigung der schwingenden Kulisse in Abb. 3.3.

2. Die Viergelenkkette und ihre Getriebe

2.1 Die kinematischen Ketten

Eine Anzahl beweglich miteinander verbundener Glieder bezeichnet man als kinematische Kette (RELEAUX). Im Gegensatz zu den Ketten des allgemeinen Sprachgebrauchs können die Glieder der kinematischen Ketten ganz beliebige, von Glied zu Glied wechselnde Form haben und auch in beliebiger Weise beweglich miteinander verbunden sein. Wenn das erste und das letzte Glied der Kette ebenfalls miteinander verbunden sind, spricht man von einer geschlossenen kinematischen Kette. Eine offene kinematische Kette entsteht, wenn man ein Elementenpaar löst, oder wenn man eins oder mehrere Glieder der Kette entfernt.

Das Abkuppeln einer Kraftmaschine kann man z. B. als Öffnen einer geschlossenen kinematischen Kette bezeichnen. Das Abwerfen eines Riemens ist gleichbedeutend mit dem Entfernen eines Getriebegliedes aus einer kinematischen Kette. Kraftmaschinen, Transmissionen und Arbeitsmaschinen für sich sind — als Ganzes gesehen — offene kinematische Ketten, die erst durch Zusammenschalten zu geschlossenen kinematischen Ketten und dadurch arbeitsfähig werden.

Zur Getriebebildung sind nur geschlossene kinematische Ketten geeignet, wenn sie noch dazu zwangläufig sind. Aus einer kinematischen Kette entsteht ein Getriebe, wenn man eines der Kettenglieder als ortsfestes Gestell ausbildet und ein oder mehrere Kettenglieder antreibt. Die Anzahl der für zwangläufige Bewegung benötigten Antriebsbewegungen ist abhängig von der Gliederzahl und von der Zahl der Gelenke in der Kette.

2.2 Zwanglauf und Freiheitsgrad

Die Bedingungen für den Zwanglauf wurden erstmals von GRÜBLER[1] aufgestellt. Zwanglauf liegt vor, wenn alle beweglichen Glieder eines Getriebes sich in

---

[1] M. GRÜBLER, Getriebelehre, Eine Theorie des Zwanglaufes der ebenen Mechanismen. Berlin: Springer 1917/21.

ganz bestimmten Bahnen gegenüber dem Gestell bewegen, sobald eins dieser
Glieder in Bewegung versetzt wird. Hierfür ist eine Mindestgliederzahl erforderlich. Wird diese überschritten, so sind weitere Antriebsbewegungen notwendig.
Die GRÜBLERsche Zwanglaufbedingung wird durch folgende Gleichung ausgedrückt:

$$F = 3 \cdot (z - 1) - 2g \tag{1}$$

Hierin ist z die Anzahl der Glieder einschließlich Gestell und g die Anzahl der
Gelenke. Für F ergibt sich ein ganzzahliger Wert, der die Anzahl der für den Zwanglauf erforderlichen Antriebsbewegungen angibt. Hieraus ergibt sich z. B. für:

$$z = 3 \text{ und } g = 3 \quad F = 0 \text{ (starres Dreieck!)}$$
$$z = 4 \text{ und } g = 4 \quad F = 1 \text{ (Gelenkviereck)}$$
$$z = 5 \text{ und } g = 5 \quad F = 2 \text{ (Gelenkfünfeck)}$$

Das Gelenkviereck ist also diejenige kinematische Kette, die bei kleinster
Gliederzahl und nur einem angetriebenen Glied zwangläufige Bewegung ergibt,
wenn ein anderes der vier Glieder als ortsfestes Gestell ausgebildet wird. Beim
Gelenkfünfeck werden bereits zwei Antriebsbewegungen benötigt.

2.3 Die Viergelenkkette

Die aus vier gelenkig verbundenen Gliedern bestehende Viergelenkkette
— auch Gelenkviereck genannt — ist die einzig mögliche zwangläufige Form
derjenigen Gelenkketten, deren Glieder nur je zwei Elemente (Lager oder
Bolzen) tragen und zugleich geringstmögliche Gliederzahl aufweisen. Sie kann
als die Ausgangsform bei der anschließenden Getriebeentwicklung betrachtet
werden.

Aus einer kinematischen Kette erhält man einen Mechanismus, wenn man ein
Glied der Kette als ortsfestes Gestell ausbildet. Die relativen Bewegungen der einzelnen Kettenglieder zueinander werden jetzt zu absoluten Bewegungen gegenüber dem Gestell, also auch gegenüber der Zeichenebene. Wenn in einen solchen
Mechanismus eine Bewegung eingeleitet wird, wenn also ein Glied dieses Mechanismus angetrieben wird, spricht man von einem Getriebe. Da die Bewegungsübertragung jedoch der Zweck eines jeden Mechanismus ist, wird im folgenden
nur unterschieden zwischen den kinematischen Ketten und den Getrieben, die
man aus diesen Ketten entwickeln kann. Die Anzahl der Getriebe, die sich aus einer
kinematischen Kette bilden lassen, entspricht der Anzahl der Kettenglieder, da
jedes dieser Glieder zum Gestell werden kann.

Grundsätzlich können die vier Glieder eines Gelenkviereckes verschieden und
beliebig lang gewählt werden. Dies ergibt nicht nur ein verändertes Aussehen der
Kette, es führt vielmehr außerdem zu oft erheblichen Änderungen der Bewegungsverhältnisse. Wenn dazu noch die Elementenpaare konstruktiv abgewandelt
werden und bei der Formgebung der Glieder zusätzliche Bedingungen zu erfüllen
sind, so ist eine klare Übersicht schwer zu erhalten.

Ein wirkungsvolles Hilfsmittel ist die von HUNDHAUSEN vorgeschlagene
Farbensystematik, nach der den einzelnen Kettengliedern und damit auch den
einzelnen Getriebegliedern bestimmte Farben zugeordnet werden. In Anlehnung
an HUNDHAUSEN werden in den Abbildungen dieses Buches weitgehend für den
Schwarz-Weiß-Druck entsprechende Symbole gewählt. Für den Konstrukteur
ist die Anwendung der nachstehend aufgeführten Farben in seinen Entwurfszeichnungen eine wirkungsvolle Hilfe zur Klärung getrieblicher Zusammenhänge.

Mit Bezug auf die in den Abb. 4.1 bis 4.6 benutzten Bezeichnungen für die Kettenglieder wird die nachstehende Systematik angewendet:

Kennbuchstabe	Kettenglied	Farbe nach HUNDHAUSEN	Kennzeichen in schwarz-weiß
a	kürzestes Glied	rot	schwarz
b	Nachbarglied zu a	grün	grau (Punktraster)
c	Gegenglied zu a	gelb	weiß
d	Nachbarglied zu a	blau	schraffiert

Wenn das kleinste Glied der Viergelenkkette in der Lage sein soll gegenüber seinen Nachbargliedern eine volle Kreisdrehung zu machen, so muß es nach GRASHOF[1] zusammen mit dem größten Kettenglied kleiner sein — im Grenzfall gleich — als die Summe der beiden andern. Dabei ist es gleichgültig, ob das größte Kettenglied ein Nachbarglied des kleinsten ist, oder ob es diesem gegenüber liegt. Treffen diese Größenverhältnisse nicht zu, so kann keines der Glieder der Viergelenkkette oder der aus ihr gebildeten Getriebe gegenüber einem Nachbarglied eine volle Drehbewegung ausführen. Bei gleicher Länge der Gliedergruppen entstehen durchschlagende Gelenkvierecke bzw. durchschlagende Getriebe.

Die nach diesem Gesetz bei den entsprechenden Gliederabmessungen möglichen Viergelenkketten sind in den Abb. 4.2 bis 4.5 zusammengestellt. Das Gelenkviereck in Abb. 4.2 ist drehfähig, ebenso wie die der Abb. 4.3, 4.4 und 4.5, weil in allen Fällen die GRASHOFsche Bedingung erfüllt ist. Bei den Ketten der Abb. 4.3, 4.4 und 4.5 liegt der Grenzfall vor, während das Gelenkviereck der Abb. 4.6 der vorgenannten Bedingung nicht genügt und daher nur schwingfähige Gelenke aufweist. Die nicht drehfähigen Ketten und Getriebe haben praktisch geringere Bedeutung, weil die meisten Getriebe mit umlaufender Drehbewegung angetrieben werden, aus diesem Grunde also mindestens ein voll drehfähiges Glied benötigen.

2.4 Die Grundgetriebe der Viergelenkkette

Bildet man die einzelnen Glieder eines Gelenkviereckes nacheinander als ortsfestes Gestell aus, so erhält man die vier Getriebe der Abb. 4.8 bis 4.11. Wenn die beiden Gelenke des kürzesten Kettengliedes a voll drehfähig sind und die beiden Gelenke des gegenüberliegenden Gliedes nur schwingfähig (Normalfall), so erhält man zwei gleichartige Getriebe, wenn man eins der beiden Nachbarglieder des kürzesten Kettengliedes, also b oder d als Gestell ausbildet. Man erhält die sogenannte Kurbelschwinge. Wird das kürzeste der vier Glieder selbst als Gestell ausgebildet, dann gehören die beiden voll drehfähigen Gelenke zum Gestell. Dies bedeutet, daß die beiden Nachbarglieder des kürzesten Gliedes a gegenüber dem Gestell zwei voll umlaufende Drehbewegungen machen können. Dieses Getriebe wird als Doppelkurbel bezeichnet. Wird schließlich das Glied c mit nur zwei schwingfähigen Gelenken als Gestell ausgebildet, so erhält man die Doppelschwinge. Auch bei der Doppelschwinge sind die Gelenke des kürzesten Gliedes a voll drehfähig. Die Drehbewegungen erfolgen jedoch relativ zwischen bewegten Gliedern untereinander. Sie treten daher nicht unmittelbar in Erscheinung und lassen sich nur bei genauerer Untersuchung feststellen. Es sei noch darauf hingewiesen, daß die Relativbewegungen aller vier Getriebeglieder untereinander bei allen vier Getrieben die gleichen sind, wie bei der zugrunde liegenden Viergelenkkette und

---

[1] Franz GRASHOF (1826 bis 1893), Mitbegründer des VDI; seit 1863 Prof. in Karlsruhe.

zwar so lange, wie die Gliederabmessungen, d. h. die Abstände von Elementenpaar zu Elementenpaar nicht verändert werden.

Die Formgebung des Gestelles muß dabei die Bewegungsmöglichkeiten der Glieder berücksichtigen. Dies wird besonders deutlich bei der Doppelkurbel. Kinematisch gesehen ist hier das kürzeste Glied zum Gestell geworden. Konstruktiv jedoch ist bei diesem Getriebe die erforderliche Bauhöhe größer als bei den drei anderen Getrieben.

Die an Hand der Abb. 4.7 bis 4.11 aus der Viergelenkkette entwickelten Grundgetriebe zeigen zunächst anschaulich die in den vier Gelenken auftretenden Bewegungen. Treibt man ein im Gestell gelagertes Getriebeglied gleichförmig an, so wird in jedem Falle das andere im Gestell gelagerte Getriebeglied — im allgemeinen als Abtrieb bezeichnet — eine ungleichförmige Bewegung machen; die Abtriebsbewegung verläuft also mit veränderlicher Geschwindigkeit und Beschleunigung.

3. Mitwirkung menschlicher Glieder bei der Bildung von Gelenkgetrieben

In denjenigen Fällen, in denen der Lauf einer Maschine von einem Bedienungsmann überwacht wird, oder aber in denen Antriebsbewegungen vom Bedienungsmann übernommen werden, bilden die Glieder des menschlichen Körpers zusammen mit den Bedienungselementen und dem Gestell zusätzliche Getriebe.

So bilden beim Radfahren die Beine zusammen mit den Kurbeln und dem Rahmen des Rades zwei um eine halbe Kurbeldrehung versetzte Kurbelschwingen (Abb. 4.12). Das auf dem Sattel festsitzende Gesäß stellt gemeinsam mit dem Rahmen das Gestell dar. Die Oberschenkel sind die Schwingen, und die Unterschenkel mit den Füßen und den Pedalen erscheinen als Koppeln dieser Getriebe. Dabei werden die Füße gegen die Unterschenkel im „Sprunggelenk" nicht oder aber nur ganz wenig bewegt.

Die beiden voll umlaufenden Drehkörperpaare jeder Kurbelschwinge sind das Tretlager und je ein Pedal. Die beiden anderen, nur schwingfähigen Gelenke liegen im menschlichen Körper, nämlich das Hüftgelenk als Schwinglager und das Knieglenk als Schwingenzapfen.

Wird ein Schleifstein durch Fußbewegung angetrieben (Abb. 4.13), so bilden auch hier die Beine gemeinsam mit dem schwingenden Trittbrett ein Getriebe. Hierbei werden das Standbein und das Becken ein Teil des Gestelles, während Oberschenkel und Unterschenkel des bewegten Beines als Teile einer Kurbelschwinge mit begrenztem Bewegungsbereich erscheinen. Der Unterschenkel bildet die Koppel und der Oberschenkel die Schwinge. Man setzt dabei den Fuß auf dem Trittbrett möglicht vom Lagerpunkt nach außen, so daß sich Knie und Hüftgelenk bei der Arbeit leicht einwinkeln und die wesentlich kräftigeren Beinmuskeln in Tätigkeit treten, allerdings nur auf einem kurzen Streckweg.

Die vollkommene Ausnutzung der Beinmuskulatur ist aber erst möglich bei ausgiebigem Beugen und Strecken des Beines mit größerem Bewegungsausschlag, wie etwa beim Radfahren. Ermüdungserscheinungen treten bei Anwendungsfällen entsprechend Abb. 4.13 leichter auf.

Soll der Bedienungsplatz einer Maschine so gestaltet werden, daß er den anatomischen Verhältnissen des menschlichen Körpers Rechnung trägt, so benötigt der Konstrukteur zum mindesten einige Grundkenntnisse auf diesem Gebiet. Es kann hier natürlich nur das für die Konstruktion Notwendigste über die Anatomie des Menschen gebracht werden. Für eingehendere Studien wird das vorzügliche Werk von S. MOLLIER[1] empfohlen, das sich zwar an Künstler wendet, in seiner klaren Anschaulichkeit aber auch für den Konstrukteur — zum Selbststudium — sehr geeignet ist.

Abb. 5.1 zeigt die Längenverhältnisse des Körpers bei einem erwachsenen Menschen. Es handelt sich um angenäherte Maße, die aber beim normalen Menschen mit der für die Konstruktion ausreichenden Genauigkeit zutreffen.

Für den Antrieb einer Maschine, besonders wenn dabei Kraft und Ausdauer notwendig sind, kommt das Bein in erster Linie in Frage, das ja beim Stehen oder Sitzen an der Maschine ohnehin als Gehgerät unbeschäftigt ist. Dabei können verschiedene Gelenke und Muskelgruppen in Anspruch genommen werden.

Benutzt man das obere Sprunggelenk[2], wie z. B. beim Antreiben einer Nähmaschine oder beim Bedienen des Gaspedals im Kraftwagen, dann bleiben Ober- und Unterschenkel ziemlich ruhig, nur der Fuß bewegt sich gegen den Unterschenkel. Man kann daher in diesem Falle auf einem einfachen Stuhl oder auf einer Bank sitzen, was oft ausschlaggebend ist für die Wahl dieser sonst nicht besonders günstigen Antriebsart.

Der Bewegungsausschlag im oberen Sprunggelenk (Abb. 5.2) wird von der Senkrechtstellung des Unterschenkels aus gewöhnlich für die Beugung mit 20° und für die Streckung mit 30° angegeben; dies wird nur selten nicht erreicht, kann vielmehr häufig wesentlich überschritten werden.

Bei der Bewegung dieses Gelenkes wirken eine ganze Anzahl Beuge- und Streckmuskeln zusammen; die Kraft der Strecker übertrifft aber die der Beuger um mehr als das Sechsfache. Diese beträchtliche Überlegenheit der Strecker ist notwendig zur Erhaltung des aufrechten Standes, sowie zur Erhebung des ganzen aufrechten Körpers auf die Zehen und wird ausschließlich durch den eigentlichen, sehr kräftigen Wadenmuskel erreicht. Dieser läuft in der Achillessehne aus (Abb. 5.3) und greift damit hinten am Fersenbein mit großem Hebelarm an.

Beim Antrieb einer leichten Stanze, Presse oder einer ähnlichen Maschine mit ungleichmäßigem Arbeitswiderstand muß also der Wadenmuskel den „Druckpunkt" überwinden, und deswegen ist die Kurbelschwinge des Fußantriebes so mit der Maschinenwelle zu kuppeln, daß hierbei möglichst ein Strecken des Fußes erfolgen kann. In jedem Fall ist aber diese Antriebsart durch Bewegung des Fußes im Sprungeglenk auf die Dauer auch bei leichten Arbeiten stark ermüdend. Es wird dann gewöhnlich die Kniegelenkbewegung verwendet. Diese benötigt jedoch Bewegungsfreiheit für den Oberschenkel und zwingt deshalb zu ermüdendem Hocken auf der vorderen Sitzkante, wenn nicht sogar zum Stehen auf einem Bein, wie beim Antrieb eines Schleifsteines, vgl. Abb. 4.13.

Im Kniegelenk kann der Unterschenkel gegen den Oberschenkel aus der Strecklage um 158° gebeugt werden (Abb. 5.4). Die eigenen Muskeln können allerdings nur eine Kniebeuge von 128° zustande bringen; die Restbeugung um 30° muß durch äußere Kräfte erfolgen, also etwa durch Anziehen des gebeugten Unterschenkels mit der Hand oder unter der Last des Körpergewichtes, wie etwa bei der Sitzhocke (Sitzen auf den Fersen).

Auch beim Knie ist die Arbeitskraft der Streckmuskeln als Folge des aufrechten Ganges größer — und zwar um das Dreifache — als die der Beugemuskeln. Die Strecker werden ja auch beim Maschinenantrieb fast allein benutzt. Die Zuziehung der Beuger, wie bei den Radpedalen mit Rennhaken, ist immerhin nur eine Ausnahme.

---

[1] MOLLIER, Plastische Anatomie. München: Bergmann 1938.
[2] Es gibt noch ein unteres Sprunggelenk, das ein seitliches Kanten des Fußes um 20° bis 25° nach innen und um 10° bis 15° nach außen gestattet; es ist jedoch technisch von geringer Bedeutung (Fußsteuerung an Elektrokarren).

Auch beim Hüftgelenk sind die Strecker wesentlich arbeitsfähiger als die Beuger. Den Hauptanteil hieran hat der große Gesäßmuskel, wie ja die starken Gesäßbacken und die starken Waden ein besonderes Merkmal des aufgerichteten menschlichen Körpers sind. Das Hüftgelenk ist aber ein Kugelgelenk und deshalb ganz anders bewegungsfähig als das Kniegelenk und das Sprunggelenk, die man als scharnierähnliche Gelenke bezeichnen muß. Das seitliche Spreizen und Schließen der Beine wird aber technisch kaum ausgenutzt, wenn man von dem wechselweisen Bedienen mehrerer nebeneinander liegender Pedale absieht, wie etwa beim Gas- und Bremshebel im Kraftwagen oder bei den Fußklaviaturen der Orgel.

Die Hüftgelenkmuskeln gestatten ein Beugen und Strecken des Hüftgelenkes um 105 bis 130°, wobei allerdings noch eine Beckenbewegung von etwa 20° miterfolgt. Aus der Grundstellung kann also das Bein ohne Beckenbewegung nur um etwa 10 bis 15° nach hinten, aber um fast 90° nach vorne geführt werden. Das Gelenkpräparat als Modell läßt allerdings einen viel größeren Winkelausschlag bis etwa 160° zu; von dem Zuschlag kommen etwa 10 bis 20° auf die Streckung, der größere Teil auf die Beugung. Jedoch kann auch der lebende Mensch das Hüftgelenk für die Beugung fast ebensoweit ausnutzen, wenn er die Bewegung durch äußere Kräfte veranlaßt, etwa in dem er das gebeugte Knie mit den Händen an den Oberkörper heranzieht.

Nun ist aber noch zu beachten, daß das gestreckte Bein weniger hoch nach vorn gehoben werden kann, und zwar nur um etwa 70 bis 80°, als das im Kniegelenk gebeugte Bein, wobei 100 bis 120° erreicht werden. Es liegt dies, wie Abb. 5.5 zeigt, an einem Beugemuskel (zweiköpfiger Unterschenkelbeuger), der hinten am Becken beginnt (a) und am oberen Wadenbein (b) endet. Dieser Muskel ist voll gestreckt, wenn das steif gehaltene Bein im Hüftgelenk um etwa 70 bis 80° gehoben ist. Beim weiteren Heben des Beines würde sich die Muskelansatzstelle a am Becken noch mehr vom Oberschenkel wegbewegen, etwa um den Winkel α. Dadurch wächst aber die Entfernung von der anderen Ansatzstelle b am Wadenbein, was der schon gestreckte Muskel verhindert. Nur wenn das Kniegelenk gebeugt wird, ist ein weiteres Anheben des Beines möglich, da dann der Muskelansatz b in die Lage b' kommt, der Beugemuskel also um die Länge $b-b'$ verkürzt wird. Bei voll gebeugtem Hüftgelenk kann also das Knie nicht gestreckt sein, und umgekehrt kann bei gestrecktem Knie das Hüftgelenk nicht voll gebeugt werden.

Beim Fahrrad beträgt die Hubhöhe des Fußes nur 36 cm (Kurbellänge 180 mm), obwohl die Beinmuskulatur den Fuß bis etwas über Kniehöhe heben könnte, und das ist normalerweise reichlich $^3/_{10}$ der Körperlänge, also je nach Größe etwa 50 bis 60 cm. Eine unbequeme Kurbel am Fahrrad ermüdet bei dem dauernden Treten viel schneller und offensichtlicher als bei anderen, nur gelegentlich bedienten Fußhebeln. Es ist also gar nicht verwunderlich, das schon rein gefühlsmäßig oder auch versuchsmäßig die Kurbelabmessungen entstanden sind, die sich der Beinkonstruktion" und der „Muskelkraftentwicklung" am besten anpassen.

Jeder Muskel kann ja seine Länge verkürzen und entwickelt dabei oft erhebliche Kräfte. Mit zunehmender Verkürzung nimmt aber die Verkürzungskraft immer mehr ab; im Augenblick stärkster Verkürzung ist sie auf Null gesunken. Aus dieser Abnahme der Muskelkraft mit zunehmender Verkürzung ergibt sich aber, daß der Muskel als Kraftquelle für irgendeinen Antrieb mehr leistet, wenn er nicht bis zum Äußersten verkürzt wird; andererseits darf die Verkürzungsstrecke auch nicht zu kurz sein, weil dann die Leistungsfähigkeit des Muskels nicht voll ausgenutzt werden kann. Anschaulich zeigt dies wieder das Fahrrad, wo bei richtiger Satteleinstellung das Bein bei tiefster Fußlage nicht voll gestreckt sein darf; gleichzeitig soll es aber auch bei oberster Fußlage nicht bis zur äußersten Möglichkeit gebeugt werden.

Geht man eine Treppe mit ganz niedrigen Stufen empor und anschließend eine Treppe mit normaler Stufenhöhe, und versucht man schließlich ein hohes Podium mit einem Schritt zu ersteigen, so kann man diese ganzen Verhältnisse selbst experimentell überprüfen.

Auch die Arbeitsleistungen der Muskeln sind bei einer mittleren Schnelligkeit der Gliederbewegungen besonders günstig. Da sich der Atemtakt sehr genau auf den Arbeitstakt einstellt, ist z. B. beim Drehen einer Handkurbel die Drehzahl dann am günstigsten, wenn sie mit dem Eigenrhythmus des Bedienungsmannes übereinstimmt (24 bis 30, höchstens 33[1] Umdrehungen je Minute). Hohe Drehzahlen ermüden auch dann überraschend schnell, wenn sie an sich keinen nennenswerten Kraftaufwand erfordern. Die günstigste Lage einer Handkurbel bei stehender Bedienung ist für die Wellenhöhe 1000 mm, die günstigste Kurbellänge 400 mm und der Kurbeldruck etwa 13 kp.[2]

Jeder Muskel lernt erst seine richtige Einstellung auf einem möglichst sparsamen Betrieb. Bei jeder erstmals ausgeführten, ungelernten oder ungewohnten Übung verbraucht man mehr als die nötige Kraft. Der Nutzwert kann auf die Hälfte herunter gehen. Die Arbeitsfähigkeit der Muskeln ist außerdem zeitlich begrenzt. Wird die Dauer normaler Arbeitsleistung überschritten, so verändern langsam einsetzende und sich steigernde Ermüdungsstörungen den Ablauf der Muskeltätigkeit. Der ermüdete Muskel gehorcht nur noch zögernd, zieht sich langsamer und mit geringerer Kraft zusammen und bedarf deshalb der Einschaltung eines immer stärkeren Nervenreizes; schließlich gehorcht er auch diesem nicht mehr und versagt gänzlich. Die Ermüdung mindert das körperliche Wohlbefinden und erschwert allmählich auch mehr und mehr das Denkvermögen und die Aufmerksamkeit.

Ein guter Konstrukteur wird daher alle unnötige Muskelarbeit zu vermeiden suchen oder wenigstens mildern. Von großer Bedeutung ist in dieser Beziehung die Körperhaltung, die für die Bedienung einer Maschine ihrem Bau nach erforderlich ist. Beim Sitzen verbraucht der menschliche Körper nur 4% mehr Energie als in der Ruhestellung, also beim Liegen. Beim Hocken beträgt der Mehrverbrauch bereits 8,5%, beim Stehen 12% und beim Bücken 55%.[3] Gerade die letzte Wertangabe läßt erkennen, daß die Arbeit der Hausfrau kräftemäßig den schlechtesten Wirkungsgrad hat und daher als ausgesprochene Schwerarbeit zu bezeichnen ist.

Sehr große Energiemengen werden auch vergeudet, wenn man etwa bei landwirtschaftlichen Maschinen in der Bodenbearbeitung den Sitz für den Bedienungsmann einsparen will, so daß er hinter der Maschine herlaufen muß.

Kalorienverbrauch beim Sitzen und Gehen[4]

	Geschwindigkeit km/h	g = Kal je Min.	g = Kal je m Weg
Ruhiges Sitzen	—	1230	—
Gehen auf hartem Weg	5,6	5000	54
Gehen auf frisch gepflügtem Acker	4,0	7170	107

[1] A. HASSE, Beitrag zur Ermittlung der günstigsten Arbeitsbedingungen an einer Handkurbel. Diss. Berlin: Springer 1932. ATZLER, HERBST und LOHMANN: Arbeitsphysiologische Studie mit dem Respirationsapparat. Biochem. Z. Bd. 143 (1923).

[2] Bei geringem Kurbeldruck verschlechtert sich der Wirkungsgrad schnell, so daß man 12 kp zweckmäßig nicht unterschreitet.

[3] Aus den Arbeiten des ehemaligen Kaiser-Wilhelm-Instituts für Arbeitsphysiologie in Berlin.

[4] Aus Arbeitsphysiologische Aufgaben der Landarbeitsforschung. DERLITZKI, HUXDORFF. Deutsche Landw. Presse; 1927 S. 12.

Es genügt jedoch nicht, einen Bedienungsmann nur kraftsparend sitzen zu lassen, man muß ihn dann auch so hinsetzen, daß er die Beinkräfte abstützen kann.

Abb. **5**.6 zeigt die Kräfte, die bei fortlaufender Beinstreckung ausgeübt werden können, und zwar:

1. sitzend mit Trittbewegung nach unten
2. stehend auf einem Bein mit Trittbewegung nach unten
3. sitzend mit abgestütztem Becken und Trittbewegung nach vorwärts.

Daß die beiden untersten Kurven ungünstige Werte zeigen, liegt nur am Fehlen einer geeigneten Abstützung. Ist sie da, so zeigt die oberste Kurve, daß dann die gleichen Beine wesentlich mehr leisten.[1] Beim Stehen wird das gesamte Körpergewicht am Fußhebel nur dann als Kraft wirksam, wenn der Bedienungsmann auf dem Fußhebel mit einem Fuß „balancieren" würde. Praktisch tut er das nicht; daher wird ein Teil des Körpergewichts vom Standbein getragen und geht für die Kraftausübung verloren. Der Bedienungsmann hat jedoch im Gegensatz zur sitzenden Betätigung mit Trittbewegung nach unten die Möglichkeit bei stehender Betätigung immerhin den größeren Teil seines Körpergewichtes für die Kraftausübung zur Verfügung zu stellen. Beim Sitzen mit abgestütztem Beckenrand und Fußbewegung nach vorn (Abb. **5**.8) spielt das Körpergewicht als Kraftreserve keine Rolle mehr; dies ist aber nicht nachteilig, weil die Beinmuskulatur infolge der Abstützung viel größere Kräfte entwickeln kann. Man kann ja z. B. beim Besteigen einer Treppe außer seinem eigenen Körpergewicht noch erhebliche Lasten tragen.

Bei den Armen ist es aber gerade umgekehrt; die Gesamtmuskulatur der Arme kann meist das eigene Körpergewicht kaum heben, zumindest ermüden sie sehr schnell, was man nach einigen „Klimmzügen" selbst beobachten kann. Beim Anheben eines schwer gehenden Hebels sind zudem noch alle Muskeln in Spannung, die den Körper aufrichten, da der Hebedruck der Arme ja erst durch die Füße gegen den Boden abgestützt wird. Noch anstrengender ist es, wenn eine solche Hebelbetätigung im Laufen geschieht, etwa beim Wenden einer Landmaschine, bei der zu diesem Zweck ein Teil des Gerätes vom Boden abgehoben werden muß.

Alle ungefähr waagerecht liegenden Hebel werden am bequemsten bedient, wenn sie von oben nach unten betätigt werden, da man dann das ganze Körpergewicht für diese Arbeit einsetzen kann. Senkrecht angeordnete Hebel kann man besser heranziehen als wegdrücken, wobei man gleichzeitig zur Steigerung der Kraftwirkung den Körper nach rückwärts neigen kann.

Die Bewegungen der Arme, vor allem aber die der Oberarme, sind keineswegs so einfach und leicht zu übersehen, wie die der Beine. Hebt oder schwingt man die Arme, so erfolgt fast immer außer den Bewegungen im Schultergelenk noch ein Heben oder Drehen der Schlüsselbeine und ein Verschieben und Schwingen der Schulterblätter. Es ergeben sich also Bewegungen im Schulterhöhenschlüsselbeingelenk und im Brustbeinschlüsselbeingelenk; es kann dabei sogar eine Veränderung dieser Gelenkpfanne selbst stattfinden, was dem Oberarm noch weitere Bewegungen im Schultergelenk erlaubt. Schließlich kann noch ein Beugen und Strecken des Brustkorbes mit erfolgen, und dies alles, ohne daß man selbst diese Einzelbewegungen ausschalten oder mitspielen lassen kann.

Ebenso spielen dabei eine große Anzahl von Muskeln mit, deren Bewegungsmöglichkeiten im einzelnen zwar festzustellen sind, deren Mitwirkung bei irgend-

---

[1] RAUH, KOTTER, SCHMILLEN: Hat der Knecht zu schwache Beine oder liegt's nicht doch an der Konstruktion. Techn. i. d. Landw., Bd. 18/4 (1937) S. 81/82.

einer Armbewegung aber nicht im voraus bestimmbar ist. Man kann sogar beobachten, daß ermüdete Muskeln von anderen abgelöst werden, so daß nun ganz andere Muskelgruppen zusammenarbeiten. Auch das geschieht ganz von selbst, ungelernt, ja geradezu unbewußt, nur als Folge des unangenehmen und schließlich schmerzhaften Ermüdungsgefühles.

So kann man die Arme nach vorn oben um etwa 150 bis 160° heben, wobei aber die Schlüsselbein-Schulterblattbewegung mit etwa 35 bis 40° beteiligt ist. Nur 110 bis 120° kommen auf die Drehung des Oberarmes im Schultergelenk. Dabei kann der Schultergürtel auch schon bei geringem Armheben in Bewegung sein; das sogenannte „Achselzucken" besorgt er ja sogar ganz allein.

Die Rückführung des Armes nach hinten ist nur bis zu etwa 10 bis 20° möglich.

Alle diese Bewegungen können durch ein Zurückbeugen oder Vorneigen des Rumpfes noch wesentlich verstärkt werden. Der Unterarm läßt sich gegen den Oberarm um 140 bis 155° beugen (Abb. **6**.1), während bei vollgestrecktem Arm bei den verschiedenen Menschen das Ellenbogengelenk sehr unterschiedlich um 150 bis 200° geöffnet werden kann.

Die Hand kann gegen den Unterarm mit 120 bis 140° Ausschlag gedreht werden, was aber noch durch eine Schultergelenkbewegung verstärkt werden kann. Im Handgelenk oder besser in den Handgelenken ist senkrecht zur Handfläche ein Beugen und Strecken der Hand um etwa 150° möglich (Abb. **6**.2), wobei das Beugen in Richtung des Handtellers mit 80° das Strecken in Richtung des Handrückens mit 70° ein wenig übertrifft; diese Maße sind jedoch bei den einzelnen Menschen sehr verschieden. Nun ist noch ein seitliches Winkeln um 50 bis 70° möglich. Technisch ist diese Bewegung von geringer Bedeutung, abgesehen vielleicht vom Maschinenschreiben oder Klavierspielen, wozu aber genauere anatomische Kenntnisse nötig sind, als sie hier in aller Kürze geboten werden können.

Aber auch so bietet der menschliche Körperbau viel Lehrreiches und Bemerkenswertes für den Konstrukteur, wie etwa die Gelenkkonstruktionen, die in der Technik wohl nur bei den Klavier- und Flügelmechaniken in ähnlich weicher und wenig geschlossener Form zu finden sind. Sie haben die Aufgabe den „gefühlvollen" Anschlag der menschlichen Hand in vollkommenster Weise und feinster Abstufung zu vermitteln.

Die breiteste technische Ausnutzung der Hand erfolgt über Handkurbel und Handrad. Soll dabei mit großer Kraft oder ausdauernd gedreht werden, so legt man die Welle zweckmäßig waagerecht quer vor den Bedienungsmann; dabei ist die einseitig gelagerte Handkurbel, die sogenannte fliegende Anordnung, sowohl für eine Hand (Abb. **6**.3) wie auch für zwei Hände (Abb. **6**.4) am meisten üblich. Wesentlich besser ist aber die doppelte Kurbel mit um 180° versetzten Handgriffen (Abb. **6**.5 und **6**.6). Bei ihrer Betätigung können sich die beiden Arme des Bedienungsmannes wechselweise gegeneinander abstützen; der Körper bleibt weniger angespannt, so daß ohne Leistungsbeeinträchtigung sitzend gedreht werden kann.

Für Teildrehungen bis zu einer halben Umdrehung ist das Kraftwagenlenkrad Vorbild hinsichtlich Größe, Wellenlage zum Bedienungsmann und Ausführung. Handräder, die sehr gleichmäßig bewegt werden sollen, sind zweckmäßigerweise mit beiden Händen zu bedienen; dabei arbeitet die eine Hand als Kurbelhand, die andere dagegen als Bremshand. Das Handrad erhält als Bremsfläche einen möglichst glatten Umfang für die eine Hand, für die Kurbelhand dagegen einen Griff.

Wenn auch die Lage solcher Handräder in erster Linie von der Anordnung der zugehörigen Getriebe in der Maschine abhängt, so ist doch entweder durch entsprechenden Aufbau der Maschine oder durch eine geeignete Bedienungsstellung des Bedienungsmannes anzustreben, daß das Handrad etwa in Höhe des Ellenbogengelenkes liegt. Die Griffausbildung hängt von der Lage des Handrades zum Bedienungsmann ab, wobei zu berücksichtigen ist, daß bei etwa waagerecht liegendem Unterarm die Handlage mit senkrecht nach innen zeigenden Handflächen am bequemsten ist. Dies entspricht bei Griff-Handrädern an senkrechten Wellen der üblichen Handgriffausbildung, jedoch mit Stütze für den Handrand (Abb. **6.**7 und **6.**8). Alle anders angeordneten Handräder stattet man zweckmäßig mit einem Knebelhandgriff aus, der sich leicht der jeweils bequemsten Handstellung anpaßt. Die noch oft angewendeten kugelförmigen oder gar knopfartigen Handhaben sind ungeeignet. Alle Handgriffe müssen sich leicht um ihre Achse drehen lassen und sollen aus schlechten Wärmeleitern bestehen (Holz oder Kunststoff).

4. Zeichnerische Ermittlung der Bewegungsgrößen bei Gelenkgetrieben

Wie bereits in Abschnitt 2.4 erwähnt, verläuft bei Gelenkgetrieben die Bewegung am Abtrieb ungleichförmig trotz gleichförmiger Antriebsbewegung. Dies ist eine Folge der Relativbewegungen in den Gelenken; man spricht von periodisch ungleichförmiger Bewegung, deren Frequenz durch die Antriebsdrehzahl bestimmt ist. Als Folge der periodischen Ungleichförmigkeit treten in Abhängigkeit von der Beschleunigung periodisch Massenkräfte auf, für die das dynamische Grundgesetz

$$P = m \cdot b \quad [\text{kp}] \tag{2}$$

gilt. Maßgebend ist also neben der Masse m die Beschleunigung b. Diese ist abhängig von der Drehzahl und von den Relativbewegungen im Getriebe, letztlich also wesentlich abhängig von den Getriebeabmessungen, die der Konstrukteur festlegt.

In der Konstruktion geht es dabei um zwei verschiedene Fragestellungen:

1. Fall: Für ein gegebenes Getriebe sollen über den ganzen Bewegungsbereich oder aber für einzelne Stellungen die Geschwindigkeit und die Beschleunigung ermittelt werden, und zwar ehe das Getriebe gebaut wird. In erster Linie interessieren dabei die Größtwerte der Beschleunigung.

2. Fall: Die Getriebeabmessungen sollen so gewählt werden, daß ein gewünschter Verlauf der Bewegungsgrößen — Geschwindigkeit und Beschleunigung — erreicht wird. Diesen Verlauf kann der Konstrukteur durch die Wahl der Gliederlänge beeinflussen.

Die Bewegungsgrößen sind für die Bewegung auf beliebiger Bahn:

Die Geschwindigkeit v in m/s

Die Beschleunigung b in m/s²

Die Beschleunigung kann aus zwei zueinander senkrechten Komponenten bestehen. Man unterscheidet:

Die Tangentialbeschleunigung $\quad b_t = \dfrac{dv}{dt} \quad [\text{m/s}^2] \tag{3}$

in Richtung der Wegtangente und

die Normalbeschleunigung $\quad b_n = \dfrac{v^2}{\varrho} \quad [\text{m/s}^2] \tag{4}$

in Richtung der Wegnormalen, wobei die Wegkrümmung $k = \dfrac{1}{\varrho}$ ist, also der Kehrwert des Krümmungshalbmessers ϱ.

Die Geschwindigkeit, die Beschleunigung und die Beschleunigungskomponenten sind gerichtete Größen.[1]

Die Geschwindigkeit liegt stets in Richtung der Bewegung, also tangential zum Verlauf der Bewegungsbahn. Die Tangentialbeschleunigung fällt in die gleiche Richtung. Sie stimmt in ihrer Wirkrichtung mit der Bewegungsrichtung überein bei Geschwindigkeitszunahme. Bei Geschwindigkeitsabnahme wirkt sie dagegen der Bewegungsrichtung entgegen. Die Normalbeschleunigung tritt nur auf bei gekrümmter Bahn und wirkt stets in Richtung zum Krümmungsmittelpunkt.

Die Gesamtbeschleunigung b ergibt sich aus ihren Komponenten mit

$$b = \sqrt{b_n^2 + b_t^2} \quad [\mathrm{m/s^2}] \tag{5}$$

Ihre Richtung stimmt also nur dann mit der Bewegungsrichtung überein, wenn $b_n = 0$ ist, d. h. bei $\varrho = \infty$, also bei geradliniger Bahn. Die Richtung der Gesamtbeschleunigung schließt mit der Bahnnormalen einen Winkel δ ein, der sich wie folgt ergibt:

$$\tan\delta = \frac{b_t}{b_n} \tag{6}$$

Da die Normalbeschleunigung stets zum Krümmungsmittelpunkt hin gerichtet ist, ergibt sich $\delta \leq 90°$, wenn man diesen Winkel auf der Innenseite der Kurve von der Normalen aus angibt.

Wenn man die Bewegung als Drehung um einen festen Punkt auffassen kann, so sind die entsprechenden Bewegungsgrößen:

Die Winkelgeschwindigkeit $\omega \; [1/\mathrm{s}]$

Die Winkelbeschleunigung $\varepsilon \; [1/\mathrm{s^2}]$

Zwischen den beiden Gruppen der Bewegungsgrößen bestehen folgende Beziehungen:

$$v = \omega \cdot \varrho \quad [\mathrm{m/s}] \tag{7}$$

$$b_t = \varepsilon \cdot \varrho \quad [\mathrm{m/s^2}] \tag{8}$$

$$b_n = \omega^2 \cdot \varrho \quad [\mathrm{m/s^2}] \tag{9}$$

$$b = \sqrt{b_n^2 + b_t^2} = \varrho \sqrt{\varepsilon^2 + \omega^4} \quad [\mathrm{m/s^2}] \tag{10}$$

Aus den Gln. (7 bis 10) geht hervor, daß sich bei der reinen Drehung die Bewegungsgrößen verschiedener Punkte der bewegten Ebene zueinander verhalten, wie ihre Abstände vom Drehpunkt. Außerdem ergibt sich aus Formel (6) die weitere Beziehung

$$\tan\delta = \frac{\varepsilon}{\omega^2} \tag{11}$$

Sind bei einer Konstruktion nur die Bewegungsvorgänge zu berücksichtigen, weil die möglichen Kräfte bedeutungslos sind, so reicht die Kenntnis der Geschwindigkeitsverhältnisse voll aus. Spielen aber die Kräfte eine Rolle, wie etwa bei schnellaufenden Maschinen, oder wenn große Massen bewegt werden sollen, dann sind auch die Beschleunigungen der betreffenden Getriebe zu untersuchen. Vor allem müssen die Höchstwerte der Beschleunigung festgestellt werden, weil diese maßgebend sind für die Festigkeitsberechnung der gefährdeten Getriebeglieder. Der Verlauf der Geschwindigkeit und der Beschleunigung eines Getriebepunktes läßt sich auf mathematischem Wege finden, wenn man den Verlauf des Weges in Abhängigkeit von der Zeit kennt. Dieses Weg-Zeit-Gesetz kann man in Form einer Gleichung darstellen. Die höhere Mathematik lehrt, daß der sogenannte

---

[1] Vgl. HAGEDORN, Konstruktive Getriebelehre. Hannover: Schroedel-Verlag 1960, S. 30 ff.

erste Differentialquotient dieser Gleichung nach der Zeit das Geschwindigkeitsgesetz darstellt, während der zweite Differentialquotient des Weg-Zeit-Gesetzes den Beschleunigungsverlauf darstellt.

Am Beispiel der zentrischen Schubkurbel (Abb. **11**.7), also am Beispiel des bei den Kolbenmaschinen üblichen Kurbeltriebes, seien die Zusammenhänge erläutert:

Für den Weg gilt

$$s = a\,(1 - \cos\alpha) \mp b\left[1 - \sqrt{1 - \left(\frac{a}{b}\sin\alpha\right)^2}\right] \quad [\text{m}] \tag{12}$$

oder angenähert:

$$s = a\,(1 - \cos\alpha) \mp \frac{1}{2}\,\frac{a^2}{b}\sin^2\alpha \quad [\text{m}] \tag{13}$$

Dabei sind:

s der vom inneren Totpunkt aus zurückgelegte Weg

a die Kurbellänge,

b die Pleuellänge (Koppellänge)

α der Kurbeldrehwinkel (von der Kurbelstellung der inneren Totlage gerechnet)

Vorzeichen: $-$ für Vorwärtsgang

$\quad\quad\quad\quad\quad + $ für Rückwärtsgang

Der erste Differentialquotient des Weges nach der Zeit (t) gibt die Geschwindigkeit (v_B)

$$v_B = \frac{ds}{dt} \quad [\text{m/s}] \tag{14}$$

Will man statt der Zeit t den Winkel α einführen, was bei gleichförmiger Antriebsdrehbewegung möglich ist, so benutzt man die Gleichung für die Kurbelzapfengeschwindigkeit:

$$v_A = a\cdot\omega = a\cdot\frac{d\alpha}{dt} \quad [\text{m/s}] \tag{15}$$

Nunmehr kann man das Verhältnis der Geschwindigkeiten aufstellen:

$$\left.\begin{aligned} \frac{v_B}{v_A} &= \frac{ds\cdot dt}{dt\cdot a\cdot d\alpha} = \frac{ds}{a\cdot d\alpha} = \frac{a\cdot\sin\alpha\,d\alpha \mp \dfrac{a^2}{b}\sin\alpha\cos\alpha\,d\alpha}{a\cdot d\alpha} \\[2mm] &= \sin\alpha \mp \frac{a}{b}\sin\alpha\cos\alpha \end{aligned}\right\} \tag{16}$$

Hieraus ergibt sich angenähert:

$$v_B = v_A \sin\alpha\left(1 \mp \frac{a}{b}\cos\alpha\right) \quad [\text{m/s}] \tag{17}$$

Die nächste Differentiation nach der Zeit ergibt dann die Tangentialbeschleunigung:

$$b_{tB} = \frac{dv_B}{dt} = v_A\left(\cos\alpha\,\frac{d\alpha}{dt} \mp \frac{a}{b}\cos 2\alpha\,\frac{d\alpha}{dt}\right) \quad [\text{m/s}^2] \tag{18}$$

oder[1] angenähert:

$$b_{tB} = \frac{v_A^2}{a}\left(\cos\alpha \mp \frac{a}{b}\cos 2\alpha\right) \quad [\text{m/s}^2] \tag{19}$$

Die mathematische Ableitung der Bewegungsgrößen, die hier im Ansatz an einem einfachen Beispiel gezeigt wurde, ist bei anderen Getrieben, z. B. bei der

---

[1] $\dfrac{d\alpha}{dt} = \dfrac{v_A}{a}$

geschränkten Schubkurbel (Abb. **6**.10) oder bei der Kurbelschwinge (Abb. **8**.1) mit größerem Aufwand verbunden. Die mathematische Behandlung ist zweifellos von grundlegender Bedeutung und ermöglicht beim Einsatz moderner Rechenanlagen einen umfassenden Überblick über das ganze Gebiet.

Für die praktische Konstruktion sind in den meisten Fällen jedoch zeichnerische Methoden ausreichend. Sie haben dazu den Vorteil, daß unmittelbar am Reißbrett ein Überblick über den Verlauf der Geschwindigkeit und der Beschleunigung gewonnen werden kann, auch ohne Kenntnisse auf dem Gebiet der höheren Mathematik.

4.1 Ermittlung der Bewegungsgrößen aus dem Weg-Zeit-Schaubild

Die zeichnerische Differentiation eines Weg-Zeit-Schaubildes zur Ermittlung des Geschwindigkeitsverlaufes und die anschließende zeichnerische Differentiation des Geschwindigkeitsschaubildes zur Ermittlung des Beschleunigungsverlaufes wird nachfolgend an Hand der Abb. **6**.11 beschrieben, die die Bewegungsverhältnisse am Abtrieb der geschränkten Schubkurbel in Abb. **6**.10 darstellt.

Grundsätzlich sind die Maßstäbe für beide Achsen frei wählbar. Es ist jedoch zweckmäßig, bestimmte Maßstabsregeln zu beachten, die in einem späteren Abschnitt noch näher erläutert werden. Auf der waagerechten Achse wird die Zeit angetragen. Die Diagrammlänge entspricht einer Kurbelumdrehung, wobei es zweckmäßig ist, den abgerollten Kurbelkreis zugrunde zu legen. Aus dem Getriebeschema (Abb. **6**.10) werden die einzelnen Wegstrecken vom inneren Totpunkt aus gemessen und sinngemäß in das Diagramm übertragen. Die einzelnen Punkte im Diagramm werden geradlinig verbunden; die einzelnen Ecken des Linienzuges bleiben dadurch als exakt ermittelte Hubwerte erkennbar.

Die Geschwindigkeit als Änderung des Weges in der Zeiteinheit ist dargestellt durch die Steigung der Zeit-Weg-Kurve. Der Verlauf der Geschwindigkeitskurve ist also nichts anderes als die Darstellung der Steigung der Zeit-Weg-Kurve. Zieht man durch zwei Punkte der Zeit-Weg-Kurve eine Gerade, z. B. durch die Punkte 4 und 5 in Abb. **6**.11, so ergibt eine Parallele zu dieser Geraden, die man durch einen festen Punkt auf der nach links verlängerten waagerechten Diagrammachse (Abszisse) zieht, auf der senkrechten Achse (Ordinate) einen Abschnitt, der ein Maß ist für die Steigung der Zeit-Weg-Kurve an dieser Stelle, also für die Geschwindigkeit an dieser Stelle. Man muß nur noch den gefundenen Wert in das Diagramm übertragen, und zwar in die Mitte zwischen den Punkten 4 und 5. Führt man dieses Verfahren 12mal durch, nämlich für alle 12 Intervalle, so ergibt sich ein Linienzug, der angenähert den Verlauf der Abtriebsgeschwindigkeit darstellt. Aus dem Verfahren ergibt sich, daß die Teilung des Geschwindigkeitsdiagrammes insgesamt gegenüber dem Weg-Zeit-Verlauf um ein halbes Intervall versetzt ist.

Wendet man das gleiche Verfahren ein zweites Mal an, nunmehr jedoch auf die Steigungen der Geschwindigkeitskurve, so erhält man — ebenfalls angenähert — den Verlauf der Beschleunigung. Am Beispiel des Intervalles zwischen den Punkten 3,5 und 4,5 des Geschwindigkeitsschaubildes ist dieser Ermittlungsvorgang nochmal dargestellt. Das Beschleunigungsdiagramm weist gegenüber dem Geschwindigkeitsdiagramm wiederum eine Versetzung von einer halben Intervallteilung auf; seine Teilung stimmt also mit der Intervallteilung des Weg-Zeit-Diagrammes überein.

Die Ordinatenmaßstäbe für den Verlauf der Geschwindigkeit und der Beschleunigung hängen unter anderem ab von der Wahl des auf dem linken Ende der x-Achse gewählten festen Punktes. Je größer dieser Abstand gewählt wird, um so größer werden auch die Ordinatenwerte der Diagramme. Es ist üblich, diesen Abstand in einem festen Verhältnis zur Diagrammlänge zu wählen, und zwar im Verhältnis $1:2\,\pi$.

Die hier beschriebene Ermittlung der Geschwindigkeit und der Beschleunigung wird um so genauer, je enger die Intervallteilung gewählt wird. In vielen praktischen Fällen ist es ratsam, die Intervallteilung im Bereich der vermuteten Größtwerte der Beschleunigung enger zu wählen und damit die Genauigkeit des Ergebnisses zu steigern. Bei dem vorliegend beschriebenen Verfahren ist von Intervall zu Intervall jeweils eine Sehne an Stelle der Tangente in Intervallmitte benutzt worden. Fehler entstehen hierdurch nur insoweit, als die Richtung der Sehne und die Richtung der Tangente nicht übereinstimmen. Die verschieden hohe Lage der beiden Geraden bleibt ohne Einfluß.

Im Diagramm (Abb. 6.11) sind die einzelnen Kurvenpunkte in allen drei Kurvenzügen geradlinig verbunden, obwohl die drei Kurven in Wirklichkeit gekrümmte Linien sind. Es wurde aber diese Darstellungsweise gewählt, um so die Konstruktion der einzelnen Kurvenpunkte recht klar zeigen zu können. Außerdem wird hierdurch noch besonders hervorgehoben, daß die „konstruierten" Punkte die einzigen Punkte der Kurven sind, die man mit Sicherheit kennt. Einen genauen Aufschluß über den weiteren Verlauf der Kurven bringt nämlich nicht das Kurvenlineal, sondern nur die Konstruktion einer weiteren Anzahl von Kurvenpunkten. Dabei wird dann auch der Kurvenverlauf immer genauer.

4.2 Ermittlung der Bewegungsgrößen im Getriebeplan

Neben dem vorstehend beschriebenen Näherungsverfahren ist auch eine exakte zeichnerische Ermittlung der Geschwindigkeit und der Beschleunigung möglich. Dabei wird von der Tatsache Gebrauch gemacht, daß man jede gerichtete Größe als Vektor, also durch einen Pfeil, darstellen kann. Man muß lediglich einen bestimmten Vektormaßstab festlegen, d. h. man muß angeben, welchen betrag in m/s für die Geschwindigkeit und in m/s^2 für die Beschleunigung 1 cm Vektorlänge darstellt.

Aus der Mechanik ist bereits bekannt, daß man Kräfte als gerichtete Größen darstellen und mit Hilfe des Kraftecks zu Resultierenden zusammensetzen oder in Komponenten zerlegen kann. Unter Anwendung auf die Geschwindigkeit sei hier auf das Wichtigste kurz hingewiesen.

Wirken an einem Punkte mehrere Geschwindigkeiten, so werden diese nach dem Parallelogrammverfahren zur resultierenden Geschwindigkeit zusammengesetzt. Dabei werden die einzelnen Geschwindigkeiten (Abb. 7.1) als Pfeile dargestellt, die in einer bestimmten Wirkrichtung liegen und deren Spitzen im richtigen Wirkungssinn angeordnet sind. Die Längen der Pfeile entsprechen in einem, zunächst beliebig gewählten, Maßstab der zahlenmäßigen Größe der betreffenden Geschwindigkeiten. Werden nur zwei Teilgeschwindigkeiten benutzt, so bilden sie die Seiten des Geschwindigkeits-Parallelogrammes, während die Gesamtgeschwindigkeit als Diagonale erscheint (Abb. 7.1).

Wie Abb. 7.2 zeigt, genügt zur Bestimmung der Gesamtgeschwindigkeit bereits die Hälfte des Geschwindigkeits-Parallelogrammes, das Geschwindigkeitsdreieck. Es ist dabei nur darauf zu achten, daß die Teilgeschwindigkeiten immer im vorgeschriebenen Richtungssinn aneinander gesetzt werden und niemals zwei Pfeilspitzen der Teilgeschwindigkeiten zusammentreffen. In dieser Weise können, wie in Abb. 7.3, auch mehr als zwei Teilgeschwindigkeiten zusammengesetzt werden. Die Resultierende erhält man immer als Verbindungslinie der Spitze des letzten Pfeiles mit dem Anfang des ersten Pfeiles. Der Richtungssinn der Resultierenden läuft dabei dem Richtungssinn der Teilgeschwindigkeit entgegen.

Wie die Abb. 7.4, 7.5 und 7.6 erkennen lassen, kann nach demselben Verfahren eine Gesamtgeschwindigkeit auch in Komponenten zerlegt werden, wenn eine Teilgeschwindigkeit vollständig bekannt ist, also nach Größe, Richtung und Richtungssinn, oder wenn von beiden Teilgeschwindigkeiten nur die Größen bekannt sind und schließlich — der häufigste Fall — nur die Richtungen der Teilgeschwindigkeiten.

In der gleichen Weise lassen sich auch Beschleunigungskomponenten zu einer Gesamtbeschleunigung zusammensetzen und umgekehrt Gesamtbeschleunigungen zerlegen.

4.2.1 Die Geschwindigkeit

Die Bewegung irgendeines Maschinengliedes ist durch den Geschwindigkeitsverlauf zweier seiner Punkte bestimmt, die beliebig gewählt werden können; so ist z. B. die Bewegung des Pleuels beim Kurbeltrieb einer Kolbenmaschine eindeutig bestimmt, wenn man den Geschwindigkeitsverlauf des Kurbelzapfens und des Kolbenbolzens bzw. des Kreuzkopfbolzens kennt. Das Gleiche gilt, wenn es sich nicht um den gesamten Bewegungsverlauf handelt, sondern um den Bewegungszustand in einer bestimmten Getriebestellung.

Bei den ebenen Getrieben[1] sind nur drei Bewegungen möglich:

1. Die reine Drehung um einen festen Punkt, z. B. bei der Kurbel.

2. Die reine Schiebung, bei der alle Punkte eines Getriebegliedes parallele Bahnen beschreiben, z. B. der Kreuzkopf.

3. Die sogenannte allgemeine Bewegung, die aus Überlagerung verschiedene Bewegungen zustande kommt, z. B. die Bewegung der Koppel einer Kurbelschwinge.

Wenn aus der Konstruktion bekannt ist, daß ein Getriebeglied nur eine reine Drehung oder nur eine reine Schiebung ausführen kann, so genügt die Kenntnis des Geschwindigkeitsverlaufes eines einzigen Punktes — bei der Drehung jedoch nicht diejenige des Drehpunktes — zur Bestimmung des Bewegungsverlaufes des ganzen Gliedes bzw. seiner Ebene. Bei der Schiebung haben alle Punkte der Ebene die gleichen Geschwindigkeiten und Bewegungsrichtungen; bei der reinen Drehung ist bei allen Punkten der drehenden Ebene das Bewegungsgesetz das gleiche, die zahlenmäßige Größe der Geschwindigkeiten jedoch für beliebige Punkte der Ebene unterschiedlich, sofern sie verschiedene Abstände vom Drehpunkt haben.

Bei der allgemeinen Bewegung wechseln Geschwindigkeitsrichtung und Geschwindigkeitsgröße von Punkt zu Punkt innerhalb der allgemein bewegten Ebene. Zur Bestimmung des Geschwindigkeitszustandes benötigt man für zwei Punkte der Ebene die Bewegungsrichtung und für einen von ihnen auch die Geschwindigkeit nach ihrer Größe. Sind diese Werte bekannt, so kann man in einfacher Weise zeichnerisch die Geschwindigkeit jedes beliebigen anderen Punktes der Ebene nach Größe und Richtung bestimmen.

Die Ermittlung der Geschwindigkeiten beliebiger Gliedpunkte beruht hierbei auf der Erkenntnis, daß auch die allgemeine Bewegung eines Gliedes als eine Drehung um einen festen Punkt aufgefaßt werden kann, wenn man die Gesamtbewegung in möglichst eng begrenzte Einzelbewegungen aufteilt und jede dieser Augenblicksbewegungen (Momentandrehung) für sich betrachtet. Die Abb. 7.7, 7.8 und 7.9 sollen dies am Beispiel einer Kurbelschwinge veranschaulichen. Hier macht die Koppel mit den Gelenken A und B die allgemeine Bewegung. Die Bahnen der Gelenkmittelpunkte, nämlich der Kurbelkreis und der Schwingenbogen sind bekannt. Die Bewegungsrichtungen der Punkte A und B verlaufen stets

---

[1] Ebene Getriebe sind im Gegensatz zu räumlichen Getrieben solche, bei denen alle Glieder in parallelen Ebenen laufen.

rechtwinklig zur Mittellinie der Kurbel AA_0 bzw. der Schwinge BB_0. Die gleiche Bewegungsrichtung ergäbe sich aber auch für die Punkte A bzw. B, wenn man die Koppelebene im Punkt P pendelnd aufhängen würde. Dies setzt lediglich voraus, daß der Punkt P als fester Lagerpunkt im Schnittpunkt der Mittellinie von Kurbel und Schwinge angeordnet würde. In Abb. 7.9 ist die Koppelebene wie bei Abb. 7.7 im Kurbelzapfen A und im Schwingenzapfen B geführt, außerdem aber bei P gelagert. Es wird anschaulich, daß innerhalb gewisser Grenzen ein Bewegungsausschlag möglich ist.

Der Punkt P wird als Augenblickspol oder kurz als Pol der Bewegung bezeichnet. Von Getriebestellung zu Getriebestellung gilt ein anderer Punkt als Augenblickspol. Der Pol wandert also während eines Getriebeumlaufs auf einer Bahn, die von den Getriebeabmessungen abhängig ist.[1]

Der praktisch große Wert dieser Überlegung liegt darin, daß man bei Geschwindigkeitsermittlungen von Koppelpunkten, also z. B. beim Punkt B, die Koppel vorübergehend als in dem jeweiligen Augenblickspol P drehbar gelagert betrachten kann. Damit ist es möglich die einfachen, für die reine Drehung geltenden Gesetze anzuwenden. Man braucht jetzt nur noch die Geschwindigkeit eines Koppelpunktes, z. B. des Kurbelzapfens A zu kennen, um die Geschwindigkeiten beliebiger Koppelpunkte angeben zu können.

Bei der reinen Drehung verhalten sich die Geschwindigkeiten der einzelnen Gliedpunkte wie die Größen ihrer Abstände vom festen Drehpunkt. Die Darstellung proportionaler Größen durch entsprechende Streckenabschnitte ist in einfacher Weise nach dem Strahlensatz möglich.

Daraus ergibt sich (Abb. 7.10) die zeichnerische Ermittlung z. B. der Geschwindigkeit des Punktes B. Auf dem Schenkel AP trägt man von A aus den Geschwindigkeitsvektor der Kurbelzapfengeschwindigkeit v_A ab, den man zweckmäßig gleich der Kurbellänge macht. Die Geschwindigkeit des Kurbelzapfens steht mit ihrer Wirkrichtung tangential zum Kurbelkreis; sie ist also, wenn sie auf dem Polstrahl angeordnet wird, um 90° aus ihrer Wirkrichtung gedreht. Durch die Spitze des Geschwindigkeitsvektors zieht man eine Parallele zu der Koppelgeraden AB. Diese schneidet den Polstrahl von B nach P in einem Abstand, der sich zum Vektor v_A verhält wie die Abstände der Punkte A und B vom Pol. Der auf dem Polstrahl von B erhaltene Abschnitt stellt also unter Anwendung des gleichen Maßstabes wie bei v_A eine zu v_B verhältnisgleiche Strecke dar, also den Vektor der Geschwindigkeit für den Schwingenzapfen. Dreht man diesen Vektor um den Punkt B zurück, bis er tangential zum Schwingenbogen liegt, so erscheint v_B in der Wirkrichtung.

Wie Abb. 7.11 zeigt, ist das Verfahren auch dann anwendbar, wenn der Pol P außerhalb der Zeichnung liegt. Er wird hier lediglich zum Verständnis des Verfahrens benötigt.

Wiederholt man diese Geschwindigkeitskonstruktion für mehrere Kurbelstellungen, so kann man, wie in Abb. 8.1, punktweise den ganzen Geschwindigkeitsverlauf für die Bewegung des Schwingenzapfens darstellen. Man erhält die einzelnen Vektoren für v_B zunächst über dem Schwingenbogen (Abb. 8.1). Man kann sie aber auch über dem gestreckten Schwingenbogen (Abb. 8.2) darstellen und schließlich auch über dem abgerollten Kurbelkreis, damit also über der Zeit. Das Letztere ist erforderlich, wenn man durch zeichnerisches Differenzieren den Verlauf der Tangentialbeschleunigung am Schwingenzapfen ermitteln will (Abb. 8.3).

Wählt man die Länge des Geschwindigkeitsvektors v_A für den Antrieb grundsätzlich gleich der Länge der Antriebskurbel, so wird das Verfahren noch einfacher,

---

[1] Vgl. Abb. 15.5.

wenn man das Kurbellager A_0 (Abb. **8**.4) als Spitze des Geschwindigkeitspfeiles v_A betrachtet. Man zieht in jeder beliebigen Getriebelage eine Parallele zur Koppelmittellinie und erhält auf der Schwingenmittellinie einen zu v_B proportionalen Abschnitt. Für die Schubkurbel (Abb. **8**.5) gilt das gleiche. v_B steht auch hier senkrecht zur Wirkrichtung.

4.2.2 Die Winkelgeschwindigkeit

Nicht immer ist die Geschwindigkeit einzelner Getriebepunkte für das Verhalten eines Getriebes ausschlaggebend; es kann auch sein, daß statt dessen die Winkelgeschwindigkeit betrachtet werden muß. Dies gilt vor allem dann, wenn außer der Antriebsbewegung auch die Abtriebsbewegung eine voll umlaufende Drehbewegung ist. Abb. **8**.6 zeigt eine Doppelkurbel, bei der die beiden Lenker d und b volle Drehbewegungen ausführen. In Abb. **8**.7 ist der Verlauf des Abtriebswinkels β über dem Antriebswinkel α, also über der Zeit t, dargestellt. Wäre die Drehbewegung am Antrieb und Abtrieb gleichförmig, so würde die im Diagramm unter 45° ansteigende Gerade das Bewegungsgesetz darstellen. Infolge der Relativbewegungen der Koppelgelenke A und B wird jedoch eine Schwingung überlagert, die zu den in Abb. **8**.7 dargestellten periodisch ungleichförmigen Verlauf führt.

Die Steigung dieser Kurve ist ein Maß für die periodisch veränderliche Winkelgeschwindigkeit am Abtrieb. Diese ist in Abb. **8**.9 dargestellt. Man könnte den Verlauf der Winkelgeschwindigkeit ω_2 durch zeichnerisches Differenzieren der β-Kurve in Abb. **8**.7 erhalten. Man kann aber auch das Verhältnis der Winkelgeschwindigkeiten ω_2 und ω_1 von Getriebestellung zu Getriebestellung aus der zeichnerischen Darstellung des Getriebes Abb. **8**.8 entnehmen.[1]

Die Leistungsübertragung im Getriebe hat einen Kraftfluß vom Antrieb über die Koppel zum Abtrieb zur Folge. Nimmt man verlustfreie Leistung an, so gilt

$$N_2 = N_1 \tag{20}$$

Da die Leistung, von konstanten Faktoren abgesehen, als Produkt aus Drehmoment und Drehzahl, bzw. aus Drehmoment und Winkelgeschwindigkeit aufgefaßt werden kann, ergibt sich

$$M_2 \cdot \omega_2 = M_1 \cdot \omega_1 \tag{21}$$

Hieraus folgt

$$\frac{\omega_2}{\omega_1} = \frac{M_1}{M_2} \tag{22}$$

Ersetzt man die Größen M_1 und M_2 durch das jeweilige Produkt der Koppelkraft K und ihres Abstandes vom Antriebslager A_0 bzw. vom Abtriebslager B_0, so erhält man unter Benutzung der in Abb. **8**.8 eingetragenen Bezeichnungen

$$\frac{M_1}{M_2} = \frac{K \cdot \overline{A_0 E}}{K \cdot \overline{B_0 F}} = \frac{\overline{A_0 E}}{\overline{B_0 F}} \tag{23}$$

Bezieht man den Schnittpunkt der Mittellinie von Koppel c und Gestell a, den sogenannten Relativpol Q, in die Betrachtung ein, so ergibt sich aus der Ähnlichkeit der Dreiecke $A_0 E Q$ und $B_0 F Q$

$$\frac{\overline{A_0 E}}{\overline{B_0 F}} = \frac{q_1}{q_2} \tag{24}$$

---

[1] Der Index 1 gilt für den Antrieb, der Index 2 für den Abtrieb. Dies entspricht der üblichen Bezeichnung bei gleichförmig übersetzenden Getrieben, bei denen die Antriebsdrehzahl stets mit n_1 bezeichnet wird.

Das Verhältnis der Winkelgeschwindigkeiten ergibt sich also aus dem Verhältnis der Abstände des Relativpoles von den beiden Gestellagern. Man kann das Verhältnis der Winkelgeschwindigkeiten als Übersetzungsverhältnis bezeichnen, in gleicher Weise wie man dies auch bei den gleichförmig übersetzenden Getrieben gewohnt ist. Bei diesen kann man jedoch auch das Verhältnis der Drehzahlen benutzen. Es ist dabei üblich, die Antriebsdrehzahl auf die Abtriebsdrehzahl zu beziehen

$$i = \frac{n_1}{n_2} \quad \text{Übersetzungsverhältnis bei gleichförmig übersetzenden Getrieben.} \quad (25)$$

Wollte man auch bei den ungleichförmig übersetzenden Getrieben das Drehzahlverhältnis benutzen, so ergäbe sich bei den Getrieben mit periodisch ungleichförmiger Abtriebsdrehung nach Art der Doppelkurbeln stets das Übersetzungsverhältnis $i = 1$, d. h. die Ungleichförmigkeit käme dabei nicht zum Ausdruck. Sie tritt erst in Erscheinung, wenn man an Stelle der Drehzahl die Winkelgeschwindigkeit betrachtet. Es hat sich dabei als zweckmäßig erwiesen, wenn man die Winkelgeschwindigkeit am Abtrieb auf die Winkelgeschwindigkeit am Antrieb bezieht. Man arbeitet also mit dem Kehrwert des von den gleichförmig übersetzenden Getrieben her üblichen Begriffes.

$$\frac{1}{i} = \frac{\omega_2}{\omega_1} = \frac{q_1}{q_2} \quad \begin{array}{l}\text{Übersetzungsverhältnis bei ungleichförmig} \\ \text{übersetzenden Getrieben.}\end{array} \quad (26)$$

Bei gleichförmig verlaufender Antriebsdrehung ist $\omega_1 = $ konst. Die Darstellung der Kurve für ω_2 Abb. **8**.9 ist in einfacher Weise möglich. Auf zwei zueinander senkrechten Achsen trägt man die aus dem Getriebe entnommenen Abschnitte q_1 und q_2 an. Man verbindet die Endpunkte und zieht zu dieser Geraden eine Parallele durch einen festen Punkt auf der waagerechten Achse, der vom Achsenschnittpunkt eine Entfernung hat, die dem Wert ω_1 entspricht. Die Einheit für ω_1 kann frei gewählt werden. Auf der senkrechten Achse erhält man auf diese Weise einen Abschnitt, der die Winkelgeschwindigkeit am Abtrieb im Verhältnis zu derjenigen am Antrieb darstellt, also das Übersetzungsverhältnis $1/i$. Der erhaltene Wert ist außerdem ein Maß für die Steigung der zugehörigen Winkelkurve Abb. **8**.7.

4.2.3 Die Beschleunigung

Auch die Beschleunigung beliebiger Punkte einer allgemein bewegten Ebene — also der Koppelebene eines Viergelenkgetriebes — läßt sich im Getriebe zeichnerisch ermitteln. Es gibt einfache zeichnerische Verfahren, die es gestatten, nicht nur über den Geschwindigkeitszustand, sondern auch über den Beschleunigungszustand der Koppelebene exakte Angaben zu machen. Auch hierbei wird die Beschleunigung als gerichtete Größe, als sogenannter Vektor, dargestellt. Man geht dabei von der Vorstellung aus, daß die Bewegung des Koppelgelenkes B (Abb. **9**.1) aufgefaßt werden kann als Ergebnis einer Parallelverschiebung der ganzen Koppelebene mit der Geschwindigkeit des Kurbelzapfens v_A und einer gleichzeitigen Relativdrehung des Schwingenzapfens B als Koppelpunkt um den Kurbelzapfen A, der ebenfalls als Koppelpunkt aufgefaßt werden kann. Man kann sich am Beispiel der Kurbelschwinge (Abb. **9**.1) den Vorgang in folgenden Schritten durchgeführt denken:

Koppellage **1**: innere Totlage des Getriebes.

Koppellage **2**: Kurbelzapfen A wurde auf die zu untersuchende Getriebelage eingestellt und dabei die Koppel parallel verschoben, so daß alle Punkte der Koppelebene die gleiche Geschwindigkeit v_A haben. Das Abtriebsgelenk der Koppel liegt dabei in der Stellung B'.

Koppellage **3**: Die Koppel wird um die unveränderte Lage des Kurbelzapfens
A verschwenkt, bis das Koppelgelenk von B' nach B gelangt.
Alle Punkte der Koppelebene nehmen an dieser Schwenkbewegung teil. Die Geschwindigkeit dieser Schwenkbewegung ist
für jeden Koppelpunkt nach Größe und Richtung abhängig von
seiner Lage zum Kurbelzapfen.

Für das Koppelgelenk B wird diese Geschwindigkeit bezeichnet mit v_{BA}
(sprich: *vau B um A*).

Das Ergebnis der Überlagerung der Geschwindigkeiten v_A und v_{BA} ist die
Geschwindigkeit des Schwingenzapfens B tangential zum Schwingenbogen v_B.
Nach EULER gilt[1]

$$v_B = v_A + v_{BA} \tag{27}$$

Diese Beziehung läßt sich wie folgt formulieren:

*Die Geschwindigkeit des Punktes B ist gleich der Geschwindigkeit des Punktes ·A
geometrisch vermehrt um die Geschwindigkeit des Punktes B um A.*

Zeichnerisch wird diese Beziehung als Vektordreieck dargestellt. Abb. **9**.2
zeigt, unter Benutzung der Getriebeabmessungen aus Abb. **9**.1, dieses Vektordreieck, bei dem der Richtungssinn von v_B als Resultierender dem Richtungssinn
der Komponenten v_A und v_{BA} entgegenläuft. Während in Abb. **9**.1 die Vektoren
in der Wirkrichtung der jeweiligen Geschwindigkeiten lagen, liegen sie in Abb. **9**.2
sämtlich um 90° gedreht.

Nach EULER[2] gilt nun hinsichtlich der Beschleunigungen der gleiche Satz:

*Die Beschleunigung des Punktes B ist gleich der Beschleunigung des Punktes A
geometrisch vermehrt um die Beschleunigung des Punktes B um den Punkt A.*

Die entsprechende Gleichung lautet:

$$b_B = b_A + b_{BA} \tag{28}$$

Nun wurde bereits in Abschnitt 4 dargelegt, daß man bei der Beschleunigung
zwischen zwei Komponenten unterscheiden muß, die sich als Normal- und Tangentialbeschleunigung zur Gesamtbeschleunigung ergänzen. Umgekehrt bedeutet
dies, daß man im vorliegenden Fall jede der drei Beschleunigungen in Formel (28)
in ihre tangentiale und ihre normale Komponente zerlegen muß, um sichere Aus-
sagen machen zu können. Es ergibt sich also:

$$b_{tB} + b_{nB} = b_{tA} + b_{nA} + b_{tBA} + b_{nBA} \tag{29}$$

Geht man auch hier wieder von der Annahme gleichförmiger Antriebsdrehun-
gen aus, so entfällt die Komponente b_{tA}. Von den fünf verbleibenden Vektoren
sind die drei Normalbeschleunigungen leicht bestimmbar, wenn man die entsprechenden Geschwindigkeiten vorher ermittelt (Abb. **9**.2). Die zugehörigen Krümmungshalbmesser sind ebenfalls bekannt und zwar: a für v_A, c für v_B und b
für v_{BA}.

Bei der zeichnerischen Ermittlung der Normalbeschleunigung schreibt man
die Beziehung

$$b_n = \frac{v^2}{r} \tag{30}$$

in Form einer Proportion;

$$\frac{b_n}{v} = \frac{v}{r} \tag{31}$$

---

[1] Die Gln. (27, 28) und (29) sind hier in vektorieller Schreibweise dargestellt.
[2] Leonhard EULER (1707 bis 1783). Geb. in Basel, später Prof. in Petersburg (Leningrad)
und Berlin.

Man trägt (Abb. **9**.3) die Geschwindigkeit als Vektor maßstäblich auf und zwar in ihrer Wirkrichtung, wie beispielsweise im Punkte B, der sich auf einer Bahn mit dem Krümmungshalbmesser r um den Punkt B_0 bewegt. Über der Halbmesserstrecke BB_0 schlägt man den Thaleskreis und bringt diesen zum Schnitt mit einem Kreisbogen, den man mit v als Halbmesser um B schlägt. Die Schnittpunkte S und S' verbindet man geradlinig und erhält auf der Strecke BB_0 einen Abschnitt BF, der die gesuchte Normalbeschleunigung darstellt. Aus der Ähnlichkeit der Dreiecke BB_0S und BSF ergibt sich die in Formel (31) angegebene Proportion.

Ist die Länge des Geschwindigkeitsvektors v größer als der Halbmesser r, so errichtet man (Abb. **9**.4) auf der Strecke BB_0 die Senkrechte im Lagerpunkt B_0 und bringt diese zum Schnitt mit einem Kreisbogen, den man mit v als Halbmesser um B schlägt. In diesem Schnittpunkt E errichtet man die Senkrechte zur Strecke BE und bringt diese zum Schnitt mit der über den Lagerpunkt B_0 hinaus verlängerten Mittellinie des Lenkers BB_0. Es ergibt sich der Schnittpunkt F. Aus der Ähnlichkeit der Dreiecke BB_0E und BEF läßt sich wiederum die Proportion nach Formel (31) ableiten.

Diese beiden, nach dem sogenannten Kathetensatz arbeitenden Verfahren, führen immer zu einem Ergebnis, und zwar ganz gleich ob die Länge des Geschwindigkeitsvektors größer oder kleiner ist als die Länge des zugehörigen Halbmessers r. Stimmen die Längen von v und r überein, so ergibt sich in jedem Falle für den Vektor der Normalbeschleunigung die Länge von r. Dies trifft zu, wenn man wie üblich bei Kurbelgetrieben den Vektor der Kurbelzapfengeschwindigkeit v_A ebenso lang macht wie die Kurbellänge a.

Die Kurbellänge entspricht dann gleichzeitig der Vektorlänge für die Normalbeschleunigung b_{nA}; die Vektorspitze liegt im Kurbellager. Setzt man wie üblich gleichförmige Kurbeldrehungen voraus, so ist infolge $b_t = 0$ damit die Gesamtbeschleunigung b_A bekannt.

Die zeichnerische Ermittlung der Gesamtbeschleunigung b_B am Schwingenzapfen einer Kurbelschwinge, oder allgemein ausgedrückt am Abtriebsgelenk der Koppel eines Viergelenkgetriebes, wird nun folgendermaßen durchgeführt (Abb. **9**.5): Man ermittelt zunächst das Geschwindigkeitsdreieck am Schwingenzapfen entsprechend Formel (27). Der Geschwindigkeitsvektor v_A stellt gleichzeitig den Beschleunigungsvektor b_{nA} bzw. den Beschleunigungsvektor b_A dar. Über der Schwingenlänge c und über der zur Koppel b parallelen Strecke A_0E werden nach dem Verfahren der Abb. **9**.3 bzw. **9**.4 die Normalbeschleunigungen b_{nB} und b_{nBA} ermittelt. Die beiden Geraden durch die Schnittpunkte S und S' bzw. T und T' werden zum Schnitt gebracht und ergeben die Spitze des gesuchten Vektors b_B. Das Vektorfünfeck, das der Konstruktion zugrunde liegt, ist in der Nebenfigur zu Abb. **9**.5 besonders dargestellt.[1]

4.2.4 Die Winkelbeschleunigung

Bei voll umlaufenden Drehbewegungen ist die Beschleunigung einzelner Punkte der drehenden Ebene in vielen Fällen weniger wichtig als die Winkelbeschleunigung. Der Verlauf der Winkelbeschleunigung für einen ganzen Getriebeumlauf kann durch zeichnerisches Differenzieren des Verlaufes der Winkelgeschwindigkeit ermittelt werden. Man könnte also z. B. die in Abb. **8**.9 dargestellte Kurve für ω_2 zeichnerisch differentieren.

---

[1] Ausführlichere Darstellung dieser Zusammenhänge siehe auch HAGEDORN, Konstruktive Getriebelehre (S. 60 ff.) Hannover: Schroedel-Verlag 1960.

Es besteht aber auch die Möglichkeit, zunächst die Beschleunigung am Abtriebsgelenk B der Koppel c (Abb. **8**.6) von Getriebestellung zu Getriebestellung zu ermitteln und zwar nach dem in Abb. **9**.5 gegebenen Verfahren und die gewonnenen
Werte dann durch die Länge der Abtriebskurbel b zu dividieren. Der letztere
Weg führt zweifellos zu genaueren Ergebnissen.

4.3 Die Maßstäbe

Man kann für ein gegebenes Getriebe den Verlauf der Bewegungsgrößen, also
der Geschwindigkeit und der Beschleunigung, bzw. den Verlauf der Winkelgeschwindigkeit und der Winkelbeschleunigung ermitteln ohne sich im voraus an
bestimmte Maßstäbe zu binden. Die Auswertung eines solchen Diagrammes verlangt jedoch eine vorhergehende Maßstabsberechnung. Noch besser ist es zweifellos aus Gründen der Zweckmäßigkeit bestimmte Normalmaßstäbe zu vereinbaren
und diese einheitlich anzuwenden.

Aus den Dimenisonen der Geschwindigkeit (m/s) und der Beschleunigung
(m/s^2) geht hervor, daß außer der Zeit, also der Drehzahl n, auch die Baugröße
eine Rolle spielt. Es ist also der Zeichenmaßstab zu berücksichtigen, in dem das
Getriebe dargestellt wird. Es sei zunächst angenommen, daß das Getriebe im
Maßstab 1:1 gezeichnet und untersucht wird. Die Frage nach dem Maßstab läßt
sich so formulieren, daß der Geschwindigkeitswert bzw. der Beschleunigungswert
angegeben werden soll, der 1 cm Diagrammhöhe entspricht (Ordinatenmaßstab).
Wählt man den Geschwindigkeitsvektor v_A des Antriebsgelenkes der Koppel
gleich der Länge der Antriebskurbel, so ist die Maßstabsberechnung einfach, wenn
man zunächst ein Getriebe mit der Kurbellänge $a = 1$ cm zugrunde legt. Die
Geschwindigkeit des Kurbelzapfens ist dann

$$v_A = a \cdot \omega = a \cdot \frac{\pi\,n}{30} = 0{,}01 \cdot \frac{\pi\,n}{30} = 0{,}001 \cdot \frac{\pi}{3} \cdot n \quad [\text{m/s}] \tag{32}$$

Handelt es sich um ein Getriebe mit anderen Baumaßen, so bleibt der Maßstab
für den Geschwindigkeitswert je cm erhalten, wenn die Vektorlänge v_A im gleichen
Maßstab mitverändert wird. Ist beispielsweise die Kurbel $a = 5$ cm und die Vektorlänge v_A ebenfalls, so ergibt sich bei der gleichen Drehzahl zwar die 5fache Geschwindigkeit, diese wird aber auch durch einen Vektor von 5facher Länge dargestellt; der Geschwindigkeitswert je cm bleibt also unverändert.

Wird dagegen das Getriebe nicht im Maßstab 1:1 dargestellt, sondern beispielsweise im Maßstab 1:5, so stellt jetzt 1 cm Vektorlänge den 5fachen Wert dar.

Den Beschleunigungsmaßstab kann man in einfacher Weise ermitteln, wenn
man die Tatsache ausnutzt, daß sich nach Abb. **9**.3 bzw. **9**.4 bei Längengleichheit
von v_A und zugehöriger Kurbel a die Größe von b_n ebenfalls in gleicher Länge
ergibt. Für ein Getriebe von der Kurbellänge 1 cm ist b_n wie folgt zu berechnen:

$$b_n = \frac{v_A^2}{a} = \frac{a^2\,\omega^2}{a} = a\,\frac{\pi^2\,n^2}{30^2} = 0{,}01 \cdot \frac{\pi^2\,n^2}{30^2} = 0{,}0001\,\frac{\pi^2}{9} \cdot n^2 \quad [\text{m/s}^2] \tag{33}$$

Somit hat man für die Auswertung von Geschwindigkeits- und Beschleunigungsdiagrammen folgende Maßstäbe gewonnen:

$$1 \text{ cm } v \mathrel{\widehat{=}} 0{,}001\,\frac{\pi}{3} \cdot n \quad [\text{m/s}] \tag{34}$$

$$1 \text{ cm } b \mathrel{\widehat{=}} 0{,}0001\,\frac{\pi^2}{9}\,n^2 \quad [\text{m/s}^2] \tag{35}$$

Wendet man bei der Ermittlung der Geschwindigkeit und der Beschleunigung
durch zeichnerisches Differentieren einen Polabstand von der Länge der Kurbel a

an (Abb. **6**.11) bei einer Diagrammlänge, die dem abgerollten Kurbelkreis entspricht, so gelten die gleichen Maßstäbe.

Da die Ordinatenmaßstäbe gemäß Formel (34) und (35) ausschließlich von der Drehzahl abhängig sind, kann man sie in Form eines Maßstabsdiagrammes für dekadisch gestufte Drehzahlbereiche darstellen. In Abb. **10**.1 ist für Drehzahlen von $n = 10$ bis $n = 10000$ 1/min der Geschwindigkeitsmaßstab und der Beschleunigungsmaßstab dargestellt.

Die Maßstäbe für die Darstellung der Winkelgeschwindigkeit und der Winkelbeschleunigung ergeben sich wie folgt:

$$1 \text{ cm } \omega \triangleq \frac{\pi}{30 M}\, n \quad [1/\text{s}] \tag{36}$$

$$1 \text{ cm } \varepsilon \triangleq \frac{\pi^2}{30^2 M} \cdot n^2 \quad [1/\text{s}^2] \tag{37}$$

Hierin ist M der frei wählbare Maßstab für die Winkelgeschwindigkeit ω_1 am Antrieb. Wählt man beispielsweise für ω_1 eine Ordinatenhöhe von 3 cm, so ist $M = 3$. Wird der Verlauf der Winkelbeschleunigung durch zeichnerisches Differenzieren der Winkelgeschwindigkeitskurve ermittelt, so gilt der Maßstab nach Formel (37) unter der Voraussetzung, daß der Polabstand beim Differentieren zur Diagrammlänge im Verhältnis $1:2\,\pi$ steht.

4.4 Der Geschwindigkeitsaufbau bei verschiedenen Kurbelgetrieben

Es wurde bereits darauf hingewiesen, daß die periodisch ungleichförmige Bewegung am Abtrieb von Viergelenkgetrieben durch die Überlagerung verschiedener Relativbewegungen zustande kommt. Es ist sehr aufschlußreich, wenn man diese Einflüsse der einzelnen Getriebeglieder zunächst getrennt und dann in ihrem Zusammenwirken betrachtet. Für den Konstrukteur ist es wichtig zu wissen, in welcher Weise er durch Änderung der Getriebeabmessungen den Verlauf der Geschwindigkeit und der Beschleunigung beeinflussen kann. Diese Frage interessiert vor allem bei Getrieben mit umlaufendem Antrieb und schwingendem Abtrieb.

Bei der Schubkurbel und bei der Kurbelschwinge wird vom kreisenden Kurbelzapfen eine Hauptschwingung in der Bewegungsrichtung von Totpunkt zu Totpunkt erzeugt (Abb. **11**.1). Diese Schwingung ist bei der Kreuz-Schubkurbel (Abb. **11**.2) eine reine Sinusschwingung

$$v_B = v_A \cdot \sin \alpha \tag{38}$$

Bei der Kreuz-Schubkurbel sind außer der Kurbel alle übrigen Getriebeglieder unendlich lang; es erscheinen also zwei Geradführungen. Diese Geradführungen stehen rechtwinklig zueinander beim zentrischen Getriebe. Der Hub ist gleich $2\,a$. Stehen die beiden Geradführungen in einem von 90° abweichenden Winkel δ zueinander, so erhält man ein geschränktes Getriebe, die sogenannte Schar-Kreuzkurbel. Auch bei diesem Getriebe verläuft die Hubbewegung rein sinoidisch, jedoch mit einem vergrößerten Hub (Abb. **11**.3).

$$h = \frac{2\,a}{\sin \delta} \tag{39}$$

Der Winkel δ kann nicht beliebig klein gewählt werden; sein zulässiger Kleinstwert ist 45°. Dem Konstrukteur erschließt sich hier die Möglichkeit, bei einem Getriebe mit rein sinusförmigem Hubgesetz den Hubweg zu vergrößern ohne eine gleichzeitige Vergrößerung der Kurbel.

Geht man schrittweise von der Kreuz-Schubkurbel zur einfachen Schubkurbel und von dieser schließlich zur Kurbelschwinge über, so wird die sinoidische Hauptschwingung durch mehrere andere Schwingungen überlagert als Folge einer endlich langen Koppel, einer endlich langen Steglänge, einer bestimmten Schwingenlänge und schließlich auch als Folge der Schränkung. Bei Verlängerung der Kurbel erfolgt eine entsprechende Vergrößerung der Bahnlänge des Gleitsteinweges bzw. des Schwingenbogens; dies bedeutet bei gleichbleibender Kurbeldrehzahl eine Vergrößerung der Geschwindigkeitswerte am Antrieb und Abtrieb.

Zur Darstellung des Einflusses der Schwingenlänge wird — wenigstens in Gedanken — ein Versuchsgetriebe entsprechend Abb. 11.4 verwendet. Bei diesem Getriebe trägt der weiße Kreuzschieber eine zweite senkrecht stehende Führung. Stellt man sich vor, daß in dieser Führung der Schwingenzapfen mit Hilfe eines Gleitsteines angeordnet ist, so hat man praktisch zwischen Kurbelzapfen und Schwingenzapfen eine unendlich lange Koppel. Dies gibt die Möglichkeit, den Einfluß der endlich langen Schwinge und der Schränkung unabhängig von andern Einflüssen zu untersuchen. Das Ergebnis zeigen die Abb. 11.5 und 11.6. Die einzelnen Stellungen des Schwingenzapfens sind vom Schwingenbogen auf die Sehne herunter gelotet. Die Teilwege in Richtung der Sehne entsprechen also dem reinen Cosinusgesetz. Trägt man senkrecht nach oben die zugehörigen Sinuswerte (Geschwindigkeiten des Kreuzschiebers) auf, so ergibt sich als Diagramm der Geschwindigkeit über dem Weg ein Halbkreis. Über diesen Halbkreis hinaus zeigen die Geschwindigkeitswerte in Abb. 11.5 ein zusätzliches Anwachsen am Hubanfang und Hubende. (Der Geschwindigkeitszuwachs ist jeweils durch schwarze Flächen gekennzeichnet.) Die Erklärung ist darin zu suchen, daß durch die Einführung einer endlich langen Schwinge der Hubweg länger geworden ist, — Bogen statt Sehne — und daß damit die Geschwindigkeiten anwachsen müssen. Zu bemerken ist auch, daß die neue Geschwindigkeit mit der alten Geschwindigkeit stets dann übereinstimmt, wenn die Hubrichtung, also die Tangente an den Schwingenbogen, mit der alten Hubrichtung, d. h. mit der Sehne übereinstimmt.

Wird das Schwingenlager nicht unter der Hubmitte angeordnet, so erhält man ein geschränktes Getriebe (Abb. 11.6). Hier zeigt sich nicht nur ein Anwachsen aller Geschwindigkeitswerte, sondern auch eine unsymmetrische Überlagerung, die den reinen Sinusverlauf teilweise über- oder unterschreitet. Beim geschränkten Getriebe verschwindet die beim zentrischen Getriebe (Abb. 11.5) vorhandene Bewegungssymmetrie innerhalb des Hubes vor und hinter der Mittelstellung. Dabei vergrößert sich der Schwingenwinkel um so mehr, je stärker die Schränkung wird, je mehr also die Sehne des Schwingenbogens von der Hubrichtung des Kreuzschiebers abweicht. Schon beim Geradschub wurde ja die Hubstrecke mit wachsender Neigung immer länger und die mittlere Schubgeschwindigkeit immer größer. Der Bogenschub kann betrachtet werden als eine große Anzahl aneinander gereihter kurzer Geradschubstrecken, die er mit zunehmender Neigung durchläuft. Sein Bewegungsgesetz muß also von Kurbelstellung zu Kurbelstellung die Eigenschaften der jeweils gleichgerichteten, also immer stärker geneigten Geradschübe, wenigstens einen Augenblick lang übernehmen. Es muß also in gleichen Zeiträumen eine immer größere Strecke zurückgelegt werden, wozu natürlich eine immer mehr gesteigerte Durchschnittsgeschwindigkeit erforderlich ist. Das alles erfolgt wieder um so ausgeprägter, je kürzer die Schwinge gewählt wird. Es entsteht also eine sackartige Ausbauchung des Geschwindigkeitsdiagrammes nach der Seite der stärker geneigten Bogenschubrichtung hin. Dies ist im Beispiel der Abb. 11.6 bei der dort gewählten Lage der Schwingenlagerung und der Schwingenlänge über der rechten Hubhälfte der Fall. Der Vergleich der reinen Sinusgesetzmäßigkeit des entsprechenden Geradschubes (Abb. 11.3) zeigt die

Überlagerungsdoppelschwingung, die diese Diagrammform verursacht. (Das Sinusgesetz des Getriebes aus Abb. 11.3 ist in Abb. 11.6 als Halbkreis über der Bogenschubsehne dargestellt.) Der Knoten der Doppelschwingung liegt dabei nicht etwa über der Mitte der Bogenschubbahn, obwohl dort für einen Augenblick die Schubrichtungen von Gerad- und Bogenschub übereinstimmen, weil beim Bogenschub zu diesen Bahnpunkten eine andere Kurbelstellung gehört als beim Geradschub. Der Knoten ist stets etwas nach der geneigteren Bahnhälfte des Bogenschubes zu verschoben. In der davor liegenden Bogenhälfte mit weniger geneigten Schubrichtungen liegt eine negative Überlagerung, die den Ausschlag der Hauptschwingung vermindert. Dagegen verstärkt eine positive Überlagerung die Hauptschwingung in der anderen Bahnhälfte, die stärker geneigte Schubrichtungen enthält. Da beim Bogenschub ein größerer Weg zurückgelegt werden muß als beim Geradschub, also auch eine größere Durchschnittsgeschwindigkeit entsteht, erscheint beim Vergleich mit dem Geradschubdiagramm (Halbkreis) die Geschwindigkeitsminderung zu schwach, die Schwellung dagegen zu stark.

Bei der Entstehung dieser Bewegungsverhältnisse wirken Schwinge und Steg zusammen. Man kann ja keines dieser beiden Glieder verlängern, ohne das andere mitzuverlängern oder die bisherigen Längenverhältnisse zu stören. Die Schwinge bewirkt dabei die Bildung der Überlagerungsschwingung, und zwar mit um so größerem Ausschlag, je kürzer die Schwinge wird. Durch Veränderung der Gestellänge wird die Schränkung beeinflußt, wobei alle möglichen Neigungen der Bogen- und Geradschübe gegenüber der Schubrichtung des Kreuzschiebers erreicht werden. Dies hat bei den Bogenschüben mehr oder weniger unsymmetrische Bewegungsverhältnisse zur Folge.

Den Einfluß der Koppellänge oder den Einfluß des Schubstangenverhältnisses, wie man es bei Kolbenmaschinen nennt, erkennt man am leichtesten bei der zentrischen Schubkurbel, da hier keine Geschwindigkeitsüberlagerungen durch Schwinge oder Steg auftreten. Die Abweichungen vom reinen Sinusgesetz im Geschwindigkeitsverlauf sind hierbei ausschließlich dem Einfluß der Koppellänge zuzuschreiben (Abb. 11.7). Bei der zentrischen Schubkurbel, bei der die Hubgerade (Verbindungslinie der Gleitsteintotpunkte) genau durch das Kurbellager weist, entsteht eine Überlagerungsdoppelschwingung mit positivem und negativem Teil. Der Knoten liegt hier immer in der Getriebemittelstellung, in der die Kurbel senkrecht zur Schubrichtung steht. Die positive Schwingungsüberlagerung, also der Geschwindigkeitszuwachs liegt zum äußeren Totpunkt hin, während die Geschwindigkeitswerte zum inneren Totpunkt hin unter die Werte des reinen Sinusgesetzes absinken. Die Darstellung der Geschwindigkeit über der Zeit (Abb. 11.8) zeigt in der Geschwindigkeitskurve im Bereich des äußeren Totpunktes (Stellung 6) eine stärkere Neigung der Kurve als beim inneren Totpunkt (Stellung 12). Hieraus ergeben sich im Bereich des äußeren Totpunktes größere Beschleunigungswerte als im Bereich des inneren Totpunktes. Die Unterschiede zwischen den Beschleunigungsgrößtwerten in den beiden Totpunkten sind bei gleicher Kurbellänge um so größer je kürzer die Koppel wird.

Bisher entstanden für Hin- und Rückhub nur spiegelbildlich gleiche Geschwindigkeitsdiagramme. Das ändert sich aber, wenn die Geradschubrichtung nicht mehr durch das Kurbellager verläuft, sondern in einem bestimmten Abstand am Kurbellager verläuft, sondern in einem bestimmten Abstand am Kurbellager vorbeigeht (Abb. 12.1). Man spricht dann von einem geschränkten oder von einem exzentrischen Getriebe. Schon bei der Bewegung der geschränkten Schubkurbel fällt auf, daß die Kurbelstellungen, die zu den Umkehrpunkten (Totlagen) des Gleitsteines gehören, nicht mehr um genau 180° einander gegenüber stehen, sondern daß sie den Kurbelkreis in ungleiche Teile aufteilen. (Der Rückhub ist in allen Abbildungen dieses Abschnittes im Kurbelkreis durch Schraffur hervorgehoben.) Für die eine Hubrichtung ist also bei gleichförmiger Kurbeldrehung mehr Zeit vorhanden als für die andere. Hieraus ergeben sich in beiden Hubrichtungen verschieden große Durchschnittsgeschwindigkeiten. Diese Unterschiede sind um so größer, je größer die Winkelunterschiede bei der Aufteilung des Kurbelkreises sind, d. h. je größer die Schränkung ist.

Abgesehen von der ungleichen Geschwindigkeitsverteilung auf Hin- und Rückhub zeigt sich in Abb. 12.1 außerdem wie bereits bei Abb. 11.7 eine Geschwindigkeitsanhäufung nach dem äußeren Totpunkt hin. Im Bereich zum inneren Totpunkt hin kommt es jedoch infolge der Schränkung und der endlichen Schubstangenlänge zu einer erheblichen Unterschreitung des Sinusgesetzes, und zwar während des langsamen Hubes. Innerhalb des schnellen Rückhubes überwiegt überall der Geschwindigkeitszuwachs. Der Einfluß der veränderten Geschwindigkeitsverhältnisse auf die Beschleunigung ist in Abb. 12.2 besonders dargestellt. Dabei ist zwischen den Stellungen 10 und 11 noch ein Zwischenwert eingetragen, da an dieser Stelle eine Beschleunigungsspitze vermutet wurde.

Bei der Kurbelschwinge, auch wenn sie zentrisch ausgeführt wird, läßt sich ein symmetrisches Bewegungsgesetz an der Schwinge nicht erreichen (Abb. 12.3). Die Verteilung des Kurbelkreises auf die beiden Hubrichtungen ergibt für jede Richtung 180°, da die Verbindungsgerade der Totlagen des Schwingenzapfens durch das Kurbellager verläuft. Gleiche Durchschnittsgeschwindigkeiten für den Schwingenzapfen sind zwar vorhanden. Der Verlauf der Geschwindigkeit innerhalb jeder Hubrichtung ist jedoch völlig verschieden. Unter dem Einfluß der endlichen Längen von Koppel, Schwinge und Gestell zeigen sich gegenüber dem reinen Sinusgesetz Geschwindigkeitsüberschreitungen im Hinhub und im Bereich der äußeren Totlage auch im Rückhub. Zum inneren Totpunkt hin zeigt sich im Rückhub eine Geschwindigkeitsunterschreitung. Der Beschleunigungsverlauf (Abb. 12.4) zeigt bei den Getriebestellungen 10 und 11 ein vorübergehendes Absinken, was der Geschwindigkeitsunterschreitung in diesem Bereich entspricht.

Wird die Kurbelschwinge geschränkt ausgeführt, so muß man im Gegensatz zur Schubkurbel unterscheiden zwischen einer Schränkung nach oben (Abb. 12.5) und einer Schränkung nach unten (Abb. 12.7). Es ist von großem Einfluß auf den Verlauf der Geschwindigkeit und der Beschleunigung, ob der größere Teil des Kurbelkreises auf den Hinhub entfällt, bei dem die Getriebeglieder ein Viereck bilden (Abb. 12.5), oder ob der größere Teil des Kurbelkreises auf den Rückhub entfällt, bei dem Koppel und Gestell sich kreuzen (Abb. 12.7). Die großen Unterschiede gehen vor allem aus den Beschleunigungsdiagrammen (Abb. 12.6 und Abb. 12.8) hervor.

Wenn eine Kurbelschwinge mit besonders weichem Lauf, also mit möglichst niedrigen Größtwerten der Beschleunigung gewünscht wird, d. h. mit geringen Massenkräften, dann ist ein Getriebe mit geringer Schränkung nach unten die beste Lösung. Die Schränkung soll nicht größer sein, als es der Bogenhöhe des Schwingenbogens über der Totlagengeraden entspricht. Ein Konstrukteur kann jedoch auch vor die Aufgabe gestellt sein, eine Kurbelschwinge mit großen Beschleunigungen zu bauen, etwa zum Antrieb eines schwingenden Siebes. Er wird dann ein Getriebe wählen, das nach oben geschränkt ist.

Den Übergang von der zentrischen Kurbelschwinge zu einer nach unten geschränkten Kurbelschwinge kann man erreichen durch Vergrößerung des Gestellgliedes, also durch Vergrößern der Entfernung des Schwingenlagers vom Kurbellager. Man erreicht schließlich bei weiterer Vergrößerung des Gestellabstandes den Fall, daß der Schwingenzapfen in der inneren Totlage durchschlägt (Abb. 13.1). Der Geschwindigkeitsverlauf für den Schwingenzapfen zeigt in der Durchschlagstellung einen senkrechten Anstieg. Würde man ein solches Getriebe in horizontaler Lage betreiben, so würde die Schwinge mit Sicherheit beim Erreichen der inneren Totlage durchschlagen, wenn nicht besondere Gegenmaßnahmen getroffen werden. Die Schwinge würde also den doppelten Hub machen und erst nach zwei Kurbelumdrehungen in ihre Ausgangsstellung — etwa die obere, äußere Totlage — zurückkehren.

Bildet man bei einer Kurbelschwinge die Glieder paarweise gleich lang aus, z. B. Kurbel gleich Koppel und Steg gleich Schwinge, so erhält man ebenfalls ein durchschlagendes Getriebe, dessen Durchschlagstellungen wiederum Geschwindigkeitsgrößtwerte zeigen (Abb. **13**.2). Es sind allerdings besondere Maßnahmen erforderlich, um die Durchschlagstellung nicht zu einer unsicheren Getriebelage werden zu lassen für den Fall, daß das Getriebe in der Decklage der Getriebeglieder stillgesetzt wird und aus dieser Lage später wieder anlaufen soll.

Das gleiche gilt für die gleichschenklige Schubkurbel (Abb. **13**.3). Bei diesem Getriebe ist der Hub des Gleitsteines gleich der vierfachen Kurbellänge. Der Geschwindigkeitsverlauf für den einseitigen Hub von der äußeren Totlage bis zum Kurbellager zeigt einen senkrechten Abfall vom Größtwert auf Null. Läßt man das Getriebe jedoch durschlagen und den vollen Hub gleich 4 a ausführen, so ergibt sich ein reines Sinusgesetz mit doppelter Amplitude.

Zwischen den durchschlagenden Getrieben in den Abb. **13**.1, **13**.2 und **13**.3 besteht ein wesentlicher Unterschied. Das Getriebe **13**.1 schlägt in der inneren Totlage der Schwinge durch, weil die Gliedersummen von Kurbel und Gestell einerseits, sowie Koppel und Schwinge andererseits den gleichen Betrag ergeben. Die Schwinge macht den doppelten Hub, also den doppelten Winkel, wofür zwei volle Kurbelumdrehungen benötigt werden. Bei den Getrieben der Abb. **13**.2 und **13**.3 sind je zwei Nachbarglieder gleich lang, und zwar ist in beiden Fällen die Kurbel gleich der Koppel. Die beiden andern Glieder sind ebenfalls gleich lang bei der Kurbelschwinge in Abb. **13**.2 ist die Schwingenlänge gleich der Gestelllänge. In Abb. **13**.3 liegt das Schwingenlager im Unendlichen; Schwinge und Steg sind also theoretisch unendlich lang, was in der praktischen Konstruktion eine Geradführung ergibt. Diese beiden Getriebe benötigen für den doppelten Weg des Schwingenzapfens (Abb. **13**.2), bzw. des Gleitsteinzapfens (Abb. **13**.3) nur eine Kurbelumdrehung. Bei der durchschlagenden Kurbelschwinge in Abb. **13**.2 verteilt sich der Kurbeldrehwinkel ungleichmäßig auf Hin- und Rückhub. Dies führt zu verschiedenen Größtwerten der Geschwindigkeiten im Augenblick des Durchschlagens. Anders liegen die Verhältnisse bei der gleichschenkligen Schubkurbel (Abb. **13**.3). Hier ergibt sich eine gleichmäßige Verteilung des Kurbeldrehwinkels, und zwar sowohl für den einfachen, wie für den doppelten Hub. Dieses praktisch außerordentlich wichtige Getriebe wird später im Zusammenhang mit dem Kardanproblem noch ausführlich behandelt.[1]

Das Durchschlagen eines Getriebes kann Vorteil oder Nachteil sein, je nach dem Zweck, den man erreichen will. Will man das Durchschlagen vermeiden und trotzdem eine schwingende Bewegung mit stark beschleunigtem Rückhub erzielen, so kann man dies erreichen, indem man die Koppel nur wenig länger macht als die Kurbel (Abb. **13**.4). Die Übertragungsverhältnisse für die am Schwingenzapfen angreifenden Kräfte werden allerdings um so ungünstiger, je kürzer die Koppel wird. Günstiger sind in dieser Hinsicht die schwingenden Kurbelschleifen, wie sie in Abb. **14**.1 und **14**.2 dargestellt sind.

Infolge der endlich langen Schwinge entsteht ein langer Hinhub und ein kurzer Rückhub. Der Unterschied zwischen beiden wird um so größer, je näher die

---

[1] Vgl. Abschn. 8.1.1.

Schwingenlagerung an den Kurbelkreis heranrückt. Außerdem werden dadurch auch die Komponenten der Kurbelzapfengeschwindigkeit in Richtung der Schwingenbewegung (vgl. die Pfeile in den beiden Abbildungen) etwas verändert; diese Geschwindigkeiten wirken sich aber hier ganz anders auf die Schwingenbewegung aus, da sie an verschiedenen Punkten der Schwinge angreifen. So sind die Teilgeschwindigkeiten für den Rückhub in den Kurbelstellungen 7, 8, 9, 10 und 11 in Abb. 14.1 und 8, 9, 10 und 11 in Abb. 14.2 in ihrer Größe und auch in ihrer Gesamtzahl zwar geringer als die entsprechenden Teilgeschwindigkeiten im anderen, längeren Hub; sie wirken aber in kürzerem Abstand vom Schwingenlager und werden dadurch — z. B. bezogen auf den Schwingenendpunkt — stärker übersetzt als die in größerer Entfernung vom Schwingenlager angreifenden Teilgeschwindigkeiten aus dem oberen Bereich des Kurbelkreises. Die Geschwindigkeitskomponente bei der Kurbelstellung 9 ergibt z. B. fast genau eine doppelt so große Schwingengeschwindigkeit wie die gleich große Geschwindigkeitskomponente in der Kurbelstellung 3. Die unterschiedliche Auswirkung der einzelnen Komponenten je nach ihrem Abstand vom Schwingenlager ist in den beiden Nebenfiguren 14.1a und 14.2a besonders dargestellt.

Bei den zentrischen Getrieben (Abb. 14.1) erfolgen beiderseits der Getriebemittellage spiegelbildlich gleiche Bewegungen; das ändert sich jedoch bei Anwendung der Schränkung (Abb. 14.2), und zwar mit wachsender Schränkung in verstärktem Maße. Allerdings treten dann auch sehr bald Klemmungen auf, so daß der an sich schon verhältnismäßig kleine Anwendungsbereich für derartige Getriebe praktisch noch stärker eingeschränkt werden muß. Die Wirkung der Schränkung geht aus einem Vergleich zwischen den Abb. 14.1 und 14.2 klar hervor.

Die zentrische, schwingende Kurbelschleife ist von großer praktischer Bedeutung. Der Grund hierfür liegt in der auffallend stark angenäherten Gleichförmigkeit während des langsamen Hubes. Die Schwingengeschwindigkeiten in den Getriebelagen 2, 3 und 4 sind fast gleich groß, weil die wirksamen Geschwindigkeitskomponenten der Kurbelstellungen 2 und 4 zwar kleiner sind, dafür aber stärker übersetzt werden als die entsprechende Komponente der Kurbelstellung 3. Die schwingende Kurbelschleife ist daher ein geeignetes Getriebe für solche Maschinen, bei denen man einen möglichst gleichförmigen Arbeitshub eines Tisches oder eines Werkzeuges wünscht, während der Rückhub beschleunigt erfolgen soll. Die Schubbewegung wird dabei — z. B. bei der Shapingmaschine — von der Schwinge durch eine Schubstange auf den Tisch übertragen, oder es ist ein Gleitstein zwischengeschaltet als Ausgleich zwischen der bogenförmigen Bewegungsbahn des Schwingenendpunktes und der geradlinigen Bahn des Tisches. Die ganze Anordnung einschließlich Tisch, Gleitstein und Gestell besteht daher mindestens aus 6 Gliedern.

5. Getriebe mit vier Drehgelenken

Wie bereits erwähnt kann man aus der Viergelenkkette 4 verschiedene Getriebe bilden (vgl. Abb. 4.7 bis 4.11). Jedes dieser Getriebe hat seine besonderen Eigenarten. Man kann ferner bei diesen Getrieben einzelne Gelenke zu Geradführungen umbilden (vgl. Abb. 2.1 bis 2.12), wodurch wiederum andere Getriebe entstehen. Zunächst sollen die Getriebe mit 4 Drehgelenken besprochen werden.

5.1 Die Kurbelschwinge

Bildet man eines der beiden Nachbarglieder des kürzesten Kettengliedes als Gestell aus, so erhält man eine Kurbelschwinge (Abb. 15.1 und 15.2). Falls diese

Nachbarglieder, die in den genannten Abbildungen durch Schraffur bzw. durch Punktraster gekennzeichnet sind, gleiche Länge haben, ergeben sich für beide Kurbelschwingen die gleichen Bewegungseigenschaften. Sind sie in ihrer Länge verschieden, ist z. B. das schraffierte Glied länger als das gerasterte, so erhält man zwei Kurbelschwingen mit verschieden großer Schränkung. Dies wirkt sich aus im Verlauf der Geschwindigkeit und der Beschleunigung am Schwingenzapfen, was bereits an Hand der Abb. 12.3 bis 12.8 ausführlich besprochen wurde. Es sei hier lediglich der Begriff der Schränkung oder Exzentrizität nochmals klargestellt. Verbindet man die Endpunkte des Schwingebogens, also die Totlagen miteinander, und verlängert man diese Gerade in Richtung auf das Kurbellager, so spricht man von einem zentrischen Getriebe, wenn diese Totlagengerade genau durch den Kurbeldrehpunkt verläuft. Im andern Falle, d. h. wenn die Totlagengerade in einem beliebigen Abstand am Kurbellager vorbeiläuft, spricht man von einem geschränkten oder exzentrischen Getriebe. Der senkrechte Abstand der Totlagengeraden vom Kurbellager ist ein Maß für die Schränkung. Bei der Kurbelschwinge muß außerdem unterschieden werden zwischen einer Schränkung nach oben (positiv) und einer Schränkung nach unten (negativ). Im letzteren Falle schneidet die Totlagengerade die Gestellmittellinie zwischen Kurbellager und Schwingenlager, also innerhalb der eigentlichen Gestellänge.

Die Lage des Schwingenbogens zur Gestellmittellinie kann man beeinflussen durch das Längenverhältnis von Koppel und Gestell. Verlängert man den Lagerabstand von Kurbel und Schwinge, so nähert sich die innere Totlage des Schwingenzapfens immer mehr der Gestellmittellinie, bis er sie schließlich erreicht (Abb. 15.3). In diesem Falle sind die Gliedersummen von Kurbel und Gestell einerseits und Koppel und Schwinge andererseits gleich groß. Das Getriebe schlägt in seiner *inneren* Totlage durch. Der Geschwindigkeitsverlauf einer durchschlagenden Kurbelschwinge wurde bereits besprochen (Abb. 13.1).

Benutzt man die Getriebeabmessungen aus Abb. 15.3 unter Vertauschung von Koppel und Gestell, so ergibt sich wiederum eine Kurbelschwinge, die jedoch in der *äußeren* Schwingentotlage durchschlägt. In diesem Fall ist die Gliedersumme von Kurbel und Koppel ebenso groß wie die von Schwinge und Gestell. Durchschlagende Kurbelschwingen sind nur dann von technischer Bedeutung, wenn es darum geht einen sehr großen Schwingenwinkel zurückzulegen, und wenn es gleichzeitig möglich ist, hierfür zwei volle Kurbelumdrehungen zu verbrauchen. Es müssen dann allerdings besondere Maßnahmen getroffen werden, um das Durchschlagen der Schwinge mit Sicherheit zu erreichen.

Von besonderer Bedeutung sind, vor allem im Zusammenhang mit späteren Untersuchungen, die sogenannten Polbahnen. Im Zusammenhang mit der zeichnerischen Geschwindigkeitsermittlung (Abb. 7.7 bis 7.11), wurde bereits der Geschwindigkeitspol P als Augenblicksdrehpunkt der Koppelebene erläutert. Da dieser Pol für jede Getriebestellung eine andere Lage hat, ergibt sich, wenn man ihn für eine ganze Getriebeumdrehung ermittelt, eine sogenannte Polbahn. Bei dieser Ermittlung bringt man (Abb. 15.5) von Getriebestellung zu Getriebestellung die Mittellinie von Kurbel und Schwinge zum Schnitt. Dabei ergibt sich zweimal während einer Kurbelumdrehung der Fall, daß Kurbel und Schwinge parallel liegen. Der Pol fällt dann nach Unendlich. Ferner tritt je zweimal der Fall ein, daß der Pol in den Schwingenzapfen fällt (Totlagen der Schwingen) und außerdem zweimal der Fall, daß der Pol in das Schwingenlager fällt (Steglagen der Kurbel). Das Ergebnis zeigt bei der Kurbelschwinge zwei Polbahnäste, die sich im Schwingenlager schneiden, durch die Endpunkte des Schwingenbogens hindurchgehen und schließlich nach Unendlich verlaufen.

Da der Pol als Augenblicksdrehpunkt nicht nur zur Gestellebene sondern auch zur Koppelebene gehört, kann man seine Bahn auch innerhalb der Koppelebene verfolgen. Man erhält diese Bahn entweder indem man die Bedeutung von Koppel und Steg vertauscht und dann die gleiche Untersuchung noch einmal durchführt, oder indem man ein transparentes Deckblatt benutzt, auf das man vorher die Koppellänge b eingezeichnet hat. Dieses Deckblatt bringt man nacheinander in die zu jeder Getriebestellung gehörende Koppellage und trägt den zugehörigen Pol in das Deckblatt ein. Man erhält wiederum zwei Äste, die sich jedoch im Schwingenzapfen B schneiden. In Abb. 15.5 sind beide Polbahnen dargestellt. Die zuerst ermittelte gehört zur Zeichenebene und trägt den Namen Rastpolbahn, weil sie auch als Teil des „rastenden" Gestelles aufgefaßt werden kann. Die andere Polbahn ist ein Bestandteil der Koppel und nimmt demzufolge an ihrer Bewegung teil; sie trägt die Bezeichnung Gangpolbahn, weil sie mit dem Getriebe geht. Beide Polbahnen berühren sich in jeder Getriebelage im zugehörigen Augenblickspol. Die Gangpolbahn wälzt sich auf der Rastpolbahn ab ohne zu gleiten.

Für den Entwurf einer Kurbelschwinge können verschiedenartige Konstruktionsbedingungen vorliegen. Nachstehend werden einige Konstruktionsbeispiele dargelegt.[1]

1. Ermittlung einer Kurbelschwinge aus der Gestellänge d, dem Schwingenwinkel β und dem während eines Hubes durchlaufenen Kurbelwinkel α (Abb. 16.1).

An eine Strecke von der Steglänge d mit den Endpunkten A_0 und B_0 trägt man in dem Endpunkt B_0 den Schwingenwinkel β an mit dem freien Schenkel g. Sodann zieht man die Winkelhalbierende m im Winkel β. Im Endpunkt A_0 der Strecke d wird der Winkel $\beta/2$ angetragen und an dessen freien Schenkel nach beiden Seiten je einmal der Winkel α' ($\alpha' = 180° - \alpha$ oder $\alpha - 180°$). Die nun entstandenen freien Schenkel der beiden Winkel α' schneiden die Winkelhalbierende m in den Punkten M_1 und M_2. Um diese Punkte schlägt man Kreise, die durch den Endpunkt A_0 der Strecke d gehen. Beide Kreise schneiden sich also in A_0 und außerdem in einem zweiten Punkt C. Die Geraden B_0C und B_0A_0 schneiden aus diesen Kreisen Bogenstücke aus, die als geometrische Orte für die Lage der äußersten Schwingenzapfenstellung gelten, wenn der Punkt A_0 Kurbeldrehpunkt ist.

Man kann nunmehr den Punkt B' (äußerer Totpunkt) und damit die Schwingenlänge c in den möglichen Grenzen wählen. Die Entfernung des Punktes B' vom Kurbellager A_0 entspricht der Gliedersumme von Kurbel a und Koppel b. Trägt man nun den Schwingenwinkel β mit Scheitel in B_0 sinngemäß nach innen an, so erhält man die innere Totlage des Schwingenzapfens B'', wenn man gleichzeitig mit der Schwingenlänge einen Kreisbogen um das Schwingenlager B_0 schlägt. Die Entfernung des Punktes B'' von A_0 entspricht der Gliederdifferenz von Koppel b und Kurbel a. Damit sind alle vier Getriebeglieder bekannt.

2. Ermittlung einer Kurbelschwinge aus der Gestellänge d, der Koppellänge b und dem Schwingenwinkel β (Abb. 16.2).

Man zeichnet den Winkel β mit dem Scheitelpunkt B_0 und trägt auf beiden Schenkeln dieses Winkels die Steglänge d ab mit den Endpunkten A_0 und C. Die Winkelhalbierende des Winkels β und die Verbindungslinie der Punkte A_0 und C schneiden sich unter 90° im Punkt 0. Dieser Punkt ist der Mittelpunkt eines rechtwinkligen Achsenkreuzes für eine Ellipse, deren große Achse in Richtung A_0C liegt und deren Länge gleich der doppelten Koppellänge ist. Ein Kreisbogen

---

[1] Die Konstruktionen 1, 2 und 3 sind der Dissertation von H. WANCKEL: Zur Synthese des Gelenkviereckes, (Dresden 1925) entnommen und werden hier ohne Ableitung und Begründung wiedergegeben.

mit dem Halbmesser b um den Punkt C schneidet die Winkelhalbierende in den Endpunkten der kleinen Ellipsenachse. Die Ellipsenkonstruktion zeigt die Abb. **23.7**. Der von der Geraden B_0C abgeteilten Ellipsenbogen ist der geometrische Ort für die äußere Totlage des Schwingenzapfens B', wenn der Punkt A_0 Kurbellager ist.

Man wählt nunmehr wieder die Schwingenlänge c in den möglichen Grenzen. Der Abstand des Punktes B' entspricht wieder der Gliedersumme von Kurbel a und Koppel b. Da in diesem Falle die Länge der Koppel b gegeben ist, sind somit alle Getriebeabmessungen bekannt.

3. Ermittlung einer Kurbelschwinge aus der Gestellänge d, der Kurbellänge a und dem Schwingenwinkel β (Abb. **16.**3).

Man zeichnet wie eben den Winkel β mit dem Scheitelpunkt B_0 und trägt auf beiden Schenkeln dieses Winkels die Steglänge d mit den Endpunkten A_0 und C ab. Die Winkelhalbierende des Winkels β und die Verbindungslinie der Punkte A_0 und C schneiden sich unter 90° im Punkt 0. Dieser Punkt ist der Mittelpunkt eines rechtwinkligen Achsenkreuzes, jedoch jetzt für eine Hyperbel, deren Hauptachse wieder in der Richtung der Strecke A_0C liegt. Ein Kreis um 0 mit der Kurbellänge a als Halbmesser schneidet die Strecke A_0C in den Scheitelpunkten der Hyperbel; Die Punkte A_0 und C sind die Brennpunkte der Hyperbel, von denen aus diese punktweise konstruiert werden kann mit Hilfe der Brennstrahlen r und r_1. ($r = r_1 + 2a$.)

Der von der Geraden B_0C abgeschnittene Hyperbelteil ist der geometrische Ort für den äußeren Totpunkt B' des Schwingenzapfens, wenn der Punkt A_0 Kurbeldrehpunkt ist.

Man wählt wieder in den möglichen Grenzen die Schwingenlänge c gleich der Strecke B_0B'. Die Strecke $B'A_0$ entspricht wiederum der Gliedersumme von Kurbel a und Koppel b. Da die Länge der Kurbel a bekannt ist, liegen somit alle vier Getriebelängen fest.

4. Ermittlung einer Kurbelschwinge aus der Kurbellänge a, der Koppellänge b, der Schwingenlänge c und aus der Schränkung (Abb. **16.**4).

Man zeichnet den Kurbelkreis mit dem Halbmesser a und schlägt um seinen Mittelpunkt Kreisbögen mit den Halbmessern $b-a$ (geometrischer Ort der inneren Totlage B'' des Schwingenzapfens) und $b+a$ (geometrischer Ort der äußeren Totlage B' des Schwingenzapfens). Dann zeichnet man die Gerade, die in dem durch die Schränkung vorgeschriebenen Abstand am Kurbellager A_0 vorbeilaufen soll (Hauptschubrichtung). Die Schnittpunkte dieser Geraden mit den vorher beschriebenen Kreisbögen bezeichnen die Lage der Totpunkte. Um diese beiden Punkte schlägt man Kreisbögen mit der Schwingenlänge c als Halbmesser, die sich im Schwingenlager B_0 schneiden. Die Entfernung dieses Punktes vom Kurbellager A_0 entspricht der noch fehlenden Länge des Gestellgliedes d.

5. Ermittlung einer Kurbelschwinge aus der Kurbellänge a, der Kuppellänge b, dem Schwingenwinkel β und aus der Schränkung (Abb. **16.**5).

Man zeichnet wie unter 4 den Kurbelkreis und um seinen Mittelpunkt A_0 Kreisbögen mit den Halbmessern $b-a$ und $b+a$, sowie die Gerade für die Hauptschubrichtung in der gewünschten Schränkung. Über der Strecke zwischen den Totpunkt B' und B'' auf dieser Geraden wird das Mittellot errichtet und daran in einem beliebigen Punkt der Winkel $\beta/2$ angetragen.

Die Parallele zum freien Schenkel dieses Winkels durch den Punkt B'' ergibt im Schnittpunkt mit dem Mittellot das Schwingenlager B_0 und damit die Länge von Schwinge c und Gestell d.

6. Ermittlung einer Kurbelschwinge aus der Kurbellänge a, der Koppellänge b, der Schwingenlänge c und dem Schwingenwinkel β (Abb. **16.**6).

Man zeichnet wie unter 4 und 5 den Kurbelkreis und um seinen Mittelpunkt A_0 Kreisbögen mit den Halbmessern $b-a$ und $b+a$. In einer Nebenfigur trägt man auf den freien Schenkeln des Winkels β die Schwingenlänge c ab und erhält zwischen den auf diese Weise gewonnenen Punkte B' und B'' die künftige Hublänge des Getriebes in der Hautschubrichtung. In der Hauptfigur wählt man nun auf dem Bogen mit dem Halbmesser $b+a$ den Punkt B'' und schlägt um diesen Punkt einen Kreisbogen mit dem Halbmesser von der Länge der Strecke $B'B''$ (Bogenschubsehne). Die Schnittpunkte dieses Kreisbogens mit dem Bogen vom Halbmesser $b-a$ sind die beiden möglichen Lagen des inneren Totpunktes. Man kann unterscheiden zwischen der Totpunktlage B'' und B'''. Im ersten Fall erhält man eine Kurbelschwinge mit Schränkung nach oben, im zweiten Fall eine solche mit Schränkung nach unten. Es ergeben sich also zwei verschiedene Lagen des Schwingenbogens mit gemeinsamen äußeren Totpunkten aber verschieden inneren Totpunkten. Es ergeben sich demzufolge zwei verschiedene Lagen für das Schwingenlager B_0 und somit auch zwei verschiedene Gestellängen.

5.2 Die Doppelkurbel

Ein Doppelkurbelgetriebe entsteht, wenn man das kleinste Kettenglied als Getriebegestell ausbildet (vgl. Abb. 4.9). Voraussetzung ist, daß die bereits erläuterte GRASHOFsche Bedingung[1] eingehalten wird; nur dann sind die beiden Gelenke des kürzesten Kettengliedes voll drehfähig. Bei der Doppelkurbel sind also im Gestell zwei voll umlaufende Lenker gelagert, die wegen ihrer vollen Drehfähigkeit die Bezeichnung „Kurbeln" tragen. Die beiden Gelenke der Koppel machen gegenüber den Kurbeln nur schwingende Bewegungen. In Abb. 17.1 ist die Koppel in 5 verschiedenen Lagen dargestellt.

Wählt man die Abmessungen des Getriebes so, daß die Gliedersummen paarweise gleich werden, so treten ähnliche Erscheinungen auf wie sie schon bei der Kurbelschwinge beobachtet wurden (vgl. Abb. 15.3 u. 15.4). Es entsteht eine durchschlagende Doppelkurbel (Abb. 17.2), bei der die Vierecklage und die Überkreuzlage der Getriebeglieder miteinander vertauscht werden können, und zwar in der Stellung, in der sich die beiden Kurbeln gemeinsam mit der Koppel auf der Gestellmittellinie decken. In Abb. 17.2 sind einige dieser möglichen Koppelstellungen dargestellt, wie sie während zweier Getriebeumdrehungen eintreten können. Das Getriebe kann also unter dauernder Vierecklage seiner Glieder laufen, oder unter dauernder Überkreuzlage; andererseits kann ein regelmäßiger Wechsel zwischen beiden Lagen stattfinden. In diesen beiden Bewegungsmöglichkeiten des Getriebes kündigen sich bereits die Bewegungen an, die später bei der Parallelkurbel bzw. Antiparallelkurbel getrennt voneinander ausgeführt werden (vgl. Abschnitt 5.4).

Die Doppelkurbel wird gern verwendet, wenn man eine gleichförmige Drehung — etwa die Drehbewegung der Hauptantriebswelle einer Maschine — in eine ungleichförmige Drehbewegung umwandeln will, sei es um für irgendeinen Bewegungsvorgang mehr Zeit zu gewinnen, was durch einen beschleunigten Rücklauf wieder eingeholt wird, oder um etwa den Bewegungsverlauf in einer Schubkurbel in besonderer Weise zu beeinflussen. Die Doppelkurbel wirkt in einem solchen Fall als Vorgelege zur Veränderung des zeitlichen Ablaufs einer Bewegung (Abb. 17.3 und 17.4). Auch die Relativbewegung der Koppel selbst kann praktisch ausgenutzt werden, wie es bei der Schaufelsteuerung von Raddampfern geschieht (Abb. 3.1). Hier wird die Tatsache ausgenutzt, daß die Koppel während der Vierecklage der

---

[1] Vgl. Abschn. 2.3.

Getriebeglieder im wesentlichen eine Parallelverschiebung macht, die für die Erzeugung der Vorschubkräfte beim Raddampfer ausgenutzt wird. Die während der Überkreuzlage der Getriebeglieder vorhandene starke Taumelbewegung der Schaufeln erfolgt oberhalb der Wasserlinie.

Die Doppelkurbel ergibt also bei gleichförmig umlaufendem Antrieb einen ungleichförmig umlaufenden Abtrieb. Die Winkelgeschwindigkeit an der Abtriebskurbel ist also in einem bestimmten Bereich größer als die Winkelgeschwindigkeit an der Antriebskurbel (Voreilung), in einem anderen Bereich dagegen kleiner (Nacheilung). Die Grenze zwischen beiden Bereichen liegt bei den Getriebestellungen mit dem Übersetzungsverhältnis 1:1, d. h. mit gleichen Winkelgeschwindigkeiten am An- und Abtrieb. In diesen Getriebelagen liegt die Koppel parallel zum Gestell und der Relativpol somit im Unendlichen. Die Abstände des Relativpoles von den Gestellagern, deren Verhältnis nach Formel (26) das Verhältnis der Winkelgeschwindigkeit bestimmt, sind dann gleich groß (Abb. **17**.5). Die Getriebeglieder liegen in diesem Beispiel oberhalb der Gestellmittellinie in Vierecklage, unterhalb der Gestellmittellinie dagegen in Überkreuzlage. In Abb. **17**.6 ist nur die Koppel dargestellt, und zwar zunächst in den beiden Lagen, die den Getriebestellungen der Abb. **17**.5 entsprechen. Außerdem ist die Koppel für je zwei Nachbarlagen eingezeichnet, wodurch deutlich wird, daß die Koppel im Bereich der Vierecklage im wesentlichen eine Parallelverschiebung erfährt, während sie im Bereich der Überkreuzlage starke Relativbewegungen aufweist.

An den beiden Getriebelagen der Abb. **17**.5 ist außerdem zu erkennen, daß die bei B_0 gelagerte Abtriebskurbel b von der Vierecklage zur Überkreuzlage einen größeren Winkelbereich durchläuft als die Antriebskurbel d. Wenn das Getriebe aus der Vierecklage rechtsdrehend in die Überkreuzlage läuft, dann handelt es sich um den Bereich der Voreilung, in dem ω_2 größer ist als ω_1. Wie Abb. **17**.7 zeigt, findet diese Tatsache ihre Bestätigung im Verhältnis der Polabstände, bei denen q_1 größer ist als q_2. Es ergibt sich, daß die Winkelgeschwindigkeit am Abtrieb größer ist als die Winkelgeschwindigkeit am Antrieb. wenn der Relativpol Q auf der Abtriebsseite liegt. Aus Abb. **17**.8 geht hervor, daß bei geringerer Winkelgeschwindigkeit am Abtrieb der Relativpol auf der Antriebsseite liegen muß.

Den Entwurf einer Doppelkurbel für vorgeschriebene Voreilung zeigt Abb. **18**.1. Während die Antriebskurbel d einen Winkel von 180° zurücklegt, soll die Abtriebskurbel b einen größeren Winkel β, beispielsweise 240°, zurücklegen. Das Längenverhältnis $c:a$ kann frei gewählt werden. Der Winkel β wird je zur Hälfte von der Gestellmittellinie nach oben und unten angetragen. Eine Senkrechte auf der Mittellinie im Antriebslager schneidet den freien Schenkel des Winkels $\beta/2$ oberhalb und unterhalb der Gestellmittellinie. Damit liegt die Länge der Abtriebskurbel b fest. Gleichzeitig ist damit das Abtriebsgelenk der Koppel B in beiden Lagen bekannt. Man zeichnet durch diese Punkte zwei Parallelen zur Gestellmittellinie und wählt im Abstand c vom Gelenk B das Antriebsgelenk A der Koppel. Die beiden verschiedenen Lagen dieses Gelenkes in der Vierecklage und in der Überkreuzlage des Getriebes liegen dann um 180° gegeneinander versetzt.[1]

Abb. **18**.2 zeigt eine Konstruktion, bei der nicht die Voreilung vorgeschrieben ist sondern der Größtwert des Übersetzungsverhältnisses bzw. der Größtwert des Verhältnisses der Winkelgeschwindigkeit $\omega_2:\omega_1$. Nach Formel (26) kann man das Übersetzungsverhältnis auch wie folgt schreiben:

$$\frac{1}{i} = \frac{\omega_2}{\omega_1} = \frac{q_1}{q_2} = \frac{q_2 \pm a}{q_2} = 1 \pm \frac{a}{q_2} \tag{40}$$

---

[1] Weitere Konstruktionen siehe ZIELINSKI, Konstruktion von Doppelkurbeln. Konstruktion. Berlin/Göttingen/Heidelberg: Springer 1960, H. 11.

Die Extremwerte dieses Übersetzungsverhältnisses ergeben sich mit

$$\frac{1}{i_{max}} = 1 + \frac{a}{q_{2\,min}} \tag{41}$$

$$\frac{1}{i_{min}} = 1 - \frac{a}{q_{2\,min}} \tag{42}$$

Die Zusammenhänge werden an Hand der Abb. **17**.7 und **17**.8 ohne weiteres klar. Extremwerte des Übersetzungsverhältnisses liegen also vor, wenn der Relativpol Q auf der Antriebsseite bzw. auf der Abtriebsseite seine kürzeste Entfernung von den Gestellagern erreicht. Dies ist unter anderem der Fall, wenn eines der beiden Koppelgelenke, z. B. das Gelenk A auf die Gestellmittellinie fällt, und dabei gleichzeitig die Koppel c senkrecht auf der Gestellmittellinie steht. Für ein vorgeschriebenes Verhältnis $\omega_2 : \omega_1$ wählt man das Verhältnis der Antriebskurbel d zum Gestell a so, daß das Verhältnis $q_1 : q_2$ dem vorgeschriebenen extremen Verhältnis der Winkelgeschwindigkeiten entspricht. Die Lage des Punktes B auf der senkrechten Koppelrichtung kann man unter Beachtung der GRASHOFschen Bedingung frei wählen.[1]

5.3 Die Doppelschwinge

Eine Doppelschwinge entsteht, wenn man im Gelenkviereck dasjenige Kettenglied als Gestell ausbildet, das dem kürzesten gegenüber liegt. In den beiden Gestellagern sind dann nur begrenzte Schwingbewegungen möglich, während die beiden Koppelgelenke voll drehfähig sind (Abb. **18**.3). Auch hier sind wieder durchschlagende Getriebe möglich (Abb. **18**.4), wie sie bereits für die Kurbelschwinge in den Abb. **15**.3 und **15**.4 und für die Doppelkurbel in Abb. **17**.2 besprochen wurden. Die Doppelschwinge ist von geringerer praktischer Bedeutung, da man sie nicht wie die Doppelkurbel und wie die Kurbelschwinge in einem Gestelldrehpunkt rotierend antreiben kann. Erst im Zusammenhang mit den Koppelkurven (Abschnitt 5.6) gewinnen auch die Doppelschwingen eine gewisse Bedeutung.

Ähnlich wie in Abb. **15**.5 für die Kurbelschwinge seien auch hier für die Doppelkurbel und die Doppelschwinge noch die Polbahnen erwähnt (Abb. **18**.5). Diese Polbahnen gehen nicht nach Unendlich; sie sind vielmehr in sich geschlossene Kurven. Die zur Ebene des Gestelles gehörende Rastpolbahn ist ortsfest, während die zur Koppelebene gehörende Gangpolbahn, die stets eine charakteristische Schleife zeigt, sich während eines Getriebeumlaufes auf der Rastpolbahn abwälzt. In Übereinstimmung mit der Kurbelschwinge (Abb. **15**.5) liegen auch hier die Endpunkte der Schwingenbögen auf der Rastpolbahn, da der Pol je zweimal in die beiden Schwingengelenke fällt.

5.4 Parallel- und Antiparallelkurbel

Bildet man bei den Getrieben der Viergelenkkette je zwei gegenüberliegende Getriebeglieder gleich lang aus, so erhält man Parallelkurbeln bzw. Antiparallelkurbeln (vgl. Abb. **4**.4). Zunächst soll die Parallelkurbel und ihre Anwendung besprochen werden. Da bei der Parallelkurbel stets die gegenüberliegenden Glieder miteinander parallel liegen, erfolgt eine winkeltreue Bewegungsübertragung vom Antrieb zum Abtrieb, ganz gleich ob man eines der beiden längeren oder eines der beiden kürzeren Kettenglieder als Gestell ausbildet. Zunächst sei eines der beiden längeren Kettenglieder als Gestell gewählt (Abb. **19**.1). Getrieblich besteht

---

[1] Zur rechnerischen Behandlung der Extremwerte siehe auch: SIEKER, Extremwerte der Winkelgeschwindigkeit in symmetrischen Doppelkurbeln. Konstruktion. Berlin/Göttingen/Heidelberg: Springer 1961, H. 9.

Gleichwertigkeit mit einem Zahnradgetriebe entsprechend Abb. **19**.2, einem Riementrieb entsprechend Abb. **19**.3 oder einem Kettentrieb Abb. **19**.4. Kommt es aber auf ganz genaues, spielfreies Arbeiten an, so kommt nur die Parallelkurbel in Frage. Dabei sind besondere Maßnahmen zur Überwindung der Getriebedecklagen erforderlich. Man ordnet zu diesem Zweck z. B. das Getriebe doppelt an (Abb. **19**.5), so daß zwei gegeneinander versetzte Parallelkurbeln entstehen, die ihre Decklage nicht gleichzeitig durchlaufen. Diese Lösung ist z. B. bei Lokomotiven üblich, wo die beiden versetzten Parallelkurbeln auf verschiedenen Seiten der Maschine angebracht werden. Ist dies nicht möglich, so kann man sich mit Zapfenerweiterungen helfen (Abb. **19**.6) oder mit gewinkelten Kurbeln (Abb. **19**.10). Noch mehr Parallelkurbeln (Abb. **19**.7) und sogar Zugorgane, also Seile oder Zugstangen für die Koppeln, kann man anwenden, wenn die Kurbeln am Antrieb und Abtrieb räumlich so weit versetzt werden können, daß die Koppeln sich nicht gegenseitig behindern. Solche Anordnungen haben in der Vergangenheit zum Antrieb von Turmuhren Verwendung gefunden und sind noch heute bei sogenannten Schwadrechen zur Führung der Zinken gebräuchlich (Abb. **20**.3).

Eine andere Möglichkeit zur Überwindung der Getriebedecklagen ist die Anordnung einer sogenannten Blindwelle (Abb. **19**.8). Hierdurch entstehen auf der gleichen Maschinenseite praktisch drei Parallelkurbeln, von denen immer nur eine ihre Decklage durchläuft. Andere Anwendungen des gleichen Prinzips kennt man beim Antrieb von elektrischen Lokomotiven (Abb. **19**.9) oder beim Bau von Mehrspindelbohrmaschinen (Abb. **19**.11). Dabei erzielt man außerdem noch einen günstigen Kraftfluß; es muß nur darauf geachtet werden, daß die arbeitenden Koppelpunkte außerhalb der Verbindungslinie der beiden Kurbelzapfen liegen.

In anderen Fällen wird aber auch die parallele Verschiebung der Koppel ausgenutzt, so z. B. für den Werkstückvorschub bei einer Faßreinigungsmaschine (Abb. **20**.1), oder zur Führung von Greifern an einem Senkrechtförderer (Abb. **20**.2), oder auch für die Führung der Rechenzinken des bereits erwähnten Schwadrechens (Abb. **20**.3). Weitere Anwendungen sind die Führung der Plattform eines Hubwagens (Abb. **20**.5) sowie die Führung eines Fräsmaschinentisches, bei der außerdem durch Verstellung der Kurbelzapfen der Krümmungsradius der Ausfräsung verändert werden kann (Abb. **20**.4).

In Abb. **21**.1 ist ein Parallelkurbelgetriebe mit einer Schubkurbel derart kombiniert, daß auf dem gerade geführten Gleitstein eine Kurbel gelagert wurde, die mit gleicher Drehzahl umläuft wie die Hauptkurbel. So wird einer hin- und hergehenden Bewegung eine Drehbewegung überlagert, die als zusätzlicher Antrieb für ein Werkzeug oder für einen Schaltvorgang ausgenutzt werden könnte. Die Kurbel der überlagerten Parallelkurbel und die Kurbel der Schubkurbel sind dabei ein einziges Getriebeglied. Hier können natürlich auch die Ersatzgetriebe der Abb. **19**.2 und **19**.3 angewendet werden, also Riementrieb in Abb. **21**.2, Zahnradtrieb in Abb. **21**.3 oder gar ein Zahnradtrieb mit Übersetzung ins Schnelle, wie in Abb. **21**.4.

Einen Überblick über die Bewegungsmöglichkeiten der Parallel- und Antiparallelkurbeln geben die Abb. **21**.5 bis **21**.8. Es ist stets von Abbildung zu Abbildung ein anderes der vier Glieder als Gestell ausgebildet. Abb. **21**.5 und **21**.7 zeigen Parallelkurbeln; die Abb. **21**.6 und **21**.8 dagegen Antiparallelkurbeln. Der Unterschied zwischen den beiden letztgenannten Getrieben liegt darin, daß eine Antiparallelkurbel, bei der Gestell und Koppel die längeren Glieder sind, gegenläufige Drehbewegungen am Antrieb und Abtrieb zeigt, während bei einer Antiparallelkurbel mit kürzerem Gestell und kürzerer Koppel Antrieb und Abtrieb gleichläufige Drehbewegungen ausführen. In jedem Falle zeigen die Antiparallelkurbeln starke Ungleichförmigkeit in der Drehbewegung am Abtrieb bei gleichförmiger Antriebsdrehung. Hierin äußert sich die dauernde Überkreuzlage der beiden längeren Getriebeglieder. Es sind allerdings besondere konstruktive Maßnahmen erforderlich, damit beim Durchlaufen der Decklagen die Überkreuzlage erhalten bleibt. Hierauf wird später noch besonders hingewiesen.

Besondere Anwendung findet die Parallelkurbel mit kurzem Gestellglied bei genauen Parallelführungen. Das bekannteste Beispiel einer mehrfachen Anwendung dieses Prinzips ist die Zeichenmaschine (Abb. **21**.10). Durch die mehrfache Anwendung erhält man die Möglichkeit zur Beherrschung der gesamten Zeichenfläche.

Auch zur Parallelführung von Maschinenteilen, z. B. zum Waagerechthalten der Spulenkästen an einer Verseilmaschine, haben sich Parallelkurbeln in Mehrfachanordnung bewährt (Abb. **21**.11). Konstruktiv ist dabei besonders die Lagerung des vorderen, als Ring ausgebildeten Getriebeteiles interessant. Dieser Ring ersetzt eine umlaufende Kurbel mit vier Armen. Die Lagerung des Ringes besteht lediglich aus zwei Führungsrollen (höhere Elementenpaare!), die unten im Ring laufen. Zur genauen Führung müßte noch eine dritte Rolle, etwa oben im Ring, vorhanden sein, die man jedoch hier sparen konnte, da die vier Koppeln (weiß) für eine sichere Zentrierung sorgen.

Abb. **21**.9 zeigt die Anwendung von Parallelkurbeln zur Parallelführung von Heuwenderrechen mit gleichzeitiger Verstellmöglichkeit der Arbeitsrichtung der Rechenzinken. Die drei Rechen sollen nicht nur parallel geführt werden, sondern auch mehr oder weniger auf „Griff" einstellbar sein. Konstruktiv ist eine der beiden Lagerungen als Zapfenerweiterung ausgebildet, die noch um die zweite Lagerung herumgreift. Diese zweite Lagerung, also die Lagerung der schraffierten dreiarmigen Kurbel, ist gleichzeitig der Drehpunkt für die Handverstellung. Nach erfolgter Einstellung ist der schwarze Hebel, und damit auch die zum Zapfen erweiterte schwarze Lagerung getrieblich wieder ein Stück mit dem Gestell.

Die Abb. **22**.1 bis **22**.10 zeigen (nach HUNDHAUSEN) die Parallelkurbel in verschiedenen Formen als Kupplungsgetriebe für nicht fluchtende parallele Wellen, die in geringem Abstand voneinander liegen. In den Abb. **22**.1 bis **22**.6 ist angenommen, daß der Abstand zwischen den Wellenmitten nicht veränderlich ist. Das Gestellglied, hier aus zwei Konsollagern an der Wand bestehend, ist nur in Abb. **22**.1 gezeichnet. Bei allen Formen sind ferner je drei Parallelkurbeln um 120° versetzt, angeordnet. Antrieb und Abtrieb sind jeweils als Scheibe dargestellt. Die drei Koppeln, die nur so lang sein dürfen, daß sie eben noch aneinander vorbeikommen können, werden von Abbildung zu Abbildung konstruktiv abgewandelt. In Abb. **22**.1 sind sie noch in der üblichen Weise ausgebildet, wozu allerdings ein genügend großer Abstand der beiden gekuppelten Wellen nötig ist. Ist dieser Abstand zu klein, so kann man jede der drei Koppeln in zwei aufeinander abrollende Ringe auflösen (Abb. **22**.2), oder auch nur einen Ring anordnen (Abb. **22**.3), der auf einem festen Bolzen der Gegenscheibe abrollt. Hierdurch entstehen allerdings höhere Elementenpaare mit Linienberührung (vgl. Abschnitt 1.2.2). Wählt man eine Hohlrolle als Koppel (Abb. **22**.4), so können die beiden Wellen sehr nahe beieinander liegen. Die Hohlrolle kann auch mit einem Zapfen versehen und in einer Bohrung der Antriebsscheibe gelagert werden. Man kann auch die drei Zapfen der Antriebsseite unter Weglassen der Hohlrollen unmittelbar in der Bohrung gleiten lassen (Abb. **22**.5). Das Weglassen eines Gliedes erkauft man aber regelmäßig mit einer erheblichen Verschlechterung der Laufeigenschaften, worauf später noch öfter hingewiesen wird. So wird hier z. B. an Stelle des Abrollvorganges ein Gleiten in Kauf genommen. Eine Getriebeanordnung nach Abb. **22**.5 wird man also nur bei geringen Kräften verantworten können.

Bei der Ausführung der Abb. **22**.6 ist angenommen, daß die weißen Koppeln als Scheiben in die großen Bohrungen der schraffierten Scheibe eingebettet sind und mit je einem Zapfen den dreiarmigen, gerasterten Stern erfassen. Diese Ausführung enthält nur niedere Elementenpaare mit Flächenberührung.

Bei den folgenden Kupplungsgetrieben (Abb. **22**.7 bis **22**.10) sind jedesmal zwei der eben beschriebenen Formen hintereinander geschaltet, ganz ähnlich wie bei der Zeichenmaschine in Abb. **21**.10. So ist in Abb. **22**.7 zweimal das Getriebe der Abb. **22**.1 angeordnet (nur Seitenansicht gezeichnet). Beide Getriebe werden von ihren schwarzen Gestellgliedern umfaßt und gekapselt. Dadurch wird es möglich, die beiden gekuppelten Wellen gegeneinander parallel zu verschieben, wie es aus der Nebenabbildung 22.7a ersichtlich ist, ohne daß die Drehbewegung durch diese Verschiebung beeinflußt wird.

In gleicher Weise kann man natürlich auch die Bauformen der Abb. **22**.2 bis **22**.6 verwenden, man muß nur immer darauf achten, daß die beiderseitigen, miteinander verbundenen Scheiben von den beiden schwarzen Kapseln geführt werden, etwa so, wie es in Abb. **22**.8 geschehen ist. In der Vorderansicht sind die beiden gekuppelten Wellen so nahe beieinander gezeichnet, wie es dieses Getriebe zuläßt. Will man auch hier wieder das weiße Glied, die Koppel, einführen, so kann man statt der Rollen auch Bogenführungen verwenden (Abb. **22**.9 und **22**.10), die sich gegenseitig führen. Da man hierbei die Entfernungen zwischen dem Drehpunkt der schraffierten Scheibe und denen der gerasterten Teile wählen kann, kann man ja für einen ausreichenden Abstand sorgen, um die weißen Koppeln einwandfrei ausbilden zu können, im übrigen verbessert man dadurch noch die Bewegungsmöglichkeiten zwischen den beiden gekuppelten Wellen.

Es wurde bereits darauf hingewiesen (Abb. **21**.6 und **21**.8), daß die Antiparallelkurbeln starke Ungleichförmigkeit in der Bewegungsübertragung zeigen. Diese Ungleichförmigkeit ist um so größer, je mehr das Längenverhältnis zwischen den beiden kurzen Getriebegliedern und den beiden langen Getriebegliedern sich dem Wert 1 nähert. Es gibt Anwendungsfälle, in denen sie erwünscht ist und andere Fälle, in denen sie nicht stört, also in Kauf genommen wird. Abb. **23**.1 zeigt die gleichzeitige Verwendung einer Parallelkurbel und einer Antiparallelkurbel zur wahlweisen Einschaltung von Unter- oder Oberhitze bei einem Gasbackofen. Da die beiden Getriebe hier keine vollen Drehbewegungen, sondern nur Schwenkbewegungen auszuführen haben, kann die Ungleichförmigkeit bei der Antiparallelkurbel vernachlässigt werden.

In Abb. **23**.2 soll gerade die Ungleichförmigkeit ausgenutzt werden. Die Antiparallelkurbel ist hier als Vorgelege für den Antrieb eines Kreuzschiebers angeordnet mit dem Ziel, diesen nicht mit sinoidischem Geschwindigkeitsverlauf anzutreiben (vgl. Abb. **11**.4), sondern eine relativ gleichförmige Arbeitsgeschwindigkeit und einen beschleunigten Rücklauf zu erzielen. Die beiden eingezeichneten Ellipsen stellen ein Polbahnpaar dar. Die einzelnen Punkte der Ellipse erhält man, wenn man die Mittellinie von Koppel und Gestell zum Schnitt bringt und sie auf die Ebenen der beiden umlaufenden Kurbeln bezieht. Im Gegensatz zu den Polbahnen der Abb. **15**.5 und **18**.5 ergeben sich hier besonders einfache Formen, da die Abmessungen der Getriebeglieder einen Sonderfall darstellen. Für einen sicheren Lauf des Getriebes, d. h. für eine sichere Überwindung der Decklagen werden von diesen Polbahnen nur die an den kleinen Scheiteln gelegenen Punkte benötigt. Sie sind als Hilfsverzahnungen ausgebildet. Der Berührungspunkt der Ellipse fällt immer mit dem Schnittpunkt der Mittellinie von Koppel und Gestell zusammen, also mit dem Relativpol (vgl. Abschnitt 4.2.2), der für das Verhältnis der Winkelgeschwindigkeiten zwischen Antrieb und Abtrieb maßgebend ist.

Den Begriff des Augenblickpoles soll hier das Beispiel eines mit Greifern bewehrten Schlepperrades (Abb. **23**.3) anschaulich näher bringen. Ein solches Rad „stelzt" bekanntlich auf hartem Boden. Setzt sich dabei ein Greifer auf den Boden auf, so bildet seine Schneide mit dem Boden ein Gelenk, über das sich das ganze Rad drehend hinweghebt (Stelze), bis der nächste Greifer aufsitzt und den neuen, nun weiter vorgelegten Drehpunkt bildet. Es findet also ein Drehen statt um einen wandernden oder schreitenden Drehpunkt. Die Schritte dieses Drehpunktes werden immer kürzer, je dichter das Rad mit Greifern besetzt ist. Dafür dreht sich das Rad dann auch um immer kleinere Winkel, also um immer kürzere Zeiten von Schneide zu Schneide. Von diesem Vorgang bleibt bei einem normalen Rad (also ohne Greifer) nur noch ein Augenblicksdrehung (Momentandrehung) um den ununterbrochen weiterwandernden Berührungspunkt von Rad und Boden übrig. Dieser Vorgang bleibt grundsätzlich der gleiche, wenn auch das Rad eine unregelmäßige Form hat und, statt auf dem Boden, auf einer Schiene abrollt, oder auf einem anderen Rade irgendwelcher Form.

Man kann für alle Getriebe der Viergelenkkette solche aufeinander abrollende Kurven finden, sogenannte Polbahnen, auf denen der Augenblickspol beim Abrollen wandert. Für die Kurbelschwinge und für die Doppelschwinge wurden diese Polbahnen bereits dargestellt (Abb. **15**.5 und **18**.5). Ganz selten sind die Polbahnen aber so einfache Kurven wie bei der Antiparallelkurbel.

Die Ermittlung einzelner Punkte der Ellipsenpolbahnen des Getriebes **23**.2 zeigt Abb. **23**.4. Man braucht nur eine Anzahl von Getriebelagen zu zeichnen und erhält in jeder Getriebelage den zugehörigen Relativpol. Diesen überträgt man für die Ausgangsstellung des Getriebes mit Hilfe von Dreieckskonstruktionen auf die beiden umlaufenden Kurbeln von Antrieb und Abtrieb. Bei genügender Anzahl solcher Punkte lassen sich die beiden Ellipsen zeichnen.

Eine andere Möglichkeit ist die, daß man die Kurbel des Getriebes der Abb. **23**.2 bzw. **23**.4 als Gestell ausbildet. Sie gehört dann zur Zeichenebene (Abb. **23**.5) und der bisherige Relativpol Q wird zum Pol P. Verfolgt man die Bahn dieses Poles in der Zeichenebene, so entsteht eine Ellipse. Eine Ellipse gleicher Form gilt für das gegenüberliegende Getriebeglied (in Abb. **23**.5 die Koppel, in Abb. **23**.2 dagegen die Abtriebskurbel).

Während man als Polbahnen zwei Ellipsen erhält, wenn man bei der Antiparallelkurbel den Schnittpunkt der Mittellinie der beiden längeren Getriebeglieder verfolgt, erhält man zwei Hyperbeln, wenn man beim gleichen Getriebe den Schnittpunkt der Mittellinien der beiden kürzeren Glieder aufzeichnet. Technisch werden auch von dieser Polbahn als Hilfsverzahnungen lediglich die Scheitel benötigt zum sicheren Durchfahren der Getriebedecklagen.

Die Antiparallelkurbel wird praktisch als vollumlaufendes Getriebe selten verwendet, obwohl sie — besonders mit Hilfsverzahnung — gut geeignet ist, die früher im Maschinenbau sehr häufigen und beliebten Ellipsenräder zu ersetzen. Hinzu kommt, daß die zwangsläufige Herstellung elliptischer Zahnräder mit einigen Schwierigkeiten verbunden ist, wenn man höhere Genauigkeitsansprüche stellt.

Die Aufgabe der Ellipsenräder, möglichst gleichförmige Arbeitsbewegung und beschleunigten Rücklauf zu erzeugen, ist jedoch keineswegs veraltet. Abb. **23**.2 zeigt hierfür besonders geeignete Abmessungen[1], bei denen die große Ellipsenachse so lang ist wie Koppel und Gestell, und wobei die Kurbeln in ihrer Länge dem Abstand der Brennpunkte entsprechen. Die Abb. **23**.7 gibt die notwendigen Anweisungen für die Ellipsenkonstruktion.

---

[1] RAUH: Untersuchung und Weiterentwicklung der Getriebe mit periodischem Hin- und Rücklauf und beschleunigungsfreiem Arbeitsgang. Diss. Hannover 1927.

5.5 Gleichschenklige und gleichgliedrige Getriebe

Verkürzt man die Koppel in einer Kurbelschwinge immer mehr, bis sie schließlich dieselbe Länge bekommt wie die Kurbel, so werden die Bewegungen der Schwinge in der Nähe der inneren Totlage immer zögernder (Abb. **13**.4), bis bei gleicher Länge von Koppel und Kurbel (Abb. **13**.2) die gesamte Schwingenbewegung während einer halben Kurbelumdrehung erfolgt. Während der andern Hälfte der Kurbelumdrehung kann die Schwinge unbeweglich in der inneren Totlage verharren, wobei Kurbel und Koppel dauernd übereinander liegen.

Die Abb. **13**.2, **13**.3 und **13**.4 zeigen, wie sich dabei die Höchstwerte für die Geschwindigkeit des Schwingenzapfens immer mehr nach dem inneren Totpunkt der Schwingenbewegung hin verlagern, den sie bei gleichschenkligen[1] Getrieben genau erreichen (Abb. **13**.2 und **13**.3). In diesem Punkte müßte also die mit höchster Geschwindigkeit heraneilende Schwinge schlagartig zur Ruhe kommen und ebenso für den neuen Hub momentan auf höchste Geschwindigkeit beschleunigt werden. Dies ist natürlich nur mit besonderen Mitteln und bei geringen Kurbelzapfengeschwindigkeiten zu erreichen und wird praktisch kaum ausgenutzt. Das sich frei bewegende Getriebe wird aber gerade wegen der Geschwindigkeitssteigerung im inneren Totpunkt ziemlich sicher durchschlagen, so daß die Schwinge, statt eine halbe Kurbelumdrehung lang in Ruhe zu bleiben, eine spiegelbildliche Schwingbewegung zur andern Seite ausführt. Das Gleiche gilt bei der gleichschenkligen Schubkurbel (Abb. **13**.3) für die Schubbewegung des Gleitsteins. Diese zweite, spiegelbildliche Bewegung erfolgt also während einer Zeit, die eigentlich noch zu der ersten Schubbewegung gehört, die aber in diesem getrieblichen Sonderfall ohne Bewegungsausnutzung sein würde, wenn das Getriebe am Durchschlagen verhindert würde. Aus diesem Grunde erfolgt bei den gleichschenkligen Getrieben, die, wenn sie drehfähig sind, immer durchschlagen, ein Gesamtarbeitsspiel mit doppeltem Hub während einer einzigen Kurbelumdrehung. Dies unterscheidet sie von allen übrigen durchschlagenden Getrieben, bei denen für ein Gesamtarbeitsspiel mit doppeltem Hub immer zwei Kurbelumdrehungen erforderlich sind. Diese Sonderstellung der gleichschenkligen Getriebe ist für die praktische Anwendung sehr vorteilhaft, vor allem infolge der günstigen Geschwindigkeitsverhältnisse in der Durchschlagstellung.

Bei endlich langer Schwinge (Abb. **13**.2) sind die Bewegungszeiten und damit auch die Geschwindigkeiten des Schwingenzapfens für Hin- und Rückhub verschieden groß; mit wachsender Schwingenlänge gleichen sich diese Unterschiede aber immer mehr aus und verschwinden vollkommen bei unendlich langer Schwinge, also bei der gleichschenkligen Schubkurbel (Abb. **13**.3). Die schwarz gezeichneten Überlagerungen im Geschwindigkeitsdiagramm ergeben dabei einen exakten Kreis, woraus hervorgeht, daß die Schubgeschwindigkeit des Gleitsteins für den doppelten Hubweg genau der Sinusgesetzmäßigkeit folgt, jedoch mit doppelten Amplitudenwerten gegenüber dem ebenfalls rein sinoidischen Geschwindigkeitsverlauf der Kreuzschubkurbel (Abb. **11**.2).

Die Abb. **24**.1 bis **24**.15 geben eine Übersicht der Getriebeformen. Bei den Reihen 1 (Abb. **24**.1 bis **24**.5) und 2 (Abb. **24**.6 bis **24**.10) mit annähernd gleichschenkligen Getrieben sind natürlich die bekannten vier verschiedenen Getriebe möglich (vgl. Abb. **4**.7 bis **4**.11); dem äußeren Ansehen nach ähneln aber hier die Kurbelschwingen I (Abb. **24**.2 und **24**.7) den Doppelschwingen IV (Abb. **24**.5 und **24**.10) und andererseits die Doppelkurbeln II (Abb. **24**.3 und **24**.8) den Kur-

---

[1] Nach den Begriffsbestimmungen des VDI-AWF-Handbuches „Getriebetechnik" liegen gleichschenklige Getriebe dann vor, wenn je zwei benachbarte Getriebeglieder gleich lang sind.

belschwingen III (Abb. **24**.4 und **24**.9). Diese Ähnlichkeit wird in der Reihe 3 (Abb. **24**.11 bis **24**.13) bei den genau gleichschenkligen Getrieben zur Übereinstimmung; die Getriebe I und IV (Abb. **24**.12) sind gleichschenklige Kurbelschwingen von gleicher Beschaffenheit wie die Getriebe II und III (Abb. **24**.13) als gleichschenklige Doppelkurbeln.

Schon bei den annähernd gleichschenkligen Getrieben (Abb. **24**.1 bis **24**.5) ist der Spielraum für die Änderung der Gliederlängen sehr gering, wenn die Getriebe drehfähig bleiben sollen (vgl. Abschnitt 2). Wenn aber zwei benachbarte Glieder genau gleich groß sind, etwa Kurbel und Koppel bei den Getrieben der Reihe 2 (Abb. **24**.6 bis **24**.10) und Reihe 3 (Abb. **24**.11 bis **24**.13), so müssen auch die beiden übrigen Getriebeglieder unter sich gleich groß sein wie in der Reihe 3. Nur dann bleibt die Drehfähigkeit erhalten, wobei allerdings immer durchschlagende Getriebe entstehen.

Sind schließlich alle vier Glieder gleich lang, wie bei den Getrieben der Reihe 4 (Abb. **24**.14 und **24**.15), so entsteht immer dasselbe gleichgliedrige Getriebe, ganz gleich welches Glied zum Gestell wird. Dieses Getriebe kann wohl stetig als Parallelkurbel laufen, nicht dagegen stetig als Antiparallelkurbel. Von der Decklage aller vier Glieder als Ausgangslage aus kann entweder die eine oder die andere der beiden Kurbeln für sich eine beliebige, also auch eine gegenläufige Drehung ausführen, wobei die Getriebeglieder paarweise in Deckung liegen. Es dreht sich also beispielsweise die linke Kurbel gemeinsam in dauernder Decklage mit der Koppel, während die rechte Kurbel in dauernder Decklage mit dem Gestell stillsteht. Nur als Parallelkurbel ist hier noch ein ordnungsmäßiges Laufen mit drei bewegten Gliedern möglich.

Bei der praktischen Anwendung der gleichschenkligen und vor allem der gleichgliedrigen Gelenkvierecke wird die volle Drehfähigkeit nur selten ausgenutzt. Am bekanntesten sind die Ausführungen der gleichgliedrigen Getriebe in Form der „Nürnberger Schere" (Abb. **24**.16) und des sogenannten „Storchschnabels" (Abb. **24**.17). Die Getriebe dienen der maßstäblichen Hubübersetzung. Das Storchschnabelgetriebe ist außerdem geeignet als Vektorenrechner, beispielsweise zur Zusammensetzung gerichteter Größen zu einer Resultierenden (Abb. **24**.18). Wird z. B. der Punkt 1 in senkrechter Richtung um den Betrag einer senkrechten Komponente verstellt, so folgt der Punkt 2 dieser Bewegung im halben Maßstab. Verstellt man außerdem den Punkt 3 in waagerechter Richtung um den Betrag einer anderen Komponente, so folgt der Punkt 2 auch dieser Bewegung im halben Maßstab. Die tatsächliche Bewegung des Punktes 2 entspricht also dem Betrag der Resultierenden im Maßstab 1:2.

5.6 Die Koppelkurven der Viergelenkgetriebe

Bei den Getrieben mit vier Drehgelenken beschreiben alle Punkte der beiden im Gestell gelagerten Lenker Kreise oder Kreisbögen, deren Halbmesser den Abständen der betreffenden Punkte vom zugehörigen Gestelldrehpunkt entsprechen. Gegenüber diesen beiden drehenden oder schwingenden Lenkern macht die Koppel, also das dem Gestell gegenüberliegende Getriebeglied zusätzliche Relativbewegungen. Es entstehen Bewegungsüberlagerungen, die dazu führen, daß jeder Punkt der Koppelebene — außer den beiden Koppelgelenken — eine Bahn durchläuft, deren Krümmung sich laufend ändert und deren Form von den jeweiligen Getriebeabmessungen und von der Lage des Koppelpunktes in der Koppelebene abhängt. Unabhängig von einer späteren Untersuchung der Krümmungsverhältnisse[1] sei hier zunächst ein Überblick gegeben über die Formen

---

[1] Vgl. Abschn. 8.1.

der Koppelkurven bei der Kurbelschwinge, bei der Doppelkurbel und bei der Doppelschwinge.

5.6.1 Formen von Koppelkurven

Die vielfältigen Formen der Koppelkurven und die Möglichkeiten ihrer technischen Ausnutzung eröffnen dem Konstrukteur ein weites Feld mit neuen Lösungsmöglichkeiten. In den letzten Jahrzehnten wurden eine Anzahl von Methoden entwickelt, mit deren Hilfe in einfacher Weise ein Überblick über die Vielfalt der Koppelkurvenformen gewonnen werden kann. Nach LANGEN[1] wurde eine Kurbelschwinge im Modell gebaut, bei dem die Kurbel und die Schwinge aus durchsichtigem Zelluloid bestanden, die Koppel dagegen aus lichtundurchlässigem Karton (Abb. **25**.1). Die Koppel trug ein Netz in bestimmtem Raster angeordneter Punkte, die sämtlich als Bohrungen ausgeführt waren. Auf dem Reißbrett wurde unterhalb der Koppelebene ein Blatt lichtempfindlichen Photopapiers befestigt. Diese Arbeiten gingen bei rotem Licht vor sich. Wenn man dieses Gerät einer ausreichenden Lichtquelle aussetzte und den Kurbelzapfen einmal auf dem Kurbelkreis entlangführte, dann zeichneten die durchgestochenen Koppelpunkte selbst ihre Bahnen auf das lichtempfindliche Papier. In irgendeiner Stellung setzte man dieses Getriebe dem Licht einige Sekunden lang aus, so daß diese Stellung in allen Koppelkurven durch einen auffälligen, schwarzen Punkt hervorgehoben war. Hierdurch war es einfach, zu jeder Kurve den entsprechenden Koppelpunkt jederzeit wiederzufinden.[2]

Abb. **25**.2 zeigt eine auf diese Weise gewonnene Koppelkurvenübersicht einer Kurbelschwinge; das Getriebe ist eingezeichnet in derjenigen Stellung, zu der die Punkte auf den einzelnen Koppelkurven gehören. Man kennt ja die Lagen der beiden Koppelpunktgelenke in dem vorgezeichneten Koppelpunktsystem. Aus Gründen der Zweckmäßigkeit ordnet man das Rasternetz der Koppelebene so an, daß auch der Kurbelzapfen und der Schwingenzapfen Schnittpunkte dieses Netzes sind. Die beiden andern Gelenke, also das Kurbellager und das Schwingenlager sind dadurch gekennzeichnet, daß Kurbel und Schwinge an diesen Stellen mit Reißzwecken drehbar auf dem Reißbrett befestigt sind.

Will man jetzt zum Beispiel eine dreieckige Koppelkurve aus Abb. **25**.2 rechts unten verwenden, so braucht man nur die Form der Koppel so zu gestalten, daß sie den zugehörigen Koppelpunkt mitumfaßt (Abb. **25**.3). Beim Bewegen des Getriebes würde dann diese dreieckige Kurve durchlaufen werden.

Die Koppelkurvenübersichten der Abb. **26**.4 bis **26**.7 sind auf die gleiche Art entstanden. Es zeigt sich bei allen Getrieben, daß bestimmte Koppelkurvenformen an bestimmte Bereiche der Koppelebene gebunden sind. So liegen die dreieckigen Koppelkurven immer außerhalb des Schwingenzapfens. Die achtförmigen Kurven liegen über und unter der Schwingenlagerung. Alle Koppelkurven, die von hier aus nach der Seite des Kurbelkreises liegen, werden im gleichen Bewegungssinn durchlaufen wie der Kurbelkreis, während die Koppelkurven außerhalb des Schwingenbereiches im entgegengesetzten Sinne durchlaufen werden.

---

[1] Karl LANGEN. Diplomarbeit Aachen 1929.

[2] Für diese Koppelkurvenermittlung hatte JAHR, Leipzig, ein Gerät entworfen und gebaut (Reuleaux-Institut für Getriebetechnik, Leipzig), bei dem die Koppel mit dem Netz von Bohrungen als Deckel eines von innen beleuchteten Kastens feststeht, während das Gestell mit einer Platte als Träger für das lichtempfindliche Papier bewegt wurde. Trotz dieser „kinematischen Umkehrung" entstanden natürlich die gleichen Koppelkurvenscharen. Das Gerät war einstellbar in der Koppel auf 4- bis 10fache Kurbellänge, in der Schwinge auf 3- bis 6,5-fache Kurbellänge und im Gestell auf 3- bis 12fache Kurbellänge. (AWF Mitt. 1932 Heft 9) Ein neueres Gerät wurde entwickelt von W. MEYER ZUR CAPELLEN und E. LENK, Aachen. Vgl. Z. Instr. 70 (1962) Heft 5. Gerätehersteller: Fa. A. Ott, Kempten, Allgäu.

Auf der Kurbelseite schließen sich an die achtförmigen Kurven oberhalb des Getriebes zunächst flach gestreckte Kurven an. Zum Kurbelkreis hin werden sie immer voller. Außen neben dem Kurbelkreis treten ellipsenähnliche Kurven auf, an die sich unterhalb des Kurbelkreises Kurven anschließen, die an Tragflügelprofile erinnern und schließlich in tropfenförmige Kurven mit Spitze übergehen. Unterhalb der Schwinge liegen dann wieder achtförmige Kurven, an die sich tropfenförmige Kurven anschließen, die schließlich in die Dreieckform übergehen.

Verändert man auch nur ein Getriebeglied in seiner Länge, so wird hiervon das gesamte Kurvenbild beeinflußt. Schon bei verhältnismäßig geringfügigen Verlängerung der Schwinge bei zentrischem Getriebe (Totlagengerade verläuft durch das Kurbellager) entstehen fast spiegelbildliche Koppelkurven beiderseits der Totlagengerade (vgl. Abb. **25**.2, **25**.4 und **25**.6). Sobald aber Schränkung eintritt, d. h. sobald die Totlagengerade oberhalb (Abb. **25**.5) oder unterhalb (Abb. **25**.7) des Kurbellagers verläuft, werden die Koppelkurvenformen unsymmetrisch. Diese Unsymmetrie wird noch stärker, wenn die Schwinge verhältnismäßig kurz wird, und wenn außerdem eine starke Schränkung gewählt wird (Abb. **26**.1).

Das vorbeschriebene Verfahren gibt über eine große Anzahl von Koppelkurvenformen in einem einzigen Arbeitsgang einen guten Überblick; es hat jedoch den Nachteil, daß man für die Auswertung an die Dunkelkammer gebunden ist. Demgegenüber hat sich für die praktische Konstruktionsarbeit ein von KONEN vorgeschlagenes Gerät (Abb. **26**.2) als sehr genau und handlich erwiesen.[1] Außer der Kurbel und der Schwinge wird hierbei auch die Koppelebene aus Astralon, also aus durchsichtigem Material hergestellt.

Das Reißbrett dient als Getriebegestell. Die Lagerungen erfolgen durch Reißzwecken (mit zylindrischen Stiften!), die beim Kurbellager und beim Schwingenlager in das Reißbrett gedrückt werden, beim Kurbelzapfen und beim Schwingenzapfen dagegen umgekehrt stehen, also mit der Spitze nach oben zur Aufnahme der Koppelebene. Als Handgriff eignet sich ein Radiergummi, der auf den als Kurbelzapfen dienenden Reißbrettstift aufgespießt wird. Mit diesem Gerät kann man die Bahnen beliebiger Koppelpunkte zeichnen, indem man an jeder Stelle, die von Interesse erscheint, die Koppelebene durchsticht oder durchbohrt und durch dieses Loch die Spitze eines Zeichenstiftes einsetzt. Der Stift zeichnet dann während einer Umdrehung seine Koppelkurve. Das in Abb. **26**.2 dargestellte Bleistiftgestell mit Fuß und Gummiring um den Zeichenstift ist entbehrlich.

Den Kurbelkreis zeichnet man mit seiner Teilung auf das Zeichenpapier und hat dann damit die Möglichkeit, auch auf den Koppelkurven die zugehörigen Intervalle zu markieren. Dies gibt bereits einen gewissen Einblick in die Geschwindigkeitsverhältnisse des Koppelpunktes und zeigt außerdem an, welcher Teil des Kurbelkreises zu demjenigen Teil der Koppelkurve gehört, den man in besonderer Weise ausnutzen möchte. Das Arbeiten mit diesem Gerät ist einfach und sauber. Es empfiehlt sich für die Koppel etwa die Größe DIN A 4 zu wählen und diese Koppeltafel mit einem eingeritzten Rasternetz von frei wählbarer Maschenweite zu versehen. Durchbohrt man bei dieser Tafel sämtliche Kreuzungspunkte des Netzes, so hat man eine universell verwendbare Koppelebene und braucht nur von Fall zu Fall die Längen von Kurbel, Schwinge und Gestell zu wählen.

Will man sich zunächst nur, ohne eigenen Arbeitsaufwand, über die Koppelkurvenformen bei der Kurbelschwinge informieren, so gibt hierüber ein Koppelkurvenatlas von HRONES und NELSON umfassend Aufschluß[2]. Abb. **26**.3 zeigt eins von 730 Blättern dieses Werkes und läßt sehr schön erkennen, in welcher

---

[1] Diplomarbeit Aachen 1930.
[2] HRONES and NELSON. Analysis of the Four-Bar-Linkage. New York: The Technology Press of M. I. T. and Wiley 1951.

Weise sich die Form der Koppelkurven von Koppelpunkt zu Koppelpunkt ändert, wobei die Punkte in gleichen Abständen auf einer Parallelen zur Koppelmittellinie angeordnet sind.

Während bei der Kurbelschwinge die Koppelkurven im Vergleich zum Gelenkviereck einen Raum einnehmen, der — vor allem bei getriebenahen Koppelpunkten — kleiner ist als der Platzbedarf des Getriebes, erhält man bei der Doppelschwinge (Abb. 27.1 bis 27.5) und vor allem bei der Doppelkurbel (Abb. 28.1 bis 28.3) Kurven, die das ganze Getriebe umgreifen. Bei der Doppelschwinge liegt dies daran, daß die Koppel — hier das kürzeste der vier Glieder — während eines Getriebeumlaufes gegenüber den beiden Schwingen volle Drehbewegungen ausführt. Während bei der Kurbelschwinge eine große Anzahl von Koppelkurven in einer Abbildung dargestellt werden konnten, ohne die Übersichtlichkeit des Bildes zu beeinträchtigen, kann man bei der Doppelschwinge nur eine geringe Anzahl von Kurven jeweils darstellen, da sich hier die Koppelkurven gegenseitig überschneiden. Die Abb. 27.1 bis 27.5 lassen jedoch erkennen, daß hier ähnliche Kurvenformen auftreten, wie sie bereits bei der Kurbelschwinge zu beobachten waren. Es gibt tropfenförmige Kurven, verschlungene Kurven, Kurven mit Spitzen usw. Zur Ermittlung der Kurven wurde in diesem Falle das bereits an der Abb. 25.1 erläuterte Verfahren benutzt.

Eine Auswahl von Koppelkurven der Doppelkurbel zeigen die Abb. 28.1 bis 28.3. Es sind hier die Kurven von 10 Koppelpunkten auf drei Abbildungen verteilt, damit die Verhältnisse übersichtlich bleiben. In jeder Abbildung sind von den 10 Koppelpunkten jeweils diejenigen besonders gekennzeichnet, deren Kurven zur Darstellung kommen. Auch hier findet man, wie die Abbildungen zeigen, Kurven mit Spitzen, Kurven mit Schleifen und ähnliche.

5.6.2 Geschwindigkeitsverhältnisse bei Koppelkurven

Bei den nachfolgenden Überlegungen, die am Beispiel einer Kurbelschwinge durchgeführt werden, soll vorausgesetzt werden, daß die Kurbel gleichförmig angetrieben wird; d. h. die Umfangsgeschwindigkeit des Kurbelzapfens ist konstant. Außerdem ist der Kurbelkreis die einzige Koppelkurve, die für den ganzen Bewegungsablauf einen konstanten Krümmungshalbmesser zeigt. Für den Schwingenzapfen ist zwar der Krümmungshalbmesser ebenfalls konstant, da er auf dem Schwingenbogen zwangläufig geführt wird; seine Geschwindigkeit ist jedoch periodisch ungleichförmig (vgl. Abb. 8.1 bis 8.3). Für alle übrigen Koppelpunkte ist nun nicht nur die Geschwindigkeit ungleichförmig, es ändert sich vielmehr auch der Krümmungshalbmesser aller Kurven von Stellung zu Stellung.

Einen ersten Anhaltspunkt zur Beurteilung der Bewegungsverhältnisse aller Punkte der Koppelebene gibt der Augenblickspol. In Abb. 28.4 ist eine Kurbelschwinge dargestellt in einer Stellung, bei der die Kurbel aus der zur inneren Totlage des Schwingenzapfens gehörenden Stellung um 120° im Uhrzeigersinn weitergedreht ist (Stellung 4). Außerdem sind, soweit der Platz der Abbildung ausreicht, die Pole für die einzelnen Getriebestellungen eingezeichnet. Ebenso wie der Kurbelzapfen und der Schwingenzapfen bewegen sich auch alle Koppelpunkte momentan rechtwinklig zu ihren jeweiligen Polstrahlen, also auf ihrer Verbindungslinie zum gehörigen Pol. Auf diesem Polstrahl muß demnach der jeweils zugehörige, momentane Krümmungsmittelpunkt liegen. Während jedoch die Polstrahlen des Kurbelzapfens sich alle in *einem* Punkt schneiden (Kurbeldrehpunkt), ebenso wie die Polstrahlen des Schwingenzapfens (Schwingendrehpunkt), schneiden sich die Polstrahlen des Koppelpunktes K im allgemeinen nur paarweise. In Abb. 28.4 fallen für 3 Koppelpunktslagen (1, 11 und 12) die Schnittpunkte ausnahmsweise zusammen. Dies bedeutet, daß man die Koppelkurve auf dem Bahnstück von 1 bis 11 durch einen Kreisbogen annähern könnte, dessen Mittelpunkt im gemeinsamen Schnittpunkt der drei Polstrahlen liegt. Über diese kurze Andeutung hinaus werden die Krümmungsverhältnisse bei den Koppelkurven in einem späteren Abschnitt ausführlich behandelt.[1]

Die Ermittlung der Geschwindigkeit von Koppelpunkten erfolgt nach dem gleichen Verfahren, das schon für die Ermittlung der Geschwindigkeit des Schwingenzapfens angewendet wurde (vgl. Abschnitt 4.2.1). In Abb. **29**.1 ist die Kurbelzapfengeschwindigkeit v_A auf dem Polstrahl der Kurbel in Stellung 4 nach außen angetragen. Man zieht die Parallele zur Koppelstrecke AK und erhält auf dem Polstrahl des Koppelpunktes die gesuchte Geschwindigkeit v_K des Koppelpunktes, und zwar in einer Richtung, die rechtwinklig zur eigentlichen Wirkrichtung steht.

Dieses Verfahren ist auch dann anwendbar, wenn der Pol außerhalb der Zeichnung liegt; d. h. wenn der Polstrahl des Koppelpunktes nicht gezeichnet werden kann. In diesem Falle ermittelt man auf die gleiche Art die Geschwindigkeit des Schwingenzapfens v_B und zieht durch die Spitze dieses Vektors eine Parallele zur Koppelstrecke BK. Man erhält, wie Abb. **29**.1 zeigt, ein Dreieck, das dem Koppeldreieck ähnlich ist. Das Koppeldreieck entsteht durch Verbindung der Vektorfußpunkte (Koppelpunkte), während das hierzu ähnliche Dreieck die Vektorspitzen verbindet.

Das hier beschriebene Verfahren ist allgemein anwendbar, und zwar auch auf die Vektoren der Beschleunigungen und ihrer Komponenten. In allgemeiner Formulierung ergibt sich folgender Lehrsatz:

Die Verbindungslinien der Spitzen gleichartiger Vektoren bilden eine geometrische Figur, die der Figur der zugehörigen Systempunkte (Koppelpunkte) gleichsinnig ähnlich ist.

Sollte der Koppelpunkt K auf der Koppelgeraden liegen (Abb. **29**.2), so kommt in der Koppelebene kein Dreieck zustande. In diesem Falle kann man über einen Hilfskoppelpunkt K' die Geschwindigkeit jedes Punktes der Koppelmittellinie zeichnerisch bestimmen, auch dann, wenn der Pol nicht im Bereich der Zeichnung liegt. Da die Wahl des Hilfskoppelpunktes beliebig ist, legt man ihn zweckmäßigerweise so, daß die einzelnen Dreiecksseiten miteinander gute Schnittwinkel bilden.

Bei der technischen Ausnutzung der Koppelkurven zur Lösung verschiedenartigster Bewegungsaufgaben wird oft am Koppelpunkt ein Lenker oder ein Gleitstein angeschlossen (Abb. **29**.3 und **29**.4), der die Bewegung auf einen Abtriebslenker oder auf eine schwingende Kulisse überträgt. Auf diese Weise lassen sich z. B. Hubbewegungen erzielen, in deren Verlauf Stillstände oder Rasten an vorgeschriebenen Stellen auftreten. Zur Beurteilung der Abtriebsbewegung ist dabei häufig eine Geschwindigkeitsuntersuchung erforderlich. Die Ermittlung der Geschwindigkeit am Abtriebsgelenk bzw. am Gleitsteinzapfen in der Kulisse erfolgt dabei ausgehend vom Vektor der Koppelpunktsgeschwindigkeit v_K in der gleichen Weise, wie man auch die Geschwindigkeit des Schwingenzapfens in Abhängigkeit von der Geschwindigkeit des Kurbelzapfens ermittelt (vgl. Abb. **8**.1). Man zieht durch die Spitze des Vektors v_K eine Parallele zur Koppel (Abb. **29**.3) bzw. man fällt ein Lot auf die Mittellinie der Kulisse. Die gesuchte Größe für die Geschwindigkeit des Abtriebes v_C erhält man als verhältnisgleichen Vektorabschnitt auf der Mittellinie, die durch den zugehörigen Gestelldrehpunkt C_0 verläuft.

---

[1] Vgl. Abschn. 8.1.

Betrachtet man die Koppelkurven von Punkten der Gangpolbahn (Abb. **29**.5), so zeigt es sich, daß diese Kurven in dem Augenblick bzw. in derjenigen Getriebelage eine deutlich ausgeprägte Spitze bekommen, in denen der betreffende Koppelpunkt zum Augenblicksdrehpunkt der Koppelebene wird. Es wurde bereits im Abschnitt 5.1 darauf hingewiesen, daß während eines Getriebeumlaufes die Gangpolbahn sich auf der Rastpolbahn abwälzt. Ein Koppelpunkt auf der Gangpolbahn nähert sich also der Rastpolbahn bis zu der Getriebelage, in der er zum Augenblickspol wird. Danach überschreitet er diese Bahn nicht, sondern entfernt sich von ihr wieder nach der gleichen Seite von der er kam. Dieser Vorgang ist die Ursache für die Ausbildung von Spitzen in Koppelkurven. Wenn in einer Koppelkurve zwei Spitzen festzustellen sind, so bedeutet dies, daß der betreffende Koppelpunkt in zwei Getriebelagen mit dem Pol zusammenfällt, oder in anderer Formulierung, daß sich die beiden Äste der Gangpolbahn in dem betreffenden Koppelpunkt schneiden. Zieht man zum Vergleich die in Abb. **28**.4a dargestellte Gangpolbahn heran, so zeigt diese 2 Schnittpunkte, und zwar den Schwingenzapfen und noch einen weiteren Punkt oberhalb des Schwingenzapfens, der mit S bezeichnet ist. In Abb. **28**.4 ist unter anderem auch die Koppelkurve dieses Punktes S dargestellt. Es sind deutlich zwei Spitzen erkennbar. Auch der Schwingenbogen ist als eine Koppelkurve mit 2 Spitzen aufzufassen mit der Besonderheit, daß diese Kurve zu einem Kreisbogen zusammengeschrumpft ist. Zu den in Abb. **29**.5 dargestellten Koppelkurven ist noch zu bemerken, daß die Kurven, deren Spitzen auf dem gleichen Polbahnast liegen, unterschiedlichen Umlaufsinn (Ziffernfolge) erhalten, je nachdem ob der betreffende Koppelpunkt oberhalb oder unterhalb des Schwingezapfens liegt.

5.6.3 Praktische Anwendung von Koppelkurven

Die Möglichkeiten der technischen Anwendung von Koppelkurven im Maschinen- und Gerätebau sind so vielfältig, daß hier nur einige wenige kennzeichnende Beispiele aufgeführt werden können.

Die Abb. **30**.1 und **30**.2 zeigen die Verwendung einer Koppelkurve an einer Teigknetmaschine. Es handelt sich um die bereits in den Abb. **25**.2 und **25**.3 dargestellte Kurbelschwinge, bei der eine dreieckähnliche Kurve zur Führung des Knetarmes ausgewählt wurde. Die räumliche Ausbildung der Koppel geht deutlich aus der perspektivischen Darstellung (Abb. **30**.2) hervor. Die Arbeitsweise der Maschine ist ohne weiteres verständlich; es bleibt lediglich zu erwähnen, daß der in Abb. **30**.1 im Schnitt dargestellte Behälter eine zusätzliche, rotierende Bewegung um seine senkrechte Achse ausführt.

Bei dem Gabelheuwender in Abb. **30**.3 ist eine außerhalb des Kurbelkreises liegende, ellipsenähnliche Koppelkurve für die Führung der Heugabel verwendet. Die Gabelzinken können infolge federnder Anordnung zurückweichen, wenn sie auf einen Widerstand treffen. An der ausgeführten Maschine sind mehrere derartige Gabeln nebeneinander angeordnet und durch mehrfache, versetzte Kurbelkröpfungen angetrieben.

Die Abb. **30**.4 und **30**.5 zeigen die Verwendung von Koppelkurvengetrieben für Werkstückentransporte in einer Fertigungsstraße. Es handelt sich darum, größere Schweißlehren mit eingelegten Werkstücken von einer Rollenbahn auf eine andere, parallellaufende Rollenbahn umzusetzen, und zwar mit einem Transportgreifer, der nach Absetzen der Schweißlehre unterhalb der Rollenbahn in seine Ausgangsstellung zurückkehrt. Die Kurbeln der parallelgeschalteten Kurbelschwingen machen bei diesem Arbeitsvorgang genau eine Umdrehung. Die beiden Rollenbahnen arbeiten im Gegenlauf als Arbeitsbahn und Rücklauf. An jedem Ende der Schweißstraße ist ein solches, doppelt angeordnetes Umsetzgetriebe vorhanden.

Die bisher genannten Beispiele zeigten die Verwendung von Koppelkurven für die Führung von Werkzeugen oder Werkstücken. Bei dem Entwurf solcher Getriebe geht es in erster Linie um das Auffinden einer geeigneten Koppelkurvenform. Diese Arbeit wird wesentlich erleichtert durch die Benutzung von Übersichtsblättern, wie sie vor allem an Hand der Abb. 25.1 bis 26.3 besprochen wurden. Ein zweites Anwendungsgebiet ist die Ausnutzung von Koppelkurven für die Steuerung von Bewegungsvorgängen. Man kann z. B. von Koppelkurven hin- und hergehende Hubbewegungen ableiten, die von Stillständen unterbrochen werden. Diese Stillstände oder Rasten können an den Hubenden oder aber innerhalb der Hubstrecken liegen. Auch rotierende Bewegungen mit Stillständen lassen sich verwirklichen. Man kann mit Hilfe der Koppelkurve Bewegungsprobleme lösen, die bisher überwiegend mit Kurventrieben, beispielsweise Kurvenscheiben oder Kurventrommeln, gelöst wurden. Bei den Kurbengetrieben wird das vorgegebene Weg-Zeit-Gesetz in einen Metall- oder Kunststoffkörper eingeschnitten und mit Hilfe einer Kurvenrolle auf einen Schieber oder Lenker übertragen. Kurvenrolle und Kurvenflanke bilden dabei ein höheres Elementenpaar (Linienberührung!), das die aus dem Arbeitsvorgang und aus der Bewegung, vor allem bei höheren Drehzahlen, auftretenden Kräfte aufnehmen muß. Demgegenüber treten bei Koppelkurvensteuerungen nur niedere Elementenpaare auf. Die Verschleißgefahr ist also geringer. Es darf jedoch nicht verkannt werden, daß die Lösung von Bewegungsaufgaben unter Verwendung von Koppelkurven im allgemeinen an den Konstrukteur höhere Anforderungen stellt als eine Lösung mit Kurvengetrieben. Diese erhöhte Konstruktionsleistung trägt jedoch ihre Früchte, weil ein Koppelkurvengetriebe robuster ist und oft in der Herstellung einfacher.

Besonders häufig werden hin- und hergehende Hubbewegungen mit einem längeren Stillstand in einer der beiden Endlagen gebraucht, so etwa bei einer Stempelmaschine, bei der während des Stillstandes der Stempel eingefärbt wird. Auch bei einer Presse kann es von Vorteil sein, wenn der Stempel während des Werkstückwechsels stillsteht. Auch bei Stanzen, Heftmaschinen, Verpackungsmaschinen oder Textilmaschinen und vielen anderen liegen ähnliche Bewegungsprobleme vor.

Betrachtet man zunächst nur einmal die Koppelkurven bei den Kurbelschwingen, so ergeben sich eine Reihe von Lösungsmöglichkeiten. Die Abb. 31.1, 31.2 und 31.3 zeigen grundsätzliche Beispiele. Es handelt sich um schwingende Bewegungen bzw. (Abb. 31.3) um hin- und herschiebende Bewegungen mit einem Stillstand in einer Endlage.

In allen drei Fällen kommen zwei neue Getriebeglieder hinzu. Dies bedeutet, daß es sich — einschließlich Gestell — um sechsgliedrige Getriebe handelt. Dabei zeigt jedes Getriebe sieben Gelenke, wobei auch Geradführungen als Gelenke gezählt werden. Man nennt sie Schubgelenke zum Unterschied von den übrigen, die man als Drehgelenke bezeichnet. Der Zwanglauf der Bewegungsübertragung ist ohne weiteres klar und kann auch mit Hilfe der GRÜBLERschen Zwanglaufbedingung (Formel 1) überprüft werden.

In Abb. 31.1 zeigt sich in der Bewegung der schwingenden Kulisse ein Stillstand in der linken Totlage für den Bewegungsbereich des Koppelpunktes, in dem dieser angenähert geradlinig läuft. Voraussetzung ist dabei, daß während dieser Zeit die Mittellinie der Kulissenführung sich mit dem geradlinigen Bahnstück der Koppelkurve deckt. Der Lagerpunkt für die schwingende Kulisse ist also entsprechend anzuordnen. Soll die Kulisse nicht schwingen, sondern vielmehr eine

4*

schiebende Bewegung ausführen (Abb. **31**.3), so ist die Gestellführung entsprechend anzuordnen.

In Abb. **31**.2 wird ein Koppelkurvenstück mit endlichem Krümmungshalbmesser zur Erzielung eines Stillstandes[1] ausgenutzt. Voraussetzung für eine gute Lösung dieser Art ist eine möglichst große Übereinstimmung der Kurvenkrümmung im ausgewählten Bereich mit einer Kreiskrümmung. Ferner muß das Gelenk f/g während des Stillstandes im Krümmungsmittelpunkt des ausgewählten Koppelkurvenstückes stehen.

Lösungen dieser Art sind Näherungslösungen. Koppelkurve und Kreisbogen stimmen nicht exakt über einen größeren Bereich überein. In exakter Formulierung spricht man von einer mehrpunktigen Berührung zwischen Koppelkurve und Kreis (Abb. **31**.2) bzw. zwischen Koppelkurve und Gerade (Abb. **31**.1 und **31**.3). Für die praktische Konstruktion ergibt sich jedoch trotzdem ein Stillstand des Abtriebsgliedes über einen größeren Bereich, weil die Abweichungen zwischen Koppelkurve und Kreis bzw. Gerade oft so gering sind, daß sie in der Summe des Gelenkspieles untergehen.

Erwähnt sei noch, daß bei sechsgliedrigen Koppelgetrieben die beiden zusätzlichen Getriebeglieder allgemein als „Zweischlag" bezeichnet werden.

Die Lösungsmöglichkeiten bei Verwendung von Koppelkurven sind ebenso vielfältig wie die gestellten Aufgaben. Die Koppelkurven sind infolge ihres Formenreichtums eine unerschöpfliche Quelle konstruktiver Möglichkeiten. So lassen sich von einer Kurve auch mehrere Bewegungen steuern, wie die Abb. **31**.4 und **31**.5 zeigen. In beiden Fällen ergeben sich zwei verschiedene Hubbewegungen mit Stillständen zu verschiedenen Zeiten. Die Abb. **32**.1 und **32**.2 zeigen die Ausnutzung von Koppelkurven, in deren Verlauf eine Spitze auftritt. An Hand der Abb. **29**.5 wurde bereits erläutert, daß die Geschwindigkeit des Koppelpunktes auf den Wert „Null" absinkt in dem Augenblick, in dem der Koppelpunkt zum Augenblickspol wird, was sich im Verlauf der Koppelkurve als Spitze ausprägt. Hat aber der Koppelpunkt vorübergehend die Geschwindigkeit „Null", so muß auch der angeschlossene Zweischlag im gleichen Augenblick einen Stillstand aufweisen. In den Abb. **32**.1 und **32**.2 ist dies jeweils in der rechten Endlage des Abtriebes der Fall. Außerdem tritt in der linken Endlage ein Stillstand ein, und zwar in Abb. **32**.1 durch Ausnutzung einer Koppelkurvenkrümmung, in Abb. **32**.2 dagegen durch Ausnutzung eines geradlinigen Koppelkurvenstückes. Diese Stillstände dauern im allgemeinen länger als diejenigen, die durch eine Spitze in der Koppelkurve verursacht werden, und die man als „natürliche" Stillstände bezeichnet.

Eine Hubbewegung mit je einem längeren Stillstand in jeder Endlage ergibt sich bei dem Getriebe der Abb. **32**.4. Voraussetzung ist die Auffindung einer Koppelkurve mit zwei gleichgerichteten und annähernd gleichgroßen Krümmungen. Solche Kurvenstücke mit nahe beieinander liegenden Krümmungsmittelpunkten sind am wahrscheinlichsten zu finden, wenn für den Bereich dieser beiden Koppelkurvenstücke auch die Augenblickspole auf den beiden zugehörigen Polbahnästen nahe beieinander liegen. Dies ist der Fall in der Nähe des Schnittpunktes der beiden Polbahnäste, also in der Nähe des Schwingenlagers (vgl. Abb. **28**.4). Daraus ergeben sich für die beiden abzuleitenden Stillstände Kurbeldrehbereiche beiderseits der Gestellmittellinie.

Koppelkurven der hier benötigten Formen lassen sich nicht mit Hilfe eines Versuchsgetriebes auffinden. Infolge der besonderen Bedingungen, die in diesem

---

[1] Die ältere Bezeichnung „Stillstand" ist inzwischen nach VDI-Richtlinie 2127 durch die Bezeichnung „Rastlage" ersetzt worden.

Falle zu erfüllen sind, bedarf es eines zeichnerischen Ermittlungsverfahrens, das ohne große Schwierigkeiten zu guten Näherungslösungen führt. Bei einer leicht nach oben geschränkten Kurbelschwinge wählt man vier Getriebelagen, deren Augenblickspole paarweise oberhalb bzw. unterhalb des Schwingenlagers liegen. In Abb. 240 sind dies die Getriebestellungen 1, 2, 7 und 8. Man zieht zunächst eine Gerade durch die Augenblickspole 1 und 2. Auf dieser Geraden wählt man oberhalb des Getriebes einen Koppelpunkt in der Getriebelage 1. Dieser Koppelpunkt bildet dann mit dem Kurbelzapfen und dem Schwingenzapfen in der Getriebelage 1 ein Koppeldreieck. Man kann den Koppelpunkt also für jede der drei anderen Getriebelagen leicht bestimmen, in dem man seinen Abstand vom Kurbelzapfen und vom Schwingenzapfen durch Zirkelschläge auf die drei anderen Lagen überträgt. Man zeichnet den Koppelpunkt zunächst in der Getriebestellung 2. Seine Bahnnormale, d. h. sein Polstrahl schneidet sich im Augenblickspol 2 mit der Geraden, auf der man den Koppelpunkt in der Stellung 1 gewählt hat. Der Augenblickspol 2 kann daher als angenäherter Krümmungsmittelpunkt für das Koppelkurvenstück von 1 nach 2 gelten (vgl. Abschnitt 5.6.2). Anschließend sucht man für den gleichen Koppelpunkt die Stellungen 7 und 8 und verbindet diese mit dem jeweils zugehörigen Pol. Der Schnittpunkt dieser beiden Polstrahlen stimmt um so besser mit dem gesuchten Krümmungsmittelpunkt überein, je näher die Kurbelstellungen 7 und 8 beieinander liegen. Im allgemeinen wird dieses erste Ergebnis noch keine übereinstimmende Krümmungshalbmesser liefern. Man wiederholt das gleiche Verfahren dann für einen anderen Punkt auf der Geraden durch die Augenblickspole 1 und 2. Bei mehrmaliger Anwendung des Verfahrens wird man feststellen, daß im einen Falle der Krümmungshalbmesser für den Bereich 1—2 die größere Länge hat, während im anderen Fall die Länge des Krümmungshalbmessers für den Bereich 7—8 überwiegt. Trägt man die Halbmesserdifferenzen rechtwinklig zu der Geraden durch die Pole 1—2 an, und zwar sinngemäß nach rechts bzw. nach links, dann kann man den gesuchten Koppelpunkt finden, wenn man die Endpunkte dieser Differenzstrecken geradlinig miteinander verbindet. Der Schnittpunkt dieser Geraden mit der Geraden durch die Augenblickspole 1—2 ist mit guter Annäherung der gesuchte Koppelpunkt. Eine weitere Korrektur des Verfahrens ist dadurch möglich, daß man den Koppelpunkt in der Lage 1 seitlich von der Geraden durch die Pole wählt. Dies hat lediglich zur Folge, daß man den Krümmungsmittelpunkt auch für den Bereich 1—2 jeweils besonders ermitteln muß.[1]

Die Abb. **33**.1 und **33**.2 zeigen eine Gegenüberstellung von zwei verschiedenen Lösungen für die gleiche Aufgabe. Es wird von der Annahme ausgegangen, daß in einer Maschine drei verschiedene Hubbewegungen mit je einem längeren Stillstand am Hubende benötigt werden. Die Stillstände sollen dabei zeitlich zu verschiedenen Getriebestellungen gehören, sie sollen also aufeinander folgen. Für diese Aufgabe zeigt Abb. **33**.1 eine Lösung, bei der ein einziger Koppelpunkt alle drei Bewegungen steuert. Es werden ein geradliniges Bahnstück I und zwei kreisbogenähnliche Kurvenstücke II und III ausgenutzt. Am Koppelende werden deshalb ein Gleitstein und zwei Lenker angeschlossen. Die auf die drei Stillstände entfallenden Drehwinkel der Kurbel sind sinngemäß gekennzeichnet.

Bei der in Abb. **33**.2 dargestellten Lösung werden drei verschiedene Koppelpunkte benutzt, d. h. es liegen drei verschiedene Koppelkurven zugrunde. Die Stillstände liegen wieder zu verschiedenen Zeiten. In ihrem konstruktiven Aufwand sind die beiden Lösungen gleichwertig.

Bei den bisher besprochenen Beispielen (Abb. **30**.1 bis **33**.2) handelt es sich um die praktische Ausnutzung von Koppelkurven der Kurbelschwinge. Die tech-

---

[1] W. Konen. Diplomarbeit Aachen 1930.

nische Anwendung der Koppelkurve einer Doppelschwinge bei der Konstruktion eines Wippkranes zeigen die Abb. **33.3**, **33.**4 und **33.5**. Hier handelt es sich um die Führung der Schnabelrolle auf einem angenähert geradlinigen Bahnstück, das möglichst horizontal verläuft. Man erhält damit die Möglichkeit, die Last ohne Hubverlust horizontal zu transportieren. Es geht hier also — ähnlich wie bei den Beispielen in Abb. **30.1** bis **30.5** — darum, ein Maschinenteil auf einer Bahn von bestimmter Form zu führen. Zum Unterschied von den genannten Beispielen wird jedoch beim Wippkran die Bahn nicht voll durchlaufen, sondern nur teilweise ausgenutzt.

Die in diesem Abschnitt aufgeführten Beispiele sind nur als Hinweise auf die technischen Möglichkeiten bei der Verwendung von Koppelkurven aufzufassen. In einem späteren Abschnitt werden die Konstruktionsgrundlagen für die Lösung derartiger Aufgaben näher behandelt.[1]

5.6.4 Verschiedene Getriebe für die Erzeugung der gleichen Koppelkurve

Es ist bereits seit langem bekannt, daß eine einzelne Koppelkurve von mehreren Getrieben beschrieben werden kann[2]. Unter Einbeziehung des „Storchschnabelprinzips" (vgl. Abb. **24.17**) läßt sich dies besonders anschaulich darstellen.[3]

Bei der zentrischen Kurbelschwinge A_0ABB_0 der Abb. **34.1** beschreibt der Koppelpunkt K_1 auf der Koppelmittellinie die eingezeichnete Koppelkurve, um die es im folgenden geht. Lenkt man an dieses Getriebe zwei weitere Glieder an, nämlich das Glied CB_0 von der Länge des Koppelstückes K_1B und das Glied CK_1 von der Länge der Schwinge BB_0, so erhält man — ohne die Kurbel A_0A — ein um das Gestellager B_0 drehbares Gelenkparallelogramm, den sogenannten Storchschnabel. Der Vergleich mit Abb. **24.17** zeigt aber, daß hierbei der Punkt D auf dem Lenker CK_1 zur Storchschnabelverkleinerung herangezogen werden muß, der auf der Geraden durch den Kurbelzapfen A und durch das Schwingenlager B_0 liegt. Wenn der Storchschnabel wieder mit der Kurbel A_0A zum Ausgangsgetriebe ergänzt wird, beschreibt der Punkt D einen Kreis ebenso wie der Kurbelzapfen A. Dieser Kreis ist maßstäblich verkleinert. Sein Mittelpunkt ist der Schnittpunkt zweier Geraden, von denen die eine die beiden Lagerpunkte A_0 und B_0 miteinander verbindet, während die andere Gerade parallel zur Kurbel A_0A durch den Punkt D verläuft. Setzt man hier noch die entsprechende Kurbel D_0D ein, so läuft diese zweite, kleinere Kurbel gleichsinnig und winkelgleich mit der Ausgangskurbel A_0A um. Dabei kann man sich die vom Koppelpunkt K_1 erzeugte Koppelkurve auch vorstellen als Kurve des Getriebes D_0DCB_0, so daß man das Ausgangsgetriebe A_0ABB_0 aus dem Gebilde der Abb. **34.1** ohne weiteres entfernen könnte. Die Koppelkurve, in Form und Laufzeit völlig unverändert, liegt jetzt nicht mehr zwischen Kurbelzapfen und Schwingenzapfen, sondern außerhalb des Schwingenzapfens auf dem frei herausragenden Koppelende einer anderen Kurbelschwinge. Hierin liegt für den Konstrukteur eine beachtliche Möglichkeit, die Platzverhältnisse zwischen Koppelkurve und Antriebswelle zu beeinflussen.

Der Abb. **34.2** liegt wieder die gleiche Kurbelschwinge A_0ABB_0 der Abb. **34.1** zugrunde; auch der benutzte Koppelpunkt K_1 ist der gleiche. Das Storchschnabelgetriebe wurde aber dieses Mal um das Kurbellager A_0 angeordnet mit dem Glied DK_1 parallel zur Kurbel A_0A und mit dem Glied A_0D parallel zu dem Koppelstück AK_1. Die Gerade A_0B schneidet die Mittellinie DK_1 in dem Punkt E. Dieser Punkt E führt in verkleinertem Maße die gleiche Bewegung aus wie der Punkt B, also einen Schwingenbogen, wenn die Schwinge BB_0 die Bewegung des Punktes B

---

[1] Vgl. Abschn. 8.2 und 8.3.   [2] Satz von ROBERTS.
[3] Beitrag von Dipl.-Ing. Karl OTTO, Köln.

bestimmt. Den Kreismittelpunkt der verkleinerten Schwingenbahn des Punktes E findet man als Schnittpunkt E_0 der Geraden durch die beiden Gestellager A_0B_0 und einer Parallelen zur Schwinge BB_0 durch den Punkt E. Entfernt man nun wiederum aus der Anordnung der Abb. **34.2** das Ausgangsgetriebe, also die Kurbel A_0A, die Koppel AB und die Schwinge B_0B, so bleibt eine Doppelschwinge übrig. Sie besteht aus den beiden im Gestell gelagerten Gliedern A_0D und EE_0, zwischen denen als drittes bewegtes Glied die in ihren Gelenken voll drehbare Koppel DE gelagert ist. Diese Koppel trägt außerdem den vom ersten Getriebe übernommenen Koppelpunkt K_1, der nunmehr als Koppelpunkt einer Doppelschwinge die gleiche Kurve durchläuft, auf der er sich vorher als Koppelpunkt einer Kurbelschwinge bewegt.

Vergleicht man nochmal die Abb. **34.1** und **34.2**, so hat man für die gleiche Koppelkurve schließlich drei verschiedene Getriebe erhalten, nämlich zwei Kurbelschwingen und eine Doppelschwinge. In Abb. **34.3** beschreibt die Kurbelschwinge A_0ABB_0 mit ihren Koppelpunkten K_1, K_2 und K_3 die jeweils eingezeichneten Koppelkurven. Um für diese Koppelkurven weitere Getriebe schnell und einfach auffinden zu können, betrachtet man den Kurbelzapfen A als Gelenkpunkt des Lenkerparallelogrammes ABB_0C. Das Glied B_0C ist die jeweilige Schwinge der zu ermittelnden Getriebe. Zieht man nun durch die Koppelpunkte K_1, K_2 und K_3 Paralellen zur Schwinge BB_0, so stellen diese die Mittellinien der künftigen Koppeln dar. Ihre Schnittpunkte mit der Geraden AB_0 sind die jeweils zugehörigen Kurbelzapfen. Die entsprechenden Kurbellager, also die zugehörigen Kurbelkreismittelpunkte, ergeben sich als Schnittpunkte der Gestellgeraden A_0B_0 mit der jeweiligen Parallelen zur Kurbel A_0A durch die bereits ermittelten Kurbelzapfenpunkte D, E und F. Es lassen sich jetzt drei verschiedene Getriebe neu bilden, und zwar die Kurbelschwinge $D_0DC_1B_0$ mit dem Koppelpunkt K_1, ferner die Kurbelschwinge $E_0EC_2B_0$ mit dem Koppelpunkt K_2 und schließlich das Getriebe $F_0FC_3B_0$ mit dem Koppelpunkt K_3.

In dem Getriebe $E_0EC_2B_0$ wurde an Stelle des Schwingenzapfens C_2 der auf der Schwinge BB_0 liegende Punkt B' verwendet. Er liegt auf der Parallelen zur Koppel AB durch den Punkt E. Es entsteht eine proportional verkleinerte Kurbelschwinge $E_0EB'B_0$. Verbindet man den Koppelpunkt K_2 geradlinig mit dem Gestellpunkt B_0, so schneidet diese Gerade die verkleinerte Koppel EB' im Punkt K_2'. Dieser neue Koppelpunkt beschreibt in maßstäblicher Verkleinerung die Bahn des Punktes K_2. Zieht man die Gerade K_2B_0 über B_0 hinaus bis zum Schnitt mit der Koppel C_3F des dritten Getriebes, so erhält man den Koppelpunkt K_2''. Wenn auf der Koppel des Ausgangsgetriebes die Entfernungen K_2B und K_3B gleich groß sind, so liegt der Punkt K_2'' ebensoweit von B_0 entfernt wie der Punkt K_2. Infolge dieser gleichen Abstände ergibt sich für den Punkt K_2'' die gleiche Koppelkurve wie für den Punkt K_2. Sie erscheint jedoch in waagerechter wie in senkrechter Richtung um 180° gedreht. Damit beschreiben die Koppelpunkte K_3 und K_2'' des Getriebes $F_0FC_3B_0$ zwei Koppelkurven, die in gleicher Form auch beim Ausgangsgetriebe vorhanden sind. Bemerkenswert ist bei diesen verschiedenen Getrieben noch, daß die Kurbeln alle gleichartige und gleichsinnige Drehungen ausführen.

Ordnet man bei der als Ausgangsform benutzten Kurbelschwinge A_0ABB_0 das für die Umwandlung benutzte Gelenkparallelogramm A_0ABC_2 so an, daß es nicht wie in Abb. **34.3** als gestellfesten Drehpunkt das Schwingenlager B_0 enthält, sondern wie in Abb. **34.4** das Kurbellager A_0, so ergibt sich in Übereinstimmung mit Abb. **34.2** eine Anzahl von Doppelschwingen und zwar: das erste Getriebe mit den Gelenken $A_0C_2BB_0$, ein zweites mit den Punkten $A_0C_1DD_0$ und ein drittes mit den Punkten $A_0C_3EE_0$.

Die Abb. **35**.1, **35**.2 und **35**.3 zeigen das eben behandelte Verfahren für Koppelpunkte K_1, die nicht mehr an die Koppelmittellinie gebunden sind, sondern beliebige Lagen in der Koppelebene einnehmen können. Es entstehen dabei die Koppeldreiecke AK_1B, die bei den verschiedenen Ermittlungen in Form ähnlicher Dreiecke wiederkehren. In Abb. **35**.1 wird dazu entsprechend Abb. **34**.3 das um das Schwingenlager B_0 drehbare Gelenkparallelogramm ABB_0C gebildet. Über der Strecke CB_0 wird ein zur Koppel ähnliches Dreieck konstruiert, wobei der Punkt C_1 dem Koppelpunkt K_1 entspricht. Man erhält damit die neue Koppel C_1K_1. Zeichnet man nun noch ein weiteres ähnliches Dreieck über der Gestellmittellinie A_0B_0 — diese braucht nicht durch C_1 zu verlaufen — und ein weiteres über der Koppel C_1K_1, so erhält man im ersten Fall das neue Kurbellager D_0 und im zweiten Fall den neuen Kurbelzapfen D. Zur Probe kann man noch ein letztes ähnliches Dreieck konstruieren über der Strecke AB_0 und erhält wiederum den Punkt D. Entfernt man jetzt das Ausgangsgetriebe, so bleibt eine neue Kurbelschwinge $D_0DC_1B_0$ übrig, bei der der gleiche Koppelpunkt K_1 in einer anderen Ecke des Koppeldreiecks liegt als beim Ausgangsgetriebe.

Die Abb. **35**.2 zeigt für das Getriebe der Abb. **35**.1 eine weitere Abwandlungsmöglichkeit. Man ermittelt über der Schwinge BB_0 den Punkt B_1 unter Verwendung eines zur Koppel ähnlichen Dreiecks. Durch diesen Punkt B_1 zieht man eine Parallele zu der Koppelgeraden K_1B und durch K_1 eine Parallele zu der Geraden BB_1. Man erhält ein Parallelogramm, dessen vierter Punkt D als Kurbelzapfen einer verkleinerten Kurbelschwinge betrachtet werden kann. Der Koppelpunkt K_1 durchläuft also die gleiche Bahn wie beim Ausgangsgetriebe, wenn man die verkleinerte Kurbelschwinge benutzt und der Koppel DB_1 das Parallelogramm CB_1BK_1 überlagert.

In der Abb. **35**.3 ist das Gelenkparallelogramm nicht im Schwingenlager B_0 sondern im Kurbellager A_0 drehbar angeordnet. Man erhält, ähnlich wie bei Abb. **34**.2 und **34**.4 eine Doppelschwinge. Der Koppelpunkt K_1 gehört zur gleichen Ebene wie die Gelenkpunkte D und E. Die Strecke DE ist als Koppel zu betrachten. A_0E und DD_0 sind die schwingenden Lenker.[1]

6. Getriebe mit drei Drehgelenken und einem Schubgelenk

Bei der Entwicklung der niederen Elementenpaare (Abb. **2**.1 bis **2**.12) wurde ein Drehkörperpaar in ein Bogenpaar übergeführt und dieses dann in ein Prismenpaar oder eine Geradführung umgewandelt. Die gleiche Entwicklung soll nun auch an einzelnen Gelenken in der Viergelenkkette und ihren Getrieben durchgeführt werden. Da eine Geradführung nur eine hin- und hergehende Bewegung ermöglicht, kommen in der Viergelenkkette nur solche Gelenke als Ausgangspunkt für eine derartige Entwicklung in Frage, deren Bewegung begrenzt ist durch zwei Totlagen. Es sind dies die beiden Gelenke desjenigen Kettengliedes, das im Gelenkviereck dem kürzesten Glied gegenüber liegt. Bekanntlich sind die beiden Gelenke des kürzesten Gliedes voll drehfähig, wenn die GRASHOFsche Bedingung erfüllt ist; die beiden gegenüber liegenden Gelenke sind dagegen nur schwingfähig.

6.1 Entwicklung der ersten Geradführung in der Viergelenkkette

Die Abb. **36**.1 bis **36**.5 stellen die Viergelenkkette und ihre Getriebe als Ausgangsform der nachfolgenden Entwicklung dar, und zwar in gleicher Art wie dies

---

[1] Vgl auch H. RANKERS: Vier genau gleichwertige Getriebe für die gleiche Koppelkurve. Industrieblatt Stuttgart 1959.

in den Abb. **4.7** bis **4.11** der Fall war. An diese erste Bildreihe (A) der Bildseite **36** schließen sich drei weitere Bildreihen (B, C und D) an. Es entsteht eine Entwicklungssystematik.

In der zweiten Reihe (Abb. **36.6** bis **36**.10) ist das Gelenk 4 zwischen dem schraffierten und dem weißen Lenker durch eine Bogenführung ersetzt worden. Hierdurch ändert sich zwar die äußere Erscheinungsform der Kette und ihrer Getriebe, nicht jedoch ihre Bewegungsgesetze. Dennoch ist das Getriebe der Abb. **36**.9 offenbar in seinen Bewegungsäußerungen stark verändert gegenüber dem Getriebe der Abb. **36**.2. Zum besseren Verständnis der hier auftretenden Bewegungen ist bei den Getrieben der Abb. **36**.4 und **36**.9 das schraffierte Getriebeglied in besonderer Weise ausgebildet worden. Bei der Kurbelschwinge der Abb. **36**.4 erhielt das schraffierte Getriebeglied einen bogenförmigen, nach unten liegenden Fortsatz, der über dem Gelenk 3 (grau-weiß) liegt. Sein Halbmesser stimmt genau mit dem Abstand der beiden schwingenden Gelenke des weißen Getriebegliedes überein, während sein Krümmungsmittelpunkt mit dem Gelenkpunkt zwischen dem schraffierten und dem weißen Glied zusammenfällt.

Stellt man sich dieses Getriebe bewegt vor, so zeigt sich, daß der Bogen des schraffierten Gliedes immer über dem Gelenk (grau-weiß) hin- und herschwingt, ebenso wie im Getriebe der Abb. **36**.9 die Bogenführung. An dieser Bogenführung ist nach innen ein zeigerähnlicher Fortsatz angebracht, dessen Spitze den Krümmungsmittelpunkt der Bogenführung kennzeichnet. Diese Zeigerspitze führt dieselbe Schwingbewegung aus wie das Gelenk zwischen dem schraffierten und dem weißen Getriebeglied bei der Kurbelschwinge in Abb. **36**.4.

Es zeigt sich also bei den verglichenen Getrieben völlige Übereinstimmung in den Bewegungsverhältnissen, trotz aller konstruktiven Unterschiede. Eine Änderung der Bewegungsverhältnisse ergibt sich jedoch, wenn der Krümmungshalbmesser der Bogenführungen verändert wird. Die Abb. **36**.11 bis **36**.20 zeigen Ketten und Getriebe mit Geradführungen. Grundsätzlich handelt es sich dabei um den Sonderfall der Bogenführung mit unendlich großem Krümmungshalbmesser. Unterschiede zwischen den Bildreihen C und D bestehen darin, daß in der Bildreihe C geschränkte Getriebe vorliegen, in der Bildreihe D dagegen zentrische Getriebe. Bei zentrischen Getrieben verläuft die Hubrichtung des hin- und hergehenden Getriebegliedes bzw. die durch die Totpunkte hindurch gelegte Gerade durch den Drehmittelpunkt des im gleichen Getriebeglied vorhandenen Drehkörperpaares. Verläuft die Totlagengerade dagegen in beliebigem Abstand an diesem Gelenk vorbei, so spricht man von geschränkten Getrieben. Der Bewegungsverlauf bei geschränkten Getrieben zeigt im allgemeinen größere Ungleichförmigkeit als der Bewegungsverlauf bei zentrischen Getrieben.[1]

Während bei der Getriebeentwicklung der Bildseite **36** das Gelenk 4 der Kette Abb. **36**.1 zunächst zur Bogenführung und dann zur Geradführung entwickelt wurde, geht die Entwicklung der Bildseite **37** vom Gelenk 3 der gleichen Kette (Abb. **37**.1) aus. Es entstehen dabei gleiche Getriebearten; die Entwicklung verläuft wieder über die Bogenführung zur Geradführung. Bei den Getrieben der Abb. **37**.5, **37**.10, **37**.15 und **37**.20, also bei der rechten Bildreihe von oben nach unten, läßt sich die Entwicklung vom Drehkörperpaar zur Geradführung sehr gut mit der in den Abb. **2.1** bis **2**.12 gezeigten Entwicklung vergleichen. Der Vergleich ist deswegen besonders einfach, weil in der entsprechenden Bildreihe auf Bildseite **37** die einzelnen Führungen Teile des Gestelles sind.

Aber auch bei den übrigen, nicht so übersichtlichen Getriebeformen kann man sich nicht irren, wenn man schrittweise die Umwandlung der Abb. **2.1** bis **2**.12

---

[1] Ausführliche Behandlung, s. Abschn. 4.4.

über die Zapfenerweiterung zur Bogenführung und schließlich zur Geradführung vornimmt. Dies gilt besonders auch für die Konstruktionspraxis, bei der auch einfachere Getriebe für den Austausch von Bogenführung und Gelenk recht unübersichtlich sein können, wie schon die Heusinger-Steuerung (Abb. **3.**2 bis **3.**4) zeigte.

Die Bezeichnungen der in den Bildseiten **36** und **37** dargestellten Getriebe entsprechen den von der VDI/AWF-Fachgruppe Getriebetechnik empfohlenen Benennungen.

Besonders häufig verwendete Getriebe sind die zentrische Schubkurbel (Abb. **36.**17), die umlaufende Kurbelschleife (Abb. **36.**18) und die schwingende Kurbelschleife (Abb. **36.**19 und **37.**17). Die Bewegungsverhältnisse dieser Getriebe wurden bereits ausführlich untersucht und behandelt und zwar:

Für die Schubkurbel in Abb. **11.**7.

Für die schwingende Kurbelschleife in Abb. **14.**1 und **14.**2

Für die umlaufende Kurbelschleife zeigen die Bewegungsverhältnisse große Ähnlichkeit mit den Verhältnissen bei der Doppelkurbel, die in Abschnitt **5.**2 ausführlich untersucht wurde.[1]

6.2 Praktische Anwendung der Getriebe mit einer Geradführung

Nicht allein als Hauptgetriebe der Kolbenmaschinen, sondern überhaupt in allen Maschinengruppen spielt die Schubkurbel eine außerordentlich große Rolle, gegen die die anderen Getriebe mit einer Geradführung erheblich zurücktreten.

In der Exzenterpresse der Abb. **38.**1 ist dabei der Kurbelzapfen zum „Exzenter" erweitert, wie dies ganz im Anfang an Abb. **1.**4 gezeigt wurde. Abgesehen von der einfacheren Bearbeitung der Exzenterwelle im Vergleich zu einer Kurbelwelle, erlaubt diese Zapfenerweiterung den Zusammenbau mit ungeteiltem Pleuellager (Koppelgelenk). Aus diesem Grunde wird die Zapfenerweiterung gern angewendet, teils um einfacher bauen zu können, teils um die Schubstange nicht zu schwächen, was vor allem bei Maschinen mit starkem Kraftdurchfluß wie Pressen usw. von Vorteil ist. Bei der Horizontalschmiedemaschine in Abb. **38.**2 ist demgegenüber die Schubstange (Koppel) mit Absicht geteilt, und zwar so, daß beide Teile durch ein Gelenk verbunden sind. Dieses Gelenk liegt oberhalb der Koppelmittellinie, d. h. der Verbindungslinie vom Kurbelzapfen zum Gleitsteinzapfen. Die beiden Hälften der Schubstange werden oberhalb ihres Gelenkes durch eine Zugschraube zusammengehalten, wodurch normalerweise eine starre Verbindung hergestellt ist. Diese Konstruktion bedeutet eine erhebliche Schwächung des Pleuels, stellt aber als Sicherung gegen Maschinenbruch eine sehr geschickte Konstruktionsmaßnahme dar. Ist z. B. der Widerstand des Werkstückes, also hier des Schmiedestückes, zu groß, so daß der als Preßbacke ausgebildete Gleitstein festsitzt, so wird bei weiterer Drehung der Kurbel die Zugschraube in der Schubstange zerreißen. Das darunter befindliche Gelenk knickt dabei ein, so daß der an der Kurbel gelagerte Teil der Schubstange zwar weiter als Koppel wirkt, der andere Teil aber zu einer Schwinge wird, während der bisherige Gleitstein (Preßbacke) dann getrieblich als ein Teil des feststehenden Maschinengestelles anzusehen ist. Hier hat man also durch bewußte Schwächung eines Maschinenteiles den Bruch bei Überlastung an eine ganz bestimmte Stelle gelegt. Man hat ein besonderes „Zerreißglied" als Maschinensicherung angeordnet, das billig ist und leicht ersetzt werden kann. Es gibt verhältnismäßig oft Gelegenheiten, in ähnlicher Weise Bruchsicherungen anzuordnen.

---

[1] Vgl. auch HAGEDORN, Konstruktive Getriebelehre, Hannover: Schroedel-Verlag 1960, S. 15ff.

Das Hauptgetriebe einer Strohpresse in Abb. **38**.3 ist zusammengesetzt aus zwei Schubkurbeln, die in dem Preßkolben einen gemeinsamen Gleitstein haben. Während die links liegende Kurbel die Geradschubbewegung des Kolbens verursacht, erhält die nach rechts angeschlossene Schubkurbel ihren Antrieb durch den Preßkolben. Dieses Getriebe hat aber keinen umlauffähigen Abtrieb; dieser kann vielmehr nur Schwingbewegungen ausführen und arbeitet als Stopfer. Die Schubstange der links dargestellten Schubkurbel hat dornenartige Fortsätze, die durch Schlitze in den darüber liegenden Langstrohkanal hineinragen und das Stroh dem Stopfer zuführen, wenn diese Fortsätze den oberen Teil ihrer Bahnen (Koppelkurven) durchlaufen. Eine ganz ähnliche Fördervorrichtung zeigte bereits die Faßreinigungsmaschine in Abb. **20**.1.

Auch das Nietmaschinengetriebe in Abb. **38**.4 besteht aus zwei Getrieben, die außer dem Gestellglied noch ein weiteres Glied gemeinsam haben. Der Niethammer ist der Gleitstein einer Schubschwinge (vgl. Abb. **37**.20), deren Koppel hier allerdings nicht in ihrer vollen Drehfähigkeit ausgenutzt wird. Hier ist die allmähliche Drucksteigerung in der Bewegung des Niethammers unter Ausnutzung der Kniehebelwirkung das, was diese Maschine wertvoll machen soll, und was hier zweifellos gut gelungen ist. Als Antrieb dient eine Kurbelschwinge, deren Kurbel gleichzeitig als Schwungscheibe ausgenutzt wird.

An der Keilnutenfräsmaschine in Abb. **38**.5 ist die Kurbel einer Schubkurbel verstellbar ausgebildet, um verschieden große Hübe zu ermöglichen. Während des Betriebes ist natürlich der Kurbelzapfen in der einmal gewählten Stellung festgespannt. Der Gleitstein ist hier sehr kräftig als Werkzeugträger ausgebildet.

Bei der Horizontalsäge in Abb. **38**.6 ist besonders die elastische Holzkonstruktion der Koppel bemerkenswert. An dieser Stelle ist wieder eine Gelegenheit, sich von der außerordentlichen Vielgestaltigkeit im Aussehen ein und desselben Getriebes zu überzeugen. Bei der Kurbel hat hier, ähnlich wie in Bild **38**.4, eine Scheibenbildung stattgefunden.

Besonders interessant ist der Plansichter in Abb. **39**.1, bei dem der Siebkasten, an langen Holzfedern aufgehängt, nahezu gerade geführt ist. Das Kurbellager ist hier nicht gestellfest, sondern ebenso in langen Holzfedern aufgehängt. Dadurch ist natürlich der Zwanglauf im Getrieb verlorengegangen, was sich auch beim langsamen Durchdrehen dieses Antriebes an den stark wechselnden Bewegungen zeigt. Ist aber die in diesem Falle sehr hohe Drehzahl erreicht, so stellt sich das Getriebe infolge der Zusammenwirkung der Schwingungseigenschaften der Federn mit den auftretenden Massenkräften der bewegten Maschinenteile auf einen dynamischen Gleichgewichtszustand ein, der gewissermaßen das feste Maschinengestell ersetzt, sich aber den hier auftretenden Bewegungen elastischer anzupassen vermag.

In dem Teigwalzgerät der Abb. **39**.2 stellt die Geradführung eine sogenannte „gestaltende Paarung" dar. Der Gleitstein ist als Wagen mit zwei Walzen ausgebildet; die Gleitbahn ist Kuchenteig, der zu Tortenböden ausgewalzt werden soll, wobei die Unterlage von einem hier nicht dargestellten Getriebe langsam gedreht wird.

Jeder formändernde Arbeitsvorgang ist getrieblich als „gestaltende Paarung" anzusehen. So erzeugt der Hobelstahl als geschärfter, spanabhebender Gleitstein seine Geradführung im Werkstück; der Korkenzieher schneidet das Muttergewinde in den Korken; der Bohrer tut das gleiche im Holz oder im Metall, jedoch mit so großer Steigung, daß die kaum geschnittenen Gänge ausbrechen und dadurch ein glattes Loch — die Bohrung — entsteht. Die Schiffsschraube schneidet dagegen ein tragfähiges Muttergewinde in das Wasser und treibt sich und damit das Schiff selbst vorwärts. So kann man die Reihe der Beispiele fortsetzen, wobei fast immer die gestaltende Paarung erzwungen wird durch ein in gleicher Weise wirkendes, oft sehr kräftig ausgebildetes Elementenpaar, wie etwa Tischführungen bei Werkzeugmaschinen, Werkzeugschlitten oder Leitspindeln.

Oft wird allerdings auch statt dieser rein formschlüssigen Führung eine kraftschlüssige gewählt, wie etwa bei einer von Hand nach unten gedrückten Bohrspindel, oder unter Ausnutzung des Eigengewichtes bei dem Teigwalzgerät (Abb. **39**.2), wo nur der Walzwagen durch sein Eigengewicht den Teig auseinander treibt. Ist die richtige Teigdicke erreicht, so läuft der Walzwagen auf Anschlagschienen auf, die nunmehr als widerstandsfähigere Gleitbahn den Wagendruck aufnehmen.

Bei Transportmitteln mit formändernden Werkzeugen, wie beim Schiff oder beim Kraftwagen mit seinen profilierten Reifen, fehlt meist die Führung durch gleichwirkende Elementenpaare; jedoch finden sich auch hier formschlüssige Führungen wie z. B. bei Kettenförderern, Seilbahnen, Zahnradbahnen und ähnlichem.

Bei der Eisenbahnführung in Abb. **39**.4, die sehr viel bei Plandruckmaschinen verwendet wird, finden wir die gleiche Schubkurbel mit einem als Wagen ausgebildeten Gleitstein, wie sie bereits beim Teigwalzgerät vorhanden war. Auf die Räder des hin- und hergehenden Wagens hat man jedoch hier den eigentlichen Werkzeugtisch zur Aufnahme des Drucksatzes aufgesetzt, der dadurch mit doppelter Geschwindigkeit einen doppelt großen Hub macht im Vergleich zum Wagen.[1]

Führt man das Elementenpaar zwischen Schubstange und Gleitstein nur teilweise aus, so daß es entweder nur Druckkräfte überträgt, wie in Abb. **39**.3, oder bei Ausbildung der anderen Körperhälfte nur Zugkräfte, so entsteht das Grundgetriebe eines Schaltwerkes, wobei der Gleitstein nur in Druckrichtung bzw. nur in Zugrichtung schrittweise weitergeschaltet wird.[2]

Abb. **39**.6 zeigt noch die Anwendung einer Schubkurbel mit begrenztem Bewegungsbereich zur Betätigung einer Ofenschiebetür. Bei diesem Getriebe handelt es sich um einen anderen Anwendungsfall des bereits in Abb. **39**.5 verwendeten Führungsgetriebes für eine Bohrmaschine.

Besonders bemerkenswert sind die beiden Pumpen in den Abb. **40**.1 und **40**.2. Im ersten Fall wird das Prinzip der Schubkurbel angewendet; im zweiten Fall dagegen das der schwingenden Kurbelschleife. In beiden Fällen hat der Kurbelzapfen eine Erweiterung zum Exzenter erfahren. Das Gestell ist jeweils zum Pumpenraum erweitert, der das Kurbellager kreisförmig umgibt. Es ist ein scheibenförmiger Hohlraum entstanden, an dessen Wandung das ringartige Koppelende schließend entlanggleitet. Das Kreisen des Exzenters im Pumpengehäuse gibt hier die eigentliche Arbeitsbewegung der Pumpen. Die Geradführung, die bisher die Hauptrolle gespielt hatte, dient hier gewissermaßen als bewegliche Wand zwischen dem Einlaß und dem Auslaß nur zum Abteilen des Arbeitsraumes, um die notwendige Saug- und Druckwirkung der Pumpen zustande zu bringen. In diesen Beispielen ist auch die Ausbildung der Geradführungen lehrreich.

In Abb. **40**.1 bei der normalen Schubkurbel befindet sich die Geradführung im Maschinengestell, also im Pumpengehäuse. Der Gleitstein ist ein dünnes, senkrecht zur Zeichenebene jedoch ziemlich breites Band, das im Pumpenraum in einer walzenartigen Verdickung endet. Diese wird von einer entsprechenden Gelenkpfanne umschlossen, die in der ringartig ausgebildeten Koppel ausgespart ist. Dieses Elementenpaar zwischen Gleitstein und Koppel ist ein Bogenpaar mit

---

[1] Dieses Rollengetriebe, das hier von der Führungsschiene, den Rädern und dem Drucktisch gebildet wird, wird in den Abschnitten über „Differentiale" und „Rechnende Getriebe" im Band II nochmals behandelt.

[2] Über Schaltwerke wird im Band II ausführlich berichtet.

beschränkter Drehfähigkeit, die ja hier auch ausreicht (vgl. Abschnitt 1.2 und Abb. **2**.7). Möglichste Verringerung des sogenannten schädlichen Raumes und einfacher Zusammenbau waren die Richtlinien für die Formgebung dieser und auch der folgenden Pumpe.

In Abb. **40**.2 hat der Gleitstein vollkommene Walzenform erhalten und wird von dem Hohlprisma der Geradführung durchschnitten. Diesmal trägt die Koppel das Vollprisma. Getrieblich gedacht hat hier bei dem Drehkörperpaar zwischen Gestell und Drehgleitstein eine Zapfenerweiterung stattgefunden, die die Geradführung vollkommen umschließt.

Es ist sehr vorteilhaft, solchen Gestaltungswegen, wie gerade bei diesen Pumpen, einmal in aller Ruhe gedanklich nachzugehen, damit die konstruktiven Möglichkeiten beim Übergang von einem Getriebe zum andern und in der Ausbildung der Getriebe selbst klar und geläufig werden. Aus solchem Denken entspringt ja erst die ganze Fülle schöpferischer Gestaltungsgewandtheit. Es ist nicht allein damit getan, ein in den Bewegungen passendes Getriebe zu finden; dies ist sogar meist der einfachere Teil der Arbeit gegenüber der dann noch notwendigen Formgebung für die Erfordernisse der gerade vorliegenden Anwendung. Der Vergleich der Martinpumpe in Abb. **40**.1 und der Westfaliapumpe in Abb. **40**.3 mit der Rückkehr zur Kurbelschwinge zeigt, daß man dabei mit Erfolg auch zu anderen Formen der Getriebeentwicklung übergehen, gegebenenfalls sogar zu einfacheren Formen zurückkehren kann.

Der Kartoffelroder in Abb. **40**.4 (Bauart HARDER) bringt eine fünffache Anordnung der schwingenden Kurbelschleife, wie sie auch in der eben betrachteten Ibrapumpe (Abb. **40**.2) verwendet wurde. Damit bei dem Kartoffelroder die fünf Koppeln aneinander vorbei können, ist die Geradführung dieser als Führungsstäbe bezeichneten Bauteile aus der Ebene des Kurbelsternes hervorgehoben, ganz ähnlich wie dies schon in Abb. **19**.7 bei der Mehrfachanordnung von Parallelkurbeln geschehen ist. Da jedoch die Führungsstäbe bei der räumlichen Anordnung einer schwingenden Kurbelschleife zusätzliche Wippbewegungen ausführen, ist ein zusätzliches Gelenk zwischen jeder Gabellagerung und ihrem Führungsstab, also innerhalb jeder Koppel, erforderlich.

Noch bemerkenswerter ist aber hier die Geradführung der Führungsstäbe in einem gestellfesten Führungsring. Die Gleitsteine sind weggelassen; die einzelnen Stäbe führen sich gegenseitig, wobei sie dauernd im Führungsring kreisen, entsprechend der Drehung des Kurbelsternes.

Die Führungsstäbe nutzen sich dabei allerdings sehr stark ab; man nimmt das aber gern in Kauf, da das Graben infolge der Federung der Holzstäbe elastischer erfolgt und die Stäbe noch zusätzlich als Sicherungsglied gegen Maschinenbruch dienen. Im landwirtschaftlichen Betrieb ist es leichter, einen hölzernen Führungsstab auszuwechseln, als einen verbogenen Metallstab wieder genau und sorgfältig auszurichten, wenn es überhaupt dabei nur mit einem verbogenem Stab abgehen sollte. Die Gabelspitzen beschreiben ellipsenähnliche Koppelkurven, wie man sie außerhalb des Kurbelkreises findet. Durch geringe Verstellung des Führungsringes (Schränkung) kann man die Gabeln außerdem noch mehr oder weniger auf „Griff" stellen.

Das gleiche Getriebe, also eine schwingende Kurbelschleife, hat übrigens auch bei dem Leege-Bindemäher besonders zum Aufrichten von Lagergetreide[1] Verwendung gefunden (Abb. **40**.5).

Beim Getriebe eines Sternmotors (Abb. **40**.6) sollten eigentlich die Pleuel der einzelnen Zylinder an einer einzigen gemeinsamen Kurbel angreifen. Um jedoch

---

[1] Durch Unwetter niedergeschlagenes Getreide.

die Zylinder nicht in Achsrichtung staffeln zu müssen, führt man nur eine einzige Schubkurbel in dieser Weise — als Hauptgetriebe — aus (1 in Abb. **40**.6). Alle übrigen Pleuel lenkt man an möglichst dicht beim Kurbelzapfen liegende Koppelpunkte des Hauptpleuels an; sie tragen die Bezeichnung Nebenpleuel.

Hierdurch entstehen Koppelkurvengetriebe (2 bis 5), die in den Bewegungen voneinander und vom Hauptgetriebe so abweichen, daß ein Teil der Beschleunigungsschwingungen höheren Grades — praktisch im wesentlichen zweiten Grades — nicht ganz ausgeglichen werden kann. Dies ist zurückzuführen einerseits auf die vom Kurbelkreis abweichende Form der einzelnen ausgenutzten Koppelkurven, andererseits auf die Totpunktverschiebungen infolge der endlichen Länge des Hauptpleuels. Letztere ist in Abb. **40**.6 besonders gut am Getriebe 2 zu beobachten. Obwohl nämlich die Kurbel genau in der Richtung des Kolbenhubes 2 liegt, ist bei ihm der Totpunkt der Kolbenbewegung noch nicht erreicht. Man hat dies durch Verändern der Winkel zwischen den Kolbenhubrichtungen und durch die Wahl verschieden langer Nebenpleuel auszugleichen versucht; dabei hat man aber bessere Totpunktlage stets mit noch größeren unausgeglicheneren Schwingungen erkauft.

Eine wirkliche Lösung des Problems wird erreicht, wenn man die Ursachen erfaßt, statt an den Ergebnissen verbessern zu wollen. Im vorliegenden Falle bedeutet dies, daß man Koppelpunkte verwendet, die sowohl im Bewegungsablauf wie auch hinsichtlich der von ihnen beschriebenen Koppelkurve mit den Bewegungsverhältnissen des Kurbelzapfens übereinstimmen. Es muß also, wie in Abb. **40**.7, die Koppel einer Parallelkurbel verwendet werden, bei der bekanntlich sämtliche Koppelpunkte gleich große Kreise durchlaufen. Dann sind alle Hubbewegungen im Aufbau gleich; Totpunktverschiebungen und unausgeglichene Schwingungen sind nicht mehr vorhanden; man kann sogar ohne Nachteil zum Antrieb der einzelnen Kolben beliebig liegende Koppelpunkte wählen, sofern nur die Winkel zwischen den Hubrichtungen gleich bleiben.

Die Abb. **41**.1 bis **41**.4 geben einen Einblick in die Anwendungsmöglichkeiten der schwingenden Kurbelschleife. In Abb. **41**.1 ist allerdings noch eine Kurbelschwinge vorhanden, jedoch mit sehr langer Koppel verglichen mit der Kurbellänge; hierdurch kommen die Bewegungsverhältnisse denjenigen einer Schubkurbel sehr nahe. Von den schwingenden Kurbelschleifen, wie z. B. in Abb. **14**.1 und **14**.2, unterscheidet sich dieses Getriebe durch den unveränderlichen Angriffspunkt der Koppel an der Schwinge und damit durch mehr oder weniger gleich langen Hin- und Rückhub, je nach der Größe der Schränkung (vgl. die Abb. **11**.3, **11**.6, **12**.1 und **12**.7). Die schwingenden Kurbelschleifen haben dagegen den in den Abb. **14**.1 und **14**.2 gezeigten wandernden Kraftangriff entlang der Schwingenmittellinie und daher sehr ungleiche Hubzeiten.

Die Schleifmaschine soll den Schleifstein möglichst gleichmäßig, also ohne beschleunigten Rückhub, über das Werkstück führen; dies führt zum Getriebe der Abb. **41**.1. Bei einem Waschmaschinenantrieb (Abb. **41**.2 und **41**.3) sind die Hubzeiten aber ziemlich gleichgültig, weshalb man die kürzer bauende schwingende Kurbelschleife anwendet. Ein Kurzhobler (Shaping) soll aber einen möglichst schnellen Rücklauf und möglichst gleichförmigen Arbeitshub haben, weshalb hier fast ausschließlich die schwingende Kurbelschleife benutzt wird, allerdings mit verstellbarer Kurbellänge. Eine gut gelöste Kurbelverstellung ist in Abb. **41**.4 dargestellt. Mit wachsender Kurbellänge vergrößert sich dabei der Schwingenausschlag; gleichzeitig erfolgt eine weitere Beschleunigung des Rückhubes, worauf man bei Untersuchungen der Kräfte achten muß.

Die Weiterleitung der Bewegung von der Schwinge auf einen Schlitten kann entweder, wie in Abb. **41**.1, mittels eines kurzen Lenkers erfolgen; man kann aber auch eines seiner beiden Drehkörperpaare durch eine Geradführung ersetzen, was übrigens mit dem Drehkörperpaar zwischen Schwinge und Lenker oft geschieht, weil hierdurch noch eine weitere Vergleichmäßigung der Arbeitshubgeschwindigkeiten zu erreichen ist. Oft wird aber auch, wie in Abb. **41**.2, eine Drehbewegung abgeleitet, was an Stelle von Zahnrädern ebenso gut mit einem Stahlbandtrieb in Gegendopplung möglich ist (Abb. **41**.3).

6.3 Die gleichschenklige Schubkurbel, ein Sonderfall

In den Abbildungen der Bildseite **36** wurde aus der Bogenführung eine Geradführung entwickelt. Eine Schubkurbel ist aufzufassen als Sonderfall einer Kurbelschwinge, bei der das Schwingenlager im Unendlichen liegt. Dies bedeutet, daß theoretisch Schwinge und Gestell unendlich lang geworden sind. Allgemein bedeutet dies, daß bei den Getrieben der Viergelenkkette mit einer Geradführung die beiden Teile, die die Geradführung bilden als zwei nebeneinander liegende Getriebeglieder von unendlicher Länge aufzufassen sind.

Hieraus ergibt sich, daß in diesem Falle gleichgliedrige und auch parallelkurblige Getriebe praktisch nicht möglich sind, da dann auch die beiden übrig bleibenden Glieder unendlich lang sein müßten. Man begegnet daher neben den normalen drehfähigen Getrieben nur noch durchschlagenden Getrieben. Von diesen ist in erster Linie die gleichschenklige Schubkurbel (Abb. **41**.5) von besonderer praktischer Bedeutung. Dieses Getriebe hat die Besonderheit, daß bei einem Kurbelumlauf ein Gesamthub von der vierfachen Kurbellänge durchlaufen wird. Das Gleiche war schon in Abschnitt 5.5 bei der gleichschenkligen Kurbelschwinge der Fall. Im gleichen Abschnitt wurden auch bereits die Geschwindigkeitsverhältnisse bei der gleichschenkligen Schubkurbel untersucht, die rein sinuidischen Verlauf haben (vgl. Abb. **13**.2, **13**.3 und **13**.4).

Da bei der gleichschenkligen Schubkurbelkette je zwei der vier Glieder gleich lang sind, ergeben sich hieraus nur zwei Getriebsarten, und zwar die gleichschenklige Schubkurbel (Abb. **41**.5) und die gleichschenklige umlaufende Kurbelschleife (Abb. **41**.6). Das letztere Getriebe erhält man, wenn eines der beiden endlich langen Glieder als Gestell ausgebildet wird. Die Entwicklung entspricht im übrigen den Verhältnissen bei den gleichschenkligen Gelenkvierecken in den Abb. **24**.11 bis **24**.13.

Die gleichschenklige Schubkurbel wird in der Praxis sehr häufig verwendet, und zwar wegen des großen Hubes und des exakt sinuidischen Bewegungsverlaufes. Außerdem kann dieses Getriebe ersetzt werden durch ein Zahnradgetriebe, bei dem ein außen verzahntes Rad in einem innen verzahnten Rad vom doppelten Durchmesser abrollt (Abb. **41**.7). Der Durchmesser des großen Rades stimmt dabei mit der Hubstrecke des Getriebes überein. Dieses Räderpaar ist unter der Bezeichnung ,,Kardanräderpaar'' oder auch ,,Kardankreispaar'' bekannt.[1] Das Kardankreispaar kann gleichzeitig aufgefaßt werden als Polbahnpaar der gleichschenkligen Schubkurbel. Dabei ist das große, ortsfeste Rad die Rastpolbahn, das kleine, umlaufende Rad dagegen die Gangpolbahn. Da bei der gleichschenkligen Schubkurbelkette die Kettenglieder paarweise gleich sind, erhält man für die zweite Getriebeart wiederum ein Kardankreispaar.

Die außerordentlich leichte Herstellungsmöglichkeit der hier vorhandenen Polbahnen bietet den Anreiz, ausnahmsweise einmal von den Polbahnen selbst auch konstruktiv Gebrauch zu machen, je nachdem, wie es die jeweilige praktische Anwendung gerade erfordert.

---

[1] Benannt nach dem Arzt CARDANO (1501 bis 1576).

Die beiden Kardankreise lassen sofort erkennen, daß sich z. B. die Koppel in Abb. **41**.7 zweimal im Kurbelzapfen umdrehen muß, bis sie wieder in ihre Ausgangsstellung zurückkehrt. Dies besdeutet für das Gelenk zwischen Kurbel und Koppel zwei Relativdrehungen während eines Bewegungsspieles. Bildet man nun einen der beiden endlich langen Lenker als Getriebegestell aus, also die Kurbel oder die Koppel, so drehen sich die beiden Kardankreise in zwei gestellfesten Lagerungen (Abb. **41**.8). Eine Umdrehung des großen Kardanrades ergibt zwei Umdrehungen des kleinen Kardanrades. Hier ist es vorteilhaft, die Zahnräder mit ihrem Spiel zu ersetzen durch die gleichschenklige umlaufende Kurbelschleife (Abb. **41**.6). Dabei wird die umlaufende Kurbel als doppelarmiger Hebel mit zwei Gleitsteinen ausgebildet. Das große Kardanrad erhält entsprechend zwei rechtwinklig zueinander stehende Führungen, wodurch unsichere Getriebelagen vermieden werden.

Entfernt man in Abb. **41**.7 die Geradführung mit dem Gleitstein, ähnlich wie dies in Abb. **42**.3 geschehen ist, und läßt man das kleine Rad immer größer werden bei gleichzeitiger Verkürzung der Kurbel, so kommt man schließlich zu einem Getriebe, wie es in Abb. **42**.1 dargestellt ist. Hier macht das kleine Rad während einer Kurbelumdrehung nur einen Bruchteil seiner Relativdrehung zum großen Rad, und zwar entsprechend dem jeweiligen Verhältnis der Zähnezahl. Dabei wird immer noch, wie in Abb. **41**.7, der Mittelpunkt des kleinen Rades auf dem hier wesentlich kleineren Kurbelkreis geführt. Man kann die Bewegung dieses Rades aber trotzdem auf eine fest gelagerte Welle übertragen, wenn man eine Kupplung verwendet, wie sie in den Abb. **22**.1 bis **22**.6 entwickelt wurde. Beim Getriebe der Abb. **42**.1 wurde eine Kupplung nach Abb. **22**.5 eingesetzt, wobei die Zapfen des festgelagerten Rades Rollen tragen. Man hätte statt der Rollen auch Exzenter wählen können, die die Bohrungen des kleineren der beiden Zahnräder ausfüllen (Zapfenerweiterung!), oder sonst ein entsprechendes Mittel.

In Abb. **42**.2 ist das gleiche Getriebe wie in Abb. **42**.1 dargestellt (Wälzgetriebe), nur ist eine andere Art der Verzahnung zwischen dem großen und dem kleinen kardanähnlichen Rad gewählt, eine Art Triebstockverzahnung, die ein vollständiges Abrollen und damit sehr leichten Gang gestattet.[1]

In Abb. **41**.7 waren die gleichschenkligen Schubkurbel und das Kardanräderpaar parallel geschaltet; sie arbeiteten also gemeinsam an der gleichen Aufgabe. Man kann daher einzelne Teile aus diesem Getriebepaar entfernen, ohne dadurch die Bewegungsmöglichkeit oder den Zwanglauf zu beeinträchtigen. In dem Tischantrieb einer Schnellpresse (Abb. **42**.3) ist dies mit der Geradführung geschehen, wenn man nicht den am kleinen Kardanrad angelenkten Drucktisch dafür ansehen will. Die Bewegungserzeugung erfolgt aber jedenfalls vom Kardanräderpaar aus, das vor allem über die Getriebemittellage mit der höchsten Schubgeschwindigkeit viel besser hinweg kommt als die gleichschenklige Schubkurbel, die in der Mittelstellung gerade ihre unsichtbare Durchschlagstellung mit Decklage von Kurbel und Koppel hat. Man kann diesen Mangel der gleichschenkligen Schubkurbel durch eine Hilfsverzahnung beheben, ähnlich wie bei der Antiparallelkurbel in den Abb. **23**.2 und **23**.6. Diese Hilfsverzahnung wäre dann aber auch nichts anderes als ein Stück des auf seinen notwendigen Rest beschränkten Kardankreispaares.

Die Darstellung der Wälzhebelsteuerung in Abb. **42**.4 läßt sofort erkennen, daß hierbei ebenfalls das Kardankreispaar zugrunde gelegen hat; diesmal ist aber die Kurbel weggelassen worden und von den beiden Kardankreisen sind nur noch

---

[1] Diese Ausführung ist unter der Bezeichnung Cyclo-Getriebe der Firma Lorenz Braren K. G., Markt Indersdorf, als Vorgelege bei Rührwerken bekannt geworden.

kleine Stücke vorhanden, und zwar der Wälzhebel (kleiner Kardankreis) und die zugehörige Wälzbahn im Gestell (großer Kardankreis). Der Antrieb erfolgt durch eine Exzenterstange, also durch Schubbewegung statt durch Kurbeldrehung. Die Exzenterstange greift an einem Umfangspunkt des kleinen Kardankreises an. Dieser Punkt läuft geradlinig in Richtung auf den Mittelpunkt des großen Kardankreises.

Ganz ähnlich ist auch der Wälzhebel (nach W. HARTMANN) in Abb. 42.5 aufgebaut; nur ist hier die Anlenkung der Antriebsstange in einer Nut geführt, wodurch das Getriebe formschlüssig wird. Die in Abb. 42.2 angeordnete Feder wird dadurch entbehrlich. Beim Wälzhebel nach HARTMANN kommt noch als Besonderheit hinzu, daß bei einer Bewegung über die Mittellage hinaus, also im Bereich der bogenförmigen Nut, keine Hubbewegung in der senkrechten Geradführung stattfindet. Die Kardanbewegung ist dann vollkommen ausgeschaltet und der Wälzhebel dreht sich nur noch um die dann aufliegende Anlenkung der senkrechten Geradführung. Diese führt also Hubbewegungen mit Rasten im unteren Umkehrpunkt aus.

Auch die Getriebe in den Abb. 42.6 und 42.7 stützen sich auf die Bewegungsvorgänge der Kardankreise, die aber hier selbst nicht ausgebildet sind. Die Drehbewegung des Restes des kleinen Kardankreises wird dadurch erreicht, daß er als Koppel zusammen mit der hier wieder vorhandenen Kurbel und einem im Gestell geradgeführten Gleitstein eine gleichschenklige Schubkurbel bildet. Die Kurbel hat hierbei nur die Aufgabe den Mittelpunkt der Koppel auf einem Kreisbogen zu führen. Der Antrieb des Bewegungsvorganges kommt von einer Schubstange, die jeweils in einem Umfangspunkt des kleinen Kardankreises angreift.

Es wurde bereits darauf hingewiesen, daß hier ein rein sinuidisches Bewegungsgesetz zugrunde liegt. Dies setzt voraus, daß z. B. beim Getriebe der Abb. 42.3 die Antriebsbewegung von der umlaufenden Kurbel ausgeht. Würde man beim Getriebe der Abb. 24.6 die schwarze Kurbel antreiben — zum mindestens für den hier möglichen Bewegungsbereich — so würde z. B. der senkrechte Gleitstein der Sinusfunktion folgen, während die horizontale Bewegung nach der Cosinusfunktion laufen würde. Wird die Bewegung jetzt an der horizontalen Schubstange eingeleitet und am senkrechten Gleitstein abgeleitet, oder auch umgekehrt, so gilt die Tangens- bzw. die Cotangensfunktion. Hieraus ergibt sich, daß einer solchen Bewegungsübertragung Grenzen gesetzt sind, da das Übersetzungsverhältnis bei Erreichung einer Totlage auf der Antriebsseite „Unendlich" wird.

7. Getriebe mit zwei Drehgelenken und zwei Schubgelenken

Ein Drehgelenk kann auf dem Wege über eine Bogenführung in eine Geradführung, ein sogenanntes Schubgelenk, ungewandelt werden, wie dies in den Abb. 2.1 bis 2.12 dargestellt wurde. Ausgangspunkt einer solchen Entwicklung sind Drehgelenke mit begrenztem Bewegungsbereich, d. h. solche Gelenke, in denen infolge der gegebenen Maßverhältnisse im Gelenkviereck nur schwingende Bewegungen möglich sind. Bei einem Gelenkviereck, das der GRASHOFschen Bedingung genügt[1], trifft dies zu für die Gelenke desjenigen Kettengliedes, das dem kürzesten gegenüber liegt.

In den Bildseiten 36 und 37 ist diese Entwicklung mit je einem der beiden schwingenden Gelenke des Gelenkvierecks durchgeführt worden; dabei ergibt sich in beiden Fällen eine systematische Übersicht. In der Bildseite 43 ist eine

---

[1] Vgl. Abschn. 2.3.

Getriebeentwicklung dargestellt, in der beide Schwinggelenke gleichzeitig zu Geradführungen, also zu Schubgelenken werden.

7.1 Entwicklung der zweiten Geradführung in der Viergelenkkette

Die obere Abbildungsreihe (Abb. **43**.1 bis **43**.5) zeigt als Ausgangsform die gleichen Getriebe, die schon einmal in den Abb. **36**.11 bis **36**.15 bei der Entwicklung der ersten Geradführung dargestellt wurden. Von dieser Getriebereihe ausgehend wird nunmehr, wie in Bildseite **37**, auch das zweite Schwinggelenk zur Geradführung entwickelt.

In den Abb. **43**.6 bis **43**.10 erscheinen zunächst Bogenführungen an Stelle eines Drehkörperpaares. Die Bewegungsverhältnisse im Gelenkviereck werden hierdurch nicht berührt.

In den Abb. **43**.11 bis **43**.15 wird schließlich der Übergang von der Bogenführung zur Geradführung vollzogen. Diese Geradführungen können grundsätzlich unter beliebigem Winkel zu der bereits vorhandenen ersten Geradführung stehen. Verlaufen die Geradführungen in einem Getriebe nicht rechtwinklig zueinander, so liegt Schränkung vor (Abb. **43**.11 bis **43**.15). Bei zentrischen Getrieben (Abb. **43**.16 bis **43**.20) stehen die beiden Geradführungen rechtwinklig zueinander.

Bei den auf diese Art entstandenen Getrieben besitzt nur noch die Kurbel eine endliche Länge. Die übrigen drei Getriebeglieder haben (theoretisch) die Länge unendlich, was konstruktiv als Geradführung zum Ausdruck kommt.

Der Bewegungsverlauf ist rein sinuidisch, und zwar sowohl für die geschränkten wie auch für die zentrischen Getriebe. Die verschiedenen Überlagerungsschwingungen, die durch die endlichen Längen der übrigen Getriebeglieder beim Gelenkviereck auftreten, sind hier verschwunden.[1]

Bei der hier durchgeführten Entwicklung ist aus der Schubkurbel (Abb. **43**.2) eine Kreuzschubkurbel (Abb. **43**.17) geworden, ebenso wie aus der schwingenden Kurbelschleife (Abb. **43**.4) die Kreuzschubkurbel der Abb. **43**.19.

Aus der umlaufenden Kurbelschleife (Abb. **43**.3) wurde die umlaufende Kreuzschleife (Abb. **43**.18) und aus der Schubschwinge (Abb. **43**.5) wurde die stehende Kreuzschleife (Abb. **43**.20), die auch als Ellipsenzirkel bekannt ist.

Da die Lage der Geradführungen im weißen Kreuzschieber ohne Wirkung auf die Bewegungseigenschaften dieser Kreuzkurbel- und Kreuzschleifengetriebe ist, sprechen bei der praktischen Anwendung vor allem die Betriebseigenschaften mit. Es ist empfehlenswert die schiefen Kreuzkurbeln und Kreuzschleifen möglichst zu vermeiden, da je nach den Winkelverhältnissen bei diesen Getrieben unangenehme Seitendrücke auf die Gleitbahnen auftreten, die bei rechtwinkliger Anordnung der Führungen vermieden werden.

7.2 Praktische Anwendungen der Getriebe mit zwei Geradführungen

Trotz der rein sinuidischen Bewegungsverhältnisse werden die Kreuzkurbel- und Kreuzschleifengetriebe seltener angewendet als die Getriebe der Geradschubkurbelkette oder gar die der Viergelenkkette. Man nimmt vielfach lieber eine kleine Bewegungsverzerrung in Kauf, wenn man damit eine oder auch zwei Geradführungen durch Drehgelenke ersetzen kann. So findet man meist die Getriebe mit zwei Schubgelenken und zwei Drehgelenken da, wo gerade einmal besonderer Wert auf einfache Bewegungsgesetze gelegt wird, oder wo dadurch besonders günstige bauliche Verhältnisse zu erreichen sind. Dies ist z. B. der Fall bei der sehr gedrängten Ausbildung einer doppelt wirkenden Kolbenpumpe in Abb. **44**.4.

---

[1] Vgl. Abschn. 4.4.

Dabei ist statt des Gleitsteines ein Kugellager eingebaut, dessen äußerer Laufring in der Geradführung auf- und abrollt. (Höheres Elementenpaar!)

Die Pumpe der Abb. 44.1 ist noch dichter zusammengebaut, wobei besonders die Form des Kolbens und des Gestelles in der Mitte beachtenswert ist. Hier hat der Gleitstein eine sehr sorgfältige Ausbildung mit großen Gleitflächen erfahren (Niederes Elementenpaar!).

In den Pumpen der Abb. 44.2, 44.3, 44.5 und 44.6 ist sogar noch die senkrechte Schubbewegung des Gleitsteines als Pumpenbewegung ausgenutzt, so daß hier sogar vierfachwirkende Pumpen entstehen. Die Kurbel ist, wie schon in Abb. 44.1 durch Zapfenerweiterung zum Exzenter geworden, der hier aber noch in einer besonderen Weise ausgeschnitten ist. Er übernimmt zusätzlich die Steuerung der Saug- und Druckflüssigkeit, die in der hohlen Welle zu- bzw. abgeleitet wird. Bei der Ausführung in Abb. 44.2 und 44.3 wird die Welle angetrieben, es handelt sich also um eine Anwendung der Kreuzschubkurbel.

Demgegenüber ist es bei der Ausführung in den Abb. 44.5 und 44.6 gerade umgekehrt, da hier das Gehäuse rotiert, so daß eine Anwendung der umlaufenden Kreuzschleife vorliegt. Auch dem Getriebe der Abb. 44.8 liegt eine umlaufende Kreuzschleife zugrunde. Die umlaufende Antriebsbewegung erfolgt an dem schraffierten Ring, der auf der schwarzen Zapfenerweiterung des Gestelles läuft. Im gleichen Gestell ist innerhalb der Zapfenerweiterung ein Gleitstein drehbar gelagert. Auf der als Kreuzschieber ausgebildeten Koppel ist außerhalb der Führungen (unten rechts) ein zweiter drehbarer Gleitstein auf einem Zapfen (Koppelpunkt) angebracht. Die ungleichförmige Bewegung dieses Koppelpunktes erzeugt an dem zweiten Kreuzschieber (Kreuzschraffur) einen außerordentlich gleichförmigen Arbeitshub und einen beschleunigten Rücklauf, wenn die in Abb. 44.8 angegebenen Maßverhältnisse eingehalten werden.

Dem gleichen Zweck dient das Getriebe der Abb. 44.9. Hier dient eine umlaufende Kurbelschleife, deren Antrieb wieder als Zapfenerweiterung ausgebildet ist, als Ausgangsgetriebe. Auf dem als Koppel ausgebildeten Gleitstein ist ein zusätzlicher, drehbarer Gleistein angeordnet, dessen Bewegung zum Antrieb eines im Gestell senkrecht laufenden Kreuzschiebers dient. Durch die Rückkehr von der umlaufenden Kreuzschleife (Abb. 44.8) zur umlaufenden Kurbelschleife (Abb. 44.9) erreicht man durch Ausnutzung einer zusätzlichen Relativbewegung eine noch größere Gleichförmigkeit im Arbeitshub, wenn die angegebenen Maßverhältnisse eingehalten werden.

Die beiden Getriebe der Abb. 44.8 und 44.9 kommen vor allem dann in Frage, wenn in einer Bearbeitungsmaschine mit gleichförmig durchlaufendem Werkstück Arbeitsvorgänge von längerer Dauer stattfinden sollen, wie z. B. Stanzen, Pressen, Schneiden und ähnliches. Man muß dann die Werkzeuge während des Arbeitsvorganges mit dem Werkstück mitlaufen lassen, und zwar mit der gleichen Geschwindigkeit, mit der auch das Werkstück läuft. Dazu baut man ein solches Werkzeug auf den Kreuzschieber am Abtrieb des Getriebes 44.8 oder auch 44.9, der natürlich dann entsprechend geformt sein muß. Nach jedem Arbeitsgang kehren die Werkzeuge an die neue Arbeitsstelle zurück.[1] Die Getriebe haben sich auch wegen ihrer sonstigen guten Eigenschaften praktisch bewährt.

Die gleichschenklige Schubkurbel hat, wie in Abschnitt 6.3 dargelegt wurde, rein sinuidische Bewegungsverhältnisse, ebenso wie die Kreuzschubkurbel. Dies gibt die Möglichkeit zwei Getriebe dieser Art parallel anzuordnen. In Abb. 44.7 ist dies geschehen, und zwar so, daß die Kurbel der Kreuzschubkurbel fest

---

[1] Weitere Einzelheiten siehe RAUH Diss. Hannover 1927 „Untersuchung und Weiterentwicklung der Getriebe mit periodischem Hin- und Rücklauf und beschleunigungsfreiem Arbeitsgang."

verbunden ist mit der Koppel der gleichschenkligen Schubkurbel[1], deren Kurbel auf dem Kreuzschieber der Kreuzschubkurbel gelagert ist. Durch diese Vereinigung der beiden Getriebe ist es möglich, auf den in reiner Sinusschwingung hin- und hergehenden Kreuzschieber eine gleichförmige Drehbewegung zu leiten, die dort zum Antrieb weiterer Arbeitsvorgänge zur Verfügung steht.

8. Bahnkrümmungen der Koppelkurven

Im Abschnitt 5.6 wurde ein Überblick vermittelt über den Formenreichtum der Koppelkurven und über einige Möglichkeiten ihrer praktischen Anwendung im Maschinenbau. Dabei werden die Koppelkurven nicht nur zur Führung von Maschinenteilen oder Werkzeugen benutzt, sie werden auch zur Steuerung von Bewegungen verwendet, vor allem dann, wenn es sich um Bewegungen mit Rasten handelt. Hierbei muß im Getriebeentwurf die Krümmung der Koppelkurve in bestimmten Bereichen berücksichtigt werden. In vielen Fällen muß dann z. B. der Bohrungsabstand eines Lenkers mit dem Krümmungshalbmesser einer Koppelkurve übereinstimmen. Für untergeordnete Zwecke mag es dabei genügen, wenn man den Krümmungshalbmesser näherungsweise zeichnerisch ermittelt. Wenn es jedoch um höhere Genauigkeit geht, ist die Rechnung vorzuziehen. Bei der Untersuchung der Krümmungsverhältnisse wird hier zunächst von einem Sonderfall ausgegangen.

8.1 Das Kardanproblem

Bei der Betrachtung der Getriebe mit vier Drehgelenken im Abschnitt 5 wurde der Begriff der Polbahnen und ihr Verlauf für die Kurbelschwinge und die Doppelschwinge an Beispielen erläutert. Bei der gleichschenkligen Schubkurbel (Abschnitt 6.3) werden die Polbahnen zum Kardankreispaar (Abb. **41**.7 und **42**.3) mit dem Durchmesserverhältnis 1:2. Beim Abwälzen des kleinen Kardankreises im großen Kardankreis durchlaufen alle Umfangspunkte des kleinen Kreises gerade Linien, die in Länge und Lage Durchmesserstrecken des großen Kardankreises entsprechen. Es handelt sich hier um einen Sonderfall von Koppelkurvenformen mit der Krümmung Null.

Die Abb. **45**.1 soll zunächst noch etwas tiefer in die Bewegungen des Kardankreispaares einführen. Auf dem kleinen Kardanrad sind außer den Umfangspunkten B und K, die ja gerade Bahnen beschreiben, noch die Punkte 1, 2, 3 und 4 ausgebildet. 1 ist der Kreismittelpunkt, der bekanntlich eine Kreisbahn beschreibt. Die Punkte 2, 3 und 4 liegen irgendwie in der Ebene des kleinen Kardanrades und durchlaufen elliptische Bahnen, deren große und kleine Halbachsen sehr leicht zu ermitteln sind. Einmal ist es nämlich der Abstand eines solchen Punktes vom Mittelpunkt 1 des kleinen Kardanrades vermehrt um den Halbmesser des kleinen Kreises, das andere Mal jedoch wird der gleiche Abstand vermindert um den Halbmesser des kleinen Kardankreises. Die geradlinigen Bahnen der Punkte B und K und die Kreisbahn des Punktes 1 sind, das erkennt man jetzt leicht, nichts anderes als nur besondere Grenzformen der Ellipsen, einmal mit der kleinen Halbachse gleich Null und das andere Mal mit Ellipsenachsen gleicher Größe.

In den bisherigen Getrieben wurden nur Kreisumfangspunkte wie B und K verwendet, zusammen mit dem Kreismittelpunkt 1 oder mit den Kreisumfängen selbst, niemals aber war ein anderer ellipsenläufiger Punkt an der Bewegungs-

---

[1] Die Koppel ist hier als Stück der Kurbel des Hauptgetriebes schwarz dargestellt; die im weißen Kreuzschieber gelagerte Kurbel der gleichschenkligen Schubkurbel wurde gerastert.

erzeugung beteiligt. Man kann aber auch die elliptischen Bahnen — oder wenigstens so bequeme Stücke wie die Scheitelkrümmungskreise — verwenden (Abb. **23**.7).

In Abb. **45**.1 ist das kleine Kardanrad zwangläufig geführt durch die schwarze Kurbel und durch das Abwälzen im großen Kardanrad. Der zusätzlich eingebaute weiße Lenker begrenzt den Bewegungsbereich auf denjenigen Teil der großen senkrecht stehenden Ellipse, in der die Scheitelkrümmung mit der Kreiskrümmung übereinstimmt. Genauer gesagt geht es um den Bereich in dem die Abweichung zwischen dem veränderlichen Krümmungshalbmesser der Ellipse und der konstanten Länge des weißen Lenkers die Gesamttoleranz nicht überschreitet, die sich aus der Addition der Gelenkspiele im Getriebe ergibt. Die Abb. **45**.1 soll die begrenzte Gleichwertigkeit zwischen dem Kardankreispaar und einem Gelenkviereck veranschaulichen. Aus diesem Beispiel ergeben sich verschiedene Möglichkeiten zur angenähert geradlinigen Führung von Punkten.

In Abb. **45**.2 bis **45**.5 sind einige Möglichkeiten dargestellt. Dabei ist in allen Getrieben die Geradführung des Punktes B (auf dem Umfang des kleinen Kardankreises) beibehalten worden, dagegen ist die Kurbel des Getriebes der Abb. **45**.2 in den Getrieben der Abb. **45**.3, **45**.4 und **45**.5 durch Lenker ersetzt, die Scheitelkrümmungskreise der Ellipsen der Abb. **45**.1 beschreiben. Im Getriebe der Abb. **45**.3 ist es die von Punkt 2 beschriebene Ellipse, im Getriebe der Abb. **45**.4 die von Punkt 4 und schließlich im Getriebe der Abb. **45**.5 die des Punktes 3. Das Getriebe der Abb. **45**.3 ist eine Schubkurbel, die Getriebe der Abb. **45**.4 und **45**.5 sind Schubschwingen. In all diesen Getrieben wird der Punkt K (auf dem Umfang des kleinen Kardankreises) geradegeführt, solange von den neueingeführten Lenkern die zugehörigen Ellipsenbahnstücke beschrieben werden.

Aber das geschieht nicht nur mit dem hier an sich ganz beliebig herausgegriffenen Punkt K, sondern mit allen Umfangspunkten des kleinen Kardankreises. Alle diese Punkte durchlaufen mehr oder weniger lange, aber genau geradlinige Bahnen, die nach dem Mittelpunkt des großen Kardankreises hinzielen, also nach dem Schnittpunkt der Geradführungsrichtungen der Punkte B und K.

Die eben besprochenen Getriebe sind im Beginn der Getriebewissenschaften sehr beliebt gewesen und haben als „Ellipsenlenker" zur Geradführung Verwendung gefunden für den Schreibstift an Indikatoren, ja selbst als Geradführungen bei Kraftmaschinen und Pumpen. Ihre Bedeutung ist aber heute besonders groß für die praktische Anwendung von Koppelkurven. Vervollständigt man nämlich die Bahnen der Punkte K, so erhält man Koppelkurven mit längeren geradlinigen Bahnstücken (Abb. **45**.6), die unter anderem für die Ableitung von Ruhepausen bei hin- und hergehender Bewegung gut zu verwenden sind, etwa in ähnlicher Weise wie in Abb. **31**.1, **31**.3, **32**.2 und **33**.1. Sagt einem aber die Koppelkurve des Punktes K nicht zu, so kann man auf dem kleinen Kardankreis irgendeinen anderen Punkt wählen, der im übrigen vielleicht eine bessere Kurvenform beschreibt (vgl. Aufzeichnen von Koppelkurven mit Zelluloidgetriebe (Abb. **26**.2) oder mit lichtempfindlichem Papier) (Abb. **25**.1 bis **26**.1).

8.1.1 Kardanbewegung und Koppelbewegung[1]

Ersetzt man in derselben Weise die Geradführung des Punktes B durch einen Ellipsenkrümmungskreis und den entsprechenden Lenker, so erhält man Gelenk-

---

[1] Den nachfolgenden Ausführungen liegt unter anderem zugrunde das Heft 2 der Reihe „Praktische Getriebetechnik" RAUH, MARKS, BÜNDGENS, OTTO, „Kardanbewegung und Koppelbewegung. Ein einfaches Verfahren zur Klärung der Bewegungsverhältnisse und zum schnellen und sicheren Entwurf von Koppelkurvengetrieben." In dieser Arbeit wurden die in einer Tasche am hinteren Einbanddeckel des vorliegenden Buches beigefügten Konstruktionstafeln erstmalig entwickelt. VDI-Verlag 1938.

viereck und auch hier in ganz gleicher Weise auf dem Umfang des kleinen Kardankreises all die Koppelpunkte, deren Bahnen geradlinige Stücke aufweisen.

So beschreibt z. B. in Abb. **46**.1 der Punkt E als Punkt der Fläche des kleinen Kardankreises eine Ellipse, die in der gezeichneten Stellung des kleinen Kardankreises den Krümmungshalbmesser $E-O$ besitzt. Dieser Krümmungshalbmesser ist in Abb. **46**.2 als Schwinge einer Kurbelschwinge ausgebildet. Der Schwingenzapfen E bewegt sich dadurch auf einem Kreis um das Schwingenlager O, der sich aber als Ellipsenkrümmungskreis mit großer Genauigkeit der Ellipse in dem stark ausgezogenen Stück anschmiegt, die der gleiche Punkt E als Punkt des kleinen Kardankreises beschreiben würde.

Als einziger Punkt der Ebene des kleinen Kardankreises durchläuft sein Mittelpunkt M einen Kreis (Ellipse mit zwei gleichlangen Halbachsen), und zwar um den Mittelpunkt W (Wendepol) des großen Kardankreises, der in der Kurbelschwinge der Abb. **46**.2 mit der Kurbel $W-M$ als Kurbelkreis benutzt wird. Die Bahn des Kurbelzapfens M der Kurbelschwinge deckt sich hier also völlig mit der Bahn des gleichen Punktes M als Mittelpunkt des kleinen Kardankreises.

Die Punkte E und M sind zusammen Punkte einer gemeinsamen starren Ebene, die in Abb. **46**.1 die Ebene des kleinen Kardankreises ist, in Abb. **46**,2 die Koppelebene.

Aus all dem ergibt sich, daß die Koppelebene der Kurbelschwinge der Abb. **46**.2 sich so lange in der gleichen Weise bewegt, wie die Ebene des kleinen Kardankreises in Abb. **46**.1, als man die Bewegung des Punktes E auf der Kardanellipse ersetzen kann durch die Bewegung des gleichen Punktes E auf dem Krümmungskreis der Kardanellipse. Das aber bedeutet, daß man in diesem Bereich die Bewegungsgesetze der Koppelebene ersetzen kann durch die viel einfacheren Ellipsenbeziehungen der Kardanbewegungen, die als Beziehungen zweiten Grades im Bereich der elementaren Mathematik liegen.

So kann z. B. bereits die Genauigkeit der Übereinstimmung der Bewegung der Koppelebene mit der Bewegung der Kardankreisebene leicht errechnet werden[1]. Es ist ja nur notwendig, beim Kurbelzapfen und Schwingenzapfen und gegebenenfalls beim arbeitenden Koppelpunkt die Abweichung des Krümmungskreises (Koppelebene) von der zugehörigen Ellipse (Kardankreisebene) beim weiteren Bewegungsverlauf zu ermitteln. Solange diese Abweichungen noch im Bereich des Spieles liegen, das von den „Gelenktoleranzen" des erstrebten Getriebes herrühren wird, ist die höchstmögliche praktisch erreichbare Genauigkeit vorhanden. Die „Gelenktoleranzen", die ja als Richtpunkte für die Genauigkeit eines Erzeugnisses dem Praktiker geläufig sind, begrenzen also auch von Fall zu Fall den Bewegungsbereich eines Getriebes, in dem den Untersuchungen der Koppelebene die Gesetze der Kardanebene zugrunde gelegt werden können ohne Beeinträchtigung beliebig hoher praktischer Genauigkeitsanforderungen.

Während des restlichen Drehbereiches des Getriebes aber weichen Kurbelkreis und Schwingenbogen erheblich von den ursprünglich herangezogenen Kardanellipsen ab, die Koppelbewegung löst sich dabei aus der Übereinstimmung mit der bisher betrachteten Kardankreisbewegung. Die Koppelpunkte verlassen die bisher mitbenutzten Bahnen der Kardanellipsen, um die vielgestaltigen Koppelkurven zu beschreiben.

In jeder Getriebestellung findet man aber Koppelpunkte, deren Bahnkrümmungen momentan den Wert Null annehmen. Die Kurven verlaufen an solchen Stellen angenähert geradlinig, sie haben also einen Wendepunkt bzw. einen Flach-

---

[1] „Praktische Getriebetechnik" Heft 2, S. 54 bis 63.

punkt. Der Krümmungshalbmesser ist dann $\varrho = \infty$. Für die Normalbeschleunigung ergibt sich

$$b_n = \frac{v^2}{\varrho} \tag{30}$$

Diese Bedingung gilt auch für alle Punkte auf dem Umfang des kleinen Kardankreises, der in einem Sonderfall, nämlich bei der gleichschenkligen Schubkurbel, sogar zur Gangpolbahn wird (Abb. **41**.7).

8.1.2 Der Wendekreis

Bei jedem Viergelenkgetriebe gibt es in jeder Stellung Koppelpunkte, deren Normalbeschleunigung momentan der Wert Null ist. Sie durchlaufen dann in ihrer Bahn einen Wendepunkt oder einen Flachpunkt. Es läßt sich nachweisen, daß derartige Koppelpunkte — von Sonderlagen abgesehen — auf einem Kreis in der Koppelebene liegen. Diesen Kreis nennt man den Wendekreis oder auch den Normalkreis.

Es gibt außerdem in jeder Lage Koppelpunkte, deren Tangentialbeschleunigung momentan den Wert Null hat, was bedeudet, daß sie sich vorübergehend gleichförmig bewegen. Man findet solche Koppelpunkte in der Koppelebene — wiederum von Sonderlagen abgesehen — ebenfalls auf einem Kreis, den man den Tangentialkreis nennt.

Wendekreis und Tangentialkreis, die sogenannten Bresseschen Kreise[1], schneiden sich in zwei Punkten, und zwar im Geschwindigkeitspol P und im Beschleunigungspol J (Abb. **46**.3). Der Mittelpunkt des Wendekreises liegt auf der Polbahnnormalen, der Mittelpunkt des Tangentialkreises auf der Polbahntangente. Polbahnnormale und Polbahntangente, deren Ermittlung an Hand der Bildseite **47** noch erläutert wird, sind als Achsenkreuz in der Koppelebene aufzufassen und erleichtern die Bestimmung einzelner Koppelpunkte.

Während sich die Geschwindigkeiten beliebiger Koppelpunkte zueinander verhalten wie ihre Abstände vom Geschwindigkeitspol[2] erhält man die Beschleunigungen beliebiger Koppelpunkte im Verhältnis ihrer Abstände vom Beschleunigungspol. Voraussetzung ist, daß man für einen Koppelpunkt die Geschwindigkeit und die Beschleunigung nach Größe und Richtung kennt. Zeichnet man die Geschwindigkeiten in ihrer Wirkrichtung als Vektoren ein, so stehen sie stets rechtwinklig zum zugehörigen Polstrahl nach P. In Abb. **46**.3 ist eine Kurbelschwinge in der inneren Totlage dargestellt. Die Koppelmittellinie schließt mit der Polbahntangente den Winkel φ ein. Auf der Koppelmittellinie sind außer den beiden Koppelgelenken A und B noch vier Koppelpunkte K_1 bis K_4 untersucht. Ihre Geschwindigkeiten stehen rechtwinklig zur Koppelmittellinie; die Vektorlängen ergeben sich, wenn man durch die Vektorspitze v_A und den Pol P einen Strahl zieht. Im Gegensatz zu den Geschwindigkeiten schließen die Beschleunigungsvektoren mit den Polstrahlen zum Beschleunigungspol J einen für jede Getriebestellung unter sich gleichen Winkel δ ein, der jedoch im Normalfall kleiner ist als $90°$.[3] Die Beschleunigungsvektoren der verschiedenen Koppelpunkte in Abb. **46**.3 wurden ermittelt durch Einzeichnen einer parallelen Geraden zur Koppelmittellinie. Diese Gerade verläuft durch einen Punkt auf der Verbindungsgeraden AJ, den man erhält, wenn man den Beschleunigungsvektor b_A von seiner Lage auf der Kurbelmittellinie (Normalbeschleunigung) um den

---

[1] Vgl. Hagedorn, Konstruktive Getriebelehre, Hannover: Schroedel-Verlag 1960, S. 102 ff.
[2] Vgl. Abschn. 4.2.1.
[3] Ausführliche Darstellung der Ermittlung des Beschleunigungspoles J, siehe auch Hagedorn „Konstruktive Getriebelehre".

Winkel δ auf den Polstrahl AJ herumklappt. Die auf den einzelnen Polstrahlen für die jeweiligen Koppelpunkte erhaltenen Vektorlängen muß man dann sinngemäß um den Winkel δ zurückklappen, wenn man sie in ihrer Wirkrichtung darstellen will. Für die verschiedenen Beschleunigungsvektoren in Abb. **46**.3 ist folgendes bemerkenswert:

Unter der Voraussetzung einer gleichförmigen Antriebsdrehung tritt beim Kurbelzapfen A nur Normalbeschleunigung auf. Die Vektorspitze liegt im Kurbellager A_0; die Vektorlänge ist also gleich der Kurbellänge. Dies folgt aus der Konstruktion der Normalbeschleunigung (Abb. **9**.3), wenn man die Geschwindigkeit des Kurbelzapfens v_A gleich der Kurbellänge wählt. Der Beschleunigungsvektor für den Schwingenzapfen, der hier gleichzeitig Geschwindigkeitspol P ist, liegt auf der Polbahnnormalen. Diese Beschleunigung kann weder als Tangentialbeschleunigung, noch als Normalbeschleunigung angesprochen werden; sie ist vielmehr eine Umkehrbeschleunigung, da der Schwingenzapfen B hier in seiner Totlage liegt. Der Winkel δ zwischen dem Beschleunigungsvektor b_B und dem zugehörigen Polstrahl nach J erscheint im Wendekreis als Umfangswinkel über der Sehne JW. Hieraus ergibt sich, daß für alle Koppelpunkte auf dem Wendekreis, z. B. für den Koppelpunkt K_2, der Winkel zwischen dem Beschleunigungs-vektor und seinem Polstrahl als Umfangswinkel über der gleichen Sehne erscheinen muß. Die Richtung des Beschleunigungsvektors für beliebige Punkte auf dem Wenkekreis fällt daher zusammen mit der Richtung des Geschwindigkeits-vektors. Die Beschleunigung kann also nur eine Tangentialbeschleunigung sein. Sämtliche Koppelpunkte auf dem Wendekreis durchlaufen also Wendepunkte.

Für Koppelpunkte im Wendekreis ergibt sich ein Beschleunigungsvektor, dessen Normalkomponente vom Pol weggerichtet ist. Die Koppelkurve eines solchen Koppelpunktes K_1 muß also, vom Pol her gesehen, konvex erscheinen, da bekanntlich die Richtung der Normalbeschleunigung immer radial zum Krümmungsmittelpunkt hinweist. Für Koppelpunkte außerhalb des Wendekreises, z. B. K_3 oder K_4 ergibt sich eine Normalkomponente, deren Richtung zum Pol hinweist; dies bedeutet, daß die betreffenden Stellen der Koppelkurven, vom Pol her gesehen, konkav erscheinen.

Der Schnittpunkt des Wendekreises mit der Polbahnnormalen ist der Wendepol W, der Schnittpunkt des Tangentialkreises mit der Polbahntangente ist der Tangentialpol T. Das Dreieck PTW schließt am Tangentialpol den Winkel δ ein. Dieser Winkel ist im Tangentialkreis Umfangswinkel über der Strecke PJ. Der gleiche Umfangswinkel gilt für alle übrigen Punkte auf dem Tangentialkreis, bezogen auf die gleiche Sehne PJ. Hieraus folgt, wie am Beispiel des Kurbelzapfens A ersichtlich, daß die Vektoren der Geschwindigkeit und der Beschleunigung für alle Punkte auf dem Umfang des Tangentialkreises rechtwinklig zueinander stehen. Die auftretenden Beschleunigungen können also nur Normalbeschleunigungen sein. Die Bewegungen aller Koppelpunkte auf dem Tangentialkreis verlaufen daher vorübergehend gleichförmig.[1]

Der Beschleunigungspol J als Koppelpunkt und Schnittpunkt beider Kreise durchläuft gleichförmig einen Wendepunkt seiner Bahn, während der Geschwindigkeitspol als Koppelpunkt und ebenso als Schnittpunkt beider Kreise stillsteht und eine Umkehrbeschleunigung erfährt.

---

[1] Wenn man die Geschwindigkeit des Kurbelzapfens A durch einen Vektor von der Länge der Kurbel darstellt, so ergibt sich aus der in Abb. **9**.3 dargestellten Beschleunigungsermittlung für den Beschleunigungsvektor b_A des Kurbelzapfens eine Länge, die wiederum mit der Kurbellänge übereinstimmt. Für die Maßstäbe der Geschwindigkeit und der Beschleunigung gelten dabei die Formeln (32) und (33).

Für das Verhältnis der beiden Durchmesser von Tangentialkreis und Wendekreis gilt

$$\frac{d_t}{d_w} = \cot \delta \qquad (43)$$

Man kann also den Durchmesser des Tangentialkreises bestimmen, wenn der Durchmesser des Wendekreises und der Winkel δ bekannt sind. Für den Durchmesser des Tangentialkreises ergibt sich auch folgende Formel:

$$d_t = \frac{\overline{AP}}{\cos \varphi} \qquad (44)$$

Für die Bestimmung des Tangentialkreisdurchmessers benötigt man also außer dem aus der Zeichnung zu entnehmenden Polabstand des Kurbelzapfens A noch den Polstrahlwinkel φ gemessen gegen die Polbahntangente. Der gleiche Winkel wird, wie sich später zeigt, auch für die Ermittlung des Wendekreisdurchmessers benötigt. Daraus folgt, daß zunächst die Lage der Polbahntangente zu bestimmen ist.

Die Lage des Augenblickspoles P und die Größe des Polwinkels φ muß durch eine Hilfskonstruktion ermittelt werden, die in Abb. **47.1** und **47.2** für die Schwinge einer Kurbelschwinge dargestellt ist.

Den Augenblickspol P findet man als Schnittpunkt der Mittellinien (Gerade durch die Gelenkpunkte) von Kurbel und Schwinge. Damit erhält man für die Berechnung die Strecken $\overline{PK}$ und $\overline{PM}$.[1]

Die Mittellinien (Geraden durch die Gelenkpunkte) von Koppel und Steg schneiden sich im Relativpol Q. Die Gerade durch diesen Relativpol Q und den Augenblickspol P, die sogenannte „Kollineationsachse" schließt mit dem Polstrahl der Kurbel einen Winkel ein, den man, jedoch in entgegengesetztem Richtungssinn, an den Polstrahl der Schwinge antragen muß, um als dessen freien Winkelschenkel die Polbahntangente zu erhalten.

Für die Schwinge ist dieser Winkel zwischen der Polbahntangente und dem Polstrahl der Schwinge (oder zwischen der Kollineationsachse und dem Polstrahl der Kurbel) der für die Berechnung gesuchte Polwinkel φ.

Legt man für die Berechnung des Wendekreisdurchmessers die Kurbel zugrunde, so ist für diese, wie Abb. **47.1** und **47.2** sogleich erkennen lassen, der Winkel zwischen der Kollineationsachse und dem Polstrahl der Schwinge der gesuchte Polwinkel φ.

Für die Berechnung des Wendekreisdurchmessers kann man also in der Hilfskonstruktion das Eintragen der Polbahntangenten sparen.

Die Schwäche dieser Wendekreisdurchmesser-Berechnung liegt in der Notwendigkeit der Hilfskonstruktion und in dem darin erforderlichen Ausmessen der Strecken $\overline{PK}$ und $\overline{PM}$ und des Polwinkels φ, wobei sehr sauber gezeichnet und sehr sorgfältig abgemessen werden muß, besonders der Polwinkel φ, wenn größere Ungenauigkeiten vermieden werden sollen.

Die Konstruktion des Wendekreisdurchmessers ist möglich, ohne daß dabei der Polwinkel φ benötigt wird. Man konstruiert lediglich für den Polstrahl jedes der beiden gestellgelagerten Glieder (Kurbel, Schwinge) des betreffenden Getriebes die Wendekreissehne.

Wie Abb. **47.3** zeigt, schneiden sich die Lote in den Endpunkten dieser Sehnen im Wendepol. Die Strecke zwischen Augenblickspol und Wendepol ist der Wendekreisdurchmesser (und zugleich Polbahnnormale). Man kann jedoch gelegentlich die Ermittlung des Wendekreisdurchmessers erleichtern, wenn man nach Abb. **47.1**

---

[1] Da es sich hier um allgemein gültige Beziehungen handelt, ist der Schwingenzapfen mit K (Koppelpunkt) und das Schwingenlager mit M (Krümmungsmittelpunkt) bezeichnet.

oder **47**.2 die Polbahntangente ermittelt, dazu jedoch gleich das Lot im Augenblickspol, die Polbahnnormale zeichnet (Abb. **47**.4). Man braucht jetzt nur noch eine der Wendekreissehnen zu zeichnen, deren Lot im Sehnenendpunkt S die Polbahnnormale im Wendepunkt W schneidet. Zwischen dem Pol P und dem Wendepol W liegt der Wendekreisdurchmesser.

Die Ermittlung der Wendekreissehne ist in Abb. **47**.5 für den Polstrahl der Kurbel einer Kurbelschwinge dargestellt in Abb. **47**.4 für den Polstrahl der Schwinge:

Der Augenblickspol P ergibt sich bekanntlich als Schnittpunkt der Kurbelmittellinie und der Schwingenmittellinie (Gerade durch die Gelenkpunkte). Durch den Kurbelzapfen K (Abb. **47**.5) legt man unter einem *beliebigen* Winkel zur Kurbelmittellinie eine Gerade (1) und dazu die Parallele (2) durch den Augenblickspol P. Auf der Geraden (1) durch den Kurbelzapfen K wird die Strecke PK abgetragen (3) mit dem Endpunkt T, durch den dann eine Gerade (4) vom Kurbellager M aus gelegt wird, die die Paralelle durch den Augenblickspol P (2) in dem Punkt S^* schneidet. Die Strecke PS^* hat die Länge der gesuchten Wendekreissehne PS auf dem Polstrahl der Kurbel (5). Auf dem Lot im Sehnenendpunkt S (6) liegt der Wendepol (Abb. **47**.3). Die entsprechende Konstruktion der Abb. **47**.4 erfolgt in der gleichen Weise. Die Punkte K und M sind dort nur Zapfen und Lager der Schwinge.[1]

Da der Winkel zwischen dem Polstrahl der Kurbel und der Geraden (1) durch den Kurbelzapfen K beliebig ist, wählt man ihn zweckmäßig so, daß die Gerade (1) mit der Koppelmittellinie zusammenfällt, wie das in Abb. **47**.6 für die Konstruktion der Abb. **47**.5 durchgeführt ist.

Der Vorteil dieser Lage der Geraden (1) beruht darin, daß diese Gerade nunmehr auch durch den Schwingenzapfen geht und daher, ebenso wie die dazu parallele Gerade (2) durch den Augenblickspol P, sowohl für die Ermittlung der Wendekreissehne auf dem Polstrahl der Kurbel, wie auch zur Ermittlung der Wendekreissehne auf dem Polstrahl der Schwinge verwendet werden kann, was in Abb. **48**.1 durchgeführt ist.

Die Konstruktion wird dadurch nicht nur wesentlich vereinfacht, sondern vor allem genauer infolge des Wegfalles einiger Fehlerquellen.

Die Zusammenhänge zwischen dem Wendekreis und den Krümmungen der Koppelkurven zeigen die Abb. **48**.2 und **49**.1.[2] Abb. **48**.2 zeigt eine Kurbelschwinge

---

[1] Die Konstruktion verwendet die EULER-SAVARYsche Formel unter Anwendung des Strahlensatzes. Es verhalten sich die Strecken

$$PS:KT = PM:KM$$

Dabei ist $KT = PK$ nach Konstruktion (3) und KM z. B. in Abb. **47**.5 gleich der Kurbellänge a bzw. gleich dem Krümmungshalbmesser a des Kurbelkreises. Also

$$PS:PK = PM:a$$
$$a \cdot PS = PK \cdot PM$$

PS ist jedoch die Länge der Wendekreissehne oder in Abhängigkeit vom Wendekreisdurchmesser d_w und dem Polwinkel
$$PS = d_w \cdot \sin \varphi$$

Daraus ergibt sich die Beziehung nach EULER-SAVARY:

$$a \cdot d_w \cdot \sin \varphi = PK \cdot PM$$

[2] In den Abb. **46**,3, **48**,2 und **49**,1 wurde die Lage des Getriebes in der Bildebene so gewählt, daß die Polbahntangente t senkrecht verläuft, die Polbahnnormale waagerecht und der Wendekreis rechts der Polbahntangente liegt. Hierdurch wird der Vergleich der drei Abbildungen miteinander erleichtert. Die Entscheidung darüber, auf welcher Seite der Polbahntangente der Wendekreis liegt, richtet sich nach der Krümmungsrichtung des Koppelpunktes, der der Ermittlung des Wendekreises zugrunde gelegt wird. Im vorliegenden Beispiel ist dies der Kurbelzapfen A. Wenn der Kurbelkreis im Bereich des Kurbelzapfens vom Pol her konvex erscheint (Abb. **49**.1) so liegt der Kurbelzapfen im Wendekreis. Erscheint der Kurbelkreis im Bereich des Kurbelzapfens dagegen vom Pol her gesehen konkav, wie in Abb. **46**.3 oder **48**.2, so liegt der Kurbelzapfen außerhalb des Wendekreises.

in der inneren Totlage. Der Schwingenzapfen B fällt mit dem Pol P zusammen und das Kurbellager A_0 mit dem Relativpol Q. Die Koppelmittellinie ist gleichzeitig Kollineationsachse; sie fällt außerdem mit dem Polstrahl der Kurbel zusammen. Hieraus folgt, daß die Polbahntangente mit dem Polstrahl der Schwinge zusammenfällt, da der nach Abb. 47.1 zu übertragende Winkel den Wert Null hat. Es ergibt sich also ein besonders übersichtliches Bild.

Infolge der Kurbeldrehung wandert der Pol P in Richtung der Polbahntangente mit der Polwechselgeschwindigkeit u. Diese läßt sich, bezogen auf den Polstrahl der Kurbel, zerlegen in zwei aufeinander senkrecht stehende Komponenten in Polstrahlrichtung und quer zum Polstrahl. Die letztere ist hier von Bedeutung und hat die Größe $u \cdot \sin \varphi$. Es lassen sich folgende Proportionen aufstellen:

$$\frac{u \cdot \sin \varphi}{v_A} = \frac{\overline{PA_0}}{\overline{PA} - \overline{PA_0}} = \frac{\overline{PA_0}}{a} \tag{45}$$

$$\frac{n \cdot \sin \varphi}{v_K} = \frac{\overline{PM}}{\overline{PM} - \overline{PK}} = \frac{\overline{PM}}{\varrho} \tag{46}$$

Der dem Koppelpunkt K_1 entsprechende Krümmungsmittelpunkt M_1 wird gefunden als Schnittpunkt des Polstrahles durch K_1 mit der Verbindungsgeraden der Vektorspitzen von $u \cdot \sin \varphi$ und v_{K_1}. Für einen Koppelpunkt K_2, dessen Bahn momentan die Krümmung Null hat, muß der entsprechende Krümmungsmittelpunkt M_2 also im Unendlichen liegen. Dies ist der Fall, wenn die Verbindungsgerade der Vektorspitzen zum Polstrahl parallel läuft, d. h., wenn $u \cdot \sin \varphi$ gleich v_{K_2} wird. Nach der Definition muß dieser Punkt dann auf dem Wendekreis liegen, da alle Koppelpunkte auf dem Wendekreis keine Normalbeschleunigung aufweisen.[1] Der Polabstand des Koppelpunktes K_2 ist eine Wendekreissehne von der Länge $d_w \cdot \sin \varphi$. Es ergeben sich die Proportionen

$$\frac{d_w \cdot \sin \varphi}{-\overline{PA}} = \frac{v_K}{v_A} = \frac{u \cdot \sin \varphi}{v_A} = \frac{\overline{PA_0}}{-\overline{PA} + \overline{PA_0}} \tag{47}\,[2]$$

und hieraus der Wendekreisdurchmesser mit

$$d_w = \frac{\overline{PA} \cdot \overline{PA_0}}{(\overline{PA_0} - \overline{PA}) \sin \varphi} \quad [\text{cm}] \tag{48}\,[2]$$

Da nach Formel (42) auch der Durchmesser des Tangentialkreises bekannt ist, ergibt sich in einfacher Weise auch der Beschleunigungspol J als Schnittpunkt beider Kreise.

8.1.3 Krümmungsermittlung nach Euler-Savary

Für eine beliebige Getriebestellung kann bei bekanntem Wendekreisdurchmesser d_w für jeden Koppelpunkt K der entsprechende Krümmungsmittelpunkt M leicht berechnet werden. Am Beispiel des Koppelpunktes K_1 in Abb. 48.2 ergibt sich

$$\frac{\overline{PM_1}}{d_w \cdot \sin \varphi} = \frac{u \cdot \sin \varphi}{x} = \frac{\overline{PK_1}}{d_w \sin \varphi - \overline{PK_1}} \tag{49}$$

Hieraus folgt für den Polabstand des Krümmungsmittelpunktes allgemein

$$\overline{PM} = \frac{\overline{PK} \cdot d_w \cdot \sin \varphi}{d_w \sin \varphi - \overline{PK}} \quad [\text{cm}] \tag{50}$$

---

[1] Siehe Abb. 46.3. [2] Vorzeichenregel: Für die Polabstände aller Koppelpunkte und aller Krümmungsmittelpunkte gilt positives Vorzeichen, wenn sie auf der gleichen Seite der Polbahntangente liegen wie der Wendekreis. Im andern Fall haben sie negatives Vorzeichen.

Zur Benutzung dieser Formel wird vorher der Wendekreisdurchmesser nach Formel (48) berechnet. Die Formel (50) kann dann auf jeden beliebigen Polstrahl und auf diesem wiederum für jeden beliebigen Koppelpunkt angewendet werden. Dabei kann als Polstrahlwinkel immer ein Winkel verwendet werden, der 90° nicht überschreitet, wenn für die Polentfernungen eine bestimmte Vorzeichenregel beachtet wird:

Alle Entfernungen auf der Seite der Polbahntangente, auf der der Wendekreis liegt, haben positives Vorzeichen; alle Entfernungen auf der andern Seite haben negatives Vorzeichen. Die Lage des Wendekreises zur Polbahntangente entscheidet sich danach, daß auch die Bahnen der Koppelgelenke in das System der Koppelkurven einbezogen werden müssen. Diese Bahnen der Gelenke A und B sind Kreise, Kreisbögen oder Geraden. Liegen Kreiskrümmungen vor, so liegen die Koppelgelenke innerhalb des Wendekreises, falls ihre Bahn zum Pol hin konvex ist. Wenn die Kreiskrümmungen jedoch dem Pol ihre konkave Seite zuwenden, so liegen solche Koppelgelenke außerhalb des Wendekreises. Ein geradlinig geführtes Gelenk liegt auf dem Wendekreis.

Formel (50) ist als sogenannte EULER-SAVARY-Formel bekannt. Will man für einen gegebenen Krümmungsmittelpunkt den entsprechenden Koppelpunkt bestimmen, so erhält man durch Umstellung

$$\overline{PK} = \frac{\overline{PM} \cdot d_w \cdot \sin\varphi}{d_w \cdot \sin\varphi + \overline{PM}} \quad [\text{cm}] \tag{51}$$

Für den Krümmungshalbmesser der Koppelkurve gilt in jedem Falle

$$\varrho = |\overline{PM} - \overline{PK}| \quad [\text{cm}] \tag{52}$$

In Abb. **49**.1 sind die gleichen Zusammenhänge an einer zweiten Kurbelschwinge dargestellt, die sich in der Überkreuzlage befindet, und bei der Pol und Relativpol nicht mit einem der Getriebegelenke zusammenfallen. Im Gegensatz zu Abb. **48**.2 liegt hier der Kurbelzapfen A innerhalb des Wendekreises; der Kurbelkreis ist an der untersuchten Stelle zum Pol hin konvex. In Abb. **48**.2 war der Kurbelkreis im Bereich des Kurbelzapfens zum Pol hin konkav; der Kurbelzapfen A lag hier außerhalb des Wendekreises.

Bei jedem Viergelenkgetriebe ändert der Wendekreis sich von Getriebestellung zu Getriebestellung nach Lage und Größe. In Abb. **49**.2 ist die Änderung des Wendekreisdurchmessers bei einer Kurbelschwinge über dem Kurbelwinkel von 360° dargestellt; es zeigen sich zwei, unter sich verschieden große Kleinstwerte und außerdem zwei Größtwerte vom Betrage Unendlich. Die Kleinstwerte entsprechen den beiden Totlagenbereichen, die Größtwerte dagegen den Getriebelagen mit parallelen Polstrahlen. In diesen Lagen liegt der Pol P im Unendlichen, und die Polbahntangente ist ein Stück des unendlich großen Wendekreises.

Bei Doppelkurbeln und Doppelschwingen behalten die Wendekreise stets endliche Größen; aber auch hier verändert sich der Durchmesser periodisch (Abb. **49**.3).

Wenn man bei einem Getriebeentwurf Koppelkurvenbereiche mit relativ konstanter Krümmung sucht, so ist es zweckmäßig, dabei diejenigen Bereiche zu bevorzugen, in denen der Wendekreisdurchmesser einen Extremwert hat. Die relative Änderung des Wendekreisdurchmessers ist stets im Bereich seiner Extremwerte am geringsten. Aus der EULER-SAVARY-Formel geht der Einfluß des Wendekreisdurchmessers auf die Krümmungsverhältnisse in der Koppelebene hervor. Die relativ geringsten Änderungen kann man demnach erwarten, wenn solche Getriebebereiche bevorzugt, in denen sich auch der Wendekreisdurchmesser relativ wenig ändert. In den Abb. **49**.2 und **49**.3 sind als Anhaltswerte die prozentualen Anteile dieser Bereiche am Gesamtbewegungsspiel angegeben.

8.1.4 Die Kardanlagen

In bestimmten Fällen spricht man von der Kardanlage eines Gelenkgetriebes. Dieser Begriff knüpft an die Bewegungsverhältnisse des Kardankreispaares an, bei dem bekanntlich ein Kreis in einem anderen vom doppelten Durchmesser abrollt (Abb. **46**.1). Die Bewegung der Koppel eines Viergelenkgetriebes kann man sich bekanntlich ersetzt denken durch den Abwälzvorgang zwischen Gangpolbahn und Rastpolbahn; dabei muß die Form der Polbahnen aus den Getriebeabmessungen ermittelt sein.[1] Die Krümmungsverhältnisse der Polbahnen ändern sich laufend. Dabei kann je nach Längenverhältnissen und Gliederlage der Fall eintreten, daß der Krümmungshalbmesser der Gangpolbahn momentan den halben Wert des Krümmungshalbmessers der Rastpolbahn im Berührungspunkt annimmt. Wenn dann die Krümmungsrichtung der beiden Polbahnen an der Berührungsstelle außerdem übereinstimmt, spricht man von „momentan kardanischen" Bewegungsverhältnissen.[2]

8.2 Getriebeentwurf mit Hilfe von Konstruktionstafeln

Nach der Formel von EULER-SAVARY kann man zu einem gegebenen Koppelpunkt den entsprechenden Krümmungsmittelpunkt berechnen (Formel 50) oder umgekehrt zu einem gegebenen Krümmungsmittelpunkt den entsprechenden Koppelpunkt (Formel 51). Dabei muß man dann für eine bestimmte Getriebelage den Wendekreis nach Lage und Größe bestimmen. Wenn man bei einem Getriebe verschiedene Lagen hinsichtlich der Krümmungsverhältnisse der Koppelkurven vergleichen will, so kann man sich auf einen konstanten Wendekreisdurchmesser beziehen, wenn man die einzelnen Getriebelagen entsprechend maßstäblich umzeichnet. Nur bei der gleichschenkligen Schubkurbel wäre diese Arbeit überflüssig, weil hier das Kardankreispaar als Polbahnpaar vorliegt. Die EULER-SAVARY-Formel dient in diesem Falle zur Berechnung von Ellipsenkrümmungen.

Die durch diese Formel ausgedrückte Gesetzmäßigkeit kann man als Nomogramm darstellen.[3] Dabei muß von der Voraussetzung ausgegangen werden, daß der Wendekreisdurchmesser konstant ist, wie es ja beim kleinen Kardankreis tatsächlich zutrifft. Die Anwendung solcher Nomogramme auf verschiedene Getriebelagen anderer Viergelenkgetriebe mit anderem Wendekreisdurchmesser ist dann ein reines Maßstabsproblem.

8.2.1 Die Konstruktionstafeln[4]

Je nach dem Ordnungssystem der Koppelpunkte in der Koppelebene ergibt sich ein entsprechendes System der zugehörigen Krümmungsmittelpunkte. Man kann von einem Netz der Koppelpunkte und von einem Netz der entsprechenden

---

[1] Vgl. Abschnitt 5.1 und 5.2.

[2] Die Definition der Kardanlagen hat im Laufe der letzten 20 Jahre eine Präzisierung erfahren. In der Veröffentlichung „Kardanbewegung und Koppelbewegung" RAUH, MARKS, BÜNDGENS, OTTO (1938) waren damit zunächst alle Getriebelagen bei Viergelenkgetrieben gemeint, in denen der Wendekreisdurchmesser einen Extremwert annimmt, also einen Größtwert oder einen Kleinstwert. Das typische des Kardankreispaares ist jedoch das Durchmesserverhältnis 1:2 zwischen Gangpolbahn und Rastpolbahn bei gleichgerichteter Krümmung. Eine Klärung des Begriffes in diesem Sinne wurde herbeigeführt durch ALT „Die Kardanlagen von Getriebegliedern und die Krümmung der Polkurven", Ing.-Archiv 1944, sowie außer dem MEYER ZUR CAPELLEN „Die Bahn des Momentanpoles und die Kardanlagen" Ing.-Archiv 1959.

[3] Siehe auch MEYER ZUR CAPELLEN „Die Abbildung durch die EULER-SAVARYsche Formel" Z. angew. Math. Mech. Bd. 17 (1937).

[4] Ein Satz Konstruktionstafeln befindet sich in einer Tasche am hinteren Einbanddeckel.

Krümmungsmittelpunkte sprechen. Der kleine Kardankreis ist mit einem Durchmesser von 8 cm dargestellt. Die Konstruktionstafeln stellen aber nicht nur die Krümmungsverhältnisse für die Koppelkurven einer gleichschenkligen Schubkurbel mit Kurbel und Koppel gleich 4 cm dar, sondern auch die Krümmungsverhältnisse für Koppelpunkte beliebiger Viergelenkgetriebe, sofern man ein solches Getriebe in der gegebenen Lage maßstäblich so umzeichnet, daß der zugehörige Wendekreis einen Durchmesser von 8 cm erhält. Jeder Koppelpunkt bekommt dann seinen Platz im Netz der Koppelpunkte, während man den jeweils zugehörigen Krümmungsmittelpunkt in dem andern Netz findet.

Abb. **50.1**[1] weist die beiden Netze in deutlich sichtbarer Trennung auf. Von den beiden Kardankreispaaren, die diese Tafel enthält, ist nur das rechte das eigentlich erzeugende der dargestellten Gesetzmäßigkeiten. Das linke ist nur als Spiegelung des rechten gedacht. Der Berührungspunkt der beiden Kardankreispaare ist der Augenblickspol. Die Tangente im Pol an beide Kreise ist die Polbahntangente, welche die Seite des erzeugenden Kardankreispaares von der des gespiegelten trennt. Die Senkrechte zu ihr im Pol ist die Polbahnnormale, welche den kleinen Kardankreis im „Wendepol" und den gespiegelten kleinen Kardankreis im „Rückkehrpol" schneidet und die gesamte Tafel in zwei spiegelbildlich gleiche Hälften teilt.

Die Punkte der Ebene des kleinen Kardankreises sind zusammengefaßt zu einem dünn gedruckten Netz numerierter, um den Mittelpunkt des kleinen Kardankreises liegender Kreise und davon ausgehender Strahlen mit Winkelbezeichnung. Diesem „Koppelpunktnetz" entspricht ein etwas dicker gedrucktes und daher scheinbar darüberliegendes „Krümmungsmittelpunktnetz", bestehend aus ebenfalls, der Kreisbezeichnung entsprechend numerierten ovalen Kurvenzügen und teilweise gekrümmten Strahlen mit entsprechender Winkelbezeichnung. Die zum Koppelpunktnetz gehörende Bezifferung ist von links zu lesen, die zum Krümmungsmittelpunktnetz gehörende von rechts.

Das Krümmungsmittelpunktnetz zerfällt ganz offensichtlich in drei Teilnetze.

Das rechts der Polbahntangente liegende Teilnetz von spinnwebartigem Aussehen gehört zu dem Koppelpunktgebiet, das von dem kleinen Kardankreis umschlossen wird (vgl. Abb. **53.1**, Bild *A* und *a*). Das bedeutet, daß der Krümmungsmittelpunkt irgendeines Koppelpunktes innerhalb des kleinen Kardankreises auf dem Polstrahl des Koppelpunktes, jedoch weiter vom Pol entfernt liegt.

Das zweite Teilnetz der Krümmungsmittelpunkte innerhalb des gespiegelten kleinen Kardankreises gehört zu dem gesamten, links der Polbahntangenten liegenden Koppelpunktgebiet (Abb. **53.1**, Bild *B* und *b*). Die Krümmungsmittelpunkte aller links der Polbahntangenten liegenden Koppelpunkte liegen also auf dem Polstrahl ihres Koppelpunktes, jedoch näher am Pol.

Das dritte Teilnetz der Krümmungsmittelpunkte links der Polbahntangente, aber außerhalb des gespiegelten kleinen Kardankreises, gehört zu dem Koppelpunktgebiet rechts der Polbahntangente, jedoch außerhalb des kleinen Kardankreises. Diese beiden Gebiete werden aber noch durch den großen Kardankreis (Koppelpunkte) und den gespiegelten großen Kardankreis (Krümmungsmittelpunkt) unterteilt. Alle Koppelpunkte auf dem großen Kardankreis haben ihre Krümmungsmittelpunkte jenseits des Augenblickspols auf dem gespiegelten großen Kardankreis.

Zu dem Koppelpunktgebiet zwischen dem kleinen und dem großen Kardankreis (Abb. **53.1**, Bild *C* und *c*) gehört das Krümmungsmittelpunktgebiet links der Polbahntangente, jedoch außerhalb des gespiegelten großen Kardankreises. Die

---

[1] Verkleinerte Wiedergabe der Konstruktionstafel 1.

Krümmungsmittelpunkte sind wieder weiter vom Pol entfernt, als die zugehörenden Koppelpunkte und liegen auf dem Polstrahl jenseits des Poles.

Zu dem verbleibenden Koppelpunktgebiet (Abb. **53**.1, Bild D und d) rechts der Polbahntangente, jedoch außerhalb des großen Kardankreises, gehört das Krümmungsmittelpunktgebiet zwischen dem kleinen und dem großen gespiegelten Kardankreis. Die Krümmungsmittelpunkte liegen wieder auf dem Polstrahl jenseits des Poles, sind aber hier näher dem Augenblickspol als die zugehörenden Koppelpunkte.

Die Koppelpunkte auf dem kleinen Kardankreis haben ihre Krümmungsmittelpunkte im Unendlichen, die Krümmungsmittelpunkte auf dem gespiegelten kleinen Kardankreis haben ihre Koppelpunkte im Unendlichen.

Alle Koppelpunkte auf der Polbahntangente haben den Pol als gemeinsamen Krümmungsmittelpunkt. Der Pol als Koppelpunkt kann jeden Punkt der Polbahntangente als Krümmungsmittelpunkt haben.

Die gesetzmäßigen Zusammenhänge in der Tafel I sind besonders klar und übersichtlich. Sollte es aber einmal vorkommen, daß wegen des getrieblichen Aufbaues in einer Maschine oder aus Gründen der Einordnung in den Arbeitsplan der Maschine die beiden im Gestell gelagerten Getriebeglieder einen ganz bestimmten Winkel miteinander einschließen sollen, während die Gliedlängen in einem gewissen Spielraum frei wählbar sein sollen, so ist es zweckmäßig, sich der Konstruktionstafel II zu bedienen. Das Koppelpunktnetz dieser Tafel II besteht ebenfalls aus numerierten Kreisen und Strahlen mit Winkelbezeichnung. Diesmal ist aber der Pol als Mittelpunkt des gesamten Netzes gewählt worden. In dem ebenfalls dreiteiligen Krümmungsmittelpunktnetz ergeben sich dann nur für die Kreise neue entsprechende Kurven, während die Strahlen zu beiden Netzen gehören.

Der Polstrahl durch einen Koppelpunkt auf einem Kreise trifft die entsprechende Krümmungsmittelpunktkurve gleicher Bezifferung im zugehörigen Mittelpunkt der Bahnkrümmung. Die Getriebeermittlung erfolgt dann genau wie in Tafel I. Die Bezifferung des Koppelpunktnetzes ist von rechts zu lesen, die des Krümmungsmittelpunktnetzes von links.

Die häufigste Entwurfsbedingung wird in der Praxis die sein, daß z. B. die Kurbel und vielleicht auch die Schwinge in bestimmter Länge verwendet werden sollen. Dies ergibt sich aus den vorhandenen Normteilen oder aus anderen Konstruktionsbedingungen.

Für solche Aufgaben ist die Konstruktionstafel III gedacht, bei der auch wieder ein gemeinsames Strahlennetz, vom Pol ausgehend, vorhanden ist. Diesmal besteht das Koppelpunktnetz aber aus Linien, auf denen nur solche Koppelpunkte liegen, die gleiche Bahnkrümmung haben. Die entsprechenden Krümmungsmittelpunkte sind im Krümmungsmittelpunktnetz zusammengefaßt, das hier so aussieht, wie das Koppelpunktnetz, jedoch um die Polbahntangente gespiegelt ist. Bei dieser etwas unübersichtlich wirkenden Tafel achte man besonders auf die in Abb. **53**.1 angegebenen Krümmungsmittelpunktgebiete, da hier die Dreiheit dieses Netzes nicht so hervortritt, wie in den Tafeln I und II.

8.2.2 Konstruktionsbeispiele

Die Eigenart des Kardangetriebes bringt es mit sich, daß beim Abrollen des kleinen Kardankreises im großen Kardankreis immer das gleiche Getriebebild erhalten bleibt und die gleichen Bewegungsverhältnisse vorliegen.

So kommt es, daß die Konstruktionstafeln, die zwar nur einen Bewegungsaugenblick herausgreifen, dennoch für sämtliche Bewegungsaugenblicke gelten, also für die gesamte Abrollung des kleinen Kardankreises.

Es liegen in diesen Tafeln also die Bewegungsverhältnisse des „allgemein bewegten Gliedes" fest, bei der Benutzung zum Entwurf z. B. einer Kurbelschwinge mithin die Bewegungsverhältnisse der Koppelebene, allerdings hierbei nur so weit, als genügend angenäherte Übereinstimmung mit der Kardanbewegung vorliegen wird, in jedem Falle aber während eines endlichen Bewegungsbereiches. Dabei sind zunächst weder die weiteren Getriebeglieder noch überhaupt die Getriebeart selbst festgelegt, sondern noch völlig frei wählbar.

So bestimmt man einen Punkt der Kardankreisebene als Kurbelzapfengelenk, in Abb. **51**.1 z. B. den Schnittpunkt des Kreises 4 mit dem Strahl 320°. Im Krümmungsmittelpunktnetz der Tafel findet sich als Schnittpunkt des Ovals 4 mit dem gekrümmten Strahl 320° der zugehörige Krümmungsmittelpunkt, der zum Kurbellager wird. Der Krümmungshalbmesser bestimmt also die Länge der Kurbel. Würde man jetzt die Ebene des kleinen Kardankreises wieder abrollen lassen, so würde die neue Kurbel dieser Bewegung für eine endlich lange Zeit zwanglos folgen können.

Einen zweiten Punkt der Kardankreisebene kann man nun als Schwingenzapfengelenk wählen, in Abb. **51**.1 etwa den Schnittpunkt des Kreises 20 mit dem Strahl 300°. Das zugehörige Krümmungsmittelpunktnetz liegt im gespiegelten kleinen Kardankreis. Der zugehörige Krümmungsmittelpunkt ist der Schnittpunkt des Ovals 20 mit dem gekrümmten Strahl 300° und wird Lagerpunkt der Schwinge im Gestell. Auch hier bestimmt der Krümmungshalbmesser die Länge der Schwinge. Würde man wieder die Ebene des kleinen Kardankreises abrollen lassen, so würde jetzt außer der Kurbel auch noch die Schwinge dieser Bewegung eine längere Zeit zwanglos folgen können. Aus der Kardankreisebene der Konstruktionstafel ist die Koppelebene der neu entworfenen Kurbelschwinge geworden, deren Bewegung in dem geschilderten Bewegungsbereich mit der Bewegung der Kardankreisebene übereinstimmt, darüber hinaus jedoch davon abweicht.

Die ganze Bedeutung des Entwurfsverfahrens mit Konstruktionstafeln zeigt sich aber erst, wenn die Bewegungsbahnen weiterer Punkte des allgemein bewegten Gliedes eines Getriebes praktisch ausgenutzt werden sollen.

Beim Entwurf eines Wippkranes z. B. (vgl. Abb. **33**.3 bis **33**.5), der getrieblich eine Doppelschwinge ist, und dessen Lastanhängepunkt eine Koppelkurve beschreibt, kommt es darauf an, daß

1. ein Koppelpunkt einer Doppelschwinge gefunden wird, der eine Koppelkurve mit einem möglichst langen geradlinigen Stück beschreibt,

2. die Gelenkpunkte des in Frage kommenden Getriebes so gewählt werden, daß das allein benötigte geradlinige Stück der Koppelkurve waagerecht liegt, im übrigen der Kran technisch einwandfrei arbeitet und an Eisenkonstruktion möglichst gespart wird.

Die erste Konstruktionsbedingung ist sehr leicht zu befriedigen, denn geradlinige Bahnstücke werden ja von sämtlichen Punkten auf dem Umfang des kleinen Kardankreises durchlaufen, gleichgültig, zu welchen Getrieben die Punkte später gehören werden. Die längsten geraden Stücke werden dabei von Punkten beschrieben, die in der Nähe des Wendepoles (Mittelpunkt des großen Kardankreises) liegen. In den Abb. **51**.2 und **51**.3 wurde der Wendepol selbst als Lastanhängepunkt gewählt. Ließe man jetzt den zunächst nur vorhandenen kleinen Kardankreis im großen Kardankreis abrollen, so würde also der Kranhaken bereits das gewünschte geradlinige Stück durchlaufen. Dabei steht es noch frei, das eigentliche Krangetriebe zu entwerfen.

Diese weitere Konstruktionsarbeit braucht sich nun nur noch mit der Konstruktionsbedingung 2 zu befassen. In Abb. **51**.2 ist angenommen, daß die Gestelllagerpunkte im Kran ebenfalls auf einer Waagerechten liegen sollen, um die

Eisenkonstruktion des sonst nötigen Bockes für das eine Lager (vgl. Abb. **33**.3 bis **33**.5) zu sparen.

Deshalb wurde durch den Krümmungsmittelpunkt auf Kurve 3 und Strahl 35° eine Parallele zur Polbahntangente gelegt, die ja ihrerseits wieder parallel zu dem geradlinigen Bahnstück des gewählten Lastanhängepunktes (Wendepol) ist. Diese Parallele geht durch einen zweiten Krümmungsmittelpunkt auf Kurve 5 und Strahl 360° hindurch. Aus der Konstruktionstafel 1 entnimmt man nun zu dem Krümmungsmittelpunkt auf Kurve 3 und Strahl 35° den zugehörigen Koppelpunkt auf Kreis 3 und Strahl 35°, und zu dem Krümmungsmittelpunkt auf Kurve 5 und Strahl 350° den zugehörigen Koppelpunkt auf Kreis 5 und Strahl 360°. Die körperliche Verbindung der Krümmungsmittelpunkte wird dann zum Gestell des Krangetriebes (weiß), die körperliche Verbindung der Koppelpunkte mit dem Lastanhängepunkt wird zur Koppel der Doppelschwinge (schwarz), und die körperliche Verbindung der einander entsprechenden Koppelpunkte und Krümmungsmittelpunkte ergibt die beiden Schwingen des Krangetriebes.

Man kann selbstverständlich jede andere Anordnung der Gestellagerpunkte ebenso leicht durchführen. So ist z. B. in Abb. **51**.3 angenommen, daß der Kran um einen Königszapfen schwenkbar sein soll, wobei die Gestellagerpunkte auf einer Senkrechten zur Lastverschiebungsrichtung liegen müssen. Das berührt selbstverständlich die Konstruktionsbedingung 1 nicht, der Lastanhängepunkt bleibt wie in Abb. **51**.2 im Wendepol. Zur Erfüllung der neuen Konstruktionsbedingung 2 wählt man einen hinreichend weit vom Ladebereich entfernt liegenden Krümmungsmittelpunkt, z. B. den auf der Kurve 4 und dem Strahl 20° in Abb. **51**.3, und legt nun durch diesen die Senkrechte zur Lastverschieberichtung. Auf ihr ist als zweiter Gestellagerpunkt der Krümmungsmittelpunkt auf Kurve 6 und Strahl 320° gewählt. Im übrigen verläuft die Konstruktion nun genau wie vorhin: die Konstruktionstafel liefert die entsprechenden Koppelpunkte auf Kreis 4 und Strahl 20° und auf Kreis 6 und Strahl 320°, und nun bleibt nur noch die sinngemäße körperliche Verbindung der einzelnen Gelenke zum Getriebe.

Als Anwendungsbeispiel der Tafel II soll eine Doppelkurbel mit Stillstandsableitung gezeigt werden, bei der

1. der Stillstandsbogen der Koppelkurve eine bestimmte Krümmung haben und einen möglichst langen Stillstand gewährleisten soll;

2. soll der Stillstand innerhalb eines bestimmten Bewegungsbereiches des Getriebes liegen.

Da zu dem Koppelpunktnetz und dem Krümmungsmittelpunktnetz das Polstrahlnetz gehört, liegen zwei Getriebeglieder auf Polstrahlen.

Zur Erfüllung der Bedingung 1 wählt man für den Punkt, der die Stillstandskurve beschreiben soll, einen Punkt des Koppelpunktnetzes nahe der Polbahnnormalen.[1] Je nach der Entfernung dieses Punktes im kleinen Kardankreis vom Pol erhält man einen kürzeren oder längeren Krümmungshalbmesser für den Stillstandsbogen der Koppelkurve.

In Abb. **52**.1 wurde er auf der Polbahnnormalen und auf dem Koppelpunktkreis 10 gewählt. Der zugehörige Krümmungsmittelpunkt liegt auf dem gleichen Polstrahl, in diesem Fall der Polbahnnormalen, und zwar in ihrem Schnittpunkt mit der Krümmungsmittelpunktkurve 10.

Die Bedingung 2 verlangt, daß der Stillstand des Getriebes um eine bestimmte Getriebestellung herum liegen soll, die sich durch den Winkel festlegen läßt, den die Polstrahlen miteinander und mit der Polbahnnormalen einschließen.

Im Beispiel der Abb. **52**.1 wurden diese Winkel zu 20° bzw. 12,5° angenommen.

---

[1] Der Entwurf solcher Getriebe wird ausführlich behandelt in Abschn. 8.2.4.

Besonders annehmlich ist die konstruktive Wahl der Getriebeabmessungen dieser Tafel, wobei dann mehr oder weniger große Getriebe entstehen.

Abweichend von der Arbeitsweise mit den Tafeln I und II zeichnet man sich bei Benutzung der Tafel III z. B. für eine Kurbel gegebener Länge die Koppelpunkt- und Krümmungsmittelpunkt-Linien heraus, die zu dem Bahnkrümmungshalbmesser gleicher Länge gehören. In Abb. 52.2 sind so für eine Kurbel der Länge 5 die entsprechenden Gebiete herausgezeichnet. Ist auch noch eine Schwinge bestimmter Länge, z. B. 15, vorgeschrieben (Abb. 52.2), so zeichnet man ebenfalls die entsprechenden Koppelpunkt- und Krümmungsmittelpunktkurven heraus.

Die Kurbel liegt am günstigsten in den Bereichen um die Polbahnnormale, die in Abb. 52.2 besonders hervorgehoben sind. Die übrigen Teile der Koppelpunkt- und Krümmungsmittelpunktkurven der Längeneinheit 5 kommen für die Getriebeermittlung nicht mehr in Frage.

Die Bereiche der Schwinge entscheiden über die Lauffähigkeit des künftigen Getriebes. Will man keine Doppelkurbeln oder Doppelschwingen haben, so fallen die Bereiche um die Polbahnnormale aus, und man bedient sich zweckmäßig der Kurven um die Polbahntangente für die Schwinge. In Abb. 52.2 ist dieser Bereich für Schwingenlager und Schwingenzapfen besonders hervorgehoben. Genau so gut kann man auch die (nicht gezeichneten) Spiegelbilder zur Polbahnnormalen verwenden.

Das Hauptanwendungsgebiet der Tafel III sind die Aufgabenbereiche, wo bereits vorhandene oder genormte Getriebeglieder verwendet werden sollen, ohne daß das Getriebe die nötigen Entwurfsbedingungen, wie lange Stillstände, zweckmäßigen Geschwindigkeits- und Beschleunigungsverlauf oder die Bevorzugung bestimmter Getriebestellungen verhindern soll.

In Abb. 52.3 soll eine vorhandene Kurbel der Länge **6** verwendet werden für eine zentrische Kurbelschwinge mit Stillstandsableitung von zwei Koppelkurven mit Stillstandsbögen gleich großer Bahnkrümmungshalbmesser. Für die Stillstandsableitung sollen Zweischlaglenker der Länge 25 verwendet werden. Dies bedingt aber Stillstandsbögen mit dem Krümmungshalbmesser 25.

Zunächst wählt man die Lage der Kurbel. In Abb. 52.3 ist durch die Wahl der Kurbel links von der Polbahntangente erreicht worden, daß die Punkte des kleinen Kardankreises Dreieckskurven durchlaufen. Durch die Wahl der Kurbel auf irgendeinem Polstrahl zwischen den Kurven 6 läßt sich Einfluß gewinnen auf die zeitliche Länge eines etwa erstrebten ableitbaren Stillstandes. Lange Stillstände erhält man nahe der Polbahnnormalen, kürzere nahe der Polbahntangenten.

Wie Abb. 52.2 zeigte, findet man geeignete Schwingenanordnungen für Kurbelschwingen im Bereich der Polbahntangente. Die Tafel III zeigt, daß die Polbahntangente von sämtlichen Koppelpunkt- und Krümmungsmittelpunktkurven geschnitten wird. Das bedeutet, daß man jeden Punkt der Polbahntangenten als Koppelpunkt auffassen kann, der dann seinen Bahnkrümmungsmittelpunkt im Pol hat — oder umgekehrt —, wie wir es hier ausnutzen wollen, daß man den Pol als Koppelpunkt auffassen kann, für den jeder Punkt der Polbahntangente als Bahnkrümmungsmittelpunkt gelten kann. Um das zu veranschaulichen, wurde in Abb. 52.3 die Schwinge auf der Polbahntangente gewählt mit dem Schwingenzapfen im Pol.

Um nun einen, der nach oben geschränkten Kurbelschwinge eigentümlichen, harten Bewegungsablauf zu vermeiden, indem man zentrische oder gar nach unten geschränkte Getriebe verwendet, wurde ein zentrisches Getriebe vorgesehen. Beim zentrischen Getriebe ergibt die doppelte Kurbellänge den Schwingenausschlag. Die Sehne des Schwingenbogens ist zugleich Polstrahl und ergibt als solche die nötigen Kurbelgelenke auf den Kurven 6. In unserem Beispiel beträgt der Polstrahlwinkel 294°. Die Kurbel wird als Scheibe ausgebildet. Sollen die Koppelkurven geradlinige Bahnen durchlaufen, so wählt man die Koppelpunkte auf dem Kardankreis, am besten ein Wendepol.

Um nun zu zeigen, daß sich die Tafel III auch dafür eignet, bestimmte Bahnkrümmungen ausnutzen zu können, sollen die vorgegebenen Zweischlaglenker der Länge 25 verwendet werden. Man zeichnet also aus der Tafel 3 die Kurvenzüge 25 heraus, wobei die Kurven rechts der Polbahntangente (bei vertauschter Bedeutung), wieder symmetrisch den Kurven links der Polbahntangente sind.

In Abb. **52**.3 sind nur die Kurvenzüge rechts der Polbahntangente berücksichtigt worden. Auf jedem beliebigen rechts der Polbahntangente liegenden Polstrahl könnte nun ein Koppelpunkt als Schnittpunkt eines solchen Polstrahles mit der Koppelpunktkurve 25 angezapft werden. Da möglichst lange Stillstandsableitungen erwünscht sind, beschränkt man sich auf ein Polstrahlenbüschel um die Polbahnnormale, von dem in Abb. **52**.3 die Polstrahlen 75° und 100° ausgewählt wurden. Die Schnittpunkte dieser Polstrahlen mit der Koppelpunktkurve 25 und mit der Krümmungsmittelpunktkurve 25 ergeben die Koppelpunkte und die zugehörigen Krümmungsmittelpunkte, an denen der zweite Lenker des Zweischlages bzw. der Gleitstein angelenkt wird.

8.2.3 Einfluß der Koppelpunktgebiete in den Konstruktionstafeln auf die Art der erreichbaren Getriebe der Viergelenkkette

Es ist nicht gleichgültig, wo in der Ebene des kleinen Kardankreises man die beiden Punkte wählt, die zusammen mit ihren Krümmungsmittelpunkten die vier Gelenkpunkte eines Getriebes bilden sollen.

Die Koppelpunktgebiete, in denen man die Punkte wählt, bestimmen nämlich Art und Gliedlage des entstehenden Getriebes. So wurde z. B. in Abb. **51**.1 der Kurbelzapfen innerhalb des kleinen Kardankreises gewählt und der Schwingenzapfen links der Polbahntangenten, und es entstand eine Kurbelschwinge, während in den Abb. **51**.2 und **51**.3 beide Gelenkpunkte des allgemein bewegten Gliedes innerhalb des kleinen Kardankreises lagen. Es entstanden Doppelschwingen.

Die hierbei gegebenen Möglichkeiten sind in Abb. **53**.1 übersichtlich dargestellt.

Die vier Koppelpunktgebiete sind oberhalb und links seitlich des eigentlichen Schaubildes angeordnet und durch die Buchstaben $a-A$, $b-B$, $c-C$ und $d-D$ gekennzeichnet. Das Koppelpunktgebiet, in dem der eine der getriebebildenden Punkte liegt, ist über dem betreffenden Getriebe dargestellt (A, B, C, D), das des anderen links daneben (a, b, c, d).

Das Getriebe links oben (a, A) (beide getriebebildenden Punkte innerhalb des kleinen Kardankreises) zeigt bereits die Doppelschwinge, wie es in den Abb. **51**.2 und **51**.3 verwendet wurde, und zwar in Vierecklage der Getriebeglieder. Doppelschwingen oder Doppelkurbeln entstehen immer, wenn die beiden getriebebildenden Punkte in dem gleichen Koppelpunktgebiet gewählt werden. Dabei entsteht wieder eine Doppelschwinge, jedoch mit Überkreuzlage der Getriebeglieder bei Benutzung des Koppelpunktgebietes c, C zwischen dem kleinen und dem großen Kardankreis.

Doppelkurbeln erhält man in Vierecklage der Getriebeglieder bei Verwendung des Koppelpunktgetriebes b, B links der Polbahntangenten und in Überkreuzlage der Getriebeglieder bei Verwendung des Koppelpunktgebietes d, D zwischen dem großen Kardankreis und der Polbahntangenten.

Die Koppelpunktgebiete C (c) und D (d) sind sehr nahe verwandt, was sich schon an dem nicht deutlich getrennten Krümmungsmittelpunktnetz der Abb. **50**.1

6*

andeutete. Jetzt zeigt sich dies wieder darin, daß man die getriebebildenden Punkte in beiden Koppelpunktgebieten wählen kann (c, D und C, d) und dennoch Doppelkurbeln oder Doppelschwingen in Überkreuzlage erhält, je nach der Lage der getriebebildenden Punkte.

In der beim Kardanproblem immer wieder zu beobachtenden merkwürdigen Vertauschung können auch bei bestimmter Lage der getriebebildenden Punkte Kurbelschwingen in Vierecklage der Getriebeglieder entstehen, wenn beide getriebebildenden Punkte innerhalb des kleinen Kardankreises (a, A) liegen (kurze Koppel) oder links der Polbahntangenten (b, B) (lange Koppel).

Das Hauptgesetz fordert aber für die Entstehung von Kurbelschwingen die Verwendung von zwei verschiedenen Koppelpunktgebieten. Praktisch am häufigsten wird man die Koppelpunktgebiete innerhalb des kleinen Kardankreises (A, a) und links der Polbahntangenten (B, b) verwenden (Überkreuzlage). Wählt man die Kurbel innerhalb des kleinen Kardankreises (A), die Schwinge links der Polbahntangenten (b), so entstehen lange Koppeln, im anderen Falle (a, B) kurze Koppeln.

Bei Kurbelschwingen aus dem Koppelpunktgebieten aC, aD, bC, bD und cA, cB, dA, dB kreuzen sich keine Getriebeglieder, dagegen bilden sie Vierecke mit einspringenden Winkeln, deren Drehfähigkeit häufiger fraglich ist.[1]

8.2.4 Entwurf von Zweistandgetrieben für Hubbewegungen mit einer oder mit zwei Rasten[2]

Ein Zweistandgetriebe ist ein sechsgliedriges Getriebe mit nur zwei gestellfesten Drehpunkten. Dabei wird die Form einer Koppelkurve ausgenutzt zur Erzeugung einer Hubbewegung mit einer bzw. mit zwei Rasten. Es liegt jedoch eine kinematische Umkehr insofern zugrunde, als der Koppelpunkt nicht eine allgemeine Bewegung macht; er wird vielmehr zum ortsfesten Drehpunkt. Auch tritt die Rast in der Hubbewegung nicht etwa ein, weil ein Lenker von der Länge eines Krümmungshalbmessers verwendet wird, sondern weil der veränderliche Abstand zwischen dem festgehaltenen Koppelpunkt und dem hin und her gehenden Zweischlaggelenk vorübergehend mit dem Krümmungshalbmesser eines Koppelkurvenstückes übereinstimmt. Beim Entwurf kann von der Doppelschwinge als Grundgetriebe ausgegangen werden.

a) Die Doppelschwinge als Grundlage. Da in diesem Falle die Relativbewegung zwischen den Ebenen des kürzesten Gliedes im Gelenkviereck und des ihm gegenüberliegenden Gliedes ausgenutzt werden, geht die nachfolgende Entwicklung vom Beispiel einer Doppelschwinge aus.

Abb. **54**.1 zeigt eine symmetrische Doppelschwinge in Vierecklage der Getriebeglieder, und zwar in der Symmetrielage. Das kürzeste der vier Glieder ist zur Koppel geworden. Ein Koppelpunkt auf der Symmetrieachse durchläuft eine symmetrische Koppelkurve. Will man nach Art der Abb. **31**.2 von einem solchen Koppelpunkt eine Hubbewegung mit Stillstand steuern, so müßte ein Zweischlag angelenkt werden, wie ihn Abb. **54**.2 zeigt. Das Zweischlaggelenk steht dann während des linken Koppelkurvenstückes im Krümmungsmittelpunkt der Scheitelkrümmung; die Lenkerlänge entspricht dem Krümmungshalbmesser. Es ergibt sich eine Hubbewegung, die im linken Totpunkt einen Stillstand bzw. eine Rast aufweist.

Da die Koppel jedoch das einzige voll drehfähige Teil ist, müssen sämtliche Gelenke der Koppelebene so ausgebildet werden, daß sie sich nicht gegenseitig

---

[1] Vgl. hierzu Praktische Getriebetechnik Heft 2 „Kardanbewegung und Koppelbewegung".
[2] Vgl. Masch.-Bau 1936, S. 693 und 1937, S. 274.

an der vollen Drehung hindern. Dies zwingt dazu, eines der 3 Koppelgelenke als Zapfenerweiterung auszubilden. Trotzdem wäre der Antrieb des in Abb. 54.2 dargestellten Getriebes schwierig.

Die Umwandlung zum Zweistandgetriebe zeigt Abb. 54.3. Dabei wird der Koppelpunkt zum Antriebslager. Die der Koppel gegenüberliegende Ebene ist nicht mehr Gestell; sie wird erweitert und enthält nunmehr auch den Krümmungsmittelpunkt als drittes Gelenk, das alte Zweischlaggelenk. Dieses wird jetzt schwingend aufgehängt. Die Koppelkurve ist jetzt die Bahn, die das Antriebslager relativ zu der schwingend aufgehängten Ebene (weiß) durchläuft. Da das Gelenkviereck jedoch das gleiche geblieben ist, hat sich auch die Koppelkurve nicht geändert. Nur die Hubrichtung erfährt eine Umkehr, da nicht mehr der Koppelpunkt über die Kurve, sondern die Kurve über den Koppelpunkt läuft. In Bild 54.2 liegt der Stillstand am linken Hubende, in Bild 54.3 jedoch am rechten Hubende.

Praktisch sind diese Getriebe den übrigen Hubableitungen von Koppelkurven nicht nur gleichwertig, sondern sogar insofern überlegen, als sie sehr ruhig laufen bei verhältnismäßig geringem Raumbedarf und weil sie nur zwei gestellfeste Lagerpunkte benötigen und daher leicht an Stelle von veralteten oder unzureichenden einfachen Kurbeltrieben in bestehende Maschinen einzubauen sind, wie das Beispiel des Webpa-Webladenantriebes der Abb. 54.4 zeigt.

Zur Ermittlung solcher Getriebe für Hubbewegungen mit einem Stillstand geht man zweckmäßig von symmetrischen Vierecklagen der Getriebeglieder aus, die den Stillstand ergeben müssen, während die Hublänge durch die Überkreuzlage der Getriebeglieder begrenzt wird.

Denkt man sich den Pol P_x der Überkreuzlage entsprechend dem schwarzen Pfeil in Abb. 54.5 als einen Punkt der Koppel mit dieser fest verbunden und dann das Getriebe aus der Überkreuzlage in die Vierecklage gedreht, so gelangt dieser Pol P_x in die Stellung P_x'. Zwischen den Spitzen der schwarzen Pfeile in Abb. 54.5 liegt der Hub, den dieser Pol als Punkt der Koppelebene ausgeführt hat. Ebenso würde der Pol P_x' als Koppelpunkt in der Überkreuzlage nach der Drehung des Getriebes in die Vierecklage mit dem Pol P_x zusammenfallen. Da die Hübe der Pole als Koppelpunkte gleich, aber entgegengerichtet sind, kann man die Strecke zwischen den Pollagen P_x und P_x' als Hublänge der betreffenden Koppelkurven über der Polbahnnormalen (Symmetrieachse) unter Berücksichtigung der Hubrichtung in P_x' senkrecht nach oben, in P_x senkrecht nach unten auftragen, und die Endpunkte dieser Hublängen, die sich nach linearer Gesetzmäßigkeit ändern, durch eine Gerade verbinden (in Abb. 54.5 und 54.6 als weiße Linie zwischen zwei schwarzen). Diese Gerade hat stets die Steigung 2:1.

In Abb. 54.5 und 54.6 ist noch der Wendekreis der in Abb. 54.6 gezeichneten Getriebestellung (Vierecklage) eingezeichnet, der ja dem kleinen Kardankreis der „Konstruktionstafel" (vgl. Abschn. 8.2.1) entspricht, mit deren Hilfe man zweckmäßig auch die Abmessungen dieses Getriebes ermittelt und aus der man die Krümmungshalbmesser aller Punkte der Polbahnnormale (Symmetrieachse) entnehmen kann. Diese sind in Abb. 54.6 über der Polbahnnormalen aufgetragen und werden durch die stark ausgezogene Kurve begrenzt.[1]

Auf einer Senkrechten durch irgendeinen Punkt der Polbahnnormale, etwa A in Abb. 54.6, wird durch die schräge Doppellinie die Hublänge abgeteilt, durch die eben erwähnte Kurve die Länge des Krümmungshalbmessers der Bahn des Punktes A in der gezeichneten Symmetrielage. (Der Krümmungsmittelpunkt liegt auf der Polbahnnormale.)

---

[1] Die Werte für den Krümmungshalbmesser können der Konstruktionstafel III entnommen werden.

Außerdem gibt es immer noch einen zweiten Punkt auf der Polbahnnormale (B in Abb. 54.6), der die gleiche Hublänge besitzt, allerdings bei entgegengesetzter Hubrichtung, aber eine andere Bahnkrümmung durchläuft. Diese beiden Punkte gleich großen Hubes (A und B) liegen gleich weit von dem Punkte mit dem Hub „Null" entfernt und bewegen sich während ihres Hubes auf diesen Null-Hub-Punkt zu, der die Hubstrecke halbiert. Aus diesem Grunde berühren sich die Koppelkurven beider Punkte (a und b der Punkte A und B) wechselseitig in den Symmetrielagen.

Damit ist die praktische Aufgabe der Ermittlung von Ein-Stillstandskurven bestimmter Stillstandskrümmung und Hublänge für Koppelpunkte auf der Polbahnnormalen schnell und übersichtlich gelöst. Die Lage des Stillstandes innerhalb der Hubstrecke erreicht man in derselben Weise bei Verwendung unsymmetrischer Doppelschwingen (oder durch Verwenden von Koppelpunkten außerhalb der Polbahnnormalen).

Es sind aber auch Hubbewegungen mit zwei Stillständen von Doppelkurbelgetrieben abzuleiten. Dazu müssen noch die Bahnkrümmungen der Koppelpunkte in der anderen Symmetrielage mit Überkreuzlage der Getriebeglieder untersucht werden. Zunächst ermittelt man den zugehörigen Wendekreis nach Abschnitt 8.1.2 oder nach Abb. **55**.1. Dann wird der neue Wendekreis, der mit der Koppel fest verbunden zu denken ist, mit dieser in die ursprüngliche Symmetrielage mit Vierecklage der Getriebeglieder zurückgedreht (Abb. **55**.2), wobei der Pol P'_x nach links zu liegt (vgl. Abb. **54**.5), also genau so wie bei dem größeren Wendekreis für die Vierecklage.

Aus dem Verhältnis zwischen dem Wendekreisdurchmesser der Vierecklage und dem der Überkreuzlage ergibt sich der Verkleinerungsmaßstab, in dem die Schaubilder der Bahnkrümmungshalbmesser der Punkte der Polbahnnormale in der Überkreuz-Symmetrielage zu ermitteln sind.

Die Bahnkrümmungen lassen sich unter Verwendung des Poles P als Ursprung eines polaren Koordinatensystems berechnen nach dem Ausdruck (EULER-SAVARY):

$$\overline{PM} = \frac{\overline{PK} \cdot d_w \cdot \sin\varphi}{d_w \sin\varphi - \overline{PK}} \quad [\text{cm}] \tag{50}$$

wobei

PM der Abstand des gesuchten Krümmungsmittelpunktes M vom Pol P ist,

PK der Abstand des gewählten Koppelpunktes K vom Pol P,

d_w der Wendekreisdurchmesser und

φ der Winkel, den die Polbahntangente mit dem Polstrahl einschließt, auf dem der Koppelpunkt K und der zugehörige Krümmungsmittelpunkt M liegen,

$d_w \cdot \sin\varphi$ ist die Wendekreis-Sehnenlänge auf dem Polstrahl φ.

Für Punkte der Polbahnnormale ist der Winkel $\varphi = 90°$, $\sin\varphi$ also gleich 1. Dadurch vereinfacht sich der obige Ausdruck auf

$$\overline{PM} = \frac{\overline{PK} \cdot d_w}{d_w - \overline{PK}} \quad [\text{cm}] \tag{53}$$

Für diesen Fall läßt sich das Diagramm für die Krümmungshalbmesser über der Polbahnnormale leicht aufzeichnen als Hyperbel (Abb. **55**.3), deren Asymptoten die Polbahnnormale im Wendepol W unter 90° und im Rückkehrpol (Schnittpunkt des gespiegelten kleinen Kardankreises mit der Polbahnnormalen) unter 45° schneiden, während der Pol P ein Punkt der Hyperbel ist und die Polbahnnormale eine ihrer Tangenten. Die Hyperbel entsteht mit dem einen Ast über der Polbahnnormale, mit dem anderen darunter entsprechend den entgegengesetzt gerichteten Krümmungen.[1]

Zeichnet man beide Hyperbeläste auf der gleichen Seite der Polbahnnormale, indem man den einen Hyperbelast an der Polbahnnormalen spiegelt, so ergibt sich der in Abb. **55**.2 dünn gezeichnete zweiteilige Linienzug, der die aus Abb. **54**.6 bereits bekannte stark ausgezogene Krümmungshalbmesserkurve für die Vierecklage in den drei Punkten 1, 2 und 3 schneidet. In diesen drei Punkten sind also die Bahnkrümmungshalbmesser in den beiden Symmetrielagen gleich groß. (Die zugehörigen Hublängen sind in der bereits geschilderten Weise aus dem Hubschaubild abzugreifen.)

Die Schnittpunkte 1 und 2 entstehen durch den ersten, dünngezeichneten Hyperbelast, in dem der Pol selbst liegt. Sie gehören also der gleichen Krümmungsrichtung an, ergeben aber Koppelkurven mit einander zugekehrten Krümmungen in den Symmetrielagen, die sich nicht zur Ableitung von Hubbewegungen mit zwei Stillständen eignen.

Der Schnittpunkt 3 entsteht durch den zweiten, dünngezeichneten Hyperbelast, der dem Gebiet hinter dem Wendepol W'_x entspricht und zur entgegengesetzten Krümmungsrichtung gehört. Der Punkt 3 der Polbahnnormale beschreibt daher eine Koppelkurve mit zwei gleich großen und gleichgerichteten Krümmungen in den Symmetrielagen und würde sich daher ohne weiteres zur Ableitung einer Hubbewegung mit zwei Stillständen eignen, wenn diese durch Verwendung der bei Koppelkurven üblichen Zweischlaganordnung erzeugt würde (vgl. Abb. **54**.2).

Nun muß aber bei den Zweistandgetrieben (vgl. Abb. **54**.3 und **56**.3) nicht nur der arbeitende Koppelpunkt innerhalb der Kurbel unveränderlich liegenbleiben, sondern der Anlenkpunkt des den Hub ausführenden Lenkers an der Schwinge muß zugleich auch der Krümmungsmittelpunkt beider Stillstandsbogen sein. Die Hubbewegung selbst entsteht dabei ja als Folge der verschieden großen Entfernungen des arbeitenden Koppelpunktes von dem Anlenkpunkt der Schwinge während des Durchlaufens der Umkehrlagen.

Daraus ergibt sich, daß die beiden für die Stillstandsableitung erforderlichen Krümmungskreise mittelpunktsgleich sein müssen mit Halbmessern, die sich um die Länge des Kurvenhubes unterscheiden.

In Abb. **56**.2 ist daher von dem dafür allein in Frage kommenden zweiten Hyperbelast (Punkte hinter dem Wendepol) für die Überkreuz-Symmetrielage das Hublängendiagramm abgezogen worden. Die neue Kurve schneidet im Punkt *III* die unverändert gebliebene Krümmungshalbmesserkurve der Viereck-Symmetrielage. Der zugehörige Koppelpunkt auf der Polbahnnormale hat also, wie notwendig, in der Überkreuz-Lage einen um die Hublänge größeren Bahnkrümmungshalbmesser als in der Viereck-Lage.

---

[1] Wenn man sich auf die Untersuchung der Punkte eines einzigen Polstrahles beschränkt — also φ = konst. — ist diese Hyperbelkonstruktion allgemein anwendbar. Es ergibt sich dann die in Abb. **55**.4 dargestellte Konstruktion als die gleiche wie die in Abb. **55**.3; es tritt nur an Stelle der Senkrechten im Wendepol die Senkrechte auf den jeweiligen Polstrahl in seinem Schnittpunkt mit dem Wendekreis und an Stelle der 45°-Linie im Rückkehrpol die gleiche 45°-Linie an den gewählten Polstrahl, in dessen Schnittpunkt mit dem Rückkehrkreis.

Für den Sonderfall $\varphi = 0°$ (und 180°) (Abb. **56**.1) fallen die beiden Ansatzpunkte für die Senkrechte und für die 45°-Linie mit dem Pol zusammen, so daß die Hyperbel auch mit ihren Asymptoten zusammenfällt. Die senkrechte Asymptote bedeutet dabei, daß der Pol als Koppelpunkt Bahnkrümmungshalbmesser haben kann von „Null" bis „Unendlich" mit Krümmungsmittelpunkten auf der Polbahntangente. Die 45°-Linie bedeutet, daß die Bahnkrümmungshalbmesser beliebiger Koppelpunkte auf der Polbahntangente so lang sind, wie ihre Abstände vom Pol; der Pol ist also der gemeinsame Krümmungsmittelpunkt beliebiger Koppelpunkte auf der Polbahntangente.

Diese neue Kurve ist jedoch wieder eine Hyperbel und kann sofort gewonnen werden, ohne daß zuvor die Krümmungshalbmesserhyperbel der Punkte auf der Polbahnnormalen in der Überkreuz-Symmetrielage gezeichnet und davon das Hublängendiagramm abgezogen wird.

Dazu zeichnet man (Abb. 57.2) in der Überkreuz-Symmetrielage den gespiegelten kleinen Kardankreis (Rückkehrkreis) mit dem Rückkehrpol R_x. Durch diese legt man die eine Asymptote unter 45° zur Polbahnnormalen, durch den in die Viereck-Symmetrielage zurückgedrehten Wendepol W'_x des (nicht gespiegelten) kleinen Kardankreises die andere Asymptote unter 90° zur Polbahnnormalen.

Errichtet man in dem ebenfalls in die Viereck-Symmetrielage zurückgedrehten Pol P'_x ein Lot, so ist dessen Schnittpunkt mit der Hublängengeraden (in Abb. **57.**2: Doppellinie) ein Punkt der neuen Hyperbel. Da davon jedoch hier der andere Ast gebraucht wird, übernimmt man diesen Punkt über den Asymptoten-Schnittpunkt auf die andere Seite. Die neue Hyperbel liegt im stumpfen Asymptotenwinkel.

Abb. **56.**3 zeigt den Aufbau des Getriebes zur Ableitung einer Hubbewegung mit zwei Stillständen, das sich äußerlich kaum unterscheidet von dem entsprechenden Getriebe zur Ableitung einer Hubbewegung mit einem Stillstand in Abb. **54.**3, wie es überhaupt eine Merkwürdigkeit dieser Anordnungen ist, trotz verschiedener Aufgaben äußerlich sehr ähnlich zu sein. Das Getriebe gibt ein symmetrisches Arbeitsschaubild und hat günstige Bewegungseigenschaften. Man erhält dabei um so größere Hublängen für die Hubbewegungen mit zwei Stillständen, je kleiner die gewählten Doppelschwingen im Vergleich mit dem Wendekreis der Viereck-Symmetrielage sind, was beim Entwurf leicht berücksichtigt werden kann.

b) Der Hub der abgeleiteten Bewegung und die Lage der Doppelschwinge im Wendekreis.[1] Mit der Wahl der beiden Kurbelzapfen im Wendekreis legt man zugleich die Hublänge der abgeleiteten Bewegung mit zwei Stillständen des künftigen Getriebes fest. Um dabei mit größerer Sicherheit entwerfen zu können, sind im Wendekreis der Abb. **57.**1 Linien gleicher Hublänge (h/d) eingetragen, deren Bezifferung erkennen läßt, daß die Hublänge auf einem Polstrahl von der Drehfähigkeitsgrenze an nach außen sehr schnell abnimmt. (Gleichzeitig nimmt ja die Größe des Getriebes dabei in steigendem Maße zu.)

Außerdem ist noch ein Paar strichpunktierte Linien eingezeichnet. Wenn man auf diesen die Kurbelzapfen wählt, erhält man Koppelkurven, die zur Stillstandsableitung zwei parallele geradlinige Bahnstücke haben.

Sie ergeben sich dann, wenn der Wendekreis der Viereckgetriebelage und der in die Vierecklage zurückgedrehte Wendekreis der Überkreuzgetriebelage sich in den Wendepolen berühren.

Alle in Abb. **57.**1 noch weiter links gewählten Kurbelgelenke bestimmen Getriebe, bei denen der gemeinsame Krümmungsmittelpunkt für die beiden Stillstandsbogen der Koppelkurve auf der Polbahnnormalen nach links herausrückt. Sie ergeben sich nur bei sehr breiten Getrieben an der Drehfähigkeitsgrenze, wenn der in die Vierecklage zurückgedrehte Wendekreis der Überkreuzgetriebelage (der dann sehr groß ist) den Wendekreis der Viereckgetriebelage überschneidet.

Alle Kurbelgelenke, die rechts der in Abb. **57.**1 strichpunktierten Linie gewählt werden, ergeben Koppelkurven für Hubbewegungen mit zwei Stillständen in der Art, wie die in dem vorhergehenden Abschnitt behandelten. Das dort gestrichelt eingetragene Linienpaar enthält Kurbelgelenkpunkte, deren Koppelkurven in den Stillstandsbogen Kleinstwerte an Krümmungshalbmessern erreichen.

---

[1] HOGREBE, Diss. Aachen 1948.

Die Krümmungshalbmesser der Viereckgetriebelage nehmen nämlich vom Wert ∞ bei Kurbelgelenken auf der strichpunktierten Linie ab auf einem Kleinstwert, der bei Kurbelgelenken auf der gestrichelten Linie erreicht wird. Dann steigen sie erneut zum Wert ∞ an, der für Kurbelgelenke auf dem Umfange des Wendekreises gelten würde.

Diese Kleinstwerte von Krümmungshalbmessern verändern sich so, daß sie auf den Polstrahlen $\varphi = 80°$ bzw. $100°$ etwa das 0,3fache des Wendekreisdurchmessers der Viereckgetriebelage betragen, um auf seinen 20fachen Durchmesser anzusteigen auf den Polstrahlen $60°$ bzw. $120°$.

Für den Entwurf von symmetrischen Getrieben für Hubbewegungen mit zwei Stillständen wählt man daher zweckmäßig die Kurbelgelenke in der Umgebung der gestrichelten Linie für die Kleinstwerte der Krümmungshalbmesser, um räumlich gute Getriebeabmessungen zu erreichen.

c) Unsymmetrische Zweistandgetriebe[1]. Die Voraussetzung für die Ableitung von Hubbewegungen mit zwei Stillständen nach Abschnitt 8.2.4a war die symmetrische Doppelschwinge in symmetrischen Getriebelagen.

Auch bei unsymmetrischen Getrieben (Abb. **58**.1) ergibt es sich, daß durch den Augenblickspol der Viereckgetriebelage P und den der Überkreuzgetriebelage P_x ein Polstrahl bestimmt ist, auf den ebenfalls der in die Viereckgetriebelage zurückgedrehte Pol P'_x der Überkreuzgetriebelage zu liegen kommt.[2]

Dieser Hauptpolstrahl tritt also bei den unsymmetrischen Doppelschwingen an die Stelle der Polbahnnormalen der symmetrischen Doppelschwingen. Auf ihm muß also auch der gesuchte Koppelpunkt zur Ableitung einer Hubbewegung mit zwei Stillständen liegen. Ja, es zeigt sich sogar, daß er nach dem gleichen Ermittlungsverfahren auffindbar ist, das jetzt allerdings statt der Polbahnnormalen den Hauptpolstrahl zur Grundlinie hat.

Dazu zeichnet man (Abb. **58**.1 und **58**.2) zuerst die gewünschte unsymmetrische Doppelschwinge in Vierecklage, und zwar Koppel und Gestell parallel. Hierzu findet man den Wendekreis nach Abschnitt 8.1.2. Dann zeichnet man die unsymmetrische Doppelschwinge in der Überkreuzlage (Koppel und Gestell parallel) und ermittelt auch hierzu den Wendekreis, zeichnet vom Pol P_x der Überkreuzgetriebelage in Abb. **58**.2 nach rechts den Rückkehrkreis (gespiegelter Wendekreis) und an die Koppel der Viereclage den in diese zurückgedrehten Wendekreis der Überkreuzgetriebelage.

Durch den Pol P der Viereckgetriebelage und den der Überkreuzgetriebelage zieht man den Hauptpolstrahl, auf dem auch der zurückgedrehte Pol P'_x liegt.

Über der Sehne, die der Hauptpolstrahl im Wendekreis der Viereckgetriebelage bildet, zeichnet man nach Abb. **55**.4 die Krümmungshyperbel der Viereckgetriebelage.

Dann erhält man (Abb. **58**.2) die Asymptoten der Differenzhyperbel (Krümmungshalbmesser abzüglich Hub) der Überkreuzgetriebelage, indem man auf dem Hauptpolstrahl eine Senkrechte errichtet, in deren Schnittpunkt mit dem in die Viereclage zurückgedrehten Wendekreis der Überkreuzgetriebelage gegenüber dem Pol P'_x, und indem man weiterhin eine Linie unter $45°$ zieht durch den Schnittpunkt des Hauptpolstrahles mit dem Rückkehrkreis der Überkreuzlage gegenüber dem Pol P_x.

Ein Punkt der Differenzhyperbel ergibt sich, wenn man eine Senkrechte errichtet in dem Pol P'_x (in die Viereclage zurückgedreht) und auf dieser die Hubstrecke $P'_x - P_x$ der Überkreuzlage abträgt.

---

[1] HOGREBE, Diss. Aachen 1948.

[2] In beiden Getriebelagen liegen Koppel und Gestell parallel; der Relativpol Q fällt also nach Unendlich.

Da der andere Hyperbelast benötigt wird, nimmt man diesen Punkt über den Asymptotenschnittpunkt hinweg auf die andere Seite.

Senkrecht unter dem Schnittpunkt beider Hyperbeln liegt der gesuchte Koppelpunkt zur Ableitung der Hubbewegung mit zwei Stillständen auf dem Hauptpolstrahl, und auf diesem nach rechts der zugehörige Krümmungsmittelpunkt.

8.2.5 Koppelkurven mit dem Hub „Null"[1]

Der Punkt auf der Koppel einer symmetrischen Doppelschwinge, der eine Koppelkurve mit dem Hub „Null" beschreibt, liegt in den in Abb. **54**.5 gezeichneten Symmetrielagen auf der Polbahnnormalen als Schnittpunkt mit der Hubdiagrammlinie (Doppellinie) und durchläuft beim Bewegen des Getriebes im wesentlichen einen Kreisbogen um seinen, in der symmetrischen Vierecklage der Getriebeglieder maßgebenden Bahnkrümmungsmittelpunkt (Krümmungshalbmesser in Abb. **54**.6 abzugreifen). In der Überkreuzlage der Getriebeglieder kann er jedoch davon abweichen und, wie z. B. aus Abb. **55**.2 ersichtlich, sogar entgegengesetzte Bahnkrümmung durchlaufen, wodurch dann Koppelkurven mit schmalen seitlichen Schleifen entstehen, wie in Abb. **59**.1.

Diese Schleifen in den Koppelkurven sind weiter, wenn man beim Entwurf der symmetrischen Doppelschwinge in einer Konstruktionstafel (vgl. Abschnitt 8.2.2 und 8.2.3) die Koppelgelenkpunkte näher am Pol wählen würde (vgl. Abb. **59**.1, **60**.1 und **60**.2), sie sind schmaler oder verschwinden schließlich ganz, wenn die Koppelgelenkpunkte weiter vom Pol entfernt gewählt werden (vgl. Abb. **59**.2, **60**.2, **60**.3 und **61**.1).

Für den Entwurf solcher Getriebe eignet sich besonders die Konstruktionstafel III, die in ihren Linien die Punkte der allgemein bewegten Ebene zusammenfaßt, die gerade gleiche Bahnkrümmungen durchlaufen. Das davon für Doppelschwingen in Vierecklage in Frage kommende Gebiet innerhalb des Wendekreises ist in Abb. **59**.3 dargestellt.

Von der darin noch eingezeichneten strichpunktierten Kurve ab nach links liegt das Gebiet, in dem die Wahl von Koppelgelenkpunkten symmetrische Doppelschwingen ergeben würde, deren Koppelkurven mit dem Hub „Null" seitliche Schleifenbildungen zeigen würden. Koppelgelenke innerhalb der gestrichelten Grenzlinien gehören dabei zu nicht voll umlauffähigen Getrieben. Zwischen der strichpunktierten und der stark ausgezogenen Linie liegen die Koppelgelenke von symmetrischen Doppelschwingen, deren Koppelkurven mit dem Hub Null kaum wahrnehmbare Schleifen besitzen, während die im Gebiet rechts der stark ausgezogenen Linie entworfenen symmetrischen Doppelschwingen schleifenfreie Koppelkurven mit dem Hub „Null" besitzen.

Die Ermittlung eines geeigneten Getriebes mit Hilfe der Abb. **59**.3 erfolgt in der Weise, daß man auf zwei Strahlen, die zu dem Strahl 90° (Polbahnnormale) symmetrisch liegen, je einen Kurbelgelenkpunkt des künftigen Zweistandgetriebes wählt. Beide müssen auf der gleichen (mit Ziffern bezeichneten) Kurve liegen, also z. B. auf den Schnittpunkten der symmetrischen Strahlen 80° und 100° mit der Kurve 20. Die beiden noch fehlenden Gelenkpunkte liegen dann auf den gewählten Strahlen 80° und 100°, und zwar von der Kurve 20 aus um 20 Längeneinheiten nach rechts, wobei der Durchmesser des Wendekreises der Abb. **59**.3 15 Längeneinheiten lang ist. Hätte man statt der Kurve 20 die Kurve 25 oder 30 gewählt als Ort für die Kurbelgelenke, so wären die zugehörenden Schwingengelenke um 25 bzw. 30 Längeneinheiten davon nach rechts entfernt auf den Strahlen

---

[1] Siehe Z. Instrumentenkunde Bd. 63 (1943) H. 4.

80° und 100° zu finden. Statt der gezeichneten Strahlen kann man selbstverständlich auch beliebge andere verwenden.

Abb. **59.**1 zeigt das Konstruktionsschema eines in dieser Weise entworfenen Zweistandgetriebes (vgl. Abb. **54.**3 und **56.**3). Der auf der Polbahnnormalen gelegene Koppelpunkt wird zum Drehpunkt der Kurbelebene, während der zugehörige Bahnkrümmungsmittelpunkt die abgeleitete Hubbewegung ausführt und dazu entweder geradegeführt wird, oder, wie in Abb. **59.**1, auf einem Kreisbogen.

Dieser Hublenker bleibt während eines Arbeitsspieles so lange ruhig stehen, als die Glieder des Getriebes noch ein Viereck bilden, dagegen macht er zwei leichte Bewegungen nach rechts, während die Überkreuzlage der Getriebeglieder durchlaufen wird, zu denen ja die beiden Schleifen der Koppelkurve gehören.

Besitzt diese Koppelkurve jedoch keine Schleifen mehr, bildet sie vielmehr nur noch einen Kreisbogen, wie in Abb. **59.**2, so würde der Hublenker überhaupt nicht mehr bewegt werden können. Sein Gelenk im Gestell wäre also unbenutzt, daher überflüssig und könnte wegfallen. Hublenker und Gestell würden damit also zu scheinbar einem einzigen Glied verwachsen, wie in Abb. **59.**2. Dadurch entsteht ein scheinbar fünfgliedriges zwangläufiges Getriebe[1], das jetzt aber als gegengedoppelte Kurbelschwinge gedeutet werden kann, und als solches nicht nur theoretisch als allgemeine Ausgangsform der gegengedoppelten Parallelkurbel (Abb. **19.**5 bis **19.**7) erscheint, sondern selbst auch eine praktisch besonders wertvolle Form der Kurbelschwinge darstellt.

Zwei Kurbelschwingen haben eine gemeinsame Kurbel und eine gemeinsame Schwinge und sind, wie sich beim Entwurf ergibt, in einer bestimmten Weise „nach unten" geschränkt (vgl. Abschnitt 4.4) und unter einem bestimmten und unveränderlichen Kurbelwinkel und ebenso unter einem (anderen) bestimmten und unveränderlichen Schwingenwinkel gegeneinander versetzt. Beide Kurbelschwingen müssen also auch in ihren Bewegungen voll aufeinander abgestimmt sein, obwohl sie ihre natürlich völlig gleich aufgebauten Arbeitsspiele von der beim Getriebeentwurf gewonnenen Getriebestellung aus gegensinnig durchlaufen.

Für das Getriebe der Abb. **60.**1 wurden die Kurbelgelenke auf den Polstrahlen 75 und 105 und auf der Kurve 5 gewählt, also in dem Gebiet der Abb. **59.**3, wo nach Schleifenbildung in der Koppelkurve erfolgt, was ja auch das Getriebebild der Abb. **60.**1 zeigt.

Diese Schleifenbildung gestattet natürlich nur eine Getriebeanordnung wie in Abb. **59.**1, es sei denn, daß man bei einer Anordnung ähnlich Abb. **59.**2 die Schwingen der beiden dann vorliegenden Kurbelschwingen getrennt anbringt, wie in Abb. **60.**1 und **60.**2, also nicht als ein einziges Glied, wie in den Abb. **59.**2, **60.**3 und **61.**1.

Die Geschwindigkeitsbilder der Abb. **60.**1 bis **61.**1 stellen den Geschwindigkeitsverlauf der beiden mit gemeinsamer Kurbel angetriebenen Kurbelschwingen dar. Dabei erscheinen selbst ganz geringe Wegabweichungen zwischen den beiden zusammenarbeitenden Kurbelschwingen im Geschwindigkeitsbild (als der ersten Ableitung des Zeit-Weg-Gesetzes) als augenfällige Geschwindigkeitsunterschiede stark vergrößert. Zudem sind die Geschwindigkeiten der Abb. **60.**1 bis **61.**1 im doppelten üblichen Maßstab gezeichnet (Kurbelschwindigkeitspfeil = doppelte Kurbellänge).

Die Kurbelschwingen der Abb. **60.**1 zeigen infolge der sehr kurzen Koppeln (Kurbel zu Koppel etwa 1:2,5) während der Vierecklage der Getriebeglieder und besonders während der Überkreuzlage der Getriebeglieder noch recht beträchtliche Unterschiede zwischen den beiderseitigen Geschwindigkeiten.

---

[1] Es liegt hier ein Fall „gestaltbedingter Zwangläufigkeit" vor, die konstruktiv sehr reizvoll ist.

Das Getriebe der Abb. **60**.2 mit den Kurbelgelenken, ebenfalls auf den Polstrahlen 75° und 105° ermittelt, jedoch in den Schnittpunkten mit der Kurve 10 (Abb. **59**.3) hat zwar ein günstigeres Kurbel: Koppelverhältnis (1:4) liegt aber immer noch im Bereich der Getriebe mit Schleifen bildenden Koppelkurven vom Hub Null. Das Geschwindigkeitsbild zeigt aber bereits eine gegenüber Abb. **60**.1 sehr vorgeschrittene Angleichung des Geschwindigkeitsverlaufes der beiden Kurbelschwingen.

Erst das Getriebe der Abb. **60**.3, dessen Kurbelgelenke im Schnitt der Polstrahlen 75° und 105° mit der Kurve 15 und damit auf der strichpunktierten Grenzlinie der Abb. **59**.3 liegen, liefert eine praktisch schleifenfreie Koppelkurve für den Hub „Null" und ergibt nur ganz geringe Unterschiede in den Geschwindigkeiten beider Kurbelschwingen mit nunmehr auch gemeinsamer Schwinge (Kurbel zu Koppel = 1:6). Diese Unterschiede verlieren sich noch mehr, wenn die Kurbelgelenkpunkte in Abb. **59**.3 noch weiter rechts gewählt werden, z. B. wie in Abb. **61**.1, als Schnittpunkt der Polstrahlen 75° und 105° mit der Kurve 30, also auf der ausgezogenen Grenzlinie der Abb. **59**.3.

Auf diese Weise ist es möglich, sehr ausgeglichene, der reinen Sinusbewegung sehr nahe kommende Bewegungen mit einem nur Gelenke enthaltenden Getriebe zu erzeugen. Die gegeneinander versetzten Kurbelschwingen kann man auffassen als die allgemeine, aber an bestimmte Getriebe und Versetzungswinkel gebundene Form der gegeneinander versetzten Parallelkurbeln (Abschnitt 5.4), die jedoch in beliebigen Winkeln gegeneinander versetzt sein können.

Ein Anwendungsbeispiel eines Zweistandgetriebes für begrenzten Bewegungsbereich zeigt Abb. **61**.2. Es handelt sich um ein Verstellgetriebe für den Leitschaufelkranz einer Wasserturbine. Der Drehpunkt der zweiarmigen Kurbel würde als Koppelpunkt einer Doppelschwinge die strichpunktierte Koppelkurve durchlaufen. Im Bereich der hier dargestellten Entwurfsstellung zeigt die Koppelkurve einen Bereich gleichbleibender Krümmung mit dem Halbmesser ϱ. Auf diesen Bereich wird die Bewegung des Getriebes beschränkt, so daß keine Hubbewegung zustande kommt. Aus diesem Grunde kann, ähnlich wie beim Getriebe der Abb. **61**.1, bei der Umwandlung zum Zweistandgetriebe auf eine bewegliche Anordnung des Krümmungsmittelpunktes verzichtet werden.

Der Entwurf wurde unter Benutzung der Konstruktionstafel III durchgeführt. Es wurde ein Krümmungshalbmesser von 25 Einheiten gewählt als fester Mittenabstand zwischen Regulierwelle und Turbinenmitte. Mit Rücksicht auf gute Bewegungsübertragung sollten die beiden Koppeln b und c rechtwinklig an den Armen des Verstellringes c angreifen. Grundlage der Konstruktion ist daher der Thaleskreis über der Strecke PB_0. Die Gelenke B_1 und B_2 wurden gewählt in den Schnittpunkten des Thaleskreises mit der Krümmungsmittelpunktkurve 20. Die zugehörigen Kurbelzapfen A_1 und A_2 erhält man als Schnittpunkte der zugehörigen Polstrahlen mit der Kurve 20 für die Koppelpunkte.[1]

8.3 Getriebeentwurf ohne Konstruktionstafel

Nicht jede Entwurfsaufgabe läßt sich mit Konstruktionstafeln lösen. Bei der Benutzung der im Abschnitt 8.2 erläuterten Tafeln ist Voraussetzung, daß der Pol in der Nähe des Getriebes liegt und daß der Wendekreisdurchmesser nicht zu groß ist, verglichen mit der gewünschten Getriebegröße. Dieser Wendekreis wird jedoch je nach Getriebeart und Getriebelage sehr groß. Er kann sogar unendlich

---

[1] Dieses Beispiel wurde in ähnlicher Form, jedoch mit Hilfe der Konstruktionstafel 1 entwickelt in Heft 2 der Reihe Praktische Getriebetechnik „Kardanbewegung und Koppelbewegung".

groß werden (vgl. Abb. **49**.2). Dies ist der Fall, wenn bei der Kurbelschwinge oder bei der Schubkurbel die Polstrahlen von Antrieb und Abtrieb parallel liegen.

8.3.1 Lage der Polbahntangente bei parallelen Polstrahlen

Der Vergleich der Abb. **62**.1 und **62**.3 mit den Abb. **62**.2 und **62**.4 läßt leicht den Übergang erkennen von der Ermittlung der Polbahntangente bei endlich nahem Pol (vgl. Abschnitt 8.1.2 und Abb. **47**.1 und **47**.2) zu der bei unendlich fernem Pol (Abb. **62**.2 und **62**.4), wenn man den Polwinkel φ ersetzt durch ein. zwischen seinen Schenkeln eingeschlossenes Bogenstück (Abb. **62**.1 und **62**.3), das dann bei unendlich fernem Pol zu einer geraden Linie wird, dem Abstand zwischen parallelen Geraden.

Als Schnittpunkt der Mittellinien von Koppel und Steg erhält man (Abb. **62**.2 und **62**.4) den Relativpol Q. Im Abstand dieses Relativpoles von der Kurbel, jedoch von der Schwinge aus in entgegengesetzter Richtung gemessen, zieht man die Polbahntangente als parallele Gerade zu den hier bei unendlich fernem Augenblickspol ja parallelen Mittellinien von Kurbel und Schwinge.

Man kann auch den Abstand des Relativpoles von der Schwinge verwenden, muß ihn dann nur in entgegengesetzter Richtung von der Kurbel aus abtragen, um die Polbahntangente zu finden.

8.3.2 Krümmungshalbmesser von Koppelkurven in Getriebelagen mit parallelen Polstrahlen

Die Abb. **63**.1 und **64**.1 zeigen die Ermittlung der Krümmungshalbmesser beliebiger Koppelpunkte, und zwar zunächst auf der Koppelmittellinie, wozu die Polbahntangente benötigt wird und die Kurbel oder die Schwinge. Bei unendlich fernem Augenblickspol sind alle Krümmungshalbmesser parallel.

Bei Verwendung der Kurbel trägt man auf der Koppelmittellinie die Strecke von dem betreffenden Koppelpunkt (K_1) bis zur Polbahntangente vom Kurbelzapfen aus in entgegengesetzter Richtung ab. Durch den damit gewonnenen Punkt (Q_1) legt man eine Gerade durch das Kurbellager, die den Polstrahl des untersuchten Koppelpunktes K_1 im Krümmungsmittelpunkt M_1 schneidet (Abb. **63**.1 und **64**.1).

In ganz entsprechender Weise findet man unter Benutzung der Schwinge in den Abb. **63**.1 und **64**.1 den Krümmungsmittelpunkt M_2 des Koppelpunktes K_2.

Sämtliche Koppelpunkte, die auf der gleichen Parallelen zur Polbahntangente liegen, also einen gemeinsamen Polstrahl haben, haben bei unendlich fernem Augenblickspol wie hier, auch den gleichen Krümmungshalbmesser (Abb. **63**.2 und **64**.2).

Das eben angegebene Ermittlungsverfahren für Krümmungshalbmesser von Koppelpunkten der Koppelmittellinie ist damit also auch für die übrigen Koppelpunkte ausnutzbar.

8.3.3 Koppelpunkte mit angenähert geradlinigem Bahnstück bei parallelen Polstrahlen

Bei unendlich fernem Pol, also unendlich großem Wendekreisdurchmesser, ist die Polbahntangente zugleich auch ein Stück des Wendekreisumfanges.

Alle Koppelpunkte auf der Polbahntangente haben daher dann einen unendlich großen Bahnkrümmungshalbmesser und durchlaufen gerade ein Koppelkurvenstück, das genau rechtwinklig zur Polbahntangente verläuft.

Da in diesem Falle Kurbel, Schwinge und Polbahntangente untereinander parallel sind, liegen diese geradlinigen Koppelkurvenstücke auch genau rechtwinklig zur Kurbelstellung (Abb. **63**.2 und **64**.2).

Die Ermittlung der beiden Getriebelagen mit unendlich fernem Pol, also mit parallelen Polstrahlen von Kurbel und Schwinge zeigen die beiden Abb. **64**.3 und **64**.4.

8.3.4 Aufbau einer Koppelkurve mit zwei angenähert geradlinigen Bahnstücken

Rechtwinklig zur Kurbelstellung verlaufende geradlinige Bahnstücke in Koppelkurven erhält man auch bei anderen Gliederlagen einer Kurbelschwinge. Voraussetzung ist, daß der Polstrahl des betreffenden Koppelpunktes mit dem Polstrahl der Kurbel zusammenfällt; außerdem muß er — wie bereits bekannt — auf dem Wendekreis der betreffenden Getriebestellung liegen.

Bringt man z. B. bei einer Kurbelschwinge oder bei einer Schubkurbel in einer der beiden Totlagen die Koppelmittellinie mit dem jeweiligen Wendekreis zum Schnitt, so erhält man einen Koppelpunkt, dessen angenähert geradliniges Bahnstück rechtwinklig zur zugehörigen Kurbelstellung verläuft. Dies folgt daraus, daß ein Koppelpunkt stets rechtwinklig zu seinem Polstrahl läuft. Der Polstrahl ist im genannten Falle aber die Koppelmittellinie; und die deckt sich in der Totlage mit der Kurbelmittellinie.

Ein Koppelpunkt, dessen Bahn zweimal ein angenähert geradliniges Stück aufweist, liegt in zwei verschiedenen Stellungen jeweils auf dem Wendekreis, bzw. im Sonderfall bei parallelen Polstrahlen auf der Polbahntangente. Der Entwurf einer Kurbelschwinge und das Aufsuchen eines Koppelpunktes mit einer an zwei Stellen angenähert geradlinigen Koppelkurve muß also zwei verschiedene Getriebelagen berücksichtigen. Besonders übersichtlich sind die Verhältnisse, wenn man grundsätzlich einen Punkt auf der Koppelmittellinie wählt. Als Entwurfsstellungen sind besonders geeignet:

Entwurfsstellung 1: Die Getriebestellung mit innerer Totlage der Schwinge,
Entwurfsstellung 2: Die Vierecklage des Getriebes mit parallelen Polstrahlen von Kurbel und Schwinge.

In der Entwurfsstellung 1 (Abb. **65**.1) werden zunächst nur die Kurbel a, die Koppel b und das freie Koppelende e benötigt. Wenn der Koppelpunkt K in der Entwurfsstellung angenähert geradlinig laufen soll, muß er auf dem Wendekreis liegen; es gilt also

$$e = d_w \cdot \sin \varphi \quad [\text{cm}] \tag{54}$$

Für den Kurbelzapfen A als Koppelpunkt und das Kurbellager A_0 als Krümmungsmittelpunkt kann man unter Berücksichtigung der Vorzeichenregel[1] die Euler-Savary-Formel (50) wie folgt schreiben

$$-(b-a) = \frac{-b \cdot e}{e-(-b)} \quad [\text{cm}] \tag{55}$$

und erhält nach einigen Umformungen

$$e + b = \frac{b^2}{a} \quad [\text{cm}] \tag{56}$$

In der Entwurfsstellung 2 lassen sich folgende Proportionen aufstellen

$$\frac{e+b}{c} = \frac{b}{c-a} = \frac{e}{a} \tag{57}$$

---

[1] Siehe Vorzeichenregel Fußnote [2], S. 75.

durch Umformung erhält man

$$e + b = \frac{c \cdot b}{c - a} \quad [\text{cm}] \tag{58}$$

Die rechten Seiten der Formeln (56) und (58) ergeben folgende Beziehung:

$$\frac{b^2}{a} = \frac{c \cdot b}{c - a} \quad [\text{cm}] \tag{59}$$

hieraus folgt:

$$c = \frac{a \cdot b}{b - a} \quad [\text{cm}] \tag{60}$$

aus Formel (57) erhält man noch die weitere Beziehung:

$$e = \frac{a \cdot b}{c - a} \quad [\text{cm}] \tag{61}$$

Für ein gegebenes Verhältnis von Kurbel a zu Koppel b kann man damit die erforderlichen Längen der Schwinge c und des freien Koppelendes e bis zum Koppelpunkt berechnen. Wenn kein besonderer Winkel zwischen den Richtungen der angenähert geradlinigen Bahnstücke vorgeschrieben ist, ist man in der Wahl der Gestellänge d frei.

8.3.5 Zwei angenähert geradlinige Bahnstücke mit vorgeschriebener Richtung in einer Koppelkurve[1]

Abb. **65**.3 zeigt die Ermittlung einer Kurbelschwinge mit vorgeschriebenem Winkel zwischen den Richtungen der angenähert geradlinigen Bahnstücke einer Koppelkurve. Das Verhältnis Kurbel zu Koppel wurde mit 1:3 angenommen. Nach Formel (60) und (61) ergibt sich dann $c = 1,5$ und $e = 6$.

Zunächst zeichnet man das Getriebe in der 1. Entwurfslage (innere Totlage) wie in Abb. **65**.1. Über die Lage des Schwingenlagers B_0 weiß man zunächst nur, daß es auf einem Kreisbogen mit der Schwingenlänge c und den Schwingenzapfen B liegen muß. Man zeichnet die Kurbel in der um den vorgeschriebenen Winkel α gedrehten Stellung der 2. Entwurfslage. Auf der Kurbelmittellinie trägt man vom Kurbelzapfen A zum Kurbellager A_0 hin die Schwingelänge c ab. Vom Endpunkt dieser Strecke aus schlägt man mit der Koppellänge b einen Kreisbogen. Dieser schneidet den um den Schwingenzapfen B mit der Schwingenlänge c geschlagenen Kreisbogen im gesuchten Schwingenlager B_0. Damit ist das Getriebe gefunden. Der Koppelpunkt K beschreibt eine Koppelkurve, bei der die Bahntangenten der beiden angenähert geradlinigen Bahnstücken den Winkel α mit einander einschließen. Der Schnittpunkt dieser Bahntangenten läßt sich jetzt leicht bestimmen (Abb. **65**.4). Dieser Schnittpunkt ist der Lagerpunkt einer Schaltscheibe, deren Schaltbewegung vom Koppelpunkt gesteuert werden kann (Abb. **67**.2).

8.3.6 Symmetrische Koppelkurven mit zwei angenähert geradlinigen Bahnstücken unter vorgeschriebenem Winkel[2]

Die Abb. **66**.1 bis **66**.6 zeigen Getriebe mit symmetrischen Koppelkurven, die zwei geradlinige Stücke haben. Die Winkel zwischen den Kurbelstellungen der beiden Entwurfslagen sind jedoch in den einzelnen Abbildungen verschieden groß

---

[1] Nach Untersuchungen von Oberstudiendirektor i. R. Dr. L. BUCHKRAEMER, Aachen. Vgl. auch „Maschinenbau und Metallbearbeitung" 1949 Heft 1.

[2] Vgl. auch E. A. DIJKSMAN, fys. drs. „De Stangenvierzijde met een V-vormige symmetrische Koppelkromme." Zeitschrift „De Ingenieur" 1962, H. 47 und 49.

und damit sind es auch die Winkel zwischen den beiden geradlinigen Stücken
der jeweiligen Koppelkurven.

Die Getriebe der Abb. **66**.1 und **66**.2 mit den Winkeln $\alpha = 60°$ und $72°$ sind
nach unten geschränkt (vgl. Abschnitt 4.4), haben also günstige Bewegungseigenschaften, die Koppelkurven treten jedoch außen etwas über die geradlinigen Bewegungsrichtungen hinaus, was ihre Anwendungsmöglichkeit ein-
schränkt.

Das zentrische Getriebe (nicht gezeichnet) entsteht, wenn der Winkel α zu
$81,8°$ gewählt wird.

Die Abb. **66**.3 bis **66**.6 zeigen immer mehr nach oben geschränkte Getriebe mit
den Winkeln $\alpha = 90°$ und $120°$ als besonders für die praktische Anwendung
geeignet, und mit Winkeln $\alpha = 180°$ und $230°$ als interessante Beispiele von
mehr theoretischer Bedeutung.

Alle Getriebe gleichen sich in den Abmessungen bis auf die Steglänge. Führt
man ein solches Getriebe mit veränderlicher Steglänge aus, so kann man damit
auch den Winkel α zwischen den beiden geraden Stücken der Koppelkurve
verstellen. In Abb. **67**.1 ist die erste innere Totlage unveränderlich, die zweite verstellbar ausgebildet. Die gezeichneten Koppelkurven mit den Winkeln $\alpha = 60°$,
$72°$, $90°$, $120°$ und $180°$ lassen deutlich das Umbildungsgesetz erkennen, wobei
die Winkelscheitel auf der Bahntangente des Koppelpunktes in der inneren Totlage mit größer werdendem Winkel α nach unten wandern, die Koppelpunkte der
zweiten Entwurfslage auf einer gestrichelt gezeichneten elliptischen Kurve.

8.3.7 Symmetrische Koppelkurven bei symmetrischen und bei unsymmetrischen Viergelenkgetrieben

Bei symmetrischen Getrieben, z. B. bei der symmetrischen Doppelkurbel
oder bei der symmetrischen Doppelschwinge kann man leicht exakt symmetrische
Koppelkurven finden. Bei der Entwicklung der Zweistandgetriebe in Abschnitt
8.2.4 werden solche Kurven für die Ableitung von Hubbewegungen mit Rasten
ausgenutzt. Der geometrische Ort aller Koppelpunkte mit symmetrischen Koppelkurven ist bei diesen Getrieben die Polbahnnormale in einer der beiden symmetrischen Getriebelagen (vgl. Abb. **54**.6, **55**.2 und **56**.2).

Die Beispiele auf der Bildseite **66** zeigen ausnahmslos symmetrische Koppelkurven bei einer Kurbelschwinge, jedoch mit der Besonderheit, daß diese Koppelkurven in zwei verschiedenen Bereichen angenähert geradlinige Bahnstücke
durchlaufen, deren Richtung zudem noch einen bestimmten Winkel miteinander
einschließen. Alle Getriebe der Bildseite **66** unterscheiden sich voneinander nur
durch die Gestellänge. Auffallend ist, daß die Längen der Koppel, der Schwinge
und das freie Koppelende bis zum Koppelpunkt übereinstimmen.

Die Erklärung dafür, daß auch bei Kurbelschwingen symmetrische Koppelkurven gefunden werden können, gibt der Satz von ROBERTS, auf den bereits im
Abschnitt 5.6.4 hingewiesen wurde. Unter Benutzung dieses Satzes weist MEYER
ZUR CAPELLEN nach, daß bei Kurbelschwingen mit gleicher Länge von Koppel
und Schwinge ein Kreis mit der Koppellänge um den Schwingenzapfen B der
geometrische Ort ist für alle Koppelpunkte, die eine symmetrische Koppelkurve
durchlaufen[1]. Ein solches Getriebe ist in Abb. **68**.1 dargestellt. Die Lage der
Symmetrieachse jeder dieser symmetrischen Koppelkurven erhält man, wenn man
das Getriebe in den beiden Steglagen der Kurbel zeichnet, d. h. in den beiden

---

[1] MEYER ZUR CAPELLEN und RISCHEN „Symmetrische Koppelkurven und ihre Anwendungen", Forschungsberichte des Landes Nordrhein-Westfalen (1962); s. auch HRONES and
NELSON, s. Fußnote [2], S. 47.

Lagen, in denen sich die Kurbel mit der Gestellmittellinie deckt. Verbindet man einen Koppelpunkt K_1 oder K_2 in einer dieser beiden Lagen mit dem Schwingenlager B_0, so ist diese Verbindungsgerade die Symmetrieachse seiner Koppelkurve. Auch für den Kurbelkreis, der ja auch eine Koppelkurve ist, trifft dies zu. Abb. **68**.2 zeigt eine symmetrische Doppelschwinge und die nach dem Satz von ROBERTS hierfür ermittelte Kurbelschwinge mit übereinstimmender Koppelkurve.

8.3.8 Zweistandgetriebe mit besonderen Bewegungsgesetzen

Der Entwurf von Zweistandgetrieben unter Benutzung der Konstruktionstafeln wurde in Abschnitt 8.2.4 ausführlich behandelt. Auch ohne die Benutzung solcher Tafeln lassen sich Zweistandgetriebe entwerfen, vor allem dann, wenn zur Erzeugung einer Rast in einer Hubbewegung nicht die Krümmung einer Koppelkurve, sondern die Geschwindigkeit eines Koppelpunktes ausgenutzt werden soll. Man kann von der Bewegung eines Koppelpunktes ohne Rücksicht auf die Krümmungsverhältnisse seiner Bahn kurzzeitige Rasten ableiten, wenn die Geschwindigkeit des Koppelpunktes selbst vorübergehend Null wird. Dies trifft zu für alle Koppelpunkte, die auf der Gangpolbahn eines Viergelenkgetriebes liegen. Die Geschwindigkeit Null ergibt sich in derjenigen Getriebestellung, in der der Koppelpunkt zum Pol wird; er wird dann zum momentanen Wälzpunkt zwischen Gangpolbahn und Rastpolbahn.[1]

Bei der in Abb. **69**.1 dargestellten symmetrischen Doppelschwinge ist die Koppelkurve eines Punktes dargestellt, der zweimal während eines Getriebeumlaufs zum Pol wird; dies bedeutet, daß sich in diesem Punkte die Gangpolbahn schneidet.

Die zeichnerische Ermittlung dieses Koppelpunktes ist besonders einfach, wenn man nach kinematischer Umkehrung das Gelenkviereck zunächst als Doppelkurbel betrachtet (Abb. **69**.2). Man errichtet im Punkt B_0 eine Senkrechte und bringt sie zum Schnitt mit einem Kreisbogen, den man um das Gestellager A_0 mit der Koppellänge c schlägt. Um diesen Schnittpunkt schlägt man einen Kreisbogen mit der Länge der Antriebskurbel d und findet auf dem Abtriebskreis die Lage des Koppelgelenkes B und von dort aus durch einen Zirkelschlag mit der Koppellänge c die zugehörige Lage des Antriebsgelenkes der Koppel A. Dreht man aus dieser Getriebelage den Antriebslenker d um 180° und ermittelt wiederum durch Zirkelschlag mit der Koppellänge c die zugehörige Lage des Gelenkes B, so zeigt sich, daß auch dieses Gelenk auf seiner Kreisbahn genau 180° zurückgelegt hat. Bei aller Ungleichförmigkeit im Bewegungsverlauf der Doppelkurbel gibt es also doch zwei Getriebelagen, zwischen denen sowohl die Antriebskurbel wie auch die Abtriebskurbel einen Winkel von genau 180° durchlaufen. Für diese beiden Getriebelagen wurde die Bezeichnung „Natürliche Relativlagen" vorgeschlagen.[2]

Es ergibt sich dabei, daß der Augenblickspol für beide Lagen in den gleichen Punkt fällt. Bei der Rückbildung des Getriebes zur Doppelschwinge (Abb. **69**.1) wird dieser Punkt als Koppelpunkt, also eine Koppelkurve mit zwei Spitzen durchlaufen, die in denjenigen Getriebelagen entstehen, in denen er zum Pol wird.

Abb. **69**.3 zeigt ein aus der Doppelschwinge nach Abb. **69**.1 entwickeltes Zweistandgetriebe in einer Lage, in der der Pol des Gelenkviereckes mit dem

---

[1] Vgl. auch HAGEDORN, Konstruktive Getriebelehre, S. 101.

[2] Vgl. hierzu HAGEDORN, „Die natürlichen Relativlagen des Gelenkvierecks als Ausgangsstellungen bei der Untersuchung umlaufender Doppelkurbelgetriebe." Konstruktion, Berlin/Göttingen/Heidelberg: Springer 1957, Heft 9.

Antriebsdrehpunkt zusammenfällt. Das Abtriebsgelenk wird durch einen Gleitstein geradlinig geführt. Die Entfernungen zwischen dem Antriebslager und dem Abtriebsgelenk am Gleitstein ist entscheidend dafür, welches Bewegungsgesetz von diesem Getriebe verwirklicht wird. In den Abb. **70**.1 bis **70**.4 sind drei verschiedene Bewegungsgesetze erläutert in der Annahme, daß unter Benutzung des gleichen symmetrischen Gelenkviereckes die Entfernung zwischen dem Koppelpunkt und dem Abtriebsgelenk am Gleitstein verschieden groß gewählt wird. Wählt man die Entfernung in Übereinstimmung mit dem Krümmungshalbmesser der linken Scheitelkrümmung (Abb. **70**.2), so kann der Fall eintreten, daß sich an einen Stillstand infolge Krümmungsübereinstimmung an jedem Ende ein zusätzlicher Stillstand anschließt, weil in den beiden Spitzen der Kurve die Koppelpunktsgeschwindigkeit Null wird. Dies setzt bei der Kurvenform eine über längerem Bereich konstante Krümmung voraus. Das zugehörige Bewegungsschaubild (Kurve 2 in Abb. **70**.4) zeigt einen Stillstand über rund 180°. Wählt man den Abstand zwischen Koppelpunkt und Abtriebsgelenk größer (Abb. **70**.1) und schlägt mit diesem Halbmesser einen Kreisbogen durch die beiden Spitzen der Koppelkurve, so schneidet dieser Kreisbogen die Symmetrieachse (Polbahnnormale in der Symmetrielage der Getriebeglieder) innerhalb der Koppelkurve. Es ergibt sich eine Hubunterteilung; diese bedeutet, daß innerhalb des Hubes in beiden Hubrichtungen eine kurze Zwischenrast eintritt (Kurve 1 in Abb. **70**.4). Schließlich kann man den Abstand zwischen Koppelpunkt und Abtriebsgelenk auch kleiner wählen als es dem Halbmesser der Scheitelkrümmung entspricht. Schlägt man wiederum einen Kreisbogen mit diesem Halbmesser durch die beiden Spitzen der Koppelkurve, so schneidet dieser Kreisbogen die Symmetrieachse nunmehr außerhalb der Koppelkurve. Dies ergibt, wie Kurve 3 in Abb. **70**.4 zeigt, eine Doppelhubbewegung mit kurzen Rasten unterhalb des ursprünglichen Hubes, wie er dem Kurvendurchmesser in Richtung der Symmetrieachse entspricht.[1]

9. Bewegungsgesetze bei Schubkurbeln und Kurbelschwingen

Die Betrachtung der Koppelkurven und ihrer technischen Anwendung beschränkte sich in den voraufgehenden Abschnitten auf die Ausnutzung der Kurvenform zur Führung von Punkten (vgl. Abb. **33**.3) oder zur Steuerung von Bewegungsabläufen, die von Rasten unterbrochen waren (vgl. Abb. **31**.1 bis **31**.5). Dabei ging es vor allem darum, Rasten von bestimmter Dauer am Ende oder innerhalb einer periodischen Hubbewegung zu erreichen. Die Art des Bewegungsablaufes war im einzelnen nicht vorgeschrieben.

Die Bewegungsprobleme in der Technik, vor allem im Maschinenbau, sind aber so vielgestaltig, daß auch die Verwirklichung eines vorgeschriebenen Bewegungsgesetzes, z. B. einer Hubbewegung mit oder aber auch ohne Rasten, von gleicher Wichtigkeit sein kann. Die Frage, wie weit die Getriebe der Viergelenkkette hier brauchbare Lösungen bieten, ist letztlich die Frage nach dem Bewegungsgesetz der Koppelebene. Da im nachfolgenden nur an die Verwirklichung vorgegebener Hubbewegungen (nicht Umlaufbewegungen!) gedacht ist, wird die Untersuchung im wesentlichen auf Schubkurbeln und Kurbelschwingen beschränkt. Die Kernfrage ist dabei, ob und mit welcher Genauigkeit ein vorgegebenes Bewegungsgesetz durch das Bewegungsgesetz der Koppelebene einer Schubkurbel oder einer Kurbelschwinge verwirklicht werden kann.

---

[1] Siehe auch HAGEDORN, „Zweistandgetriebe mit Stillständen im Hin- und Rückhub" VDI Berichte Bd. 12 (1956).

9.1 Die Bewegungsgesetze von Punkten der Koppelmittellinie bei Schubkurbeln und Kurbelschwingen[1]

.Die Bewegung der Koppelebene, die sogenannte allgemeine Bewegung, kann aufgefaßt werden als das Ergebnis einer Bewegungsüberlagerung, z. B. einer Überlagerung der Schubbewegung des Gleitsteines einer Schubkurbel und der pendelnden Bewegung der Koppelebene um den wandernden Gleitstein. Je nach Lage eines Koppelpunktes zum Gleitstein ist dabei die zweite Bewegungskomponente nach Richtung und Amplitude verschieden. Im Sinne einer Problemvereinfachung sollen zunächst nur Koppelpunkte auf der Koppelmittellinie untersucht werden. Dabei wird mit der zentrischen Schubkurbel begonnen. Erst später wird die Betrachtung auf die geschränkte Schubkurbel und auf die Kurbelschwinge ausgedehnt.

9.1.1 Die zentrische Schubkurbel

Bei der zentrischen Schubkurbel kann man von jedem Koppelpunkt der Koppelmittellinie zwei symmetrische Hubbewegungen abnehmen, und zwar einerseits in Richtung der Gleitsteinbewegung (Abb. **73.3**) und anderseits senkrecht dazu (Abb. **75.6**). Eine Ausnahme macht im letzteren Falle nur der Gleitstein selbst, von dem man senkrecht zu seiner eigenen Hubrichtung keine Bewegung abnehmen kann.

Zur Frage der Symmetrie eines Bewegungsgesetzes seien hier zunächst einige allgemeine Ausführungen gemacht. Die Hubkurve der Abb. **71.1** stellt die allgemeinste Form einer symmetrischen Hubbewegung dar. Über der Abszissenachse, in 360° Drehwinkel (also Zeitablauf) geteilt, ist als Weg der jeweilig erreichte Hub eines Hubgliedes aufgetragen.

Bei 0° bzw. 360° Kurbeldrehung liegt der untere Totpunkt der Hubbewegung, hier beginnt der Hinhub und endet der Rückhub. Der obere Totpunkt (Ende des Hinhubes, Beginn des Rückhubes) liegt in den Abb. **71.1, 71.2** und **71.3** bei 180° Kurbeldrehung, da bei symmetrischen Hubbewegungen Hin- und Rückhub ja gleichlang sind. Symmetrisch sind dann auch die Teilhübe von Kurbelstellungen, die von den Totpunkten der Hubgliedbewegung gleich weit entfernt sind, also z. B. die Kurbelstellung 135° und 225°, 90° und 270°, 45° und 315° usw.

Die Bedingung für symmetrische Hubbewegungen lautet also: Gleiche Teil-. hübe bei symmetrischen Kurbelstellungen.

Bei der reinen Sinuslinie der Abb. **71.2** sind nicht nur entsprechend dieser Bedingung Hin- und Rückhub zueinander symmetrisch, sondern beide Hübe sind auch noch in sich symmetrisch. Die reine Sinuslinie ist also eine doppelt symmetrische Hubkurve, natürlich nicht die einzig mögliche, wie z. B. Abb. **71.3** zeigt. Die zusätzlichen Kennzeichen dieser doppelten Symmetrie sind, daß gleiche Teilhübe auch zu solchen Kurbelstellungen gehören, die symmetrisch zu den Kurbelstellungen 90° und 270° liegen, wobei jedoch die Teilhübe von der Hubmitte aus nach oben und unten abzulesen sind.

Im folgenden sind unter symmetrischen Hubbewegungen immer die einfachen symmetrischen Hubbewegungen gemeint. Die doppelte Symmetrie, die praktisch von geringer Bedeutung ist, wird ausdrücklich hervorgehoben werden.

Die nachfolgenden Abbildungen zeigen, daß nur bei der zentrischen Schubkurbel symmetrische Bewegungen des Gleitsteines zu erreichen sind. Stellt man die Kurbel in zwei symmetrisch zur Hauptschubrichtung fallende Lagen, so muß bei symmetrischem Bewegungsgesetz der Gleitsteinzapfen mit sich selbst

---

[1] Diesem Abschnitt liegen Untersuchungen zugrunde aus den Vorarbeiten zu einer Dissertation von Dipl.-Ing. Walter BÜNDGENS, Aachen, verstorben 1939.
*

zur Deckung kommen. Dies ist weder bei der geschränkten Schubkurbel (Abb. 71.4) noch bei der zentrischen Kurbelschwinge (Abb. 71.5) der Fall, sondern nur bei der zentrischen Schubkurbel (Abb. 71.6).

a) Getriebe für symmetrische Hubbewegungen. Es bleiben also für die Untersuchungen symmetrischer Hubbewegungen die zentrischen Schubkurbelgetriebe, deren Bewegungsverhältnisse durch die Wahl des „Schubstangenverhältnisses" λ (Kurbellänge:Koppellänge) in gewissen Grenzen grundlegend beeinflußt werden können.

Die Kreuzschubkurbel (Abb. 11.2) mit dem Schubstangenverhältnis $\lambda = 0$ ergibt bekanntlich einen Geschwindigkeitsverlauf reiner Sinusgesetzmäßigkeit und einen Beschleunigungsverlauf reiner Cosinusgesetzmäßigkeit und stellt den einfachsten Sonderfall dar.

In den Geschwindigkeits- und Beschleunigungs-Schaubildern der zentrischen Schubkurbeln mit endlich langen Schubstangen (Koppeln) der Abb. 72.1 bis 72.9 sind daher die Sinuslinien und Cosinuslinien der entsprechenden Schaubilder der Kreuzschubkurbel zugrunde gelegt und durch Überlagerung einer zweiten Schwingung doppelter Schwingungszahl verzerrt[1], deren Schwingungsausschlag mit λ wächst. Bei der gleichschenkligen Schubkurbel (Abb. 72.7 bis 72.9) ist mit $\lambda = 1$ der größtmögliche Wert des Schubstangenverhältnisses erreicht.

Die zwischen diesen beiden Grenzgebieten liegenden zentrischen Schubkurbelgetriebe laufen weich und ausgeglichen, wenn sie mit einem Schubstangenverhältnis λ nahe Null lange Schubstangen (Koppeln) besitzen. Bei $\lambda = 0,1$ und kleiner sind die Verzerrungen des Grund-Sinus-Bewegungsgesetzes praktisch meist ohne Bedeutung.

Je mehr sich jedoch das Schubstangenverhältnis λ dem Werte „Eins" nähert, um so unruhiger laufen die Getriebe. Betrachtet man die gleichschenklige Schubkurbel mit $\lambda = 1$ als nicht durchschlagendes Getriebe, wie es in diesem Zusammenhang notwendig und in Abb. 72.7 und 72.9 dargestellt ist, so zeigt es sich geradezu als ausgesprochener Sonderfall eines besonders hart laufenden Getriebes mit Stoß bei Hubbeginn und Hubende.

Zentrische Schubkurbeln mit Schubstangenverhältnissen λ nahe 1 sind jedoch auch deswegen unbrauchbar, weil der Ablenkwinkel zwischen Koppelmittellinie und Gleitsteinbahn bei den kurzen Schubstangen (Koppeln) steiler als 45° wird und Klemmgefahr besteht.

Für nicht durchschlagende zentrische Schubkurbeln ergeben sich daher praktisch verwertbare Schubstangenverhältnisse zwischen $\lambda = 0$ und etwa $\lambda = 0,7$.

Die durchschlagende gleichschenklige Schubkurbel mit $\lambda = 1$ ist in dieser Getriebereihe ein alleinstehender Sonderfall.

Sämtliche Hublängen der zentrischen Schubkurbeln sind gleich der doppelten Kurbellänge mit Ausnahme der durchschlagenden gleichschenkligen Schubkurbel,

---

[1] Kreuzschubkurbel: Hub (von Hubmitte gemessen) $h = -a \cos \alpha$,

$$\text{Geschwindigkeit} \qquad v = \quad a\,\omega \sin \alpha,$$
$$\text{Beschleunigung} \qquad b = \quad a\,\omega^2 \cos \alpha.$$

Zentrische Schubkurbel: Hub (von Hubmitte gemessen) $h = -a\,(\cos \alpha \mp \dfrac{\lambda}{4} \cos 2\alpha + \cdots)$,

$$\text{Geschwindigkeit} \qquad v = a\,\omega\,(\sin \alpha \pm \dfrac{\lambda}{2} \sin 2\alpha + \cdots),$$
$$\text{Beschleunigung} \qquad b = a\,\omega^2\,(\cos \alpha \pm \lambda \cos 2\alpha + \cdots),$$

$a =$ Kurbellänge,
$\alpha =$ Kurbeldrehwinkel.

deren Hublänge gleich der vierfachen Kurbellänge ist, und der Scharkreuzschubkurbel, die praktisch Hublängen bis zum 2,8fachen der Kurbellänge erreichen kann (vgl. Abschn. 4.4).

b) Die Koppelkurven von Punkten der Koppelmittellinie bei der zentrischen Schubkurbel. Bei der Untersuchung der Koppelkurven wird der Wendekreis benötigt. Man kann für eine beliebige Schubkurbel den Wendekreis in jeder Stellung ermitteln (vgl. Abschnitt 8.1.2). Hier seien jedoch nur die beiden Getriebetotlagen untersucht, also die sogenannte Strecklage (Abb. 72.10) von Kurbel und Koppel, bzw. die Decklage (Abb. 72.11).

Legt man beim Entwurf einer Schubkurbel in einer der beiden Totlagen eine der Konstruktionstafeln zugrunde (vgl. Abschnitt 8.2.1), so liegt bei der zentrischen Schubkurbel die Kurbel stets auf der Polbahnnormalen und der Gleitsteinzapfen im Pol. In der äußeren Totlage liegt der Kurbelzapfen im Wendekreis (Abb. 72.10), bei der inneren Totlage liegt er auf der anderen Seite der Polbahntangente (links) (Abb. 72.11).

Bei gleichen Kurbellängen, wie in den Abb. 72.10 und 72.11 ergibt sich bei Ermittlung der Schubkurbel in Strecklage eine kürzere Koppel als bei Ermittlung der Schubkurbel in Decklage.

Einen zusammenhängenden Überblick zeigt Abb. 73.1 auf der Grundlage einer Konstruktionstafel. Über den auf der Polbahnnormalen wählbaren Kurbelzapfen ist das dadurch bedingte jeweilige Schubstangenverhältnis λ aufgetragen. Die Zahlen an der Polbahnnormalen geben die Länge der zu den betreffenden Kurbelzapfen gehörenden Kurbeln an (vgl. die Zahlen in Konstruktionstafel III)[1] Wertmaßstab: Durchmesser des kleinen Kardankreises = 15).

Wählt man z. B. links der Polbahntangente den Kurbelzapfen an der mit 4 bezeichneten Stelle (vgl. Abb. 72.11), so liegt die Kurbel nach dem Pol zu, also nach rechts und hat die Länge 4. Der Gleitsteinzapfen liegt im Pol. Die zentrische Schubkurbel besitzt das Schubstangenverhältnis $\lambda = 0{,}4$.

Wählt man in gleicher Weise eine Kurbel von der Länge 4 rechts der Polbahntangenten im Wendekreis, so liegt die Kurbel (vgl. Abb. 72.10) zwar ebenfalls wieder nach rechts, jedoch vom Pol weg, und es ergibt sich ein Schubstangenverhältnis λ zwischen 0,6 und 0,7.

Die zentrische Schubkurbel mit dem Schubstangenverhältnis $\lambda = 0{,}4$ würde rechts der Polbahntangenten, also im Wendekreis, die Kurbellänge 1,7 haben, genau ausgedrückt 1,7/15 vom Wendekreisdurchmesser.[2]

Das bedeutet: Wird die zentrische Schubkurbel mit dem Schubstangenverhältnis $\lambda = 0{,}4$ der Abb. 72.11 aus der Decklage in die Strecklage gedreht, so ist dann bei natürlich gleichbleibender Kurbellänge der Wendekreis (kl. Kardankreis) der Strecklage entsprechend größer, nämlich um das 4/1,7fache.

Da das Schubstangenverhältnis $\lambda = 0{,}7$ die praktische Grenze für zentrische Schubkurbeln darstellt und der „alleinstehende Sonderfall" der durchschlagenden gleichschenkligen Schubkurbel bei Wahl des Kurbelzapfens im Mittelpunkt des Wendekreises gewonnen wird, umfaßt Abb. 73.1 den gesamten in Frage kommenden Bereich.

---

[1] Siehe Beilage in der Tasche am hinteren Einbanddeckel.
[2] Berechnung nach der EULER-SAVARYschen Gleichung für $\varphi = 90°$ (Polbahnnormale)

$$\overline{PA_0} = \frac{\overline{PA} \cdot d_w}{d_w - \overline{PA}}$$

Dabei ist PA_0 die Strecke zwischen Pol und Kurbellager, PA die Strecke zwischen Pol und Kurbelzapfen und d_w der Durchmesser des Wendekreises, der in der Konstruktionstafel mit 15 Einheiten festliegt. Die Kurbellänge entspricht der Differenz $\overline{PA_0} - \overline{PA}$.

7*

Beim Entwurf von zentrischen Schubkurbeln mit kleinen Schubstangenverhältnissen (in der Nähe des Poles) ergeben sich für die praktische Verwertung zu kleine Getriebeabmessungen. Deswegen vergrößert man in solchen Fällen das ganze System mit dem ermittelten Getriebe bis zu ausreichender Getriebegröße.

Abb. 73.2 zeigt die zentrische Schubkurbel der Abb. 72.11 und die Koppelkurven der Punkte der Koppelmittellinie, die in dem System der Abb. 72.11 und 73.2 zugleich die Polbahnnormale ist. Alle diese Koppelkurven sind zur Polbahnnormalen symmetrisch und lassen daher die in Abb. 73.3 dargestellte Ableitung einer symmetrischen Hubbewegung in Richtung der Gleitsteinbewegung bzw. der Polbahnnormalen zu. Bei zwei zur Polbahnnormalen symmetrischen Kurbelstellungen in Abb. 73.3 z. B. bei 135° und 225° Kurbelwinkel sind auch die entsprechenden Stellungen des Koppelpunktes zur Polbahnnormalen symmetrisch, so daß die Abstände des kreuzschraffierten Hubgliedes von den beiden auf der Polbahnnormalen liegenden Totpunkten seiner Hubbewegung für beide Kurbelstellungen dieselben sind, und somit die Bedingungen der Symmetrie — gleiche Teilhübe zu spiegelbildlichen Zeitpunkten des Hin- und Rückhubes — erfüllt sind.

Abb. 74.1 zeigt ein Bewegungsschaubild der von den Koppelkurven der Abb. 73.2 nach Art des Getriebes der Abb. 73.3 ableitbaren Hubbewegungen.

Die Kurbelstellung 0° = 360° ist grundsätzlich die innere Totpunktstellung oder Decklage des Getriebes, wie sie in Abb. 73.2 dargestellt ist. Bei den zentrischen Getrieben liegt dementsprechend die äußere Totpunktstellung der Strecklage des Getriebes bei 180° Kurbelstellung.

Wie das Bewegungsschaubild (Abb. 74.1) zeigt, ist die zwischen den Kurbelstellungen 0° und 180° liegende Hubhöhe bei allen Koppelkurven die gleiche. Sie läßt sich auf der Polbahnnormalen unmittelbar abgreifen als Entfernung der Schnittpunkte jeder Koppelkurve mit der Polbahnnormalen, also auch des Kurbelkreises, und beträgt doppelte Kurbellänge.

Diese Hubhöhe wird von der obersten und der untersten der im Bewegungsschaubild (Abb. 74.1) dargestellten Kurven stellenweise etwas über- bzw. unterschritten.

Dies ist die Folge der Änderung der Krümmungsverhältnisse zwischen der Koppelkurve und dem Bogen, den der Lenker zur Ableitung der Hubbewegung beschreiben kann, der hier bei unendlich langem Lenker (Abb. 73.3) eine Gerade ist.

Den notwendigen Überblick über die Krümmungen der Koppelkurven ergeben hierbei die Wendekreise der Deck- und Strecklage, der zentrischen Schubkurbel, die in Abb. 73.2 eingezeichnet und als fest mit der Koppel verbunden vorzustellen sind. Die Wendepole beider Wendekreise, zugleich Koppelpunkte der Polbahnnormalen mit symmetrischen Koppelkurven, beschreiben im Bereich ihrer Totlage geradlinige Koppelkurvenstücke, die bei der hier gewählten Ableitung der Hubbewegung durch Gleitstein und Geradführung (Abb. 73.3) Stillstände in den Hubbewegungen ergeben müssen, da die Geradführung ja in Richtung des geradlinigen Koppelkurvenstückes liegt und folglich der kreuzschraffierte Schieber während des zugehörigen Kurbeldrehbereiches keine Bewegungen ausführen kann. Die Bewegungsschaubilder dieser beiden Wendepol-Bewegungsableitungen sind als zweite Kurve von innen bzw. von außen in Abb. 74.1 dargestellt mit den Bezeichnungen: $+PK = d$ Decklage und $-PK = d$ Strecklage, was besagen soll, daß die jeweiligen Wendekreisdurchmesser (d) den Abstand vom Pol (= Gleitsteinzapfen) nach rechts ($+PR$) oder nach links ($-PR$) geben.

Der Stillstand der vom Wendepol der Decklage abgeleiteten Hubbewegung liegt im Bereich der Getriebedecklage (beiderseits der Kurbelstellung 0° bzw.

360°), der Stillstand der vom Wendepol der Strecklage abgeleiteten Hubbewegung im Bereich der Getriebestrecklage (beiderseits der Kurbelstellung 180°). Beide Stillstände sind in dem Getriebe der Abb. **73.**2 gleich lang und dauern ungefähr 60° Kurbeldrehung.

Betrachtet man jeden der in Abb. **73.**2 gewählten Koppelpunkte als zu den Ebenen beider Wendekreise gehörig, so ergeben sich für jeden Koppelpunkt zwei zugehörige Bahnkrümmungshalbmesser, von denen der eine für die Koppelkurvenkrümmung der Decklage, der andere für die Koppelkurvenkrümmung der Strecklage zutrifft.

Bei Koppelpunkten innerhalb der beiden Wendekreise sind diese Bahnkrümmungshalbmesser immer einander zugekehrt, wie die Krümmungen der entsprechenden Koppelkurven das ja auch erkennen lassen. Bei den Koppelkurven der Wendepole (oder allgemein von Punkten der Wendekreise) als Grenzkurven wird eine der Bahnkrümmungen geradlinig, einmal die der Decklage und einmal die der Strecklage.

Bei Koppelkurven außerhalb der Wendekreise werden schließlich beide Bahnkrümmungen gleichgerichtet[1]. Das bedeutet aber, daß bei Ableitung der Hubbewegung durch Gleitstein und Geradführung in Richtung der Polbahnnormalen kurz vor Erreichen der Deck- bzw. Strecklage die von Totpunkt zu Totpunkt gemessene Hubhöhe um so mehr unter- bzw. überschritten wird, je weiter der gewählte Koppelpunkt außerhalb der Wendekreise von den Wendepolen entfernt liegt. Die Unterschreitung der Hubhöhe tritt bei Koppelkurven außerhalb des Wendekreises der Decklage auf, die Überschreitung bei Koppelkurven außerhalb des Wendekreises der Strecklage.

Bei nicht sehr hohen Ansprüchen an Genauigkeit, und in Fällen, wo ein kleiner Überhub bedeutungslos ist, kommt die Benutzung dieser Koppelkurven wenig außerhalb der Wendekreise zur Erzielung eines längeren Stillstandes in der Hubbewegung in Frage.

Von den übrigen Hubbkurven des Bewegungsschaubildes der Abb. **74.**1 ist die obere Grenzkurve des durch Schraffur hervorgehobenen Diagrammbereichs $[-PK = b;\ b = $ Koppellänge zwischen Gleitsteinzapfen (Pol) und Kurbelzapfen] die Sinuslinie der vom Kurbelkreis ableitbaren Hubbewegung (vgl. Abb. **11.**2), die untere Grenzkurve $[\pm PK = 0]$ die Hubkurve des Gleitsteinzapfens, der als mit dem Pol (der beiden Totlagen) zusammenfallender Koppelpunkt aufzufassen ist. Die Abweichungen dieser Hubbewegung von der reinen Sinusschwingung der vom Kurbelkreis ableitbaren Bewegung sind ja auf die endliche Länge der Koppel zurückzuführen.

Die restlichen Koppelkurven und Hubkurven der Abb. **73.**2 und **74.**1 vervollständigen den Überblick über die hier vorliegende Gesetzmäßigkeit.

c) Getriebeabmessungen für bestimmte Bewegungsaufgaben. Praktisch wird von einer Hubbewegung oft verlangt, daß innerhalb eines bestimmten Zeitraumes also z. B. von 0° bis 90° Kurbeldrehung, ein genau festgelegter Teilhub ausgeführt sein soll.

Für die Lösung dieser Aufgabe läßt sich die Tatsache ausnutzen, daß die sämtlichen untersuchten symmetrischen Koppelkurven auf einer Geraden, nämlich der Polbahnnormalen liegen. Die Gesetzmäßigkeit, der die Teilhübe der einzelnen Koppelkurven unterworfen sind, muß deshalb geradlinig sein.

In dem rechtwinkligen Achsenkreuz der Abb. **74.**3 hat die Waagerechte eine der Polbahnnormalen der Abb. **73.**2 entsprechende, vom Gleitsteinzapfen (Pol)

---

[1] Die laufende Veränderung der Bahnkrümmungshalbmesser läßt sich an Hand der beigefügten Konstruktionstafeln leicht und anschaulich verfolgen.

als Nullpunkt ausgehende Längenteilung (Einheit = Koppellänge b zwischen Kurbelzapfen und Gleitsteinzapfen), und die Senkrechte die Hubteilung bei Bewegungsableitung von den Koppelkurven in Gleitsteinschubrichtung. Der Kurbelzapfen liegt auf der Waagerechten bei -1, der Gleitsteinzapfen bei 0 und jeder weitere Koppelpunkt dort, wo er durch seine Entfernung vom Pol seinen Platz hat. Wählt man nun eine bestimmte Kurbelstellung, in Abb. 74.3 z. B. 90° Kurbeldrehung, so kann man aus Abb. 74.1 die Teilhübe der einzelnen Hubkurven bei 90° abgreifen und in Abb. 74.3 senkrecht über den entsprechenden Koppelpunkten auftragen, so den Teilhub der reinen Sinusschwingung, des Kurbelzapfens bei -1, den Teilhub der Hubkurve des Gleitsteinzapfens bei 0 und die Teilhübe der Hubkurven aller übrigen Koppelpunkte an den entsprechenden Stellen. Die Verbindungslinie aller hierbei gewonnenen Teilhub-Endpunkte ist eine Gerade, die kurz h^-_{90}-Gerade genannt werden soll.

Um den Koppelpunkt der Aufgabenstellung zu finden, zieht man zur Waagerechten eine Parallele im Abstand des bei 90° Kurbeldrehung geforderten Teilhubes (in Abb. 74.3 z. B. bei 5) und durch deren Schnittpunkt mit der h^-_{90}-Geraden eine Senkrechte, die auf der Waagerechten in deren Teilungsmaßstab die Entfernung des gesuchten Koppelpunktes vom Gleitsteinzapfen (Nullpunkt) abteilt (im Beispiel der Abb. 74.3 bei -2).

Zur Festlegung der h^-_{90}-Geraden genügen selbstverständlich die Teilhübe zweier Koppelpunkte, und man wird, als die praktisch bequemsten, die Teilhübe des Kurbelzapfens und des Gleitsteinzapfens wählen, die man, wie in Abb. 74.2 leicht und genau ermitteln kann.

Das gleiche Verfahren gilt natürlich für jeden beliebigen Teilhub und gestattet die Beherrschung aller von den Koppelkurven der Koppelmittellinie (Polbahnnormalen) ableitbaren Hubgesetze ohne vorherige Kenntnis der Koppelpunkte oder Koppelkurven. Dazu teilt man die gesamte Bewegungsgesetzmäßigkeit in eine ausreichende Zahl von Teilhüben auf und ermittelt diese, wie in Abb. 75.1 für den Kurbelzapfen und den Gleitsteinzapfen einer zugrunde gelegten zentrischen Schubkurbel. Diese Teilhübe trägt man dann in ein Achsenkreuz nach Abb. 74.3 ein, was in Abb. 75.2 geschehen ist. Durch die Endpunkte zueinander gehörender Teilhübe des Kurbel- und Gleitsteinzapfens werden die betreffenden h^--Geraden gelegt, wodurch das Bild der Abb. 75.2 entsteht, aus dem die Hubgesetze aller Koppelpunkte der Koppelmittellinie zu entnehmen sind.

Nach der Lage zu Kurbelzapfen und Gleitstein hat ja jeder dieser Koppelpunkte eine bestimmte Lage auf der Waagerechten des Achsenkreuzes der Abb. 75.2. Eine Senkrechte in diesem Punkt wird durch die h^--Geraden in die Teilhübe der Hubgesetzmäßigkeit aufgeteilt, nach der eine von diesem Koppelpunkt in Richtung der Gleitsteinbewegung des Grundgetriebes abgeleitete Hubbewegung verläuft.

In Abb. 75.2 sind diese Senkrechten z. B. durch die Schnittpunkte der h^-_{90}-Geraden mit der h^-_0-Geraden und mit der h^-_{180}-Geraden gelegt, wodurch Koppelpunkte ermittelt werden, die innerhalb 90° Kurbeldrehung den gesamten Hub (gemessen zwischen den Totlagen des Getriebes) durchlaufen, wobei sie zuvor oder danach einen zusätzlichen Überhub oder Unterhub ausführen. Die aus Abb. 75.2 zu entnehmenden Teilhübe dieser Gesetzmäßigkeit sind in Abb. 75.3 in das übliche Zeit-Weg-Schaubild eingetragen (vgl. Abb. 74.1), ohne daß es notwendig ist, die betreffenden Koppelkurven zu kennen.

Die Gesamt-Hubhöhe läßt sich beeinflussen durch die Verwendung einer Kurbel entsprechender Länge (= halber Gesamthub). Die Lage der h^--Geraden in den Schaubildern entsprechend Abb. 75.2 und damit der Ablauf der Hubgesetzmäßigkeiten ist allein zu ändern durch Veränderung der Hubgesetzmäßigkeit des

Gleitsteinzapfens. Dies wiederum erreicht man durch Verändern des Schubstangenverhältnisses λ, das sich damit eindeutig als entscheidend für die Bewegungsgesetze aller Punkte der Koppel erweist.

Abb. **75**.4 zeigt die Grenzen der Veränderungsmöglichkeiten am Bewegungsgesetz des Gleitsteinzapfens zentrischer Schubkurbeln. Die eine Grenzkurve (in Abb. **75**.4 die obere) ist die bekannte reine Sinuslinie bei $\lambda = 0$, die durch die Kreuzschubkurbel (vgl. Abb. **75**.5) verwirklicht wird, die andere Grenzkurve (in Abb. **75**.4 die untere) entspricht dem Schubstangenverhältnis $\lambda = 1$ und der nicht durchschlagenden, gleichschenkligen Schubkurbel (vgl. Abb. **72**.7). Der Gleitsteinweg beginnt mit einem Stillstand von 90° Kurbeldrehung und folgt von da ab einer sehr steilen Hubkurve ($= \frac{1}{2}$ Sinuslinie), die bei 90° Kurbelwinkel mit einer Ecke an dem Stillstand ansetzt und ebenso bei 270° Kurbelwinkel wieder mit einer Ecke in den Stillstand übergeht.

Die praktische Grenzkurve ist jedoch die in Abb. **75**.4 zweite von unten mit dem Schubstangenverhältnis $\lambda = 0{,}8$.

d) Formsymmetrie und Zeitsymmetrie. Schon die in bezug auf die Polbahnnormale (der Totlagen) symmetrische Gestalt der Koppelkurven von Punkten der Koppelmittellinie (Abb. **73**.2) führt zu dem Versuch der Ableitung von symmetrischen Hubbewegungen in der bisher beschriebenen Art. Hierfür ist aber die Formsymmetrie der betreffenden Koppelkurven nicht notwendig, es genügt die Zeitsymmetrie, die dann vorliegt, wenn bei unsymmetrischer Gestalt die Koppelkurve dennoch zu symmetrischen Kurbelstellungen auch Koppelpunktstellungen gehören, die gleichen Teilhub bedingen. Dies trifft bei Koppelkurven der Abb. **73**.2 zu für Hubableitungsrichtungen senkrecht zur Gleitsteinbewegung des Grundgetriebes, wie z. B. bei dem Getriebe der Abb. **75**.6.

Die Zeit-Symmetrieachse wird hier bestimmt durch die Getriebestellungen 90° und 270° zwischen denen zugleich die Gesamt-Hubhöhen der ableitbaren Bewegungen liegen.

Wie Abb. **75**.6 zeigt, liegen die beiden zu den zeitsymmetrischen Kurbelstellungen 45° und 135° gehörenden Koppelpunktstellungen auf einer Parallelen zur Polbahnnormale (der Totlagen), genau so, wie die Kurbelstellungen 45° und 135° auch, während der Gleitsteinzapfen ja auch auf der Polbahnnormalen selbst entlanggeführt wird. Die Koppelstellungen zweier zeitsymmetrischer Lagen sind also parallel.

Der Teilhub des Kurbelzapfens, der ja der Teilhub einer Sinusbewegung ist, wird nach dem Strahlensatz vergrößert oder verkleinert im Verhältnis der Entfernung zwischen *Koppelpunkt* und *Gleitsteinzapfen* zur Entfernung b zwischen *Kurbelzapfen* und *Gleitsteinzapfen*, wobei selbstverständlich wieder Teilhübe von reinen Sinusbewegungen entstehen, jenseits des Gleitsteinzapfens nur mit spiegelbildlich zur Polbahnnormale vertauschten Koppelpunktstellungen und entgegengesetztem Bewegungssinn.

Die auf diese Weise von den Koppelkurven der Abb. **73**.2 ableitbaren Hubbewegungen sind in dem Schaubild der Abb. **76**.1 über der Getriebestellung 0° als Grundlinie aufgetragen, im Schaubild der Abb. **76**.2 über der Getriebestellung 270° für die Koppelpunkte links der Polbahntangenten (in Abb. **73**.2) über der Getriebestellung 90° für die Koppelpunkte rechts der Polbahntangenten.

Bei dieser Bewegungsableitung bleibt also das Bewegungsgesetz des Kurbelkreises immer erhalten, dagegen wechselt je nach Lage des Koppelpunktes die Hubhöhe der abgeleiteten Hubbewegung. Es ist hier also gerade umgekehrt wie bei der zuvor behandelten Ableitung von Hubbewegungen in Richtung der Polbahnnormalen (der Totlagen), wo das Bewegungsgesetz wechselt, die Hubhöhe der abgeleiteten Hubbewegung aber gleichbleibt.

Die hier vorliegende vollständige Ausschaltung der verzerrenden Auswirkungen aus der endlichen Länge der Koppel ergibt sich daraus, daß die Gleitsteinbewegung senkrecht zur Polbahnnormale keine Hubableitung zuläßt. In dem Schaubild der Abb. 74.3 geht daher die für diese Hubableitungsrichtung in Frage kommende h'_{90}-Gerade (wie auch alle übrigen h'-Geraden) bei 0, also an der Stelle des Gleitsteinzapfens mit dem Hub 0, durch das Achsenkreuz. Die für die Hubgesetze der einzelnen Koppelkurven maßgebende Steigung der h'_{90}-Geraden und aller übrigen h'-Geraden wird also allein bestimmt durch die entsprechenden Teilhübe des Kurbelzapfens.

Veränderungen im Schubstangenverhältnis λ verändern nur den Vergrößerungsmaßstab, nicht aber das Bewegungsgesetz selbst.

Den praktischen Wert dieser überraschenden Möglichkeit, von Koppelkurven der zentrischen Schubkurbel reine Sinusbewegungen ableiten zu können, zeigt der Vergleich einer solchen Ableitung in Abb. 75.6 mit der Kreuzschubkurbel der Abb. 75.5, das die gleiche Hubhöhe erreicht.

Außerdem kann der arbeitende Koppelpunkt verstellbar angeordnet werden, so daß damit ein Getriebe für die Multiplikation $y = n \sin x$ entstehen würde (vgl. Band 2, Abschnitt Mathematik in Getrieben).

9.1.2 Die geschränkte Schubkurbel

Die bei der soeben durchgeführten Untersuchung der Bewegungsableitung senkrecht zur Gleitsteinbewegung des Grundgetriebes gewonnene Erkenntnis, daß hierbei nur das Kurbelbewegungsgesetz, nicht aber das Gleitsteinbewegungsgesetz entscheidend ist, weil beim Geradschub senkrecht dazu keine Hubbewegung abgeleitet werden kann, ist Anlaß, auch die geschränkten Schubkurbeln zu untersuchen. Die eingangs vorgenommene vorläufige Beschränkung der Betrachtung auf symmetrische Getriebe wird also nunmehr aufgegeben.

Durch die Richtung der Geradführung in der geschränkten Schubkurbel und durch die zur Ausschaltung der Geradführungsgesetzmäßigkeit notwendige, dazu rechtwinklige Richtung der Ableitung der Hubbewegung von Punkten der Koppelmittellinie, ergibt sich die Zeitsymmetrieachse und (Abb. 76.3) damit die Winkeleinteilung auf dem Kurbelkreis in der Weise, daß die Kurbelwinkel 0° und 180° auf dem zur Gleitsteinschubrichtung parallelen Kurbelkreisdurchmesser liegen, also abweichend von der üblichen Anordnung, bei der die Kurbelstellung der inneren Getriebetotlage mit 0° bezeichnet wird. Diese neuartige Einteilung wird sich im folgenden als besonders wichtig erweisen. Die neuen Teilpunkte für die Kurbelwinkel 0° und 180° sollen als natürliche Relativlagen bezeichnet werden zum deutlichen Unterschied zu den Totlagen (mit denen sie bei zentrischen Getrieben zusammenfallen).[1]

Dann aber liegen wieder auf Grund der Gesetzmäßigkeit des Strahlensatzes die symmetrisch zur Zeit-Symmetrieachse 90° bis 270° liegenden Kurbelzapfenstellungen und die dazu gehörenden Koppelpunktstellungen auf Parallelen zur Gleitsteinbewegung. Die Bedingung für die Ableitung symmetrischer Hubbewegungen von den Koppelkurven der Koppelmittellinie der unsymmetrischen geschränkten Schubkurbeln ist also erfüllt. Das Bewegungsgesetz ist wieder die gleiche

---

[1] Vgl. auch HAGEDORN „Die natürlichen Relativlagen des Gelenkvierecks als Ausgangsstellungen bei der Untersuchung umlaufender Doppelkurbelgetriebe", Konstruktion, Berlin/Göttingen/Heidelberg: Springer 1957, Heft 9. Ferner HAGEDORN „Konstruktive Getriebelehre", Hannover: Schroedel-Verlag 1960, S. 98 ff. Von RAUH wurde ursprünglich die Bezeichnung „Natürliche Endlagen" vorgeschlagen. Von Endlagen im eigentlichen Sinne kann jedoch nicht gesprochen werden, zumal die gleichen relativen Gliederlagen auch bei der Doppelkurbel von Bedeutung sind.

reine Sinusschwingung wie bei der zentrischen Schubkurbel. Ebenso wie dort werden die Schwingungsausschläge im Verhältnis der Entfernung zwischen dem arbeitenden Koppelpunkt und dem Gleitsteinzapfen zur Entfernung zwischen Kurbelzapfen und Gleitsteinzapfen vergrößert bzw. verkleinert, jenseits des Gleitsteinzapfens mit spiegelbildlich zur Geradschubrichtung vertauschten Koppelstellungen.

Leitet man von Koppelpunkten der Koppelmittellinie der geschränkten Schubkurbel Hubbewegungen in Richtung der Gleitsteinbewegung ab, so kommt nicht nur die Bewegungsgesetzmäßigkeit des Gleitsteinzapfens zur Auswirkung, sondern auch die unsymmetrisch verzerrend wirkende Schränkung.

In der gleichen Weise wie in Abb. **74.3** und **75.2** ist in Abb. **76.5** hierzu das Schaubild für die Ermittlung der von den einzelnen Punkten der Koppelmittellinie ableitbaren Hubbewegungen in Gleitsteinschubrichtungen dargestellt. Die Waagerechte entspricht hier der Koppelmittellinie auch im gleichen Maßstab, wie bei dem zugehörigen Getriebe in Abb. **76.3**, so daß die Koppelpunkte leicht von der einen Abbildung in die andere übernommen werden können, was die Konstruktionsarbeit erleichtert.

Über der Stelle des Kurbelzapfens ist wieder die reine Sinusgesetzmäßigkeit der von ihm ableitbaren Hubbewegung senkrecht in Teilhüben (von 30° zu 30°) aufgetragen, über der Stelle des Gleitsteinzapfens dessen Hubgesetz. Dann wurden die zu gleichen Kurbelwinkeln gehörenden Kurbelzapfen- und Gleitsteinstellungen des Schaubildes (in Abb. **76.5**) durch gerade Linien verbunden, und damit liegen sämtliche möglichen Hubgesetze dieser Ableitungen fest, ohne daß irgendeine Koppelkurve gezeichnet oder auch nur bekannt sein müßte.

In Abb. **76.5** wurden die beiden Koppelpunkte untersucht, die um die Koppellänge vom Kurbelzapfen ($-PK = 2\,b$) und vom Gleitstein ($+PK = b$) entfernt liegen (Senkrechte in diesen Punkten des Schaubildes) und zusammen mit den vom Kurbelzapfen und vom Gleitsteinzapfen abgeleiteten Bewegungen in das Zeit-Weg-Schaubild der Abb. **76.4** eingetragen. Das zu Punkten der eigentlichen Koppel (zwischen Kurbelzapfen und Schwingenzapfen) gehörende Gebiet ist wieder schraffiert, wie auch in den noch folgenden Zeit-Weg-Schaubildern.

Deutlich ist die starke Verzerrung der von den Koppelkurven ableitbaren Hubbewegungen ersichtlich.

9.1.3 Die Kurbelschwinge

Auch die Kurbelschwingen lassen sich in der gleichen einfachen Weise ohne vorherige Kenntnis der Koppelkurven untersuchen (vgl. Abb. **77.1** bis **78.5**), wenn man die Zeitsymmetrieachse (von 90° bis 270° Kurbelstellung) senkrecht zur Schwingenbogensehne festlegt und wenn man die Teilhübe des Bogenhubes auf die Sehne herablotet. Die Lote stellen die Teilhübe des Bogenhubes bei Ableitung senkrecht zur Hubsehne dar, die Lotfußpunkte teilen auf der Sehne die Teilhübe bei Ableitung in Richtung der Hubsehne ab.

Abb. **77.1** zeigt eine geschränkte Kurbelschwinge mit dem gleichen Schubstangenverhältnis und der gleichen Schränkung wie bei der geschränkten Schubkurbel der Abb. **76.3**, so daß beide und ihre Bewegungsschaubilder direkt vergleichbar sind.

Die Abb. **77.2** und **77.3** enthalten das Bewegungsschaubild und das zugehörige Zeit-Weg-Schaubild für abgeleitete Hubbewegungen senkrecht zur Schwingenbogensehne, die Abb. **77.4** und **77.5** die entsprechenden Schaubilder für die abgeleiteten Hubbewegungen in Richtung der Hubsehne.

Wieder sind die Koppelpunkte $-PK = 2\,b$ und $+PK = b$ außer dem Kurbelzapfen und dem Schwingenzapfen untersucht, in den Abb. **77.2** und **77.3** dazu noch der zwischen Kurbelzapfen und Schwingenzapfen liegende Koppelpunkt $-PK = b/2$.

Besonders der Vergleich der Abb. 77.5 mit der Abb. 76.4 zeigt die gesteigerte Verzerrung durch den Schwingenbogen, die natürlich mit stärkerer Krümmung (= kürzerer Schwinge) zunehmen würde.

Auch die Kurven der Abb. 77.3 weisen starke Abweichungen von Sinuslinien auf, die ja bei der entsprechenden Bewegungsableitung bei der geschränkten Schubkurbel noch vorliegen.

Im Gegensatz zur geschränkten Schubkurbel muß man bei der geschränkten Kurbelschwinge Schränkung nach oben mit starken Bewegungsverzerrungen (Abb. 77.1) und Schränkung nach unten mit geringen Bewegungsverzerrungen (Abb. 78.1) unterscheiden, und dies bietet die Möglichkeit, durch Wahl besonders günstig nach unten geschränkter Kurbelschwingen wieder Koppelpunkte zu gewinnen, von denen sich symmetrische Hubbewegungen ableiten lassen.

Abb. 78.1 zeigt ein solches Getriebe (vgl. Abb. 61.1). Sowohl die Untersuchung der Bewegungsableitung senkrecht zur Bogenschubsehne (Abb. 78.2 und 78.4) wie die der Bewegungsableitung in Richtung der Schwingenbogensehne (Abb. 78.3 und 78.5) zeigen sehr geringe Bewegungsverzerrungen, so daß sie bei nicht ganz strengem Maßstab praktisch als symmetrische Kurve verwendet werden können.

9.1.4 Das Verzerrungsgesetz und die konstruktive Auswertung

Die bisherigen Untersuchungen der Koppelpunkte auf der Koppelmittellinie umfassen alle möglichen Getriebe und alle möglichen Kurvenformen.

Damit liegen die Gesetzmäßigkeiten der praktisch wichtigsten Koppelpunkte klar. Wichtiger ist aber, daß zugleich eine Untersuchungsmethode entwickelt werden konnte, die dem Konstrukteur gestattet, lediglich gestützt auf die einfache Bearbeitung der von den beiden Koppelgelenken ableitbaren Hübe, mit einem nur aus geraden Linien bestehenden Schaubild die Bewegungsgesetze aller Koppelpunkte der Koppelmittellinie restlos zu erfassen, ohne daß die einzelnen Koppelkurven zuvor aufgezeichnet oder bekannt zu sein brauchen. Hat man für einen praktischen Anwendungsfall die geeignete Koppelkurve ermittelt, so liegen damit auch alle für die Konstruktion notwendigen Unterlagen fest, also die Lage des gewünschten Koppelpunktes, sein Bewegungsgesetz und der Raumbedarf seiner Bewegung, so daß es möglich wäre, daraus ein Koppelkurvengetriebe zu entwerfen, ohne dabei die Koppelkurve selbst kennenzulernen. Wenn dies praktisch auch nicht oft ausgenutzt werden wird, so zeigt diese Möglichkeit doch die große Stärke des Ermittlungsverfahrens.

Dies ist aber mehr als ein wertvolles Konstruktionshilfsmittel. Es ist das grundlegende natürliche Aufbauprinzip selbst, das die scheinbar verwickelten Koppelkurvenverhältnisse in der einfachsten Weise entschleiert.

Hierbei sind eine Anzahl sehr wichtiger gesetzmäßiger Grundlagen offenbar geworden.

1. Die Beurteilung der Koppelkurven erhält Klarheit und Richtung, wenn die beiden Koppelgelenke als gesetzentscheidende Koppelpunkte aufgefaßt und in die Untersuchung der Bewegungsableitungen als entscheidend für alle übrigen Bewegungsableitungen einbezogen werden.

2. Der bisher verwendete Begriff der Totpunkte als Hubbegrenzungslagen eignet sich nicht für die Koppelkurvenuntersuchung. Hierfür werden die natürlichen Relativlagen neu eingeführt. Bei der Schubkurbel sind dies zwei Getriebelagen, bei denen die Kurbel auf dem zur Schubrichtung parallel liegenden Kurbel-

kreisdurchmesser liegt. In beiden Kurbelgelenken erfolgt von einer natürlichen Relativlage zur andern eine Bewegung von genau 180°. Das letztere gilt auch für die natürlichen Relativlagen der Kurbelschwinge.[1]

3. Beim Aufbau des Bewegungsschaubildes aus den von den beiden Koppelgelenken ableitbaren Hubbewegungen ergibt der Kurbelzapfen immer die reine Sinusgrundschwingung, der Gleitsteinzapfen bzw. Schwingenzapfen dazu noch die für sämtliche Bewegungsvorgänge des Getriebes entscheidenden Verzerrungsschwingungen doppelter Schwingungszahl aus dem Verhältnis von Kurbel zu Koppel, Schränkung und gegebenenfalls Schwingenbogenkrümmung.

4. Die natürliche (getriebliche) Zusammensetzung (Synthese) der von Punkten der Koppelmittellinie ableitbaren Hubbewegungen erfolgt unter Einbeziehung der wahren Koppellänge b (zwischen den Koppelgelenken) als Einheitslänge nach einfachen Gesetzen mit abweichenden Ergebnissen für die einzelnen Koppelpunkte (Abb. **79.1** und **79.2**). Dabei kommt der Richtung der abzuleitenden Hubbewegung, verglichen mit der Gleitsteinbewegung bzw. der Schwingenbogensehne des Grundgetriebes entscheidende Bedeutung zu.

Die Grenzfälle sind Hubableitung senkrecht zur Gleitsteinzapfen-Bewegung des Grundgetriebes (Abb. **79.1**) und Hubableitung in Richtung der Gleitsteinzapfenbewegung des Grundgetriebes (Abb. **79.2**).

1. Grenzfall: Hubableitung senkrecht zur Schubrichtung (Schwingenbogensehne) des Grundgetriebes (Abb. **79.1**).

Die Ausmaße sowohl der reinen Sinusschwingung von der Kurbel wie der Schubbewegung von Schwingen- oder Gleitsteinzapfen ändern sich von Koppelpunkt zu Koppelpunkt der Koppelmittellinie. Der Nullpunkt für die Sinusschwingung der Kurbel ist der Schwingenzapfen, der Nullpunkt für die Verzerrungen aus der Schubbewegung der Schwinge oder des Gleitsteines ist der Kurbelzapfen. Die Sinusschwingung der Kurbel ist von ihrem Nullpunkt im Schwingenzapfen in Richtung auf den Kurbelzapfen positiv, die Schwingenbewegungsverzerrung dagegen von ihrem Nullpunkt im Kurbelzapfen in Richtung auf den Schwingenzapfen.

Im Bereich der wahren Koppellänge (zwischen Kurbelzapfen und Schwingenzapfen) sind beide positiv, jenseits des Schwingenzapfens ist die Sinusschwingung der Kurbel negativ (Umkehrung des Bewegungssystems in der abgeleiteten Hubbewegung), die Schubbewegungsverzerrung der Schwinge dagegen positiv, jenseits des Kurbelzapfens ist umgekehrt die Sinusschwingung der Kurbel positiv, die Schubbewegungsverzerrung der Schwinge dagegen negativ.

2. Grenzfall: Hubableitung in Richtung der Schubrichtung (Schwingenbogensehne) des Grundgetriebes (Abb. **79.2**).

Nur das Ausmaß der Verzerrung der Schubbewegung ändert sich von Koppelpunkt zu Koppelpunkt der Koppelmittellinie, und zwar nach der gleichen Gesetzmäßigkeit wie im 1. Grenzfall. Die Größe der Sinusschwingung der Kurbel bleibt dagegen immer gleich.

3. Allgemeinfall: Hubableitungsrichtung zwischen denen des 1. und 2. Grenzfalles ergeben wieder in der abgleiteten Kurbelzapfenbewegung eine reine Sinusschwingung, in der abgeleiteten Schwingenzapfenbewegung eine Verzerrungsschwingung. Die Gesetzmäßigkeit im Aufbau dieser allgemeinen abgeleiteten Hubbewegungen (Abb. **79.3**) liegt zwischen denen der beiden Grenzfälle (Abb. **79.1** und **79.2**) in der Weise, daß das verwertbare Ausmaß der Sinusschwingung der Kurbel nicht mehr gleich groß bleibt, wie im Grenzfall 2 (Abb. **79.2**), sondern sich

---

[1] Die exakte Ermittlung der natürlichen Relativlagen bei der Kurbelschwinge siehe Abb. **84.7**. Die Verhältnisse bei der Doppelkurbel zeigt Abb. **69.2**.

von Koppelpunkt zu Koppelpunkt um so schneller ändert, je mehr die allgemeine abgeleitete Hubrichtung von der Geradschubrichtung (Schwingenbogensehne) des Grundgetriebes abweicht.

Während der Nullpunkt im Maßstab der Sinusschwingung der Kurbel im 1. Grenzfall (Abb. **79**.1) im Schwingenzapfen liegt, im 2. Grenzfall (Abb. **79**.2) dagegen im Unendlichen, befindet er sich im allgemeinen Fall (Abb. **79**.3) also zwischen Schwingenzapfen und Unendlich.

Sonst bestehen im Aufbau der Hubbewegungen der verschiedenen Ableitungsrichtungen keine Unterschiede.

Die auf diese Weise aus Koppelpunktbewegungen gewonnenen Bewegungsgesetze lassen die Form der Koppelkurve außer acht. Dies ist ein entscheidender Unterschied gegenüber den Metallkurven, die man ja als in Metall geschnittenes Bewegungsgesetz auffassen kann. Für die Konstruktion bedeutet das, daß z. B. eine zeichnerisch dargestellte Funktion, die getrieblich dargestellt (berechnet) werden soll, nicht mit der Koppelkurve selbst verglichen werden darf, sondern nur mit davon ableitbaren Bewegungen.

Zu dem Zweck empfiehlt es sich, aus der gegebenen Funktion eine reine Sinusschwingung (gegebenenfalls den entsprechenden Teil einer solchen) auszulösen und lediglich den verbleibenden Rest für die weitere Ermittlung zu verwenden.

Die dadurch vorgenommene Einengung der Aufgabe ist zugleich eine wesentliche Erleichterung der Ermittlungsarbeit, die schließlich zu einem Getriebe führt, bei dem die lineare Veränderliche als Kurbelstellung erscheint, der entsprechende Wert der Funktion als abgeleiteter Hub.

9.2 Die Bewegungsgesetze beliebiger Koppelpunkte bei Schubkurbeln und Kurbelschwingen[1]

Ausgehend von den Bewegungen der beiden Koppelgelenke wurden bisher die Bewegungsverhältnisse von Koppelpunkten auf der Koppelmittellinie untersucht. Im folgenden soll die Untersuchung ausgedehnt werden auf beliebige Koppelpunkte. Dabei wird zunächst wieder die Schubkurbel betrachtet als Sonderfall und dann der allgemeine Fall der Kurbelschwinge.

9.2.1 Die Schubkurbel

Die Geradschubbewegung des Gleitsteines und die Kurbelzapfenbewegung sind über die bisher untersuchte Koppelmittellinie hinaus bestimmend auch für die Bewegungen der gesamten Koppel. Es läßt sich daher die Bewegung jedes Koppelpunktes entwickeln aus der Gleitsteinbewegung und der Kurbelzapfendrehung des betreffenden Getriebes.

Abb. **80**.1 zeigt eine zentrische Schubkurbel in Totlage mit Decklage von Kurbel und Koppel, die Kurbel steht im Kurbeldrehwinkel $\alpha = 0°$. Die Koppelmittellinie ist in dem Fall zugleich die Polbahnnormale, der Gleitsteinzapfen zugleich der Pol, die Senkrechte durch den Pol bzw. Gleitsteinzapfen die Polbahntangente.

Die Verbindungsgerade durch den Koppelpunkt und den Gleitsteinzapfen (Pol) ist der Polstrahl des Koppelpunktes, der mit der Polbahntangente den Polwinkel $\varphi = n°$ einschließt. Die Entfernung des Koppelpunktes vom Gleitsteinzapfen ist k.

---

[1] Unter Verwendung der Ergebnisse der Dissertation BRÜCKER, Aachen 1948.

Jeder Koppelpunkt hat zwei bevorzugte Richtungen für abgeleitete Hubbewegungen, die eine senkrecht zum Polstrahl, vorläufig bezeichnet mit $h^{-k}_{(\varphi\,=\,n°)}$, die andere in Richtung des Polstrahles, bezeichnet mit $h'^{k}_{(\varphi\,=\,n°)}$.

Bei der zentrischen Schubkurbel der Abb. **80**.2 wurden die beiden Koppelpunkte K_1 und K_2 gewählt im gleichen Abstand k vom Gleitsteinzapfen, jedoch K_1 auf dem in Abb. **80**.1 senkrecht zur Geradschubrichtung stehenden Polstrahl mit dem Polwinkel $\varphi = 0°$, K_2 auf einem beliebigen Polstrahl mit dem Polwinkel $\varphi = n°$.[1]

Bei der Bewegung des Getriebes entstehen die beiden Koppelkurven dadurch, daß der Gleitsteinzapfen als Ursprung der Polstrahlen $0°$ und $n°$ die Geradschubbewegung (sb) ausführt und daß zugleich die Polstrahlen eine Drehschwingung (sw) ausführen, die von der Kurbelzapfenbewegung herrührt.[2]

Im Getriebe der Abb. **80**.4 sind diese beiden Bewegungen dadurch getrennt auszuführen, daß die Koppel von der Kurbel gelöst ist.

Verschiebt man die Koppel, ausgehend von der Getriebestellung $360°$, nicht nur mit dem Gleitsteinzapfen in Schubrichtung (sb), sondern auch mit dem anderen, sonst mit dem Kurbelzapfen verbundenen Gelenk auf dem zur Schubrichtung parallelen Kurbelkreisdurchmesser zwischen den natürlichen Relativlagen, so bewegen sich auch die Koppelpunkte K_1 und K_2 und alle übrigen auf parallelen geradlinigen Bahnen, die mit der Bahn des Gleitsteines in Länge, Richtung und Bewegungsgesetz völlig übereinstimmen (vgl. auch Abb. **80**.2). In Abb. **80**.4 ist diese Bewegung bis zur Gleitsteinstellung $90°$ durchgeführt.

Durch Anheben des Koppelgelenkes zur Verbindung mit dem Kurbelzapfen (Abb. **80**.4: in Kurbelstellung $90°$) läßt sich die zweite Bewegung, die in Abb. **80**.4 durch gebogene Pfeile hervorgehobene Polstrahlschwenkung (sw) um den Gleitsteinzapfen, getrennt ausführen, womit die Koppelpunkte (K_1 und K_2) an ihren wirklichen Platz gelangen.

Dabei streicht (bei der zentrischen Schubkurbel) das Koppelgelenk über einen Streifen senkrecht zur Schubrichtung von der Breite $sw^- = a \sin 90°$ und die Koppelpunkte über entsprechende, im Verhältnis von Koppelpunktentfernung k zu Koppellänge b maßstäblich veränderten Streifen senkrecht zu ihrem Polstrahl von der Breite

$$sw^-_k = \frac{k}{b}\, a \sin 90° \tag{62}$$

Wie Abb. **80**.3 zeigt, sind alle für die Bewegung der Koppelpunkte bestimmenden Werte des Schubgesetzes (sb) und des Schwenkgesetzes (sw) im Kurbelkreis zu gewinnen, wenn man die Koppelschwenkung um das Gleitsteinzapfenlager, wie in Abb. **80**.4, für jede der untersuchten Kurbelstellungen ausführt. Die Kreisbogen (Halbmesser = Koppellänge b) teilen dann auf der Geraden zwischen den natürlichen Relativlagen $360°$ bis $180°$ das Schubgesetz (sb) ab. Das Lot von den jeweiligen Kurbelstellungen auf diese Gerade $360°$ bis $180°$ gibt die Querschwenkung (sw^-). Das Stück auf der Geraden $360°$ bis $180°$ zwischen dem Fußpunkt des Lotes und dem zugehörigen Bogenschnittpunkt ist die nach außen gerichtete Teilschwenkung (sw').

Koppelpunkte auf dem Polstrahl $\varphi = 0°$ (z. B. K_1 in Abb. **80**.2) bilden eine ähnliche Sondergruppe, wie die Koppelpunkte auf der Koppelmittellinie.

Abgeleitete Hubbewegungen senkrecht zum ungeschwenkten Polstrahl ($h^{-k}_{(\varphi\,=\,0°)}$) setzen sich nämlich hierbei zusammen aus der Geradschubbewegung

---

[1] Zum Vergleich muß man sich die Kurbel der Abb. **80**.2 in die Stellung $360°$ ($k = 0°$) zurückgedreht vorstellen.

[2] Die Zusammenhänge zwischen Relativ- und Absolutbewegung wurden bereits in Abschnitt 4.2 im Zusammenhang mit der Entwicklung der Formeln (27) und (28) behandelt.

des Gleitsteins sb^- und der Querschwenkung sw^- im Maßverhältnis der Entfernung des betreffenden Koppelpunktes.

$$h^{-k}_{(\varphi\,=\,0°)} = s\,b^- + \frac{k}{b}\,a \sin\alpha\,. \quad [\text{cm}] \tag{63}$$

Im Zeit-Weg-Schaubild der Abb. **81**.1 sind Gleitsteinbewegung und Polstrahlschwenkung zur abgeleiteten Hubbewegung zusammengesetzt.

Abgeleitete Hubbewegung ($h'^{k}_{(\varphi\,=\,0°)}$) in Richtung des ungeschwenkten Polstrahles $\varphi = 0°$ wird von der Gleitsteinbewegung überhaupt nicht beeinflußt und von der Polstrahlschwenkung, wie Abb. **81**.2 erkennen läßt, nur gemäß der beim Ausschwenken sich bildenden Sehnenhöhe sw'. Diese errechnet sich zu

$$h'^{k}_{(\varphi\,=\,0°)} = sw' = k - \sqrt{k^2 - \frac{k^2}{b^2}\,a^2 \sin^2\alpha} \quad [\text{cm}] \tag{64}$$

und ist für den Koppelpunkt K_2 der Abb. **80**.2 im Zeit-Weg-Schaubild der Abb. **81**.3 dargestellt.

Damit sind alle bei der zentrischen Schubkurbel für die Koppelbewegung in Frage kommenden Einzelgesetzmäßigkeiten erfaßt.

Für beliebig liegende Koppelpunkte, z. B. K_2 in Abb. **80**.2, ändert sich nur der Anteil aus der Gleitsteinbewegung sb^- in den beiden Hauptableitungsrichtungen, während die Polstrahlschwenkungsanteile unberührt bleiben. Bei Ableitung senkrecht zum Polstrahl wird die Gleitsteinbewegung sb^- durch Multiplikation mit $\cos\varphi$ maßstäblich verkleinert verwendet (Abb. **81**.4), bei Ableitung in Polstrahlrichtung kommt die ergänzende Gleitsteinteilbewegung $sb^- \sin\varphi$ zu dem Schwenkungsanteil (Abb. **81**.5).

Das Hubgesetz der von beliebigen Koppelpunkten der zentrischen Schubkurbel ableitbaren geradlinigen Hubbewegungen in Richtung senkrecht zum Polstrahl lautet:

$$h^{-k}_{(\varphi\,=\,n°)} = sb^-\cos\varphi + \frac{k}{b}\,a \sin\alpha \quad [\text{cm}] \tag{65}$$

in Richtung des Polstrahls

$$h'^{k}_{(\varphi\,=\,n°)} = sb^-\sin\varphi - k + \sqrt{k^2 - \frac{k^2}{b^2}\,a^2 \sin^2\alpha}\,. \quad [\text{cm}] \tag{66}$$

Bei Koppelpunkten auf einem Polstrahl ändert sich das Bewegungsgesetz entsprechend der Entfernung der Koppelpunkte vom Gleitsteinzapfen, so daß wieder Ermittlungsdiagramme nach Art des der Abb. **74**.3 zum Erfassen der Hubgesetze aller Koppelpunkte eines Polstrahles gezeichnet werden können, was in Abb. **81**.6 und **81**.7 für den Koppelpunkt K_1 der Abb. **80**.2 geschehen ist, in Abb. **81**.8 und **81**.9 für den Koppelpunkt K_2, jedesmal sowohl für Ableitung senkrecht zum Polstrahl und in Richtung des Polstrahles.

Im Überblick über die gesamte Koppelbewegung zeigt es sich, daß allen Koppelpunkten auf dem gleichen Polstrahl das gleiche Gleitsteinbewegungsgesetz zugrunde liegt, das Sinusgesetz der Polstrahlschwenkung jedoch in dem Maße vergrößert verwendet wird, in dem die Entfernung des untersuchten Koppelpunktes vom Gleitsteinzapfen größer gewählt wird. Die Bewegungsgesetze dieser Koppelpunkte unterscheiden sich also nur in dem *maßstäblichen* Verhältnis, in dem an ihnen das Gleitsteinhubgesetz und das Polstrahlschwenkgesetz beteiligt sind.

Schlägt man auf der Koppel einen Kreis mit dem Halbmesser k um den Gleitsteinzapfen (Abb. **80**.2), so zeigen die Ableitungsgesetze der Koppelpunkte dieses Kreises das gleiche maßstäbliche Mischungsgesetz, nur mit dem Unterschied, daß hier das Polstrahlschwenkungsgesetz unverändert bleibt, während das Gleitsteingesetz entsprechend dem jetzt wechselnden Winkel φ bis zu Null verkleinert werden kann. In diesem Fall, nämlich bei $\varphi = 90°$ bzw. 270°, erscheint nur noch das Polstrahlschwenkungsgesetz. Dem entsprechen unendlich ferne Koppelpunkte mit unendlich vergrößertem Polstrahlschwenkgesetz, demgegenüber das noch verbliebene Gleitsteingesetz unendlich klein, also zu vernachlässigen ist.

In baulicher Reichweite sind also in handlichem Maßstab alle auf der Koppel möglichen Bewegungsgesetze zu erfassen.

Bei der geschränkten Schubkurbel erfolgt die bekannte Verzerrung des Gleitsteingesetzes sb^- (Strichpunktiert in Abb. **82**.2), aber auch das Polstrahlschwenkgesetz sw (Abb. **82**.3) ist erheblich verändert.

Zur Ermittlung dieser Grundgesetze verwendet man wieder die Kurbelkreisteilung in der Weise, daß die Parallele zur Gleitsteinschubrichtung durch das Kurbellager die natürlichen Relativlagen mit den Kurbelstellungen 0° (= 360°) und 180° bestimmt. Wie Abb. **82**.1 zeigt, findet man die Polstrahlschwenkung z. B. für die Getriebestellung 90°, indem man mit einer Geraden durch die Kurbelstellung 360° und die Gleitsteinstellung 360° die Schränkrichtung festlegt. Dann schlägt man in der gerade untersuchten Getriebestellung (z. B. 90°) um die betreffende Gleitsteinstellung (z. B. 90°) einen Bogen vom Halbmesser b (Koppellänge) durch die Kurbelstellung (z. B. 90°) bis zum Schnittpunkt S mit der Geraden durch die Kurbelstellungen 360° und 180°. Dann fällt man ein Lot von der Kurbelzapfenstellung (z. B. 90°) auf die Schränkrichtung, und auf dieses Lot ein weiteres vom Schnittpunkt S mit dem Fußpunkt L, das zugleich eine Parallele zur Schränkrichtung ist.

Die Strecke zwischen der Kurbelstellung 360° und dem Schnittpunkt S entspricht dem bisher zurückgelegten Schubweg sb^- einschließlich der Schränkungsverzerrung. Die Strecke Kurbelstellung (90°) — L gibt den Polstrahlschwenkungsausschlag (sw^-) senkrecht zum jeweiligen Polstrahl, die Strecke SL den Ausschlag (sw') in Richtung des Polstrahles. Beide Werte beziehen sich auf die Koppellänge b und müssen für Koppelpunkte in anderen Entfernungen k vom Gleitsteinzapfen entsprechend dem Verhältnis k/b umgerechnet werden.

Der Polstrahl in Getriebestellung 360° (oder 180°) senkrecht zur Gleitsteinschubrichtung hat den Polwinkel $\varphi = 0°$.

Der Bewegungsaufbau der geschränkten Schubkurbel läßt sich von dem des zentrischen Geradschubes aus entwickeln, wie Abb. **82**.4 sogleich erkennen läßt. Der Schubweg des zentrischen Geradschubs $sb^-_{zentr.}$ wird bei Schränkung durch einen Zusatzschubweg $\Delta sb^-_{(Schränkung)}$ verändert, und zwar wird er im Beispiel der Abb. **82**.4 um diesen Zusatzschubweg $\Delta sb^-_{(Schränkung)}$ vergrößert bei Schränkung nach oben (+), dagegen bei Schränkung nach unten (−) darum vermindert.

Das läßt sich auch noch mathematisch in einfacher Weise darstellen. Aus den Abb. **82**.5 bis **82**.7 ergibt sich der Schubweg bei Schränkung nach oben (+) zu:

$$sb^-_{(Schränkung\,+)} = sb^-_{zentr.} + b\,(1 - \cos\sigma) - b\cos\beta_z + \sqrt{b^2 - (a\sin\alpha - s\,r)^2}, \ [\text{cm}] \quad (67)$$

aus den Abb. **83**.1 bis **83**.3 der Schubweg bei Schränkung nach unten (−) zu:

$$sb^-_{(Schränkung\,-)} = sb^-_{zentr.} + b\,(1 - \cos\sigma) - b\cos\beta_z + \sqrt{b^2 - (a\sin\alpha + s\,r)^2}, \ [\text{cm}] \quad (68)$$

Die Schwenkwege $sw_{(Schränkung\,+)}$ (bei Schränkung nach oben (+) entnimmt man aus Abb. **83**.4, und zwar die Querschwenkung zu:

$$sw^-_{(Schränkung\,+)} = b\sin(\beta_{sr} + \sigma), \ [\text{cm}] \quad (69)$$

den Schwenkweg nach außen zu:

$$sw'_{(Schränkung\,+)} = b\,[1 - \cos(\beta_{sr} + \sigma)], \ [\text{cm}] \quad (70)$$

wobei der Winkel β_{sr} bei Schränkung nach oben (+) zu bestimmen ist aus der Gleichung:

$$\sin \beta_{sr} = \frac{a \sin \alpha - s\,r}{b}\,. \tag{71}$$

In entsprechender Weise ergibt Abb. **83**.5 die Schwenkwege $sw_{(Schränkung\,-)}$ für Schränkung nach unten (−), und zwar die Querschwenkung zu:

$$sw^{-}_{(Schränkung\,-)} = b \sin (\beta_{sr} - \sigma)\,, \quad [\text{cm}] \tag{72}$$

die Schwenkung nach außen zu:

$$sw'_{(Schränkung\,-)} = b\,[1 - \cos(\beta_{sr} - \sigma)]\,, \quad [\text{cm}] \tag{73}$$

wobei der Winkel β_{sr} bei Schränkung nach unten (−) zu bestimmen ist aus der Gleichung:

$$\sin \beta_{sr} = \frac{a \sin \alpha + s\,r}{b}\,. \tag{74}$$

In Abb. **82**.1 ist ein Koppelpunkt im Abstand $k = b$ (= Koppellänge) auf dem Polstrahl $\varphi = 180°$ untersucht mit den Bewegungsschaubildern für abgeleitete Hubbewegung senkrecht zum Polstrahl und in Richtung des Polstrahles in den Abb. **82**.2 und **82**.3.

9.2.2 Die Kurbelschwinge

Die Führung der Koppel einer Kurbelschwinge (entsprechend Abb. **80**.4) in der Weise, daß alle Koppelpunkte nunmehr parallele Schwingenbögen durchlaufen, wäre nur möglich, wenn man das vom Kurbelzapfen gelöste Koppelgelenk auch auf einem Bogen der gleichen Krümmung zwischen den Kurbelstellungen 360° und 180° als den natürlichen Relativlagen führen würde.

Das würde also bedeuten, daß die bisher verwendeten Geradschubwege sb^{-} im Falle von Kurbelschwingen erscheinen würden als Sehnen der Schwingenbögen zwischen den natürlichen Relativlagen 360° und 180°. Damit ließen sich auch die Schub- und Schwenkgesetze der Kurbelschwingen aufbauen auf die bereits behandelten entsprechenden Gesetze der zentrischen und geschränkten Schubkurbeln, denen dabei nur noch Zusatzbewegungen allein aus dem Schwingenbogen überlagert würden.

Dies ist in Abb. **84**.1 bis **84**.3 geschehen für die Schubgesetze der zentrischen Kurbelschwinge und für die der nach oben geschränkten (+) und der nach unten geschränkten (−) Kurbelschwinge. Die hierbei neu hinzukommende letzte Überlagerungsschwingung aus dem Schwingenbogen, zerlegt in den Querschub $\Delta\,sb^{-}_{Bogen}$ und den Hochschub sb'_{Bogen}, ergeben jedoch Ausdrücke vierten Grades, die zweckmäßig nur zeichnerisch ermittelt werden.

Es ist übrigens, wie auch bisher, nicht nötig, den jeweiligen Gesamtquerschub sb^{-}_{Bogen} aus den einzeln zu ermittelnden Teilschubwegen zusammenzusetzen, man gewinnt ihn sogleich in seiner ganzen Länge innerhalb des Kurbelkreises selbst, wenn man um den Schwingenzapfen B (auf dem Bogen!) einen Kreisbogen von Koppellänge b (in Abb. **84**.1 bis **84**.3 gestrichelt) vom Kurbelzapfen A schlägt, bis zum Schnittpunkt S auf dem Bogen über dem Kreisdurchmesser 360° bis 180°. Das Lot von dem Schnittpunkt S auf den Kreisdurchmesser 360° bis 180° hat die Länge sb'_{Bogen} und teilt auf dem Kreisdurchmesser nach 360° zu ab den gesamten Querschubweg sb^{-}_{Bogen} beziehungsweise $sb^{-}_{\pm\,geschr.\,Bogen}$.

In Abb. **84**.4 wurde ein Koppelpunkt untersucht im Abstand $k = b$ vom Schwingenzapfen und auf dem Polstrahl $\varphi = n°$. Die zugehörigen Zeit-Weg-Schaubilder für die abgeleitete geradlinige Hubbewegung senkrecht zum Polstrahl $\varphi = n°$ zeigt Abb. **84**.5 in Richtung des Polstrahles Abb. **84**.6.

Da beide Ableitrichtungen um den Winkel $n°$ beziehungsweise $90 - n°$ von der Richtung des Kurbelkreisdurchmessers $360°$ bis $180°$ abweichen, muß das Schubgesetz sb_{Bogen}^{-} auch auf einer Geraden abgeteilt werden, die um $n°$ von der Richtung des Kurbelkreisdurchmessers $360°$ bis $180°$ abweicht, und das Schubgesetz sb'_{Bogen} auf einer senkrecht hierzu stehenden Geraden.

Die Ermittlung des Polstrahlschwenkgesetzes ist aus Abb. **85**.1 für zentrischen Schwingenbogen zu entnehmen, aus den Abb. **85**.2 und **85**.3 für nach oben $(+)$ und nach unten $(-)$ geschränkten Schwingenbogen.

Im Punkt S auf dem Schwingenbogen über dem Kurbelkreisdurchmesser $360°$ bis $180°$ liegt das Kurbelgelenk der Koppel, nachdem diese nur die Parallelverschiebung um den Schubweg sb_{Bogen} ausgeführt hat (vgl. Abb. **84**.1 bis **84**.3). Von diesem Bogen aus muß nun die Koppel um den Schwingenzapfen in die jeweilige Kurbelstellung geschwenkt werden, also in den Abb. **85**.1 bis **85**.3 aus der gestrichelt gezeichneten Stellung in die ausgezogene und in Punktraster angelegte normale Lage.

In der gestrichelten Ausgangsstellung SB liegt die Koppel in der Schränkrichtung, in Abb. **85**.1 also ohne Schränkung parallel zu dem Kurbelkreisdurchmesser $360°$ bis $180°$, in Abb. **85**.2 schräg nach oben, in Abb. **85**.3 schräg nach unten entsprechend der jeweiligen Schränkung nach oben $(+)$ und nach unten $(-)$.

Man fällt nun ein Lot vom Kurbelzapfen (A) aus auf die gestrichelte Koppel (in Schränkrichtung) mit dem Fußpunkt L.

Die Strecke Kurbelzapfen A—Lotfußpunkt L gibt den Ausschlag der Polstrahlschwenkung (sw^{-}) senkrecht zum jeweiligen Polstrahl, die Strecke SL den Ausschlag (sw') in Richtung des Polstrahls. Beide Werte beziehen sich auf die Koppellänge b und müssen für Koppelpunkte in anderen Entfernungen k vom Schwingenzapfen B entsprechend dem Verhältnis k/b umgerechnet werden.

Der Polstrahl in Getriebestellung $360°$ (oder $180°$) senkrecht zum Kurbelkreisdurchmesser $360°$ bis $180°$ hat den Polwinkel $\varphi = 0°$. Nur bei zentrischen Getrieben steht dabei der Polstrahl $\varphi = 0°$ auch senkrecht zur Koppelmittellinie AB (oder SB), bei geschränkten Getrieben kommt dazu der Schränkungswinkel σ (vgl. Abb. **82**.6 und **83**.2 sowie **83**.4 und **83**.5), der bei Schränkung nach oben zugezählt wird, bei Schränkung nach unten abgezogen.

Wenn man eine Kurbelschwinge aufbaut, ausgehend von der zentrischen oder der geschränkten Schubkurbel, so besteht keine Schwierigkeit, die natürlichen Relativlagen $0°$ und $180°$ anzugeben. Der betreffende Kurbelkreisdurchmesser muß zur Geradschubrichtung parallel liegen. Wenn jedoch eine Kurbelschwinge bereits in allen vier Abmessungen festliegt, gilt es, die natürlichen Relativlagen nachträglich exakt zu bestimmen. Es geht also um die beiden Getriebelagen, zwischen denen die Relativdrehungen in beiden Kurbelgelenken genau $180°$ betragen.

Bei der zentrischen Kurbelschwinge fallen diese Relativlagen mit den beiden Totlagen zusammen. Bei geschränkten Kurbelschwingen ist dies nicht der Fall. Bekanntlich ist die Schwingenbogensehne von Totpunkt zu Totpunkt des Schwingenzapfens bei geschränkten Getrieben größer als der Kurbelkreisdurchmesser (vgl. Abschnitt 4.4); die zu den beiden natürlichen Relativlagen gehörende Schwingenbogensehne ist jedoch gleich dem Kurbelkreisdurchmesser und liegt parallel zu den zugehörigen Kurbelstellungen.

Die Ermittlung zeigt Abb. **84**.7. Um den Schnittpunkt des Gestelles d mit dem Kurbelkreis wird ein Kreisbogen geschlagen mit der Schwingenlänge c als Halbmesser. Dieser Kreisbogen wird zum Schnitt gebracht mit dem Lot, das man in A_0 auf d errichtet. Der Schnittpunkt S hat dann von A_0 die Entfernung $\sqrt{c^2 - a^2}$. Mit dieser Länge als Halbmesser wird ein Kreisbogen um A_0 geschlagen und zum

Schnitt gebracht mit einem Kreisbogen um B_0 mit der Koppel b als Halbmesser. Die Verbindungslinie dieses Schnittpunktes R mit A_0 steht senkrecht auf dem gesuchten Kurbelkreisdurchmesser $0°{-}180°$ für die natürlichen Relativlagen. Die zugehörigen Stellungen des Schwingenzapfens ergeben sich durch zwei Kreisbögen um diese Kurbelstellungen mit der Koppel b als Halbmesser. Die zugehörigen Schwingenbogensehne liegt parallel zum Kurbelkreisdurchmesser.

Die zu den Getriebetotlagen gehörenden Kurbelstellungen sind in Abb. 84.7 ebenfalls eingezeichnet (T und T'). Diese beiden Kurbelstellungen weichen deutlich von den natürlichen Relativlagen ab und ergeben im übrigen auch eine ungleiche Aufteilung des Kurbelkreises auf Hin- und Rückhub.[1]

9.3 Aufbau der von Koppelpunkten ableitbaren Bewegungen

Die Teilgesetze der Schubbewegung und die der Schwenkbewegung der Koppelebene sind bisher in je zwei rechtwinklig zueinander stehenden Teilbewegungen gewonnen worden, nämlich:

Bei der *Schubbewegung* (*sb*) in Schubrichtung und senkrecht dazu bei den Schubkurbeln, in Richtung der Bogenschubsehne zwischen den Getriebestellungen $\alpha = 360°$ und $\alpha = 180°$ und senkrecht dazu bei den Kurbelschwingen.

Bei der Schwenkbewegung in Richtung des „Polstrahles" des betreffenden Koppelpunktes (vom Schwingenzapfen bzw. vom Gleitsteinzapfen aus) und senkrecht dazu.

Diese Richtungen kann man als bevorzugte Richtungen auffassen, weil in ihnen die Zerlegung und hernach das Zusammensetzen der einzelnen Teilbewegungen am übersichtlichsten und am einfachsten durchführbar ist.

Im folgenden wird nur eine Bewegungsableitung mittels Kreuzschieber untersucht, also in der gleichen Art, wie er bei der Kreuzschubkurbel (Abb. **75**.5) verwendet wird. Eine Bewegungsableitung mittels Lenkerzweischlag, wie ihn z. B. Abb. **29**.3 zeigt, würde durch die endlichen Längen der Lenker noch zusätzliche aus den Krümmungshalbmessern stammende Überlagerungen ergeben.

9.3.1 Bewegungsableitung in bevorzugten Richtungen

Ganz besonders einfach ist die Ermittlung von Teilbewegungen bei Koppelpunkten auf dem Polstrahl $\varphi = 0°$ (und auf seiner Fortsetzung nach der anderen Seite $\varphi = 180°$), also auf demjenigen Polstrahl, der in Getriebestellung 360° senkrecht steht zu der Geradschubrichtung oder zu der Schwingenbogensehne zwischen den Getriebestellungen $\alpha = 360°$ und $\alpha = 180°$ (vgl. Abb. **80**.1, **80**.2, **80**.4, ferner **82**.1, **85**.1, **85**.2 und **85**.3), und ebenso einfach ist es bei Koppelpunkten auf dem Polstrahl $\varphi = 90°$ (und auf dessen rückwärtiger Fortsetzung $\varphi = 270°$).

Wie die Abb. **85**.4 und **85**.5 erkennen lassen, kommen dabei die bisher angefallenen Teilschubbewegungen sb^- und sb' unmittelbar zur Wirkung sowie die in der bisher beschriebenen Weise gefundenen Teilschwenkbewegungen sw^- und sw', diese jedoch in der maßstäblichen Vergrößerung k/b.

Abb. **85**.4 zeigt Ableitungen in Richtung der Schwingenbogensehne zwischen den Getriebestellungen $\alpha = 360°$ und $\alpha = 180°$. Dabei wirkt bei allen Koppelpunkten der Querschubweg sb^-, also auch bei den Koppelpunkten auf den Polstrahl $\varphi = 0°$ und $\varphi = 90°$.

Anders dagegen beim Schwenkgesetz! Da können die bisher gefundenen Teilbewegungen nur bei Koppelpunkten auf den Polstrahlen $\varphi = 0°$ und $\varphi = 90°$ in der vorgesehenen Ableitrichtung zur Wirkung kommen, natürlich im Verhältnis

---

[1] Vgl. HAGEDORN, „Konstruktive Getriebelehre", Hannover: Schroedel-Verlag 1960, S. 98 ff.

k/b maßstäblich vergrößert. Bei Koppelpunkten auf dem Polstrahl $\varphi = 0°$ ist es der Querschwenkweg $\frac{k}{b}\,sw^-$, der hier den Querschub sb^- zur Gesamtableitbewegung verlängert, während bei Koppelpunkten auf dem Polstrahl $\varphi = 90°$ der Schwenkweg in Polstrahlrichtung $\frac{k}{b}\,sw'$ erscheint, der hierbei den Querschubweg sb^- zur Gesamtableitbewegung etwas verkürzt.

Das Entsprechende zeigt Abb. **85**.5 für Ableitungen senkrecht zur Richtung der Schwingenbogensehne zwischen den Getriebestellungen $\alpha = 360°$ und $\alpha = 180°$. Vom Schubgesetz kommt in dem Fall der nur beim Bogenhub vorkommende Teilschubweg sb' zur Wirkung, wiederum bei allen Koppelpunkten, also auch bei den Koppelpunkten auf den Polstrahlen $\varphi = 0°$ und $\varphi = 90°$.

Vom Schwenkgesetz wirkt diesmal der Querschwenkweg $\frac{k}{b}\,sw^-$ bei den Koppelpunkten auf dem Polstrahl $\varphi = 90°$, der Schwenkweg in Richtung des Polstrahles $\frac{k}{b}\,sw'$ bei den Koppelpunkten auf dem Polstrahl $\varphi = 0°$. In beiden Fällen wirkt der Teilschwenkweg dem jeweiligen Teilschubweg entgegen bei der Bildung der Gesamtableitbewegung.

Bei der geschränkten Schubkurbel[1] in Abb. **85**.6 wird die Koppelpunktbewegung rechtwinklig zum jeweiligen Polstrahl abgeleitet. Das bedeutet, daß immer der Querschwenkweg sw^- zur Wirkung kommt, und zwar wieder in der maßstäblichen Vergrößerung k/b.

Der Schubweg erscheint beim Geradschub nur in Schubrichtung, also als Teilschubweg sb^-. Der senkrecht dazu liegende Teilschubweg sb' kommt nur beim Bogenhub vor (vgl. Abb. **85**.4 und **85**.5), beim Geradschub hat er den Wert 0. Daher erscheint der Querschubweg sb^- zwar bei den Koppelpunkten auf dem Polstrahl $\varphi = 0°$ und ergibt zusammen mit dem Teilschwenkweg die Bewegungsableitung $sb^- + \frac{k}{b}\,sw^-$, sie fällt aber bei den Koppelpunkten auf dem Polstrahl $\varphi = 90°$ völlig weg, so daß die Bewegungsableitung dort nur aus dem Schwenkweg sw^- besteht.

Wählt man auf dem Polstrahl $\varphi = 0°$ eine Anzahl Koppelpunkte, so bleibt für alle der Schubweg sb^- gleich groß, der Schwenkweg sw^- wächst aber mit immer größerem Abstand k des Koppelpunktes vom Gleitsteinzapfen B. Bei einem unendlich großem Abstand k, oder auch schon bei einem recht großen kann der Anteil aus dem Schubweg sb^- vernachlässigt werden gegenüber dem gewaltig vergrößerten Anteil aus dem Schwenkweg sw^-. Zuletzt gilt also nur noch dieser Schwenkweg. Das heißt, daß hier im Unendlichen, bei ungeheurer Vergrößerung ein Zustand erreicht wird, der für jeden Koppelpunkt auf dem Polstrahl $\varphi = 90°$ von Anfang an gegeben ist, also in jeder gewünschten Entfernung k vom Gleitsteinzapfen B und damit in konstruktiver Reichweite und mit technisch brauchbaren Ausmaßen der Ableitbewegung.

Aber auch jedes beliebige Mischungsverhältnis zwischen dem Schubweg sb^- und dem Schwenkweg sw^-, wie es auf dem Polstrahl $\varphi = 0°$ durch Vergrößerung mit Hilfe des Wertes k/b erfolgt, ist in beliebiger Getriebenähe möglich durch die Wahl eines geeigneten Polstrahles zwischen $\varphi = 0°$ und $\varphi = 90°$. Dabei kann man den Abstand des Koppelpunktes k vom Gleitsteinzapfen B gleichhalten, also damit auch den Schwenkweg $\frac{k}{b}\,sw^-$, die Größe des Bewegungsausschlages aus dem Schubweg aber verringern, wie aus Abb. **85**.7 hervorgeht,

---

[1] Das gleiche gilt auch für die zentrische Schubkurbel.

durch Multiplizieren mit dem $\cos\varphi$ des Polstrahlwinkels φ, auf dem der Koppelpunkt gewählt wird. Die Ableitung muß dabei aber rechtwinklig zu dem gewählten Polstrahl bezogen auf die Getriebestellung $\alpha = 360°$ oder $180°$ erfolgen.

In diesem Falle werden also nur die bevorzugten Ableitrichtungen des Schwenkweges benutzt, was aber auch sehr leicht übersehbare Ableitverhältnisse beim Schubweg ergibt.

Bei Bewegungsableitung in Polstrahlrichtung (bezogen auf die Getriebestellung $\alpha = 360°$ oder $\alpha = 180°$) kommt entsprechend zu dem Teilschwenkweg $\frac{k}{b}\,sw'$ der Schubweg sb^- multipliziert mit dem Sinus des Polstrahlwinkels φ, nämlich $sb^-\sin\varphi$, und zwar in der in Abb. **85**.7 dargestellten Getriebestellung mit Bewegungsrichtung nach außen ($+$), während der Teilschwenkweg $\frac{k}{b}\,sw'$ nach innen ($-$) gerichtet ist.

9.3.2 Bewegungsableitungen in beliebigen Richtungen

Die Bewegungsableitung in einer anderen, als der bevorzugten Richtung, ist in Abb. **86**.1 an einem Koppelpunkt gezeigt auf dem Polstrahl $\varphi = 0°$. Der neue Ableitungswinkel ist δ und wird in den Getriebestellungen $\alpha = 360°$ und $\alpha = 180°$ gemessen, rechtsdrehend von der bevorzugten Ableitung in Richtung des Polstrahles.

Wie bisher wird die Koppelpunktbewegung zusammengesetzt aus dem Schubweg sb^- und dem Schwenkweg sw. Beide müssen nun aber in andere Teilbewegungen zerlegt werden, in denen der neue Ableitungswinkel δ berücksichtigt ist.

Das ist beim Schubweg sehr einfach, wie in Abb. **86**.1 an der Gleitsteinbewegung zu erkennen ist (schraffiertes Dreieck). Es entstehen dabei die neuen Teilbewegungen $sb^-\cos\delta$ und $sb^-\sin\delta$, die in gleicher Größe und Lage in die Koppelpunktbewegung übernommen werden (vgl. schraffiertes Dreieck am Koppelpunkt in Abb. **86**.1).

Zur entsprechenden Zerlegung des Schwenkweges geht man vom Endpunkt S der Strecke $360°$-S, dem Schubweg sb^- auf dem Kurbelkreisdurchmesser aus. In diesem Punkte S errichtet man das Lot, das der bevorzugten Richtung senkrecht zum Polstrahl beim Koppelpunkt entspricht. An dieses Lot trägt man wieder rechtsdrehend den neuen Ableitungswinkel δ an und fällt auf dessen freien Schenkel ein Lot vom Kurbelzapfen aus. Es entsteht dann ein rechtwinkliges Dreieck, dessen Hypotenuse ein Bogen ist und in Abb. **86**.1 durch Randpunktierung hervorgehoben wurde. Die Katheten dieses Dreiecks stellen die Teilschwenkwege dar, nämlich den Teilschwenkweg sw_δ, der sich zusammensetzt aus $sw^-\cos\delta$ und $sw'\sin\delta$ und den Teilschwenkweg sw'_δ, entstanden aus $sw^-\sin\delta$ abzüglich $sw'\cos\delta$.

Dieses Schwenkwegdreieck wird im Verhältnis k/b vergrößert und um $90°$ gedreht an den Schubweg des Koppelpunktes angesetzt (vgl. großes Dreieck mit Randpunktierung in Abb. **86**.1). Danach entstehen in den beiden um den Winkel δ gegen die bevorzugten Richtungen in Polstrahlrichtung und senkrecht dazu verdrehten neuen Ableitungsrichtungen die Ableitungswege nach rechts oben (in Abb. **86**.1) $sb^-\sin\delta + \frac{k}{b}\,sw'_\delta$. nach rechts unten $sb^-\cos\delta + \frac{k}{b}\,sw_\delta^-$.

Für die praktische Entwurfsarbeit verzichtet man aber zweckmäßig auf alle unnötigen Linien, ja man ermittelt alle notwendigen Werte gleich im Kurbelkreis, wie Abb. **86**.2 zeigt. Der Vergleich mit Abb. **86**.1 läßt die Zusammenhänge ohne weiteres erkennen. Man muß jedoch bei der Zusammensetzung der Ableitbewegungen von dem gewählten Koppelpunkt aus darauf achten, daß die

Schwenkwege (Dreieck mit Randpunktierung) noch im Verhältnis k/b zu vergrößern sind.

Man kann dann die Ableitbewegungen im Zeit-Weg-Plan aufzeichnen, ohne den Koppelpunkt selbst zu zeichnen, ja ohne daß dieser Koppelpunkt im Bereich der Zeichenebene zu sein braucht.

Für alle Koppelpunkte auf Polstrahlen, die einen Polwinkel φ mit dem Polstrahl $\varphi = 0°$ einschließen, gelten die Abb. **86**.3 und **86**.4.

Der Vergleich der Abb. **86**.1 und **86**.4 zeigt, daß der Polwinkel φ nur bei den Teilbewegungen des Schubweges (sb) berücksichtigt werden muß, nicht jedoch bei den Teilschwenkwegen (sw), die sich daher in keiner Weise unterscheiden von denen der Abb. **86**.1. Es ist wieder das Zerlegungsdreieck der Schubwege (sb) schraffiert dargestellt und nur parallel verschoben, aber sonst unverändert zum Koppelpunktweg gebracht, das Schwenkwegdreieck (sw) mit Randpunktierung dagegen wird um den Winkel ($90° + \varphi$) verdreht und um k/b vergrößert angesetzt, so daß sich in Abb. **86**.4 als Ableitweg nach rechts oben ergibt $sb^- \sin(\varphi + \delta)$ $+ \dfrac{k}{b} sw'_\delta$, und als Ableitung nach rechts unten $sb^- \cos(\varphi + \delta) + \dfrac{k}{b} sw_\delta^-$.

9.4 Die Harmonische Analyse

Wenn die Aufgabe vorliegt, zu einem technologisch begründeten oder versuchsmäßig ermittelten Gesetz ein Lenkergetriebe zu finden, das sich mit seinen Bewegungsableitungen einem solchen Gesetz möglichst vollkommen anschmiegt, so erscheint immer wieder die bekannte harmonische Analyse als Lösungsweg verlockend. Dabei handelt es sich um die Auflösung eines gegebenen Gesetzes in eine Anzahl von Sinus- und Cosinusschwingungen immer höherer Ordnung, die, wieder zusammengesetzt, dem Verlauf des Ausgangsgesetzes gleichen würden. Die Bewegungen eines Viergelenkgetriebes, z.B. einer Schubkurbel, sind vor allem bei Ausnutzung von Koppelkurven so vielgestaltig, daß man sicher sein kann, darin bei richtiger Wahl der Abmessungen allein schon eine ausreichende Zahl von Gliedern der harmonischen Analyse eines verlangten Gesetzes unterbringen zu können. Wie aber soll man zu der richtigen Wahl der Abmessungen gelangen? Man hat hier offenbar nur Aussicht auf Erfolg, wenn eine harmonische Auflösung gelingt, in Teilgesetze, die ganz bestimmten Teilbewegungen der in Frage kommenden Getriebe entsprechen, und die klare und eindeutige Rückschlüsse zulassen auf die einzelnen Gliederabmessungen des Getriebes, das schließlich fähig sein soll, sich in seiner Bewegungsableitung dem verlangten Gesetz ausreichend anzuschmiegen. Statt der harmonischen Sinus- und Cosinusschwingungen würden für eine solche Analyse getriebeharmonische Bewegungen benötigt.

Dem Auffinden solcher getriebeharmonischen Teilbewegungen setzt sich aber als entscheidendes Hindernis die Orientierung nach den Totlagen entgegen. Dies ist vielleicht einer der Gründe dafür, weshalb es so lange Zeit nicht gelang, diesen an sich doch nicht fern liegenden Überlegungen auch praktisch zu folgen.

Wenn hier von der Orientierung nach den Totlagen gesprochen wird, so wird damit das Problem zunächst auf die Getriebe mit schiebendem oder schwingendem Abtrieb beschränkt, also z. B. auf die Schubkurbel, die Kurbelschwinge und die schwingende Kurbelschleife. Die Totlagen sind deswegen ungünstig, weil sich daraus — abgesehen von der zentrischen Schubkurbel und der zentrischen Kurbelschwinge — eine ungleiche Aufteilung des Kurbelkreises für Hin- und Rückhub des Abtriebes ergibt.

Die bereits im Abschnitt 9.2 benutzten natürlichen Relativlagen, haben diese Schwierigkeiten behoben. Sie sind im übrigen bei allen Viergelenkgetrieben auffindbar, sofern diese Getriebe der GRASHOFschen Bedingung genügen (vgl.

8*

Abschnitt 2.3). Hieraus ergibt sich im übrigen der Vorteil auch Doppelkurbeln in die Betrachtung einzubeziehen. Die in den Abschnitten 9.1 und 9.2 behandelte Zerlegung der Koppelbewegung bei Schubkurbeln und Kurbelschwingen in eine Überlagerung von Schubweg und Schwenkweg, kann als zeichnerische Analyse aufgefaßt werden[1]. Dieser Analyse entspricht die an anderer Stelle behandelte getriebeharmonische Synthese.[2]

Es kann grundsätzlich festgestellt werden, daß die Gesetzmäßigkeiten für Weg, Geschwindigkeit und Beschleunigung bzw. Winkelweg, Winkelgeschwindigkeit und Winkelbeschleunigung bei Viergelenkgetrieben aufgefaßt werden können als resultierende Verläufe aus mehreren überlagerten Schwingungen. Für Schubkurbeln und Kurbelschwingen wurden diese Zusammenhänge in Abschnitt 4.4 ausführlich behandelt. Wie die Abschnitte 9.1 und 9.2 zeigten, treffen diese Überlegungen auch für die Koppelkurven zu. Da es sich in allen diesen Fällen um stetige periodische Funktionen handelt, bietet sich die Möglichkeit der harmonischen Analyse auf rechnerischem oder experimentellem Wege. Jede periodische Funktion läßt sich nach FOURIER als Überlagerung einer Reihe von reinen Cosinus- und Sinusschwingungen darstellen. Die Grundschwingung, die sogenannte erste Harmonische, entspricht der Periodenlänge. Die Frequenzen der Oberwellen, der sogenannten Harmonischen höherer Ordnung, sind ganzzahlige Vielfache der Grundfrequenz.

Für die instrumentelle Behandlung sind folgende Geräte bekannt: Mader-Ott, Henrici-Conradi und Harvey-Amsler.

Das Mader-Ott-Gerät wurde z. B. von BACH benutzt, der die harmonische Analyse anwandte bei der Untersuchung von Doppelkurbeln[3]. Es wurden dabei die Gleichungen der Bewegungsgesetze aufgestellt und ihre Kurven analysiert. Dann wurden durch einen Vergleich mit den FOURIER-Koeffizienten eines gegebenen Bewegungsgesetzes die Gliederlängen desjenigen Getriebes bestimmt, das die beste Annäherung bot.

Man kann auch nach RANKERS[4] den Fahrstift des Analysators zwangläufig durch das zu untersuchende Gelenkgetriebe führen, wobei durch entsprechende Übertragungsmittel das Bewegungsgesetz des Getriebes in rechtwinkligen Koordinaten zwangläufig dargestellt wird.

Ein nach LENK[5] entwickelter Spezialanalysator für die Bewegungsfunktionen periodischer Getriebe hat folgende Besonderheiten: Bestimmung möglichst vieler Koeffizienten gleichzeitig, einfache Bedienung, elektrischer Antrieb, sowie leichte und genaue Einstellbarkeit der Gliederlängen des zu untersuchenden Getriebes, wobei auch Grenzfälle und Verzweigungslagen erfaßt werden.

Untersucht wurden von LENK hauptsächlich Kurbelschwingen und Doppelkurbeln. Dabei wurden Kurbelwinkel, Schwingenwinkel und Koppelwinkel gegen die Gestellmittellinie gemessen. Die einzelnen Getriebelängen wurden als „bezogene Größen" verwendet, d. h. es wurden die Verhältniszahlen der drei bewegten Glieder zum Gestellglied angegeben.

---

[1] Vgl. RAUH: „Die Getriebeharmonischen der Schubkurbelgetriebe", VDI-Tagungsheft 1, 1951. Diesem Beitrag sind auch die vorstehenden Ausführungen des Abschnittes 9.4 entnommen.

[2] Vgl. RAUH: „Ermittlung von Koppelkurven für bestimmte Bewegungsgesetze mittels getriebeharmonischer Synthese", VDI-Tagungsheft 1, 1951. Sowie ferner RAUH: „Aufbaulehre der Verarbeitungsmaschinen", Essen: Giradet 1951.

[3] Vgl. BACH: „Die Verwirklichung vorgegebener Winkelgeschwindigkeitsgesetze bei Doppelkurbelgetrieben", Ingenieur-Archiv 1950.

[4] Vgl. Fußnote 1, S. 122.

[5] Vgl. LENK: „Instrumentelle Verfahren zur Harmonischen Analyse der Bewegungsfunktionen periodischer Getriebe", Diss. Aachen 1960.

Die Entwicklung auf dem Gebiet der Rechentechnik in den letzten 15 Jahren ist der Getriebeforschung sehr zustatten gekommen. Die analytische Betrachtung der Probleme hat allerdings für den Praktiker nur dann Bedeutung, wenn ihre Ergebnisse sich in Form von Nomogrammen darstellen lassen und so einen Überblick über eine ganze Getriebeart und die Grenzen ihrer technischen Anwendungsmöglichkeiten geben. Diese Art der „Aufbereitung" wissenschaftlicher Forschungsergebnisse für den Praktiker ist heute unter Einsatz von Rechenzentren jederzeit möglich. Diese Tatsache hat der Anwendung der harmonischen Analyse auf Gelenkmechanismen, vor allem auf die verschiedenen Getriebe der Viergelenkkette, erhebliche Impulse gegeben.

Bei der Forschung und Entwicklung auf dem Gebiet der Kolbenmaschinen wird die harmonische Analyse seit langem angewendet, z. B. für die Untersuchung der Massenkräfte[1]. In Anwendung auf die zentrische Schubkurbel war sie also bekannt. Über diesen Sonderfall hinaus wurden durch die Entwicklung auf dem Gebiet der Verarbeitungsmaschinen die gleichen Fragen auch bei anderen Getrieben der Viergelenkkette wichtig. Dabei stehen die Getriebe mit voll drehfähigem Antrieb wegen ihres weiten Anwendungsbereiches im Vordergrund.

MEYER ZUR CAPELLEN hat mit seinen Mitarbeitern, gestützt auf die Rechenzentren der Technischen Hochschulen Aachen und Darmstadt, umfangreiche Forschungsarbeiten auf diesem Gebiet geleistet. Es kann im Rahmen dieses Abschnittes nicht auf einzelne Arbeiten ausführlich eingegangen werden.

Neben einer grundlegenden Darstellung der harmonischen Analyse bei Kurbelgetrieben[2] wurden besonders untersucht die geschränkte Schubkurbel[3], die geschränkte Kurbelschleife[4] sowie die gleichschenkligen Getriebe[5]. Unter gleichschenkligen Getrieben werden dabei in diesem Falle Viergelenkgetriebe verstanden, bei denen die Längen von Abtriebsglied und Koppel übereinstimmen. Es wird in allen Fällen mit bezogenen Größen gearbeitet, d. h. die Gliederlängen werden als Verhältniswerte angegeben. Die Winkel an Antrieb und Abtrieb werden auf die Gestellmittellinie bezogen mit Ausnahme der geschränkten Schubkurbel, bei der die Nullstellung der Kurbel parallel zur Schubrichtung liegt. Ausgangsstellung ist also im letzteren Falle eine der beiden natürlichen Relativlagen.

Als Ergebnisse wurden unter anderem die FOURIER-Koeffizienten in Kurventafeln zusammengestellt, z. B. für den Abtriebswinkel, das Übersetzungsverhältnis, die bezogene Winkelbeschleunigung sowie für den Koppelwinkel, der zwischen den Mittellinien von Koppel und Gestell gemessen wird. Die Untersuchungen wurden auch auf Koppelkurven ausgedehnt[6].

---

[1] Vgl. MEYER ZUR CAPELLEN: „Die Harmonischen der Rotationsenergie bei der Schubkurbel und verwandte Fourier-Reihen", Zeitschrift für angewandte Mathematik und Physik (ZAMP), Basel: Birkhäuser-Verlag 1959.

[2] Vgl. MEYER ZUR CAPELLEN: „Harmonische Analyse bei Kurbeltrieben", Forschungsberichte des Landes Nordrhein-Westfalen No. 676, Köln und Opladen: Westdeutscher Verlag 1959.

[3] Vgl. MEYER ZUR CAPELLEN und Mitarbeiter: „Bewegungsverhältnisse an der geschränkten Schubkurbel", Forschungsberichte des Landes Nordrhein-Westfalen Nr. 449, Köln und Opladen: Westdeutscher Verlag 1958.

[4] Vgl. MEYER ZUR CAPELLEN: „Die geschränkte Kurbelschleife I. Die Bewegungsverhältnisse" und MEYER ZUR CAPELLEN und RATH: „Die geschränkte Kurbelschleife II. Die Harmonische Analyse", Forschungsberichte des Landes Nordrhein-Westfalen Nr. 718 (1959) und Nr. 804 (1960).

[5] Vgl. MEYER ZUR CAPELLEN und LENK: „Harmonische Analyse bei Kurbeltrieben II. Gleichschenklige Getriebe". Forschungsberichte des Landes Nordrhein-Westfalen Nr. 803 (1960).

[6] Vgl. MEYER ZUR CAPELLEN: „Die zweidimenisonale Fourieranalyse spezieller Koppelkurven." Zeitschrift für angewandte Mathematik und Mechanik, Berlin: Akademie-Verlag 1959.

Mit der Aufgabe, ein vorgegebenes Bewegungsgesetz durch ein Gelenkgetriebe unter Anwendung der harmonischen Analyse anzunähern, befaßt sich auch RANKERS[1]. Dabei werden für das vorgegebene Bewegungsgesetz die FOURIER-Koeffizienten ermittelt, und zwar zunächst nur hinsichtlich ihres Vorkommens und ihres Vorzeichens. Diese werden dann einem Getriebe zugeordnet, das nach Art und Vorzeichen die gleichen Koeffizienten aufweist. Dieser qualitativen Synthese folgt dann eine quantitative Synthese, bei der die Parameter des ausgewählten Getriebetyps auf Grund der Zahlenwerte der FOURIER-Koeffizienten bestimmt werden.

Das Verfahren ist begrenzt auf periodische Getriebe mit voll umlaufendem Antrieb. In diesem Zusammenhang ist die harmonische Analyse bestimmter Getriebetypen eine einmalige Vorarbeit, bei der sich nach RANKERS besonders einfache FOURIER-Reihen ergeben, wenn als Bezugslage eine Steglage — Decklage oder Strecklage — des Antriebsgliedes gewählt wird[2]. Bei vielen Getrieben ergeben sich jedoch bei der rechnerischen Analyse Schwierigkeiten, so daß in solchen Fällen der Übergang zu instrumentellen Verfahren ratsam erscheint.

10. Parallelführung ganzer Ebenen auf Koppelkurven[3]

In den bisherigen Abschnitten wurden nicht nur die Viergelenkgetriebe, sondern auch ihre Koppelkurven ausführlich behandelt. Dabei ging es nicht nur um die Kurvenformen, sondern ebenso um die Gesetzmäßigkeiten der Bewegung der Koppelpunkte. Dementsprechend waren auch die Möglichkeiten der technischen Anwendung. Zum Abschluß sei noch auf einige konstruktive Möglichkeiten hingewiesen, wenn es um die Aufgabe geht, nicht nur einen einzelnen Koppelpunkt auf einer bestimmten Kurve zu führen, sondern eine ganze Ebene.

Es gibt Koppelkurven, die wegen ihrer besonderen Form praktisch gern angewendet werden, so zum Beispiel die Koppelkurven mit zwei geraden Stücken, die einen bestimmten Winkel miteinander einschließen (vgl. Abschnitt 8.3.5).

Dabei kommt es nicht allein vor, daß nur die einzelne Koppelkurve benutzt wird, wie z. B. die eben erwähnte zum Antrieb von stoß- und ruckfrei laufenden Malteserkreuzen oder Malteserhohlrädern (vgl. Band 2: Koppelkurven-Malteser-triebe), sondern oft wird auch gewünscht, daß ein Glied in der Maschine nach einer Koppelkurve parallel verschoben wird. So könnten zwei Greiferschienen z. B. in spiegelbildlichen Bewegungen zusammenarbeiten nach einer Kurve mit zwei geraden Stücken unter rechtem Winkel. Bei der Bewegung aufeinander zu würden sie die Werkstücke zwischen sich erfassen und bei der nun folgenden gemeinsamen geradlinigen Bewegung um einen Schritt fördern, um dann beim Voneinanderstreben wieder loszulassen und zum Erfassen des nächsten Werkstückes zurückzukehren (vgl. auch Faßreinigungsmaschine Abb. **20.**1).

Es ist dazu nun nicht nötig, die betreffende Koppelkurve in zwei vollständig gleichen und zu völligem Gleichlauf gekoppelten Getrieben zu erzeugen und an diese nun einwandfrei parallel laufenden Koppelpunkte das arbeitende Glied anzulenken, das der Koppelkurve folgend parallel verschoben werden soll. Wie die Abb. **87.**1 bis **87.**3 erkennen lassen, kann man vielmehr alles von einem einzigen

---

[1] Vgl. RANKERS: „Angenäherte Getriebe-Synthese durch Harmonische Analyse der vorgegebenen periodischen Bewegungsverhältnisse", Diss. Aachen 1958.

[2] Vgl. RANKERS: „Maßbestimmung der Kurbelschwinge unter Verwendung der Harmonischen Analyse der vorgegebenen periodischen Bewegung", Technische Mitteilungen 1962, Heft 7, Essen: Vulkan-Verlag.

[3] Wahlarbeit GIERMANN, Aachen 1949.

Koppelkurvengetriebe aus steuern, wobei selbstverständlich Parallelkurbelgetriebe (Abschnitt 5.4) mitbenutzt werden.

Das Grundsätzliche zeigt Abb. **87**.1. Unten im Getriebegestell befindet sich das Getriebe (entsprechend Abb. **66**.3), das die eigentliche Koppelkurve erzeugt. Oben im Maschinengestell ist davon lediglich die Schwinge wiederholt und durch ein, zur sicheren Überwindung der Durchschlagstellung um 90° versetzt angeordnetes Parallelkurbelgetriebe an die Getriebeschwinge angeschlossen. Diese jetzt parallelschwingende obere Schwinge trägt nun nur noch das Stück Koppel bis zu dem arbeitenden Koppelpunkt hin, das aber nicht besonders geführt wird. Der obere Koppelpunkt durchläuft trotzdem die richtige Koppelkurve, weil er mit dem in Abb. **87**.1 links gezeichneten, sich parallel verschiebenden Glied mit dem unteren Koppelpunkt verbunden ist. Dadurch entsteht wieder ein Parallelkurbelgetriebe, allerdings eines, das bei der Bewegung dazu noch auf den Schwingenbogen hin- und herschwingt. Beide Parallelkurbelgetriebe schwingen nur. Man muß sie also nur so anordnen, daß sie dabei nicht in den Bereich einer Überdecklage kommen, und man ist dann des einwandfreien Laufes sicher.

Abb. **87**.2 zeigt, daß man das zusätzliche Parallelkurbelgetriebe statt an den Schwingen (wie in Abb. **87**.1) an einem weiteren Koppelpunkt anbringen kann. Das ist allerdings nur möglich, wenn die beiden Schwingen so hintereinander angeordnet sind, daß ihre Mittellinien bei der Bewegung nicht zusammenfallen können, wie bei der in Abb. **87**.1 gezeichneten Stellung, oder dieser Lage nicht allzu nahe kommen können.

Die Abb. **88**.1 bis **89**.3 zeigen Doppelschwingen als Beispiele, und zwar in dem Sonderfall des Wippkrans (Abb. **51**.2 und **51**.3), bei dem ja nur ein Teil der dabei in Frage kommenden Koppelkurve verwendet wird, nämlich das geradlinige Stück.

Die Abb. **88**.1 bis **88**.3 zeigen Getriebe, die die Waagerechtverschiebung einer ganzen Fläche durchführen sollen, nicht nur des Lastanhängepunktes, wie beim Wippkran. Man könnte sich als praktischen Anwendungsfall seitlich verschiebbare Theaterkulissen vorstellen für Änderung des Bühnenbildes bei geöffnetem Vorhang.

Wie Abb. **88**.1 zeigt, wiederholt man hierzu in entsprechender Weise den einen Wippkranlenker und das Stück der Koppel bis zum arbeitenden Koppelpunkt.

Die Koppel des Parallelkurbelgetriebes kann, wie in Abb. **88**.1, beliebig an die beiden gleichen Wippkranlenker angelenkt werden, oder man kann dazu, wie in Abb. **88**.2, gleich die Koppelgelenke mit ausnutzen.

Da hier nur ein Stück der Koppelkurve ausgenutzt wird, können, wie in Abb. **88**.3, zwei verschiedene Wippkräne zusammengeschaltet werden, wenn sie nur in dem benötigten geradlinigen Kurvenstück übereinstimmen.

In Abb. **89**.1 bis **89**.3 sind die gleichen Getriebe verwendet zum Führen von Hebebühnen, auch z. B. zur Verwendung für ein während der Vorstellung leicht zu änderndes Bühnenbild.

In Abb. **89**.1 und **89**.2 wurden Getriebe verwendet wie in Abb. **51**.3, in Abb. **89**.1 durch Parallelkurbelgetriebe zusammengeschaltet, wie in Abb. **88**.1.

Hier kommen aber die beiden Koppeln, die die Hebebühne führen, in deren unterer Stellung in Durchschlaglagen, wodurch ein ungewolltes Abkippen der Bühne (nach links in Abb. **89**.1) möglich und bei Belastung sogar sicher ist.

Es muß also die Parallellage der Koppeln gesichert werden, was, wie in Abb. **89**.2, durch Anordnung des Parallelkurbelgetriebes an den Koppeln selbst erreicht wird.

Diese Gefahr des Durchschlagens besteht jedoch nicht, wie in Abb. **89**.3, bei Verwendung von Getrieben entsprechend Abb. **51**.2, wobei die Parallelkurbelanlenkung der Abb. **88**.2 verwendet worden ist. Hier ist es übrigens besonders einfach möglich, ein Gegengewicht anzubringen.

Schrifttum[1]

ALLIEVI, L.: Cinematica della biella piana. Napoli 1895.

ALT, H.: Zur Theorie der Geschwindigkeits- und Beschleunigungspläne einer komplan bewegten Ebene. Diss. Dresden 1914.

ALTMANN, F. G.: Schraubengetriebe. Ihre mögliche und ihre zweckmäßige Ausbildung. Berlin: VDI-Verlag 1932.

BEYER, R.: Einführung in die Kinematik. Leipzig 1928.

—: Technische Kinematik, Leipzig 1931.

—: Zur Synthese ebener und räumlicher Kurbeltriebe. VDI-Forschungsheft Nr. 394, Berlin 1939.

—: Kinematische Getriebesynthese. Berlin/Göttingen-Heidelberg: Springer 1953.

—: Kinematisch-getriebeanalytisches Praktikum. Berlin/Göttingen/Heidelberg: Springer 1958.

—: Kinematisch-getriebedynamisches Praktikum. Berlin/Göttingen/Heidelberg: Springer 1960.

—: Technische Raumkinematik. Berlin/Göttingen-Heidelberg: Springer 1963.

BOBILLIER, E.: Cours de géométrie. 12. Aufl. Paris 1870.

BRADER, C.: Zur Analyse und Synthese ebener vielgliedriger Gelenkgetriebe. Diss. T. H. Braunschweig 1951.

BRAREN, L.: Die kinematischen Grundlagen und der Aufbau des Kompurgetriebes. Siemensstadt: Siemens-Schuckert 1930.

BREUER, CHR.: Führungsgetriebe. Reihe „Praktische Getriebetechnik". 1935. Heft 1.

BUDNICK, A.: Zeichnerische Behandlung von Kräften und Momenten in Koppel- und Rädergetrieben. VDI-Forschungsheft 388. Berlin 1938.

BURMESTER, L.: Lehrbuch der Kinematik. Leipzig 1888.

CHRISTMANN-BAER: Grundzüge der Kinematik. 2. Aufl. Berlin 1923.

DAHM, B.: Zeichnungsgesteuerte Maschinen. Diss. T. H. Aachen 1951.

DINGERKUS, O.: Die Ungleichförmigkeit des Antriebes periodisch übersetzender Getriebe. Diss. T. H. Aachen 1960.

DUNKERLY: Mechanism. London: Verlag Longmans, Green & Co. 1928.

FEDERHOFER, K.: Graphische Kinematik und Kinetostatik des starren, räumlichen Systems. Wien 1928.

—: Graphische Kinematik und Kinetostatik. Berlin 1932.

FLOCKE, K. A.: Zur Konstruktion von Kurvenscheiben bei Verarbeitungsmaschinen. VDI-Forschungsheft 345. Berlin 1931.

FRANKE, R.: Eine vergleichende Schalt- und Getriebelehre. München-Berlin 1930.

—: Vom Aufbau der Getriebe, Bd. 1 — Die Entwicklungslehre der Getriebe. 3. Aufl. Düsseldorf 1958.

Bd. II — Die Baulehre der Getriebe, Düsseldorf 1951.

FREUDENSTEIN, F.: Design of Four-Link-Mechanisms. (Entwurf viergliedriger Getriebe). Diss. Columbia University 1954.

GRASHOF, F.: Theoretische Maschinenlehre. Berlin 1883.

GRODZINSKI, P.: A Practical Theory of Mechanism (Eine praktische Getriebetheorie) Manchester 1947.

—: Getriebelehre I, Geometrische Grundlagen. Sammlung Göschen Bd. 1061. Berlin: De Gruyter 1953.

GRODZINSKI-POLSTER: Getriebelehre I und II. Berlin 1933.

GRÜBLER, M.: Getriebelehre, eine Theorie des Zwanglaufes und der ebenen Mechanismen. Berlin 1917.

---

[1] Das vorstehende Schrifttumsverzeichnis erhebt keinen Anspruch auf Vollständigkeit. Es bezieht sich im wesentlichen auf Buchveröffentlichungen, Hefte und Dissertationen. Hinsichtlich Veröffentlichungen in Fachzeitschriften sei verwiesen auf ein über 2000 Quellenangaben umfassendes Verzeichnis in HAIN, Angewandte Getriebelehre. Düsseldorf: VDI-Verlag 1961.

HAENCHEN, R.: Sperrwerke und Bremsen. Berlin 1930.
HAGEDORN, L.: Rechnende Gelenkvierecke. Diss. T. H. Aachen 1944.
—: Konstruktive Getriebelehre. Hannover: Schroedel 1960.
HAIN, K.: Feinwerktechnik, Gießen 1953.
—: Angewandte Getriebelehre. Düsseldorf: VDI-Verlag 1961.
—: Getriebelehre. Teil I: Getriebe-Analyse. München: Hanser Verlag 1963.
HAIN-BUSSMANN: Zugmittelgetriebe, Begriffserklärungen. AWF-VDMA-VDI Getriebeheft 6004.
HAIN und 8 Mitarbeiter: Erzeugung ungleichförmiger Umlaufbewegungen. VDI-Forschungsheft 461, 1957.
HARTMANN, W.: Die Maschinengetriebe. Stuttgart-Berlin 1913.
HEYDE, H.: Die Kräftebeziehungen beim Riementrieb. Berlin: VDI-Verlag 1936.
HOYER, H.: Die Zahnräder. Grundlagen der Berechnung und Gestaltung. Leipzig: Jänecke 1941.
HRONES, J. A. und G. L. NELSON: Analysis of the For u-Bar-Linkage (Analyse der viergliedrigen Getriebe.) First Edition New York 1951.
JAHR, W.: Kurbelgetriebe. Ebene Kurbelgetriebe mit vier Drehgelenken (Gelenkviereck). AWF-VDMA-VDI-Getriebeheft 6011. Heft 1 Berlin 1958.
—: Kurbelgetriebe, Ebene Kurbelgetriebe mit einem Schubgelenk. AWF-VDMA-VDI-Getriebeheft 6012 Heft 2, Berlin 1958.
JAHR und KNECHTEL: Grundzüge der Getriebelehre. Bd. I. Leipzig 1955.
— —: Grundzüge der Getriebelehre Bd. II. Leipzig 1955.
— und K. H. SIEKER: Sperrgetriebe. AWF-VDMA-VDI. Getriebeheft 6006 Berlin 1952; Getriebeheft 6061 Berlin 1955; Getriebeheft 6062, Berlin 1956.
JONES: Ingenious Mechanisms for Designers and Inventors. New York. The Industrial Press 1951.
KIPER, G.: Zur Synthese der ebenen Gelenkgetriebe. VDI-Forschungsheft 433. Düsseldorf 1952.
KNAB, J.: Kinematik, Getriebelehre. 2. Aufl. Nürnberg 1930.
KRAEMER, O.: Getriebelehre. 2. Aufl. Karlsruhe 1959.
KRAUSS, R.: Grundlagen der Getriebelehre. Hannover-Wolfenbüttel 1949.
—: Getriebelehre Bd. I Berlin 1951.
—: Getriebelehre Bd. II Berlin 1952.
—: Getriebelehre Bd. III Berlin 1956.
—: Die Geradführung durch das Gelenkviereck. Düsseldorf: VDI-Verlag 1954.
KUTZBACH und ALTMANN: Kraftfahrtechnische Forschungsarbeiten Heft 6. VDI-Verlag: 1937.
LEWENSON, L. B.: Kinematik und Dynamik der Getriebe. Berlin 1952.
LICHTENHELDT, W.: Einfache Konstruktionsverfahren zur Ermittlung der Abmessungen von Kurbelgetrieben. VDI-Forschungsheft 408 Berlin 1941.
— MÜLLER u. RÖSSNER: Kinematik, Grundlagen für Maschinenbauer. Berlin 1953.
— und RÖSSNER: Konstruktionslehre der Getriebe. Berlin 1955.
LUDWIG, F.: Ein Beitrag zur Maßsynthese ebener Koppelgetriebe. Diss. T. H. Berlin 1943.
MACK, K.: Geometrie der Getriebe. Berlin 1931.
MEYER ZUR CAPELLEN: Mathematische Instrumente. 3. Aufl. Leipzig 1948.
—: Instrumentelle Mathematik für den Ingenieur. Essen 1952.
—: Bewegungsverhältnisse an der geschränkten Schubkurbel. Forschungsbericht des Landes Nordrhein-Westfalen Nr. 449, Köln 1958.
—: Fünf- und sechspunktige Geradführung in Sonderlagen des ebenen Gelenkvierecks. Forschungsbericht NRW Nr. 481 Köln 1958.
—: Der Flächeninhalt von Koppelkurven, ein Beitrag zu ihrem Formenwandel. Forschungsbericht NRW Nr. 481 Köln 1958.
—: Eine Getriebegruppe mit stationärem Geschwindigkeitsverlauf. Forschungsbericht NRW Nr. 606 Köln 1958.
—: Harmonische Analyse bei Kurbelgetrieben, I. Allgemeine Zusammenhänge. Forschungsbericht NRW Nr. 676 Köln 1959.
—: Die geschränkte Kurbelschleife, I. Die Bewegungsverhältnisse. Forschungsbericht NRW Nr. 718, Köln 1959.
—: Nomogramme zur geneigten Sinuslinie. Forschungsbericht NRW Nr. 772. Köln 1959.
— und DANKE: Sechspunktige Kreisführungen durch das Gelenkviereck. Forschungsbericht NRW Nr. 1245, Köln 1963.
— und H. RANKERS: Getriebelehre, Beitrag im Handwörterbuch der Betriebswirtschaft. 3. Aufl. Bd. III. Stuttgart 1957.
— und W. RATH: Die geschränkte Kurbelschleife, II. Die harmonische Analyse. Forschungsbericht NRW Nr. 804. Köln 1960.

MEYER ZUR CAPELLEN und W. RATH: Kinematik der sphärischen Schubkurbel. Forschungsbericht NRW Nr. 873, Köln 1960.
— und E. LENK: Harmonische Analyse bei Kurbelgetrieben, II. Gleichschenklige Getriebe. Forschungsbericht NRW Nr. 803. Köln 1960.
— und K. A. RISCHEN: Lagenzuordnungen an ebenen Viergelenkgetrieben in analytischer Darstellung. Eine Maßsynthese. Forschungsbericht NRW Nr. 923, Köln 1960.
—: Symmetrische Koppelkurven und ihre Anwendung. Forschungsbericht NRW Nr. 1066, Köln 1962.
MOHR, A.: Die Bewegung der ebenen Getriebe. 3. Aufl. Berlin 1928.
MÜLLER, R.: Einführung in die theoretische Kinematik. Berlin 1932.
MÜLLER, H. R.: Kinematik; Sammlung Göschen Bd. 584/584a. Berlin: De Gruiter 1963.
PÖSCHL, TH.: Einführung in die ebene Getriebelehre. Berlin 1932.
POLACZEK, K.: Getriebelehre, eine Einführung. München 1955.
POPPINGA: Stirnradplanetengetriebe. Stuttgart: Franckh'sche Verlagshandlung 1949.
RANKERS, H.: Angenäherte Getriebe-Synthese durch harmonische Analyse der vorausgegebenen periodischen Bewegungsverhältnisse. Diss. T. H. Aachen 1958.
RAUH, K.: Untersuchung und Weiterentwicklung der Getriebe mit periodischem Hin- und Rücklauf und beschleunigungsfreiem Arbeitsgang. Diss. T. H. Hannover 1927.
— und Mitarbeiter: Kardanbewegung und Koppelbewegung. Essen 1948.
—: Entwicklungslinien im Landmaschinenbau. Essen: W. Girardet 1949.
—: Aufbaulehre der Verarbeitungsmaschinen. Essen 1950.
—: Praktische Getriebelehre Bd. 1. Berlin: Springer 1931.
—: Praktische Getriebelehre Bd. 2. Berlin: Springer 1939.
REULLEAUX, D.: Theoretische Kinematik, Grundzüge einer Theorie des Maschinenwesens. Braunschweig 1875.
—: Die praktischen Beziehungen der Kinematik zur Geometrie und Mechanik. Braunschweig 1900.
RÖSSNER, W.: Ermittlung der BURMESTERschen Punkte in Sonderfällen und getriebesynthetische Anwendungen. Diss. T. H. Dresden 1954.
SIEKER, K. H.: Einfache Getriebe. Leipzig 1950.
—: Ebene Kurbelgetriebe. AWF-VDMA-VDI-Getriebeheft 6001. Berlin 1952.
SIMONIS, F. W.: Stufenlos verstellbare Getriebe. 2. Aufl. Berlin/Göttingen/Heidelberg: Springer 1960.
SKARSKI, B.: Das ebene Gelenkviereck als Funktionsgetriebe. T. H. Braunschweig 1955.
SOMOW, P.: Über die Freiheitsgrade der kinematischen Kette. Moskau 1887.
STRAUCH, H.: Umlaufrädergetriebe. München 1950.
VIEREGGE: Energieübertragung, Berechnung und Anwendbarkeit von Reibradgetrieben. Diss. T. H. Aachen 1950.
VOLMER, J.: Ein Beitrag zur Erzeugung von Koppelkurven. Diss. T. H. Dresden 1956.
VORWERK, W.: Berechnung von Getrieben, insbesondere des Werkzeugmaschinenbaues. Berlin 1930.
WALLICHS und SCHÖPKE: Die Getriebeberechnung unter besonderer Berücksichtigung der Drehzahlnormung. VDI-Verlag 1936.
WANCKEL, H.: Zur Synthese des Gelenkvierecks. Diss. T. H. Dresden 1925.
WEISE, H.: Filmschaltwerke. Diss. T. H. Braunschweig 1948.
WETZEL, S.: Höhere Punktlagenreduktion als Hilfsmittel für die Synthese der sechs- und mehrgliedrigen ebenen Gelenkgetriebe. Diss. T. H. Dresden 1955.
WIEDMAIER, A.: Atlas für Getriebe- und Konstruktionslehre. Stuttgart 1954.
WITTENBAUER, F.: Graphische Dynamik. Berlin 1923.
VDI-AWF-Handbuch Getriebetechnik. (Eine Gemeinschaftsarbeit) Düsseldorf 1959.

Sachverzeichnis

(Zahlen in Fettdruck beziehen sich auf den Bildanhang)

Bildanhang

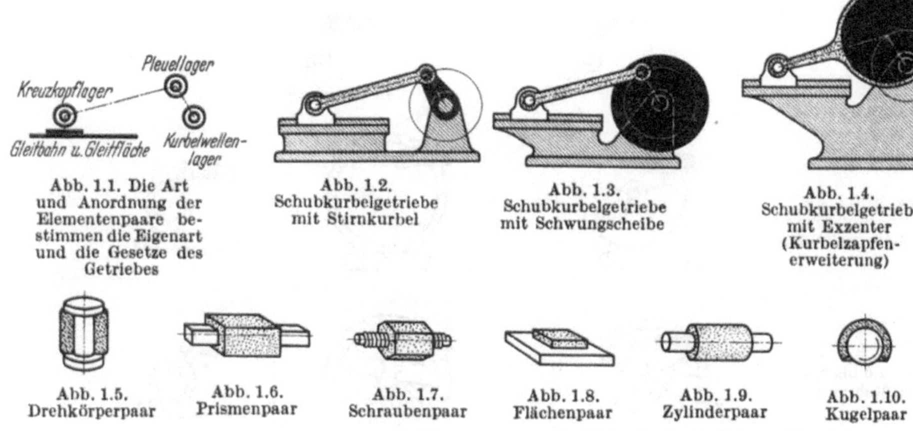

Abb. 1.1. Die Art und Anordnung der Elementenpaare bestimmen die Eigenart und die Gesetze des Getriebes

Abb. 1.2. Schubkurbelgetriebe mit Stirnkurbel

Abb. 1.3. Schubkurbelgetriebe mit Schwungscheibe

Abb. 1.4. Schubkurbelgetriebe mit Exzenter (Kurbelzapfenerweiterung)

Abb. 1.5. Drehkörperpaar

Abb. 1.6. Prismenpaar

Abb. 1.7. Schraubenpaar

Abb. 1.8. Flächenpaar

Abb. 1.9. Zylinderpaar

Abb. 1.10. Kugelpaar

sind die linienläufigen niederen Elementenpaare   sind die flächenläufigen niederen Elementenpaare

Abb. 1.5 bis 1.10. Die niederen Elementenpaare (nach REULEAUX)

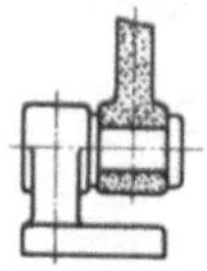

Abb. 1.11. Fliegende Lagerung

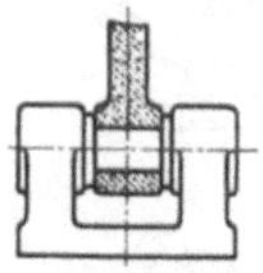

Abb. 1.12. Doppelseitig gestütztes Lager

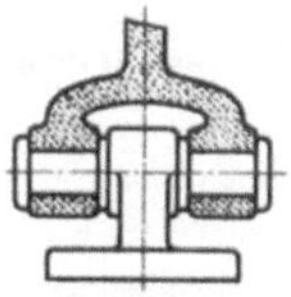

Abb. 1.13. Doppelte Lagerung

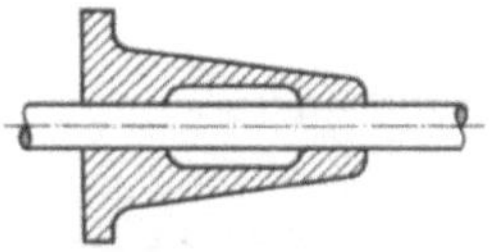

Abb. 1.14. Kippsichere fliegende Lagerung mit zwei Lagerstellen, jedoch mit großer Lagerlänge aber kleinem Durchmesser

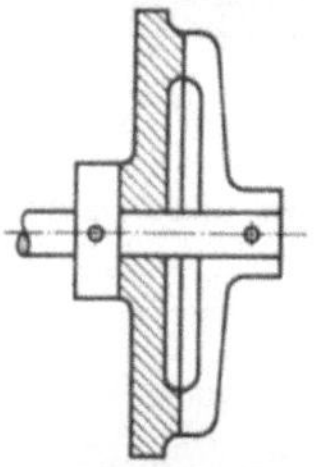

Abb. 1.15. Kippsichere fliegende Lagerung mit zwei Lagerstellen, jedoch in flacher Bauausführung bei großem Durchmesser

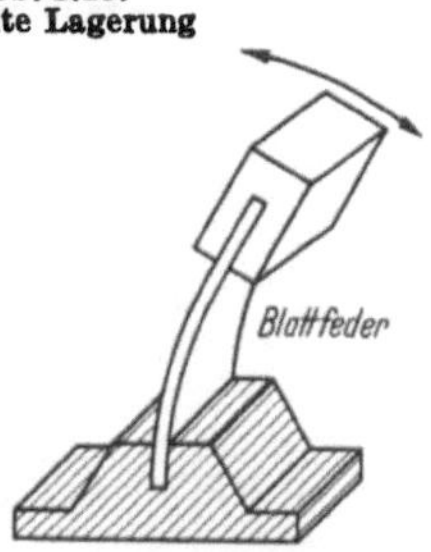

Abb. 1.16. Blattfedergelenk

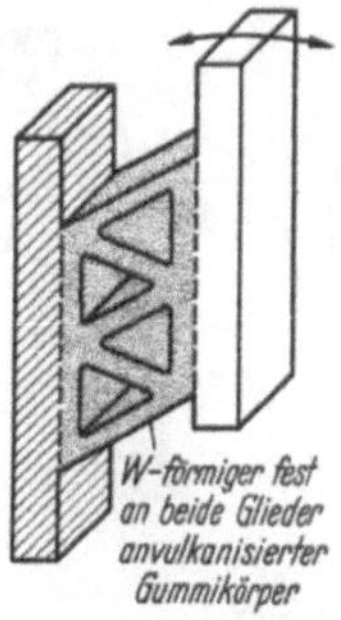

Abb. 1.17. Sonderform des Blattfedergelenkes. Federung durch einvulkanisierten Gummikörper

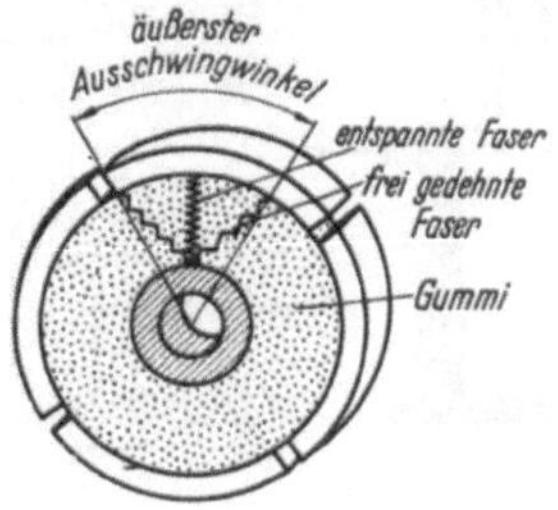

Abb. 1.18. Gummigelenk

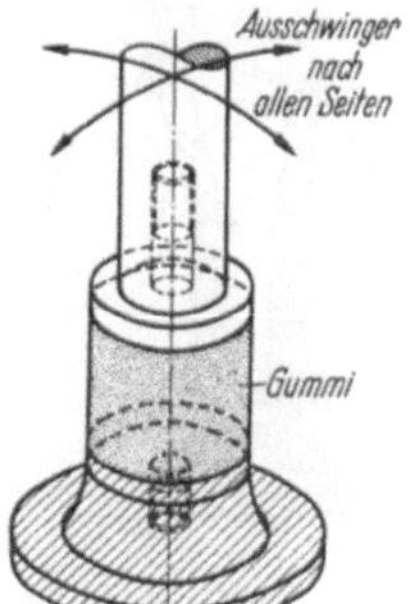

Abb. 1.19. Gummikugelgelenk

Text: Abschnitt 1.2

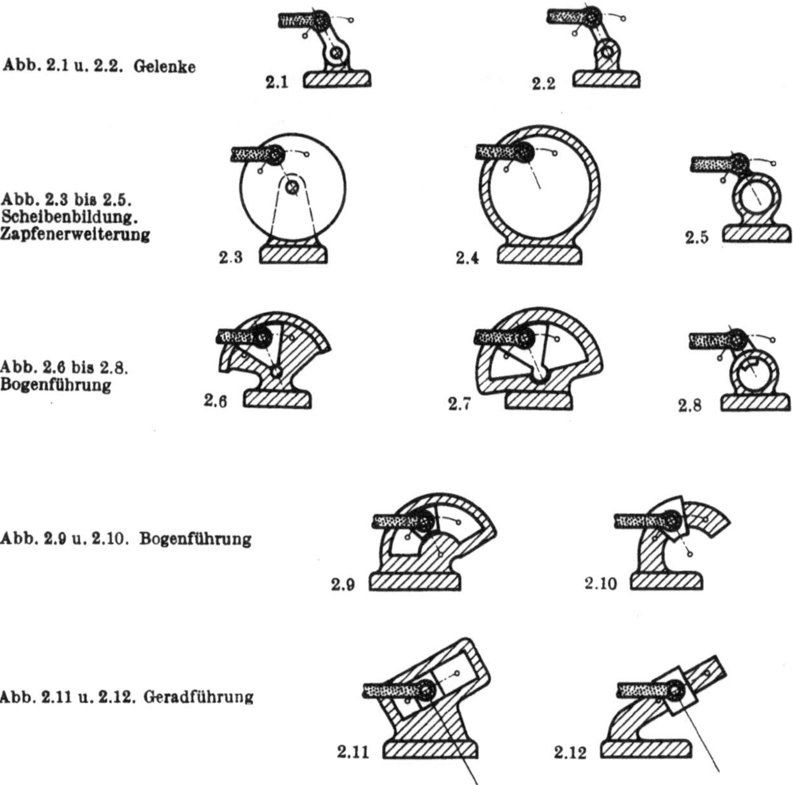

Abb. 2.1 u. 2.2. Gelenke

Abb. 2.3 bis 2.5.
Scheibenbildung.
Zapfenerweiterung

Abb. 2.6 bis 2.8.
Bogenführung

Abb. 2.9 u. 2.10. Bogenführung

Abb. 2.11 u. 2.12. Geradführung

Abb. 2.1 bis 2.12. Bildung von Bogen- und Geradführungen aus dem Drehkörperpaar

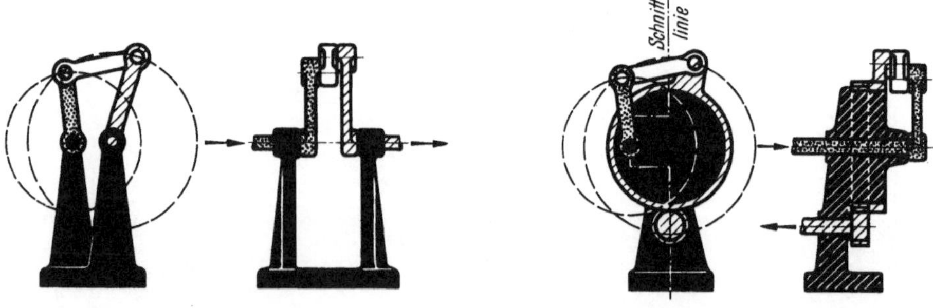

Abb. 2.13. Doppelkurbel

Abb. 2.14.
Doppelkurbel mit Zapfenerweiterung

Text: Abschnitt 1.2

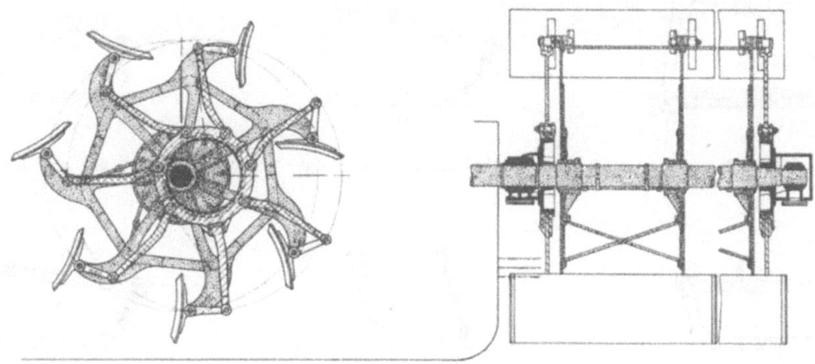

Abb. 3.1. Schaufelrad eines Raddampfers (Doppelkurbel mit Zapfenerweiterung)

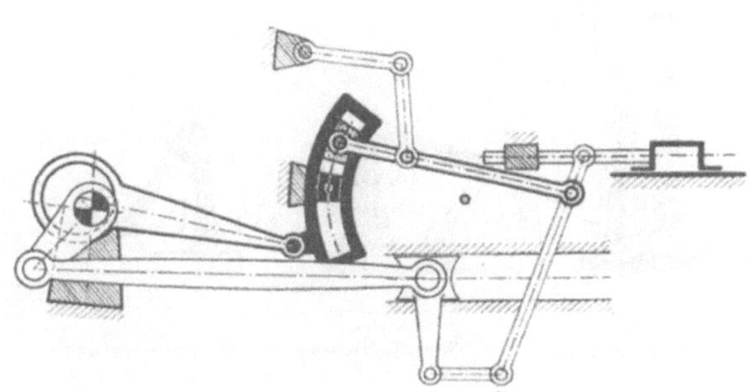

Abb. 3.2. HEUSINGER-Lokomotivsteuerung. Übliche Bauweise mit Bogenführung (Kulisse)

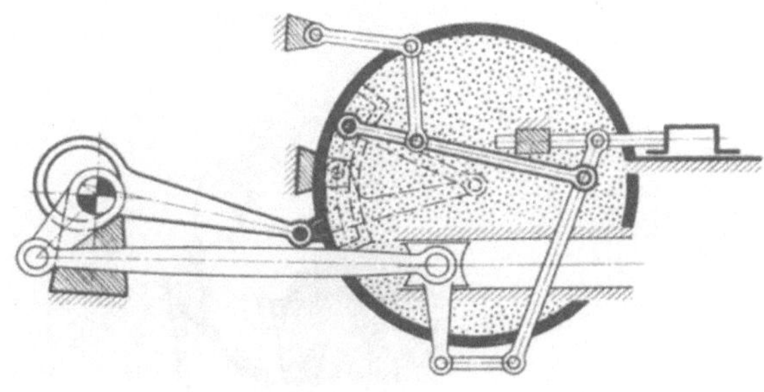

Abb. 3.3. HEUSINGER-Lokomotivsteuerung. Die Bogenführung ist zur Zapfenerweiterung ergänzt. Der graue Gleitstein der Abb. 3.2 wird dabei zum erweiterten Zapfen, die schwarze „Kulisse" zum erweiterten schwarzen Lager

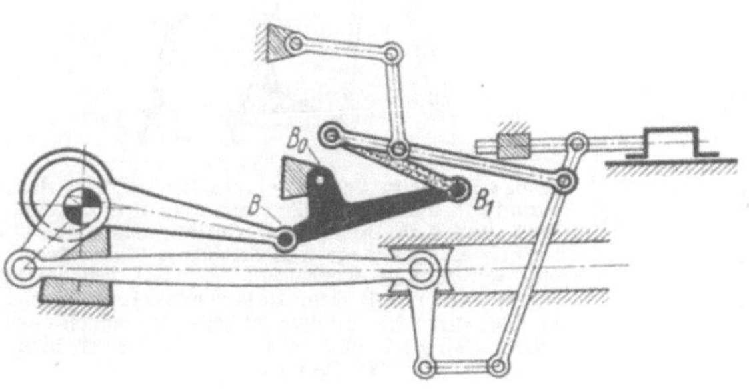

Abb. 3.4. HEUSINGER-Lokomotivsteuerung. Die Zapfenerweiterung „Grau-Schwarz" schrumpft zu einem normalen Gelenk. Das graue Glied, das außer diesem Gelenk „grau-schwarz" noch das Gelenk „weiß-grau" trägt, wird zu einem Lenker üblicher Form. Das schwarze Glied, die Kulisse der Abb. 3.2, das ja außer dem geschrumpften Gelenk B_1 das Gelenk B (Exzenterstange) trägt und in dem Gestell mit dem Gelenk B_0 gelagert ist, erhält eine, diese drei Lagerungen verbindende Gestalt

Text: Abschnitt 1.2

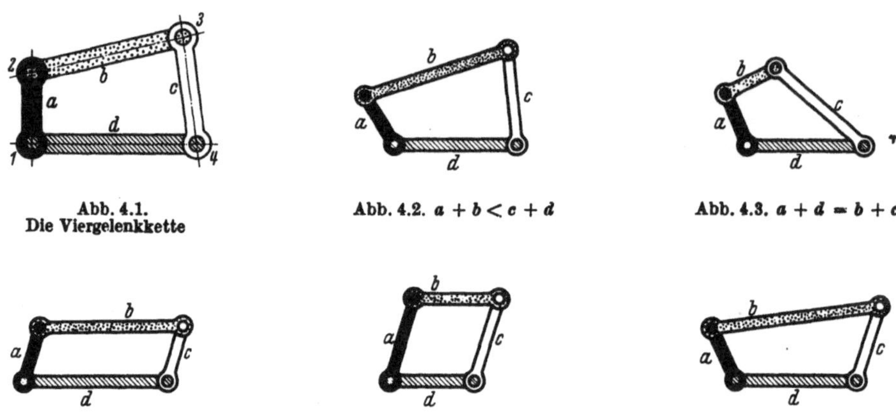

Abb. 4.1.
Die Viergelenkkette

Abb. 4.2. $a + b < c + d$

Abb. 4.3. $a + d = b + c$

Abb. 4.4 u. 4.5. $a + b = c + d$

Abb. 4.6. $a + b > c + d$

Abb. 4.2 bis 4.6. Hauptformen der Viergelenkkette

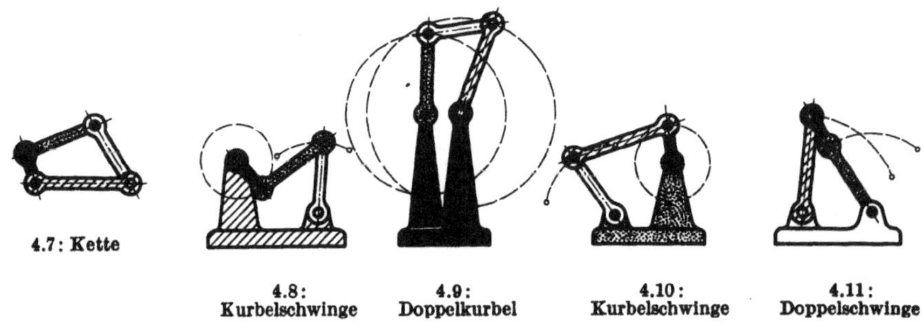

4.7: Kette

4.8:
Kurbelschwinge

4.9:
Doppelkurbel

4.10:
Kurbelschwinge

4.11:
Doppelschwinge

Abb. 4.7 bis 4.11. Die Viergelenkkette und ihre Getriebe

Abb. 4.12. Die Beine des Radfahrers bilden mit
der Tretkurbel und dem Rahmen zwei um 180°
versetzte Kurbelschwingen. Das Gesäß und der
Rahmen sind als Gestell zu betrachten; die
Oberschenkel sind die Schwingen, die Unterschenkel mit den Pedalen arbeiten als Koppeln

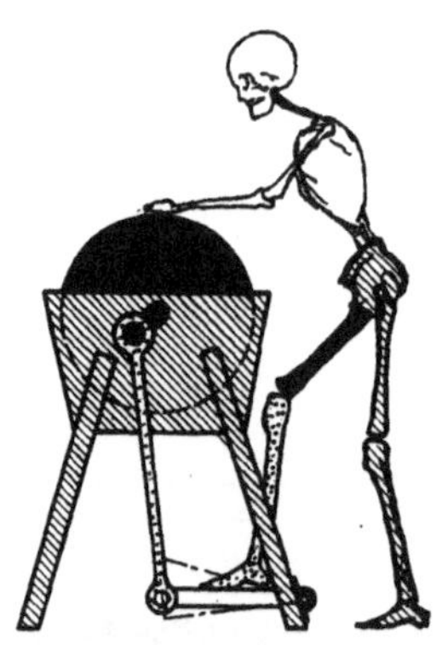

Abb. 4.13. Beim Schleifsteinantrieb gehören das
Standbein und das Becken mit dem Schleifstein-
bock und dem Boden zum Gestell. Schleifstein-
kurbel, Koppelstange und Trittbrett bilden dabei
eine selbständige Kurbelschwinge. Das Trittbrett
bildet ferner mit dem Unterschenkel und dem
Oberschenkel das Antriebsgetriebe, das jedoch nur
schwingfähig ist, und bei dem der Unterschenkel
als Koppel wirkt

Text: Abschnitt 2.3, 2.4 und 3

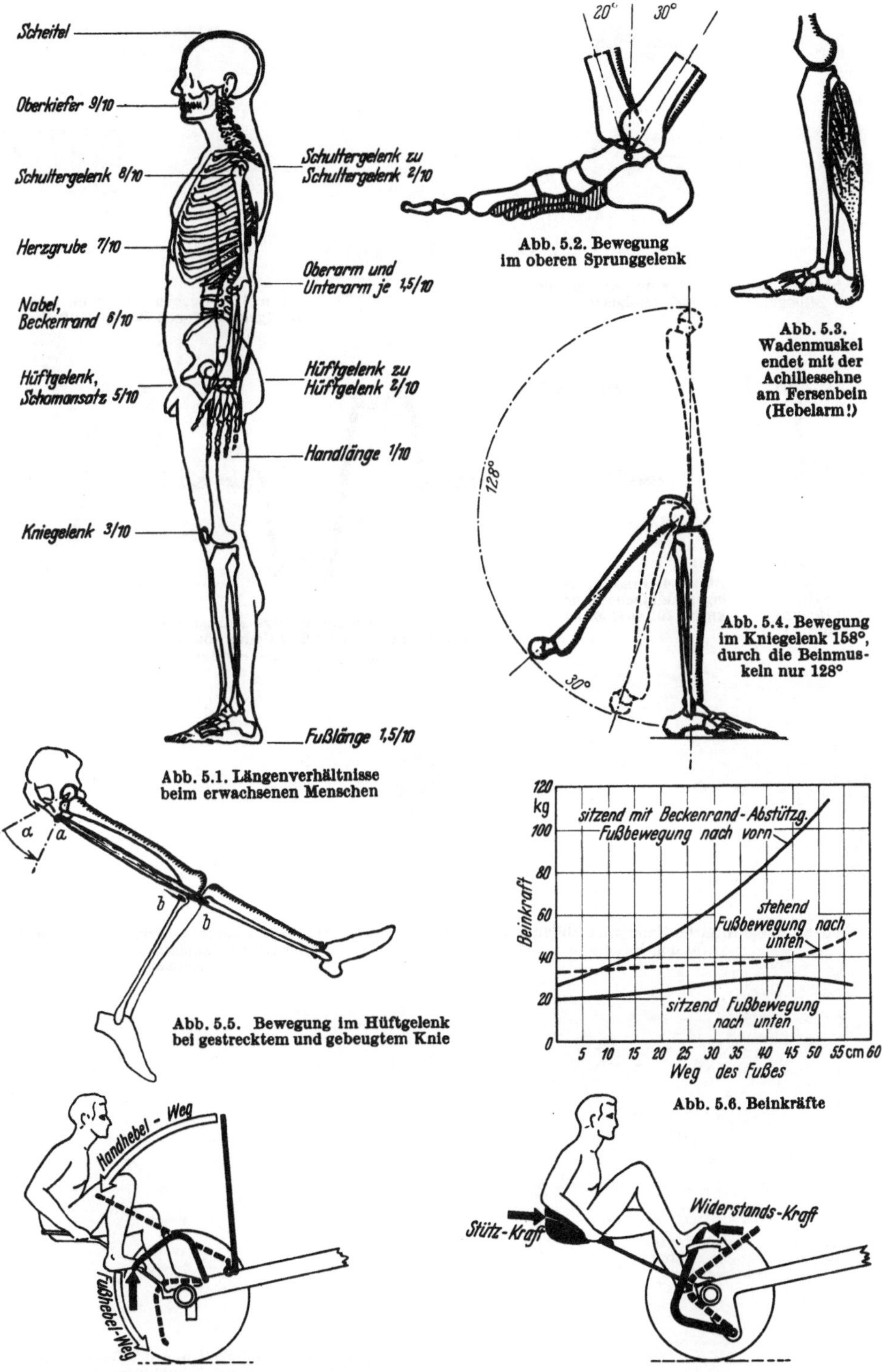

Abb. 5.1. Längenverhältnisse beim erwachsenen Menschen

Abb. 5.2. Bewegung im oberen Sprunggelenk

Abb. 5.3. Wadenmuskel endet mit der Achillessehne am Fersenbein (Hebelarm!)

Abb. 5.4. Bewegung im Kniegelenk 158°, durch die Beinmuskeln nur 128°

Abb. 5.5. Bewegung im Hüftgelenk bei gestrecktem und gebeugtem Knie

Abb. 5.6. Beinkräfte

Abb. 5.7. Übliche Fußhebelanordnung an Mähmaschinen

Abb. 5.8. Verbesserte Sitz- und Fußhebelanordnung

Text: Abschnitt 3

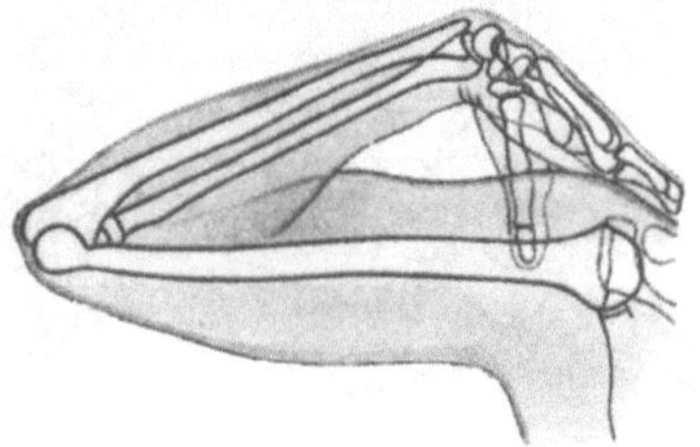

Abb. 6.1. Röntgenbild eines Armes mit
Ellbogengelenk (und Handgelenk)

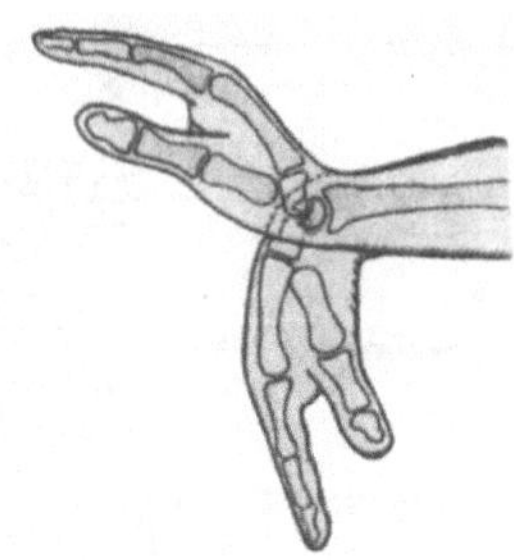

Abb. 6.2. Beugen und Strecken des
Handgelenkes (nach Röntgenaufnahme)

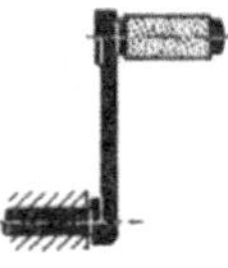

Abb. 6.3. Ein-
seitig gelagerte
einfache Hand-
kurbel für eine
Hand

Abb. 6.4. Einseitig ge-
lagerte einfache Hand-
kurbel für zwei Hände

Abb. 6.5 u. 6.6. Zweiarmige Kurbel mit um 180° versetzten
Handgriffen. Bei der Betätigung können sich die beiden Arme
des Bedienungsmannes wechselseitig gegeneinander abstützen

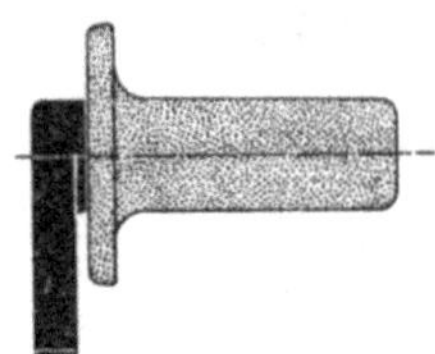

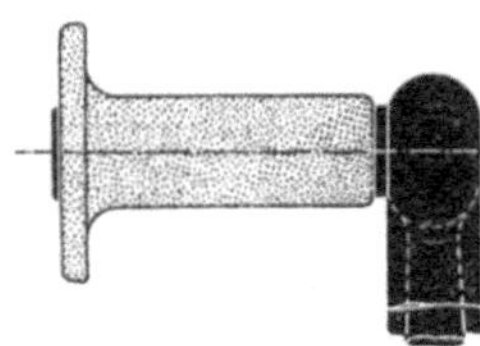

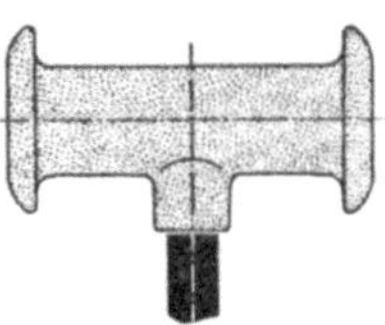

Abb. 6.7 u. 6.8. Übliche Handgriffausbildung mit Stütze
für den Handrand

Abb. 6.9. Knebelhandgriff, der sich leicht
der jeweils zweckmäßigsten Handstellung
anpaßt

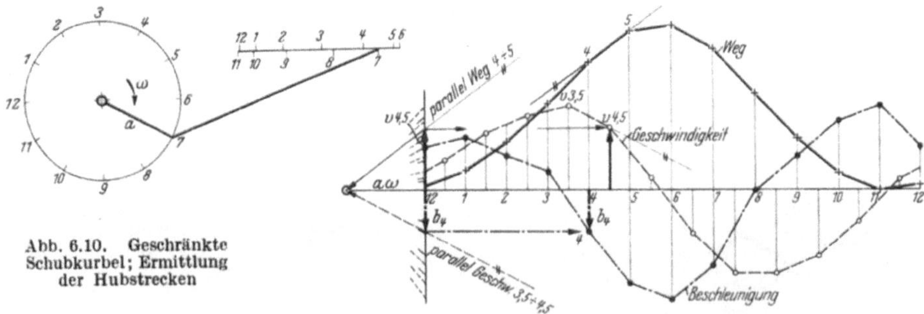

Abb. 6.10. Geschränkte
Schubkurbel; Ermittlung
der Hubstrecken

Abb. 6.11. Ermittlung der Geschwindigkeit und der Beschleunigung
am Gleitsteinzapfen der nebenstehenden Schubkurbel durch zeichnerisches Differenzieren des Weg-Zeit-Schaubildes.
(Kurbeldrehwinkel = Zeit)

Text: Abschnitt 3 und 4.1

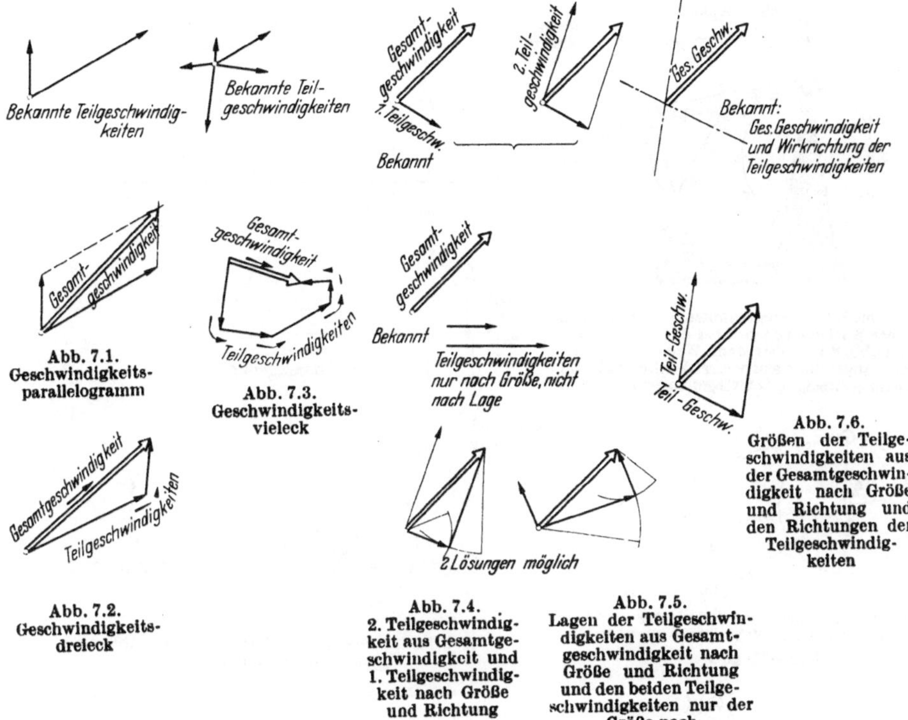

Abb. 7.1.
Geschwindigkeits-
parallelogramm

Abb. 7.3.
Geschwindigkeits-
vieleck

Abb. 7.6.
Größen der Teilge-
schwindigkeiten aus
der Gesamtgeschwin-
digkeit nach Größe
und Richtung und
den Richtungen der
Teilgeschwindig-
keiten

Abb. 7.2.
Geschwindigkeits-
dreieck

Abb. 7.4.
2. Teilgeschwindig-
keit aus Gesamtge-
schwindigkeit und
1. Teilgeschwindig-
keit nach Größe
und Richtung

Abb. 7.5.
Lagen der Teilgeschwin-
digkeiten aus Gesamt-
geschwindigkeit nach
Größe und Richtung
und den beiden Teilge-
schwindigkeiten nur der
Größe nach

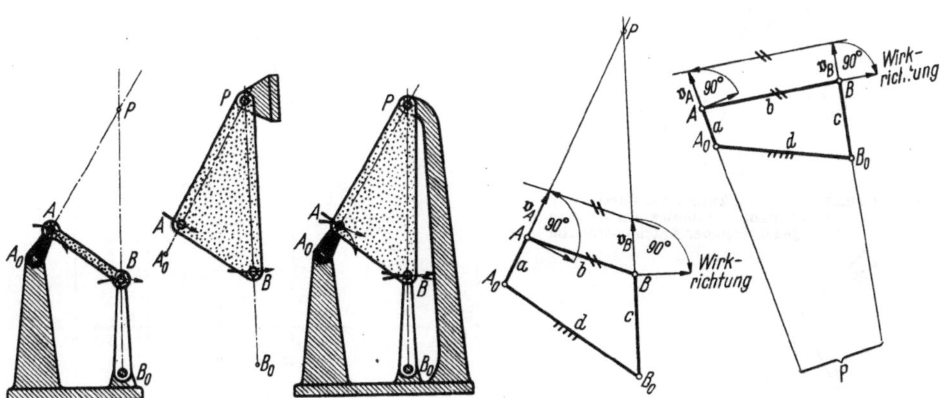

Abb. 7.7 bis 7.9. Ersatz der allgemeinen Koppelbewegung durch eine Augenblicksdrehung um
einen fest gelagerten Punkt P (Augenblickspol)

Abb. 7.10.
Ermittlung der Geschwindigkeit
v_B des Punktes B. Auf $\overline{AP}$ trägt
man den bekannten Geschwin-
digkeitspfeil v_A ab. Durch die
Pfeilspitze zieht man eine Par-
allele zu b und erhält auf $\overline{BP}$ den
Geschwindigkeitspfeil v_B. Beide
Pfeile stehen senkrecht zu ihrer
Wirkrichtung

Abb. 7.11.
Ermittlung der
Geschwindigkeit
v_B des Punktes B
ohne Darstellung
des Augen-
blickspoles

Text: Abschnitt 4.2.1

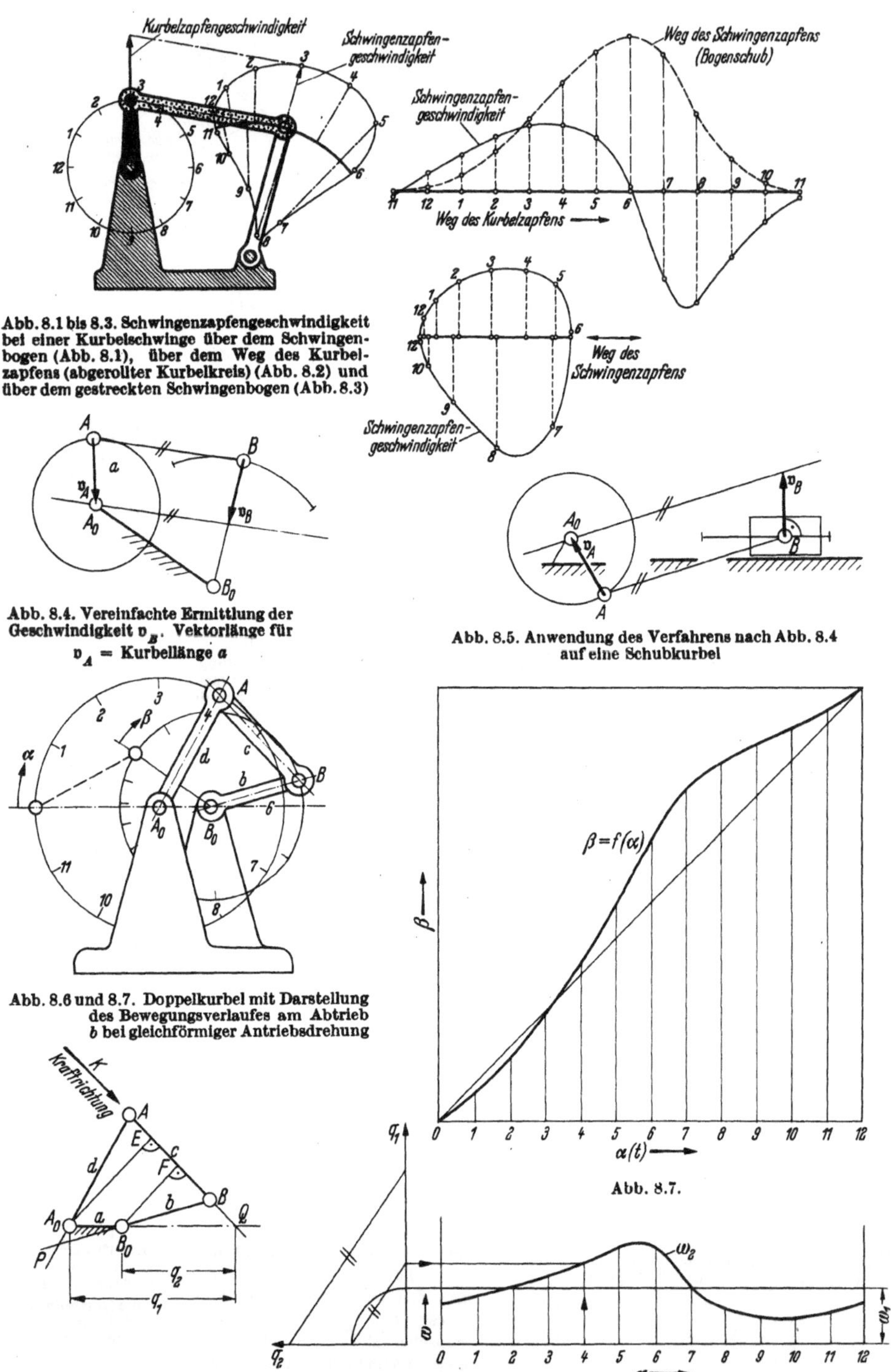

Abb. 8.1 bis 8.3. Schwingenzapfengeschwindigkeit
bei einer Kurbelschwinge über dem Schwingenbogen (Abb. 8.1), über dem Weg des Kurbelzapfens (abgerollter Kurbelkreis) (Abb. 8.2) und
über dem gestreckten Schwingenbogen (Abb. 8.3)

Abb. 8.4. Vereinfachte Ermittlung der
Geschwindigkeit v_B. Vektorlänge für
v_A = Kurbellänge a

Abb. 8.5. Anwendung des Verfahrens nach Abb. 8.4
auf eine Schubkurbel

Abb. 8.6 und 8.7. Doppelkurbel mit Darstellung
des Bewegungsverlaufes am Abtrieb
b bei gleichförmiger Antriebsdrehung

Abb. 8.8 u. 8.9. Das momentane Übersetzungsverhältnis ergibt sich aus dem Verhältnis der Abstände des Relativpoles Q von den Gestelldrehpunkten. Als Diagramm (Abb. 8.9) dargestellt, ist es ein Maß für die Steigung des
Zeit-Weg-Schaubildes (Abb. 8.7)

Text: Abschnitt 4.2.1 und 4.2.2

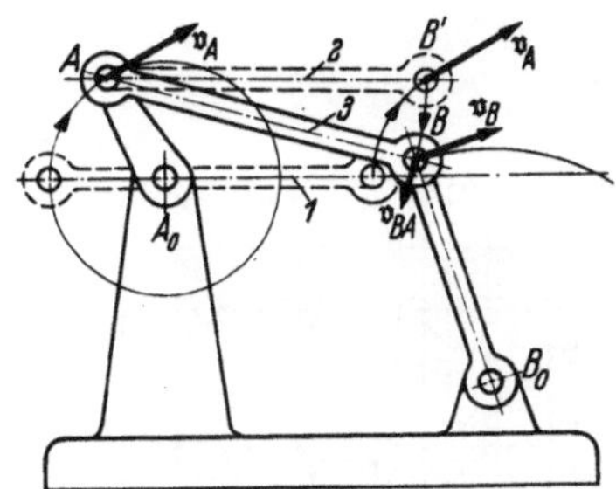

Abb. 9.1. Relativgeschwindigkeiten am Schwingenzapfen einer Kurbelschwinge

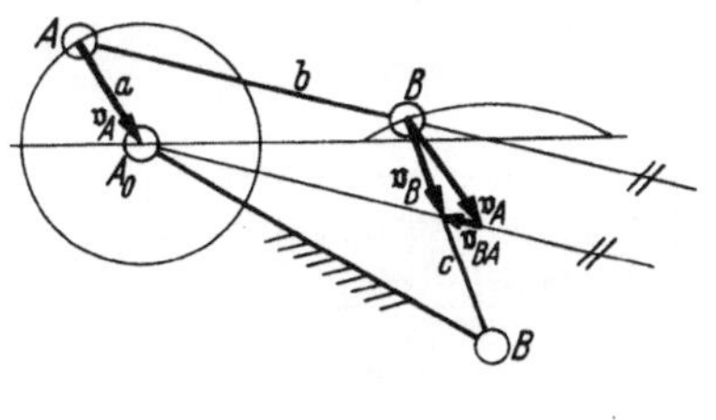

Abb. 9.2. Zeichnerische Ermittlung der Relativgeschwindigkeiten am Schwingenzapfen mit um 90° gedrehten Vektoren

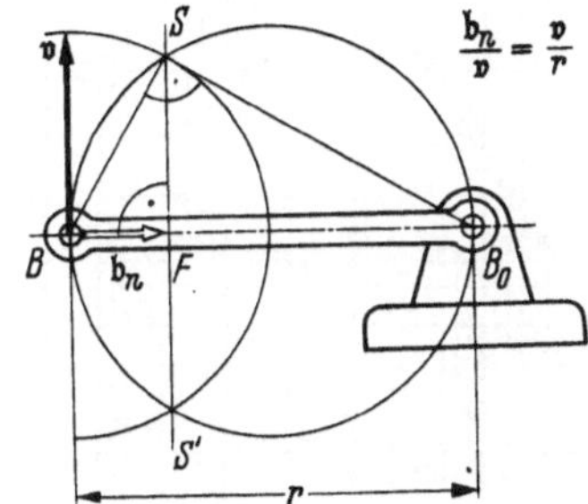

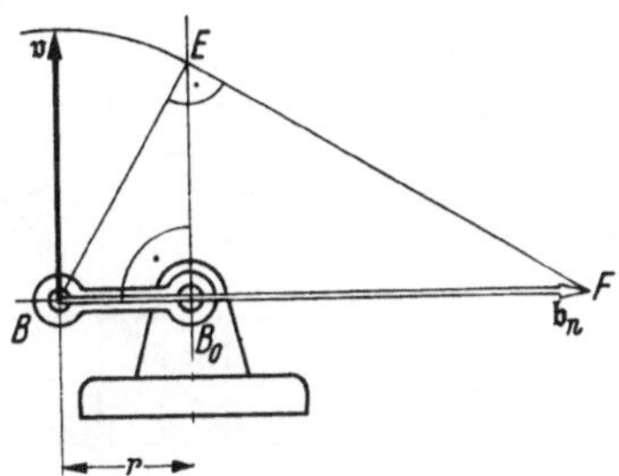

Abb. 9.3 u. 9.4. Zeichnerische Ermittlung der Normalbeschleunigung b_n nach dem Kathetensatz

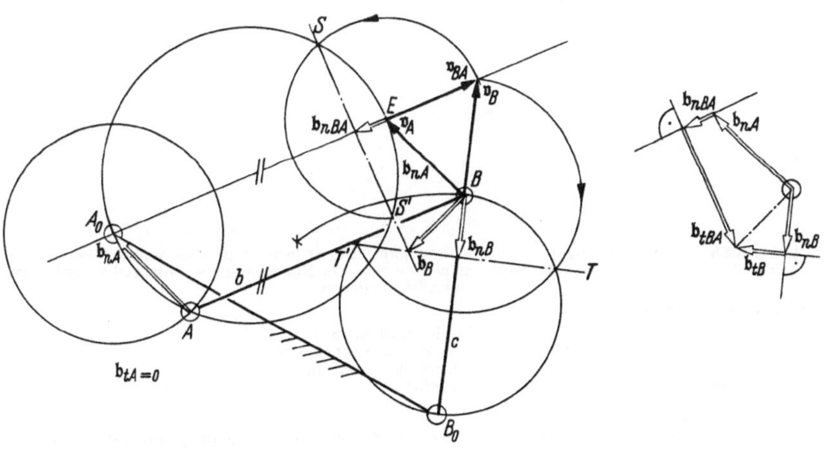

Abb. 9.5. Konstruktion der Gesamtbeschleunigung b_B am Schwingenzapfen B einer Kurbelschwinge. Zunächst werden die Normalbeschleunigungen b_{nB} und b_{nBA} ermittelt und zwar nach dem Kathetensatz. Die Ermittlung von b_{nB} erfolgt auf der Schwinge c: das Ergebnis ist die Gerade TT'. Die Ermittlung von b_{nBA} erfolgt auf einer zur Koppel parallelen Geraden durch A_0; das Ergebnis ist die Gerade SS. Der Schnittpunkt der beiden Geraden ist die Vektorspitze für b_B. Das Vektorfünfeck ist in der Nebenfigur dargestellt

Text: Abschnitt 4.2.3

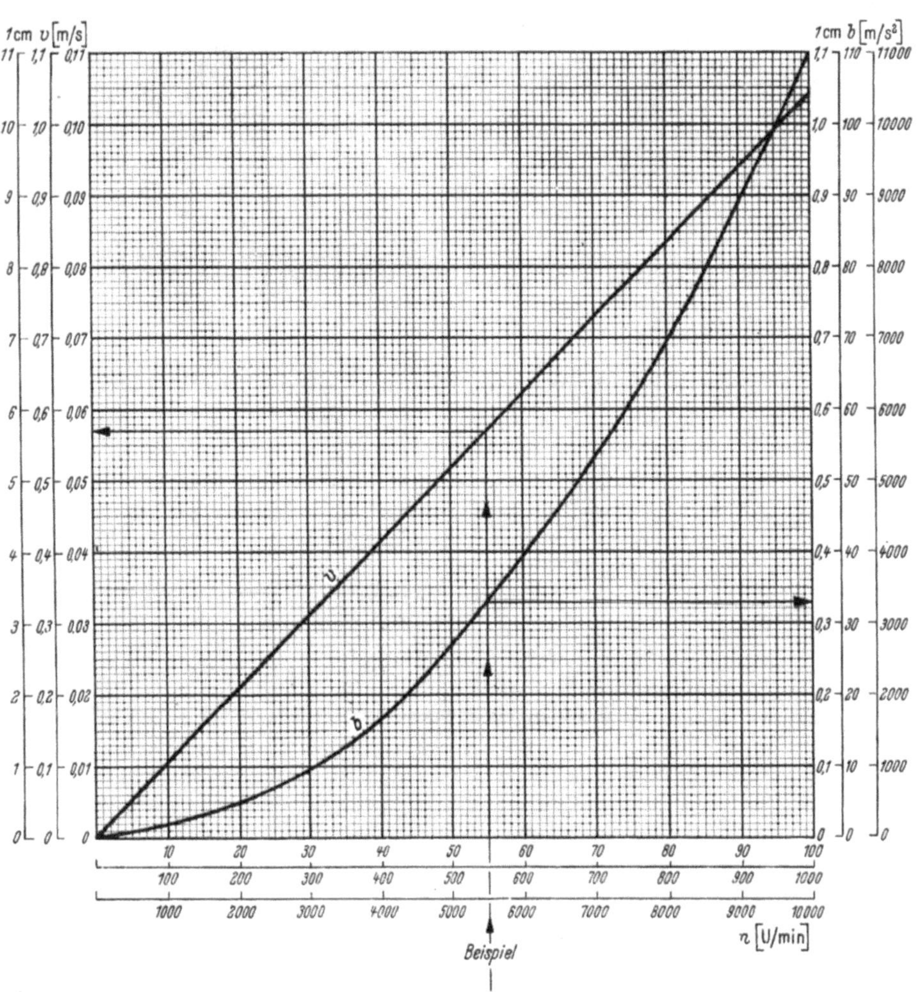

Abb. 10.1. Maßstäbe für Geschwindigkeit und Beschleunigung. Das Diagramm gibt an, welcher Geschwindigkeitswert in m/s und welcher Beschleunigungswert im m/s² einem cm Diagrammhöhe entspricht, und zwar unter folgenden Bedingungen:

Für Kurbelgetriebe

1. zeichnerische Darstellung des Getriebes im Maßstab 1:1
2. Vektorlänge für die Antriebsgeschwindigkeit = Kurbellänge
3. Diagrammlänge für 1 Umdrehung = Kurbelkreisumfang
4. Polabstand beim Differentieren = Kurbellänge

Für Kurvengetriebe

1. zeichnerische Darstellung des Kurvenverlaufs für den Rollenmittelpunkt im rechtwinkligen Koordinatensystem
2. Diagrammlänge = Grundkreisumfang
3. Polabstände beim Differentieren = Grundkreishalbmesser

Beispiel

Drehzahl 550 U/min
1 cm Diagrammhöhe entspricht 0,57 m/s Geschwindigkeit
1 cm Diagrammhöhe entspricht   23 m/s² Beschleunigung

Text: Abschnitt 4.3

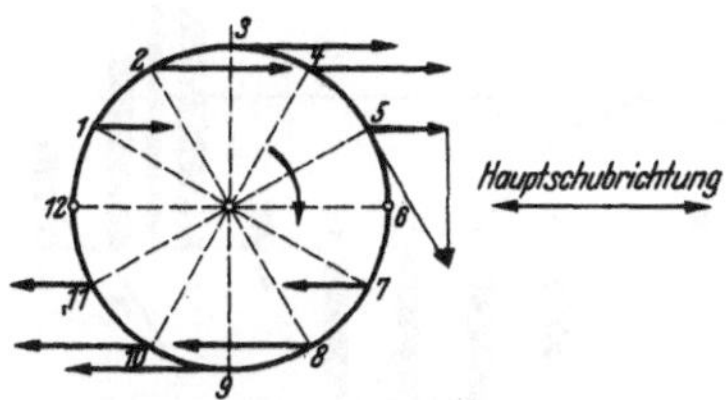

Abb. 11.1. Teilgeschwindigkeiten
des Kurbelzapfens
in der Hauptschubrichtung

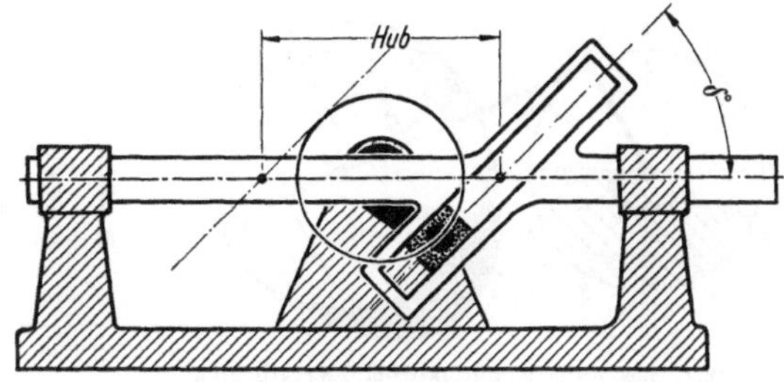

Abb. 11.3. Scharkreuzkurbel

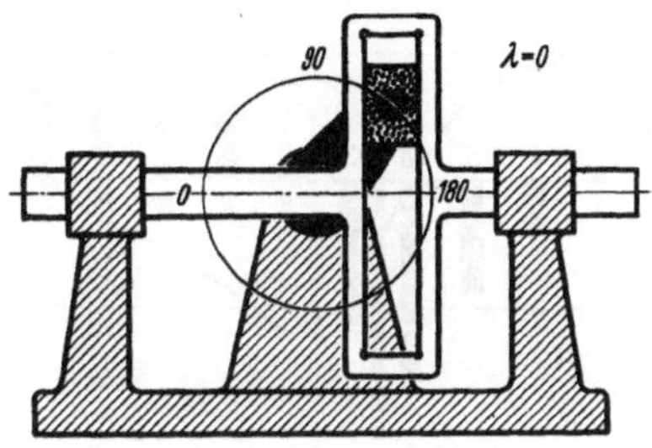

Abb. 11.2. Kreuzschubkurbel

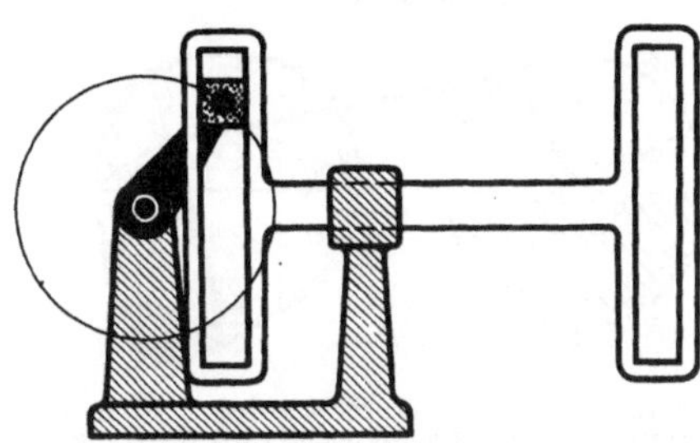

Abb. 11.4. Versuchsgetriebe (Kreuzschubkurbel)

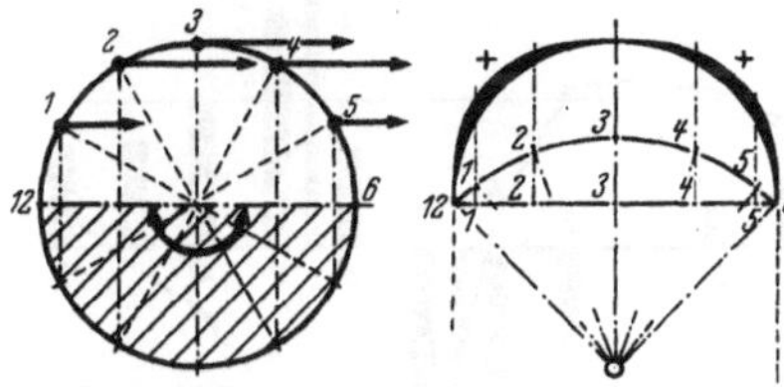

Abb. 11.5. Zentrischer Bogenschub mit kurzer
Schwinge und unendlich langer Koppel ergibt
spiegelbildliche Geschwindigkeitsüberlagerung an
beiden Hubenden

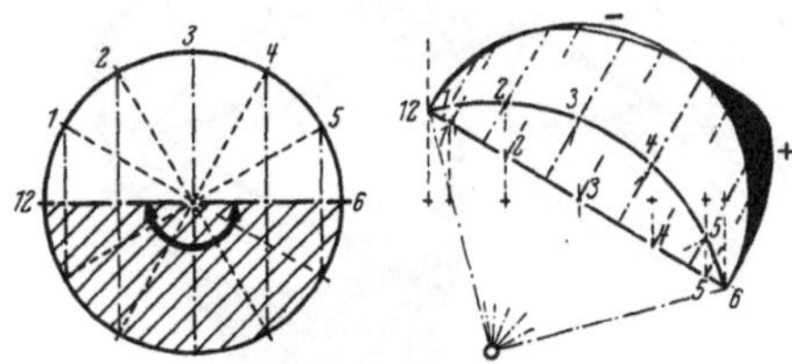

Abb. 11.6. Geschränkter Bogenschub mit kurzer
Schwinge und unendlich langer Koppel ergibt
ungleichmäßig verteilte positive und negative Geschwindigkeitsüberlagerung; Geschwindigkeitsanstieg am steileren Hubende

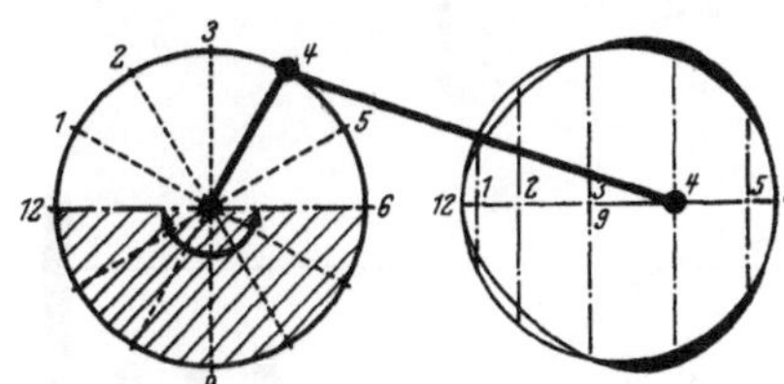

Abb. 11.7. Zentrische Schubkurbel d. h. je 180°
Kurbeldrehwinkel auf Hin- und Rückhub. Die
Koppel hat endliche Länge. Von der Getriebemittellage (Stellung 3 bzw. 9) nach der Kurbel
hin Geschwindigkeitsminderung, von der Kurbel
weg Geschwindigkeitssteigerung (Hubmitte ist
nicht gleich Zeitmitte)

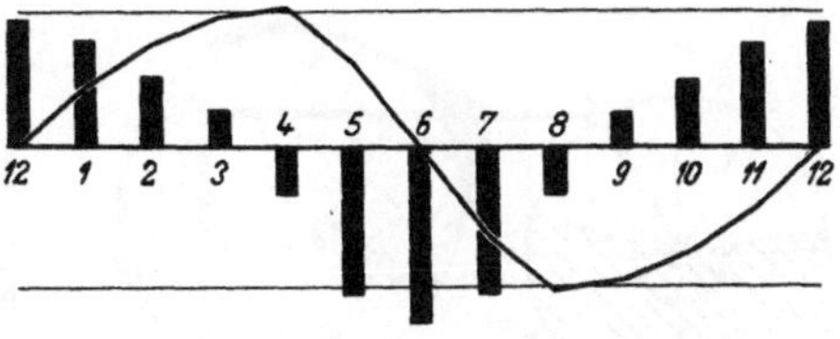

Abb. 11.8. Geschwindigkeiten und Beschleunigungen
bei der zentrischen Schubkurbel, aufgetragen über dem
abgerollten Kurbelkreis

Text: Abschnitt 4.4

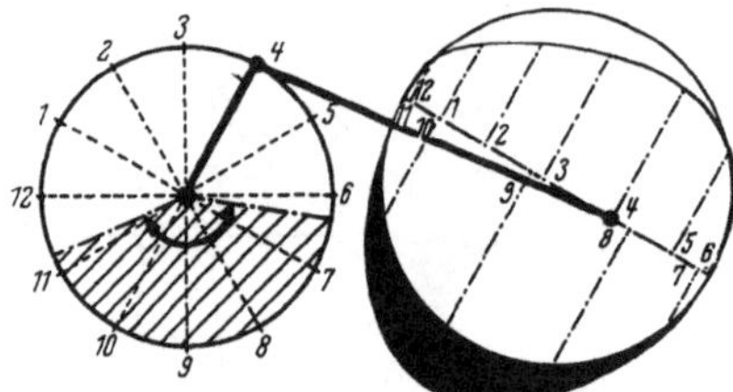

Abb. 12.1. Geschränkte Schubkurbel. Es ergibt sich ungleiche Aufteilung des Kurbelkreises auf Hin- und Rückhub und dadurch höhere Durchschnittsgeschwindigkeit im Rückhub (schraffierter Bereich). Hinzu kommt eine Überlagerung, entsprechend Abb. 11.7, allerdings im Hinhub stärker als im Rückhub

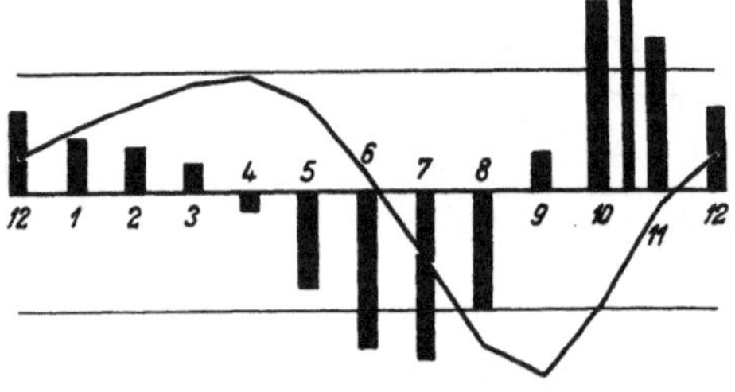

Abb. 12.2. Geschwindigkeit und Beschleunigung bei der geschränkten Schubkurbel nach Abb. 12.1 aufgetragen über dem abgerollten Kurbelkreis

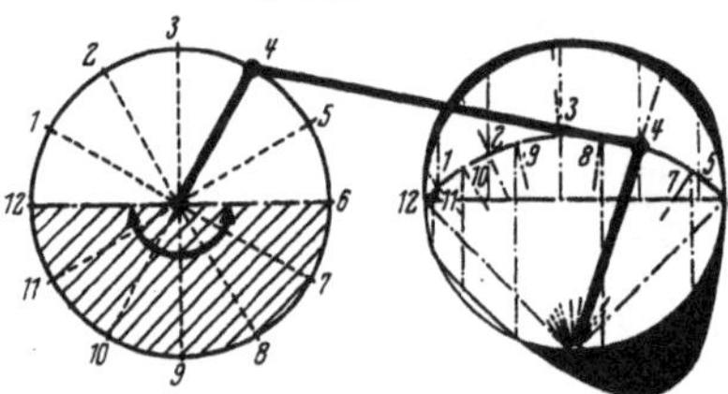

Abb. 12.3. Zentrische Kurbelschwinge. Hinhub entsprechend Abb. 11.5 mit leichter Überlagerung, entsprechend Abb. 11.7. Rückhub infolge starker Schwingung der Koppel mit ähnlichem Geschwindigkeitsverlauf wie Abb. 11.6

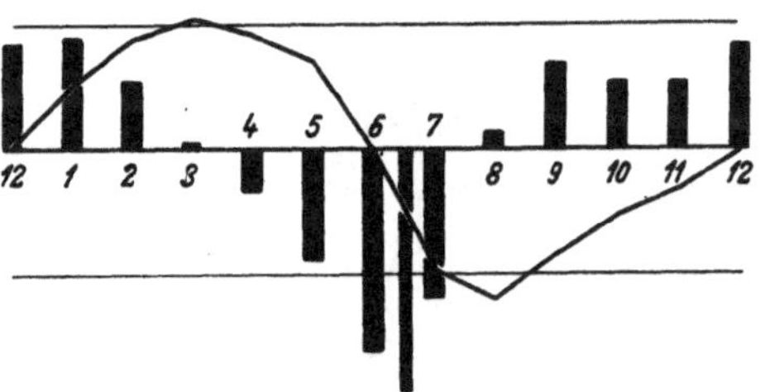

Abb. 12.4. Geschwindigkeit und Beschleunigung der zentrischen Kurbelschwinge nach Abb. 12.3

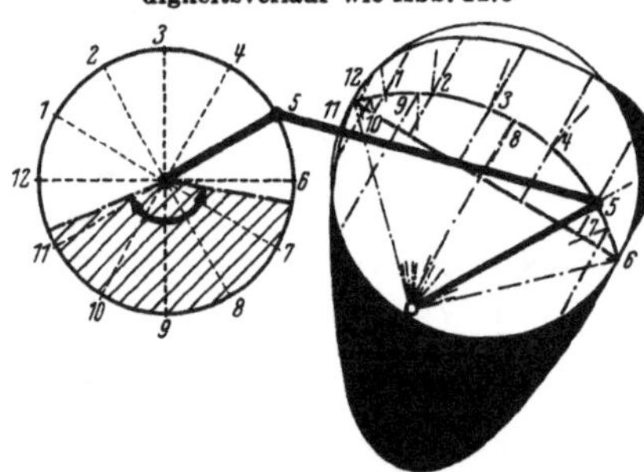

Abb. 12.5. Nach oben geschränkte Kurbelschwinge. Für den Hinhub steht mehr Zeit zur Verfügung als für den Rückhub. Im Hinhub Zusammenwirken von Überlagerungen nach Abb. 11.5, 11.6 und 11.7. Im Rückhub ist der Geschwindigkeitsverlauf nach Abb. 12.3 gesteigert durch eine Überlagerung nach Abb. 11.6

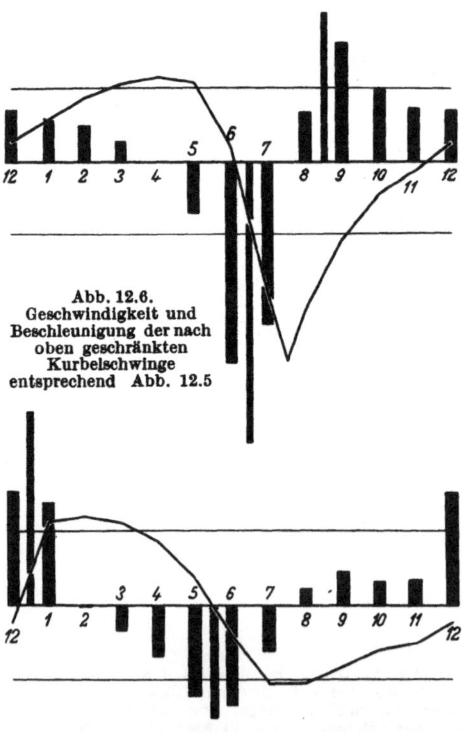

Abb. 12.6. Geschwindigkeit und Beschleunigung der nach oben geschränkten Kurbelschwinge entsprechend Abb. 12.5

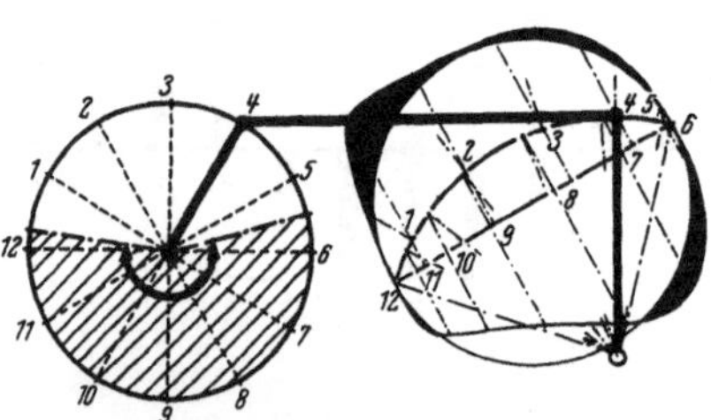

Abb. 12.7. Nach unten geschränkte Kurbelschwinge. Für den Hinhub steht weniger Zeit zur Verfügung als für den Rückhub. Im Hinhub wirken die Überlagerungen nach Abb. 11.7 und 11.6 gegeneinander; dazu kommt noch die Überlagerung nach Abb. 11.5. Im Rückhub wirken die Überlagerungen nach Abb. 11.6 und 12.3 gegeneinander

Abb. 12.8. Geschwindigkeit und Beschleunigung der nach unten geschränkten Kurbelschwinge entsprechend Abb. 12.7

Text: Abschnitt 4.4

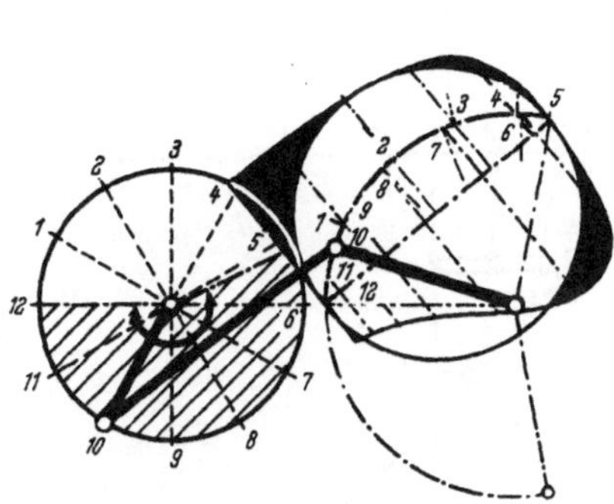

Abb. 13.1. Durchschlagende Kurbelschwinge. Der
Geschwindigkeitsverlauf zeigt in der linken Totlage
der Schwinge in beiden Hubrichtungen senkrechten Anstieg. Hierdurch wird das „Durchschlagen"
begünstigt (vgl. Abb. 12.7)

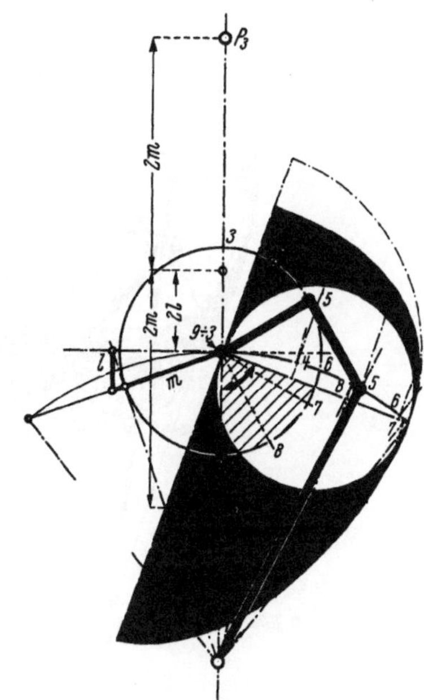

Abb. 13.2.

Durchschlagende Kurbelschwinge mit paarweise gleichlangen Gliedern (Kurbel = Koppel; Schwinge = Gestell)
Der innere Totpunkt des Schwingenzapfens fällt mit dem Kurbellager zusammen. Für die gesamte Schwingenbewegung genügt eine halbe Kurbelumdrehung von 3 bis 9. Von 9 bis 3, also während der anderen Halbdrehung
könnte der Schwingenzapfen in dieser Decklage stehen bleiben, wenn die Geschwindigkeit dort nicht einen
Größtwert hätte. Soll das „Durchschlagen" vermieden werden, so sind hierfür besondere Maßnahmen erforderlich. Für den spiegelbildlichen Hub nach links steht die freigewordene halbe Kurbelumdrehung zur Verfügung.
Das Getriebe stellt einen Sonderfall dar, da für den doppelten Hub eine einzige Kurbelumdrehung ausreicht.
(Hilfskonstruktion zum Auffinden der Pole P_2 und P_3: Tangente vom Schwingenlager an den Kurbelkreis bis
zum Schnittpunkt mit der Waagerechten durch das Kurbellager. Eine Senkrechte durch diesen Schnittpunkt
schneidet die Sehne durch die linke Hälfte des Schwingenbogens. Man erhält die Abschnitte l und m. Die
Strecke $2\,l$ wird auf der Gestellmittellinie vom Kurbellager nach oben angetragen. Vom Endpunkt dieser
Strecke aus liegen die Pole P_2 und P_3 jeweils im Abstand $2\,m$ nach oben und unten.)

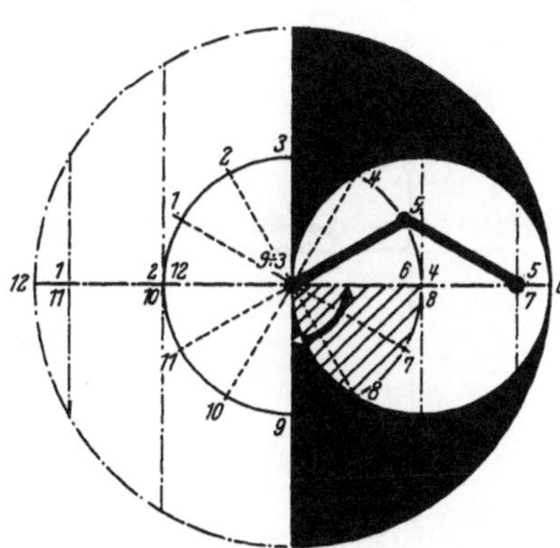

Abb. 13.3. Gleichschenklige Schubkurbel. Für den
Bewegungsverlauf gilt das gleiche wie für das
Getriebe der Abb. 13.2. Infolge der unendlichen
Schwingenlänge ist der Geschwindigkeitsverlauf
nicht nur in den beiden Hubhälften spiegelbildlich,
sondern ebenso im Hin- und Rückhub. Es liegt
eine reine, überlagerungsfreie Sinusschwingung vor

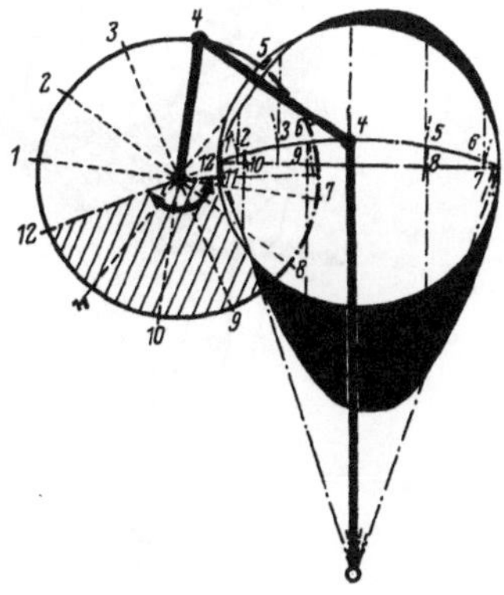

Abb. 13.4. Kurbelschwinge mit stark verkürzter
Koppel und Schränkung nach oben (vgl. Abb.
12.5). Kurbeldrehung zwischen Stellung 3 und 9
bewirkt den größten Teil der Schwingenbewegung.
Die innere Totlage des Schwingenzapfens hat sich
dem Kurbellager bereits sehr stark genähert

Text: Abschnitt 4.4

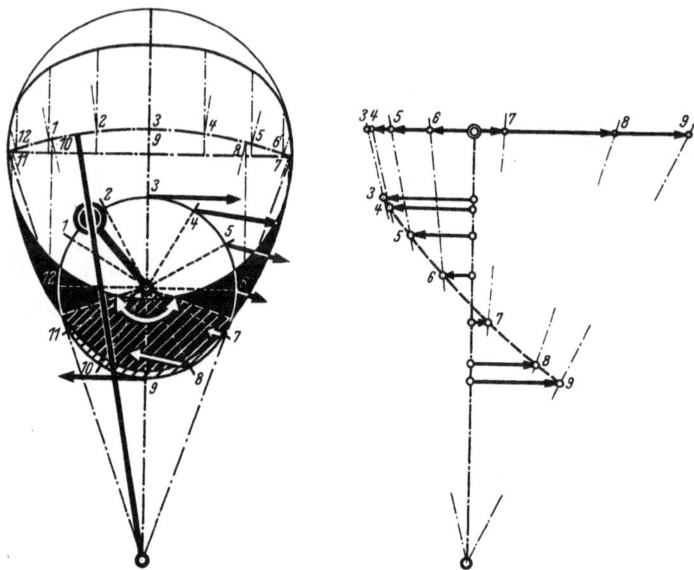

Abb. 14.1 u. 14.1a. Geschwindigkeiten bei der zentrischen, schwingenden Kurbelschleife. Die wirksamen Geschwindigkeitskomponenten des Kurbelzapfens geben infolge des wandernden Angriffspunktes an der Schwinge entsprechend veränderte Schwingengeschwindigkeiten. Die Geschwindigkeiten des Schwingenzapfens können nach dem Strahlensatz ermittelt werden. Langsamer Vorwärtshub, beschleunigter Rückhub

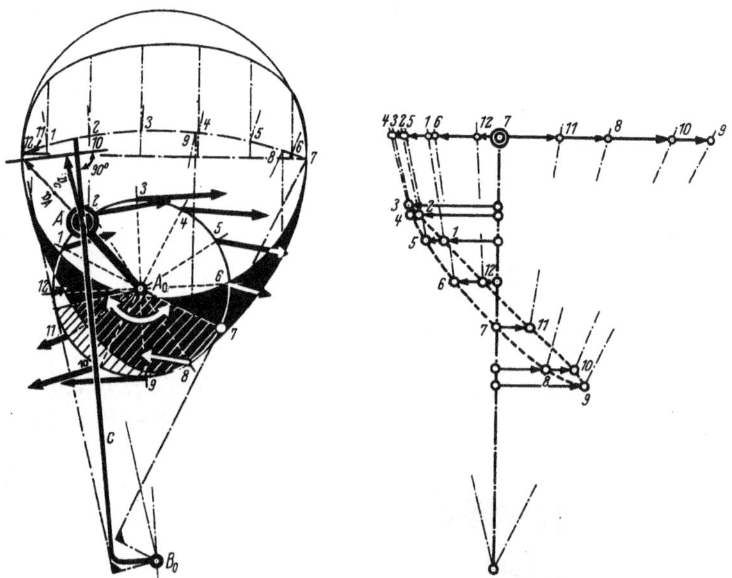

Abb. 14.2 u. 14.2a. Geschwindigkeiten bei der geschränkten, schwingenden Kurbelschleife. Das Diagramm wird durch die Schränkung unsymmetrisch. Grundsätzlich gelten die gleichen Zusammenhänge wie beim Getriebe der Abb. 14.1. Bei der Ermittlung der an der Schwinge von Stellung zu Stellung wirksamen Geschwindigkeit v_c ist folgendes zu beachten: Man geht aus vom Vektor der Kurbelzapfengeschwindigkeit v_A, der auf der Kurbelmittellinie dargestellt wird. Den gesuchten Vektor v_c erhält man auf der Verbindungslinie des Kurbelzapfens A mit dem Schwingenlager B_0. Die Länge von v_c ergibt sich durch den Schnittpunkt dieser Geraden mit dem Lot, das man durch die Vektorspitze von v_A auf die Mittellinie der schwingenden Kulisse fällt

Text: Abschnitt 4.4

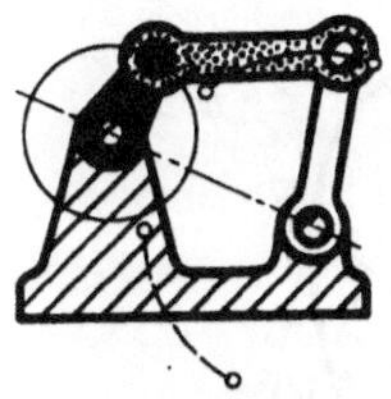

Abb. 15.1.
Kurbelschwinge

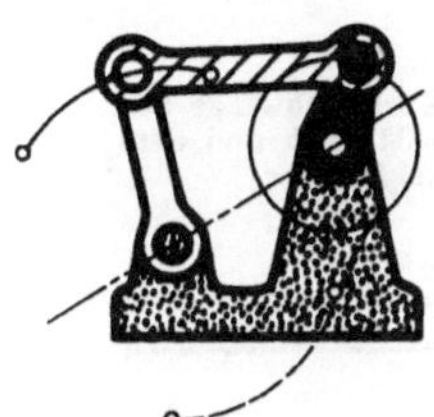

Abb. 15.2.
Kurbelschwinge

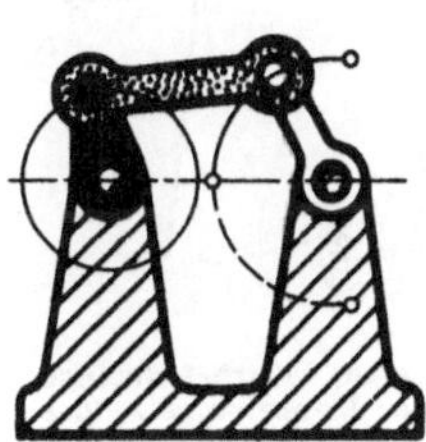

Abb. 15.3.
In der inneren Totlage
durchschlagende Kurbel-
schwinge

Abb. 15.4.
In der äußeren Totlage
durchschlagende Kurbel-
schwinge

Text: Abschnitt 5.1

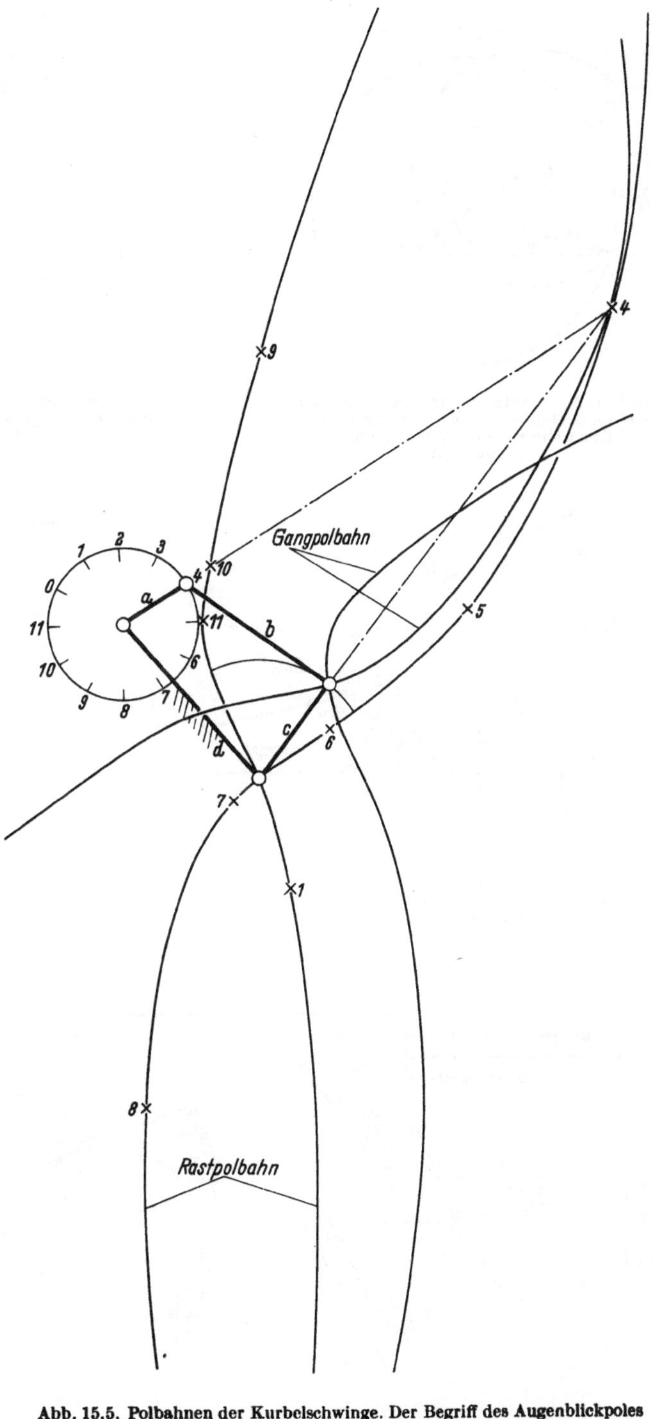

Abb. 15.5. Polbahnen der Kurbelschwinge. Der Begriff des Augenblickpoles wurde bereits anhand der Abb. 7.7 bis 7.9 erläutert. Verfolgt man die Bahn des Augenblickspoles von Getriebestellung zu Getriebestellung, so erhält man in der Zeichenebene (Gestellebene) die sogenannte Rastpolbahn. Ihr entspricht in der Koppelebene die Gangpolbahn. Diese wälzt sich während eines Getriebeumlaufes auf der Rastpolbahn ab

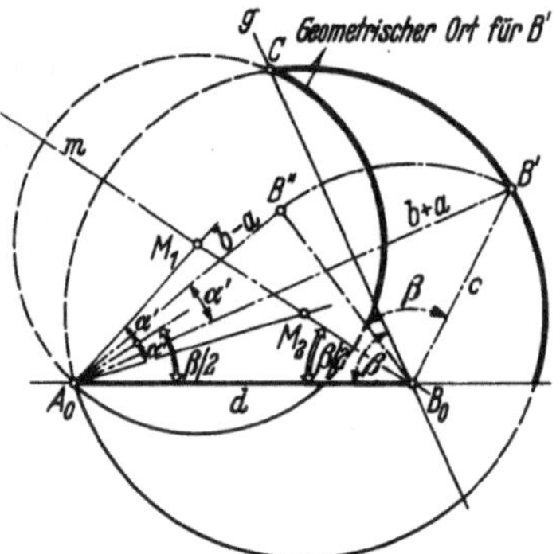

Abb. 16.1. Ermittlung einer Kurbelschwinge aus der Gestellänge *d*, dem Schwingenwinkel *β* und dem während eines Hubes durchlaufenden Kurbelwinkel *α*

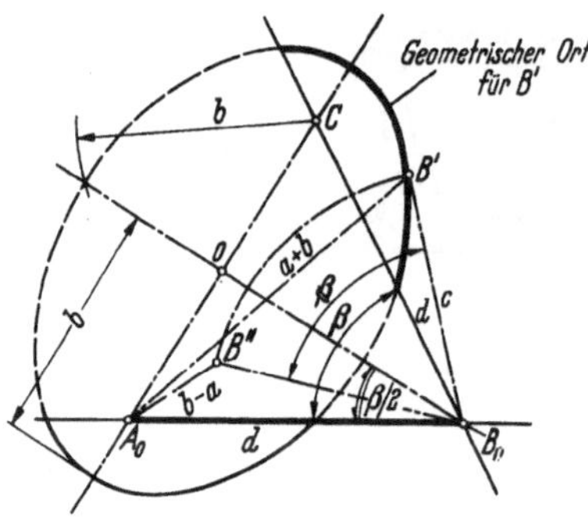

Abb. 16.2. Ermittlung einer Kurbelschwinge aus der Gestellänge *d*, der Koppellänge *b* und dem Schwingenwinkel *β*

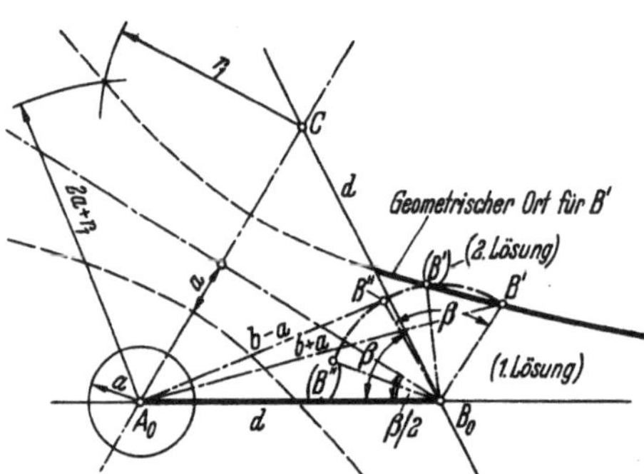

Abb. 16.3. Ermittlung einer Kurbelschwinge aus der Gestellänge *d*, der Kurbellänge *a* und dem Schwingenwinkel *β*

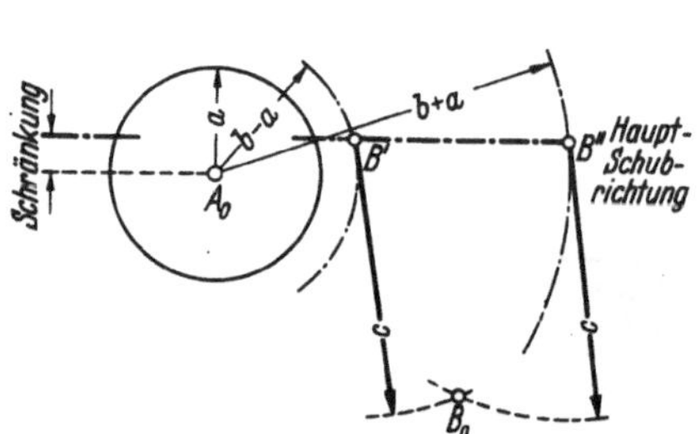

Abb. 16.4. Ermittlung einer Kurbelschwinge aus der Kurbellänge *a*, der Koppellänge *b*, der Schwingenlänge *c* und aus der Schränkung

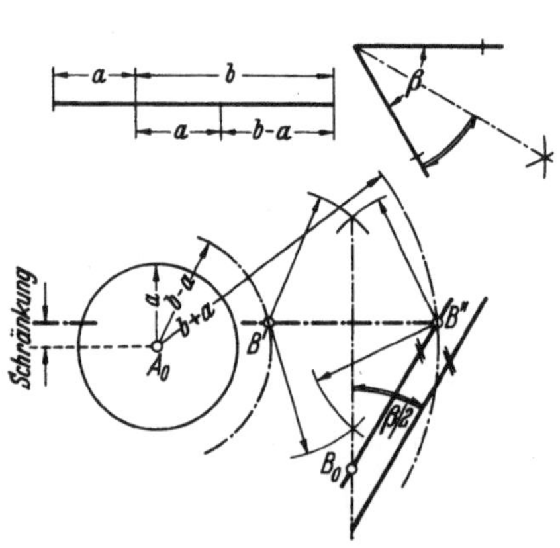

Abb. 16.5. Ermittlung einer Kurbelschwinge aus der Kurbellänge *a*, der Koppellänge *b*, dem Schwingenwinkel *β* und aus der Schränkung

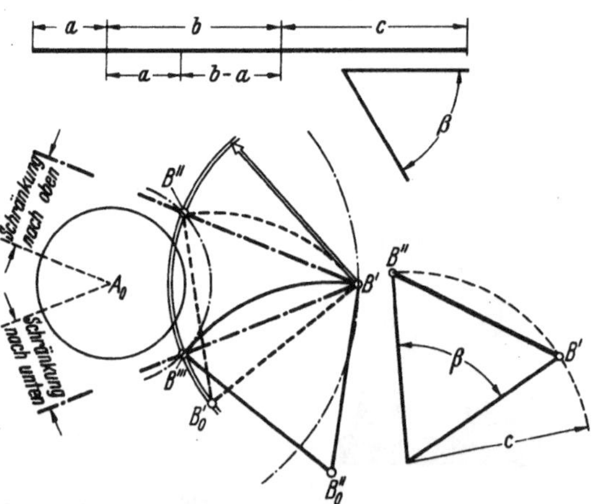

Abb. 16.6. Ermittlung einer Kurbelschwinge aus der Kurbellänge *a*, der Koppellänge *b*, der Schwingenlänge *c* und dem Schwingenwinkel *β*

Text: Abschnitt 5.1

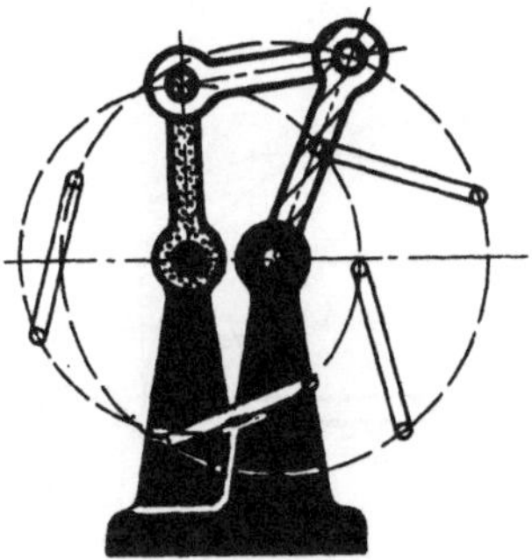

Abb. 17.1. Doppelkurbel

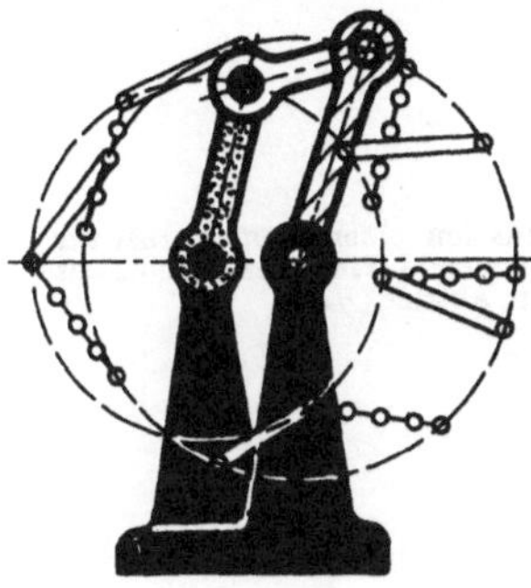

Abb. 17.2. Durchschlagende
Doppelkurbel

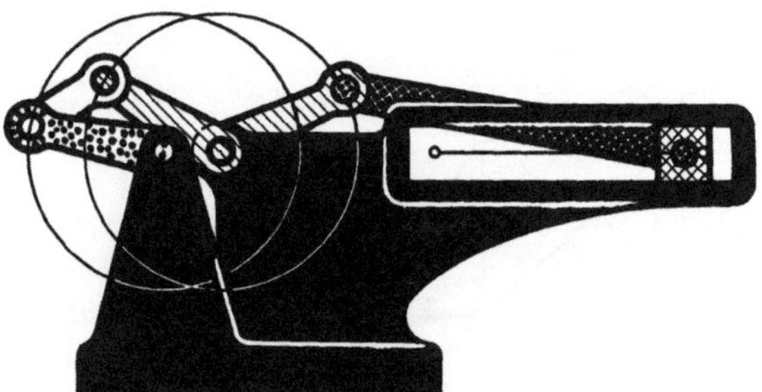

Abb. 17.3. Doppelkurbel als Vorgelege für eine Schubkurbel
zur Erzielung angenähert gleichförmiger Schubbewegung des
Gleitsteines im Arbeitshub. Je nach Wahl der Abmessungen
und je nach der Winkelzuordnung innerhalb der schraffiert
dargestellten Kurbel läßt sich über 25% des Hubes eine Ungleichförmigkeit von weniger als 1% erreichen

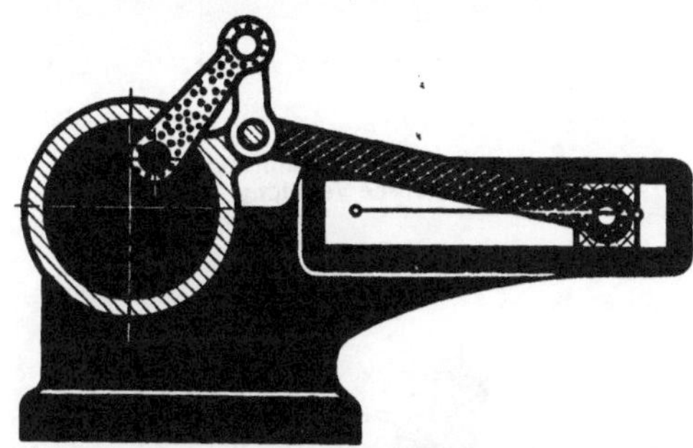

Abb. 17.4. Doppelkurbel als Vorgelege für Schubkurbel mit
gleichen Abmessungen wie in Abb. 17.3. Die Gestellmittellinie
der Doppelkurbel ist jedoch um das Lager des Schubkurbel-
antriebes soweit nach oben geschwenkt, daß aus dem schraffierten Winkelhebel in Abb. 17.3 ein einziger Kurbelarm
geworden ist. Dieser ist konstruktiv abgewandelt zu einem
Exzenterring, der auf einer Zapfenerweiterung läuft

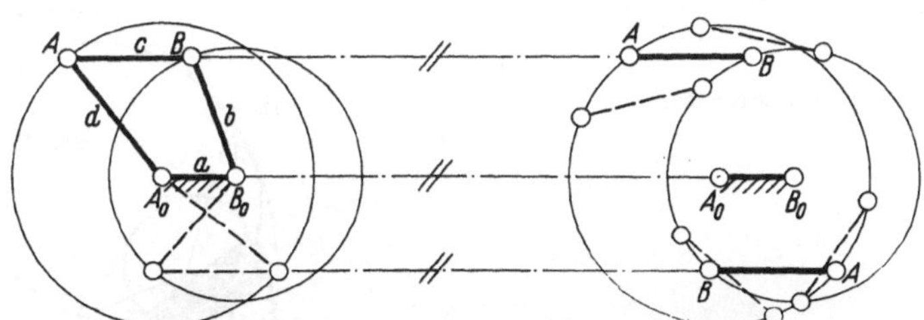

Abb. 17.5. Doppelkurbel
in Getriebelagen mit $\omega_1 = \omega_2$

Abb. 17.6. Verschiedene Lagen
der Koppel bei einer Doppelkurbel
(oben Vierecklage,
unten Überkreuzlage)

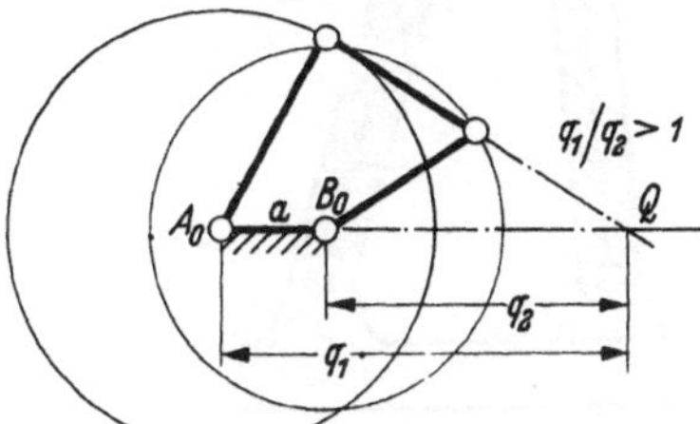

Abb. 17.7. Übersetzungsverhältnis
bei einer Doppelkurbel im Bereich
der Voreilung

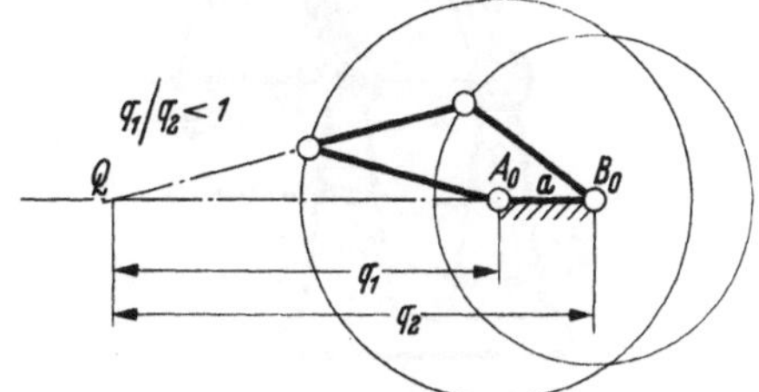

Abb. 17.8. Übersetzungsverhältnis
bei einer Doppelkurbel im Bereich
der Nacheilung

Text: Abschnitt 5.2

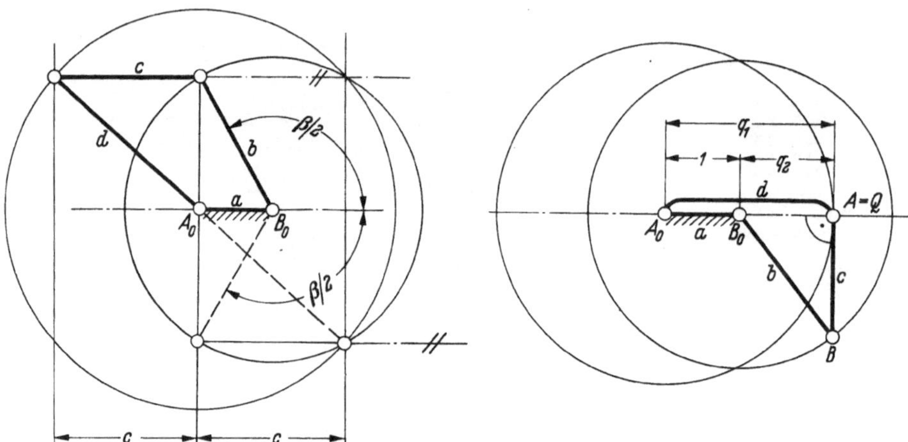

Abb. 18.1. Konstruktion einer Doppelkurbel für vorgeschriebene Voreilung

Abb. 18.2. Konstruktion einer Doppelkurbel für vorgeschriebene maximale Winkelgeschwindigkeit am Abtrieb (B_0)

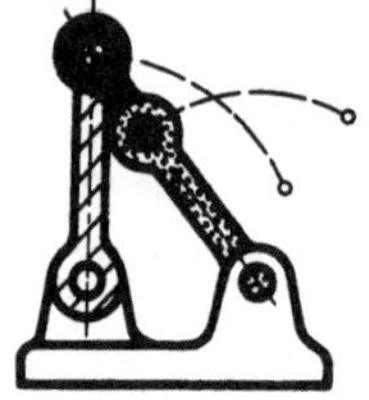

Abb. 18.3. Doppelschwinge

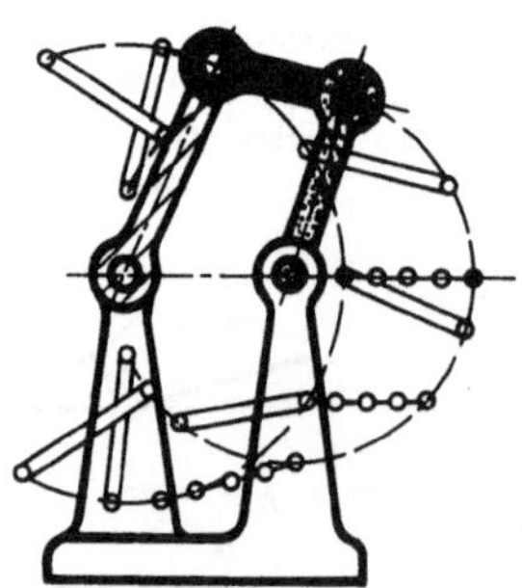

Abb. 18.4. Durchschlagende Doppelschwinge

Abb. 18.5. Polbahnen der Doppelschwinge

Text: Abschnitt 5.2 und 5.3

Abb. 19.1.
Parallelkurbel

Abb. 19.2.
Zahnradtrieb

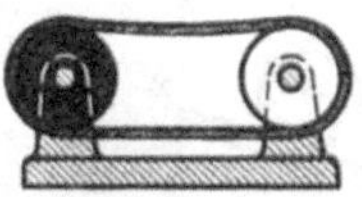

Abb. 19.3.
Riementrieb.

Abb. 19.4.
Kettentrieb

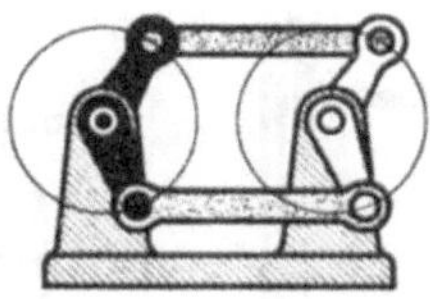

Abb. 19.5. Zwei versetzte,
gekuppelte Parallelkurbeln
beiderseits des Gestelles zur
Überwindung der Getriebe-
decklagen (Lokomotive)

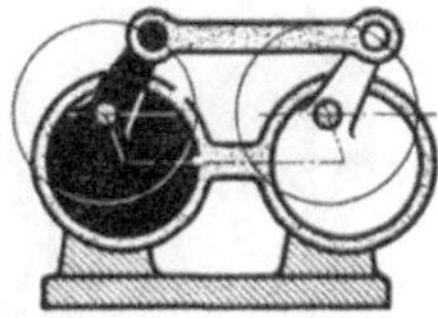

Abb. 19.6. Zwei versetzte,
gekuppelte Parallelkurbeln
auf der gleichen Gestell-
seite. Bei einer Parallelkurbel werden Zapfen-
erweiterungen angewendet

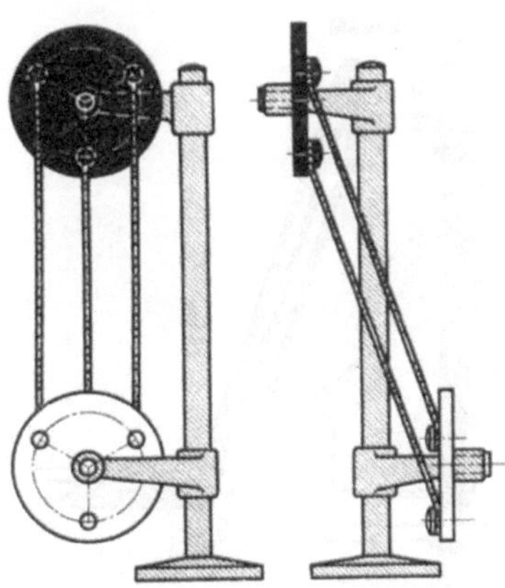

Abb. 19.7. Bei drei um 120° versetzten
Parallelkurbeln können die Koppeln als
Zugseile ausgebildet sein. Die Kurbel-
scheiben müssen jedoch in verschiedenen
Ebenen laufen (alter Turmuhrantrieb)

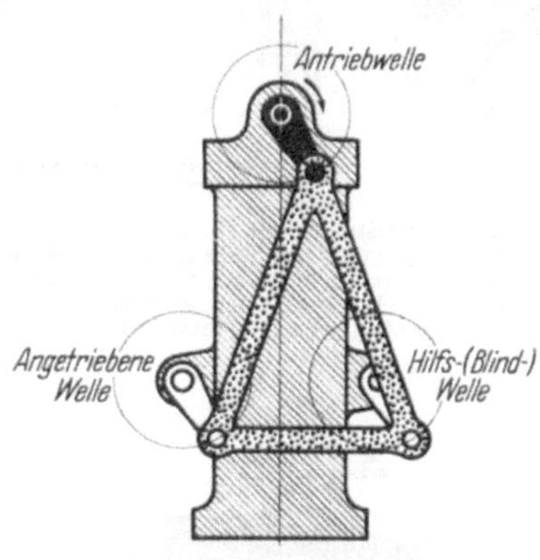

Abb. 19.8. Überwindung der Getriebedecklagen
durch zusätzliche Hilfskurbel. Es entstehen
praktisch drei Parallelkurbeln

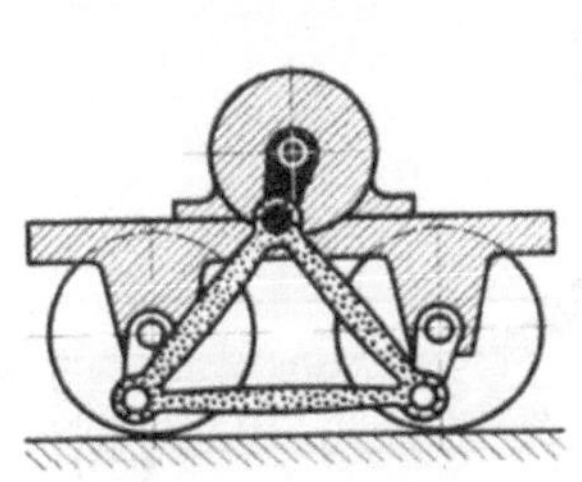

Abb. 19.9. Getriebe
nach Abb. 19.8 zum Antrieb einer
elektrischen Lokomotive

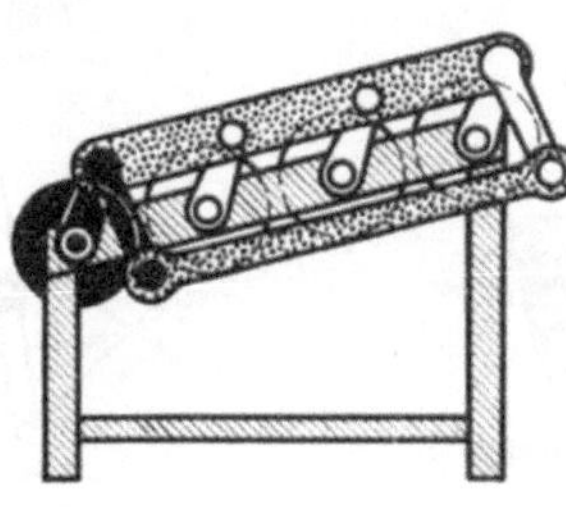

Abb. 19.10. Zwei versetzte, gekuppelte Parallelkurbeln mit
gewinkelten Kurbeln auf der
gleichen Gestellseite

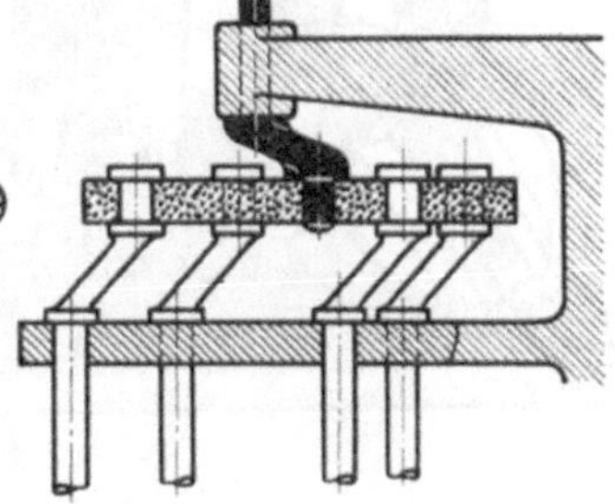

Abb. 19.11. Eine große Anzahl
Blindwellen zum Antrieb von
Bohrspindeln in einer Mehr-
spindelbohrmaschine

Text: Abschnitt 5.4
10*

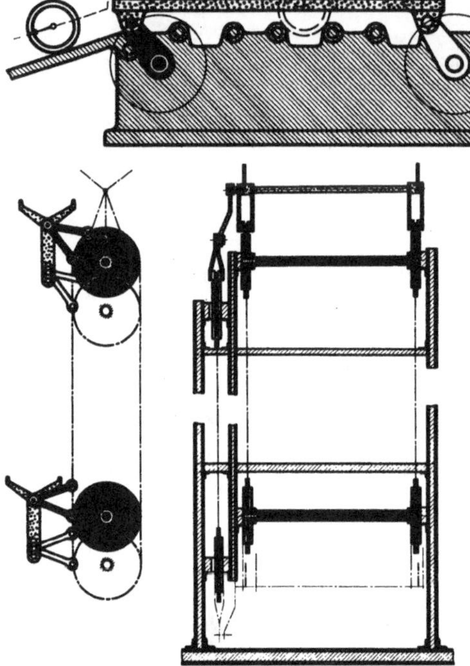

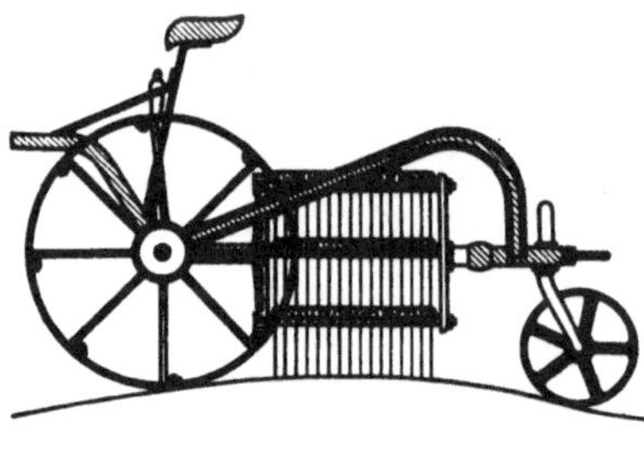

Abb. 20.1. Ausnutzung der oberen Hälfte der Kreisparallelverschiebung der Koppel zum absatzweisen Transport der Fässer in einer Faßreinigungsmaschine. (Während der unteren Hälfte der Kreisparallelverschiebung erfolgen die einzelnen Reinigungsvorgänge)

Abb. 20.2. Bretterstapler mit einer gegen die Tragketten (schwarze Räder) versetzten Führungskette (weiße Räder). Beim Umlenken unten und oben bilden die Bretterträger mit den Kettenrädern und den Kettengliedern Parallelkurbeln, bei denen die Bretterpratzen als Koppeln wirken

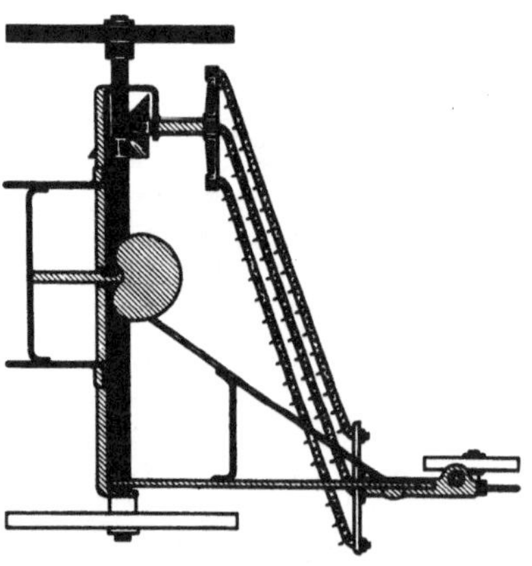

Abb. 20.3. Schwadrechen. Bei diesem Heuwender sind drei Parallelkurbeln um je 120° versetzt angeordnet. Antrieb der Kurbelscheibe durch das schwarze Laufrad über Kegelräder. Das weiße Laufrad und das hintere Schlepprad laufen leer mit

Abb. 20.4. Pendelfrästisch (Weber u. Co., Berlin). Der Werkstückträger ist als gemeinsame Koppel von zwei Parallelkurbeln aufzufassen. Die Kurbellängen sind einstellbar. Die Fräserwelle ist ortsfest gelagert. Die Vorrichtung ermöglicht das Fräsen von gewölbten Hohlformen

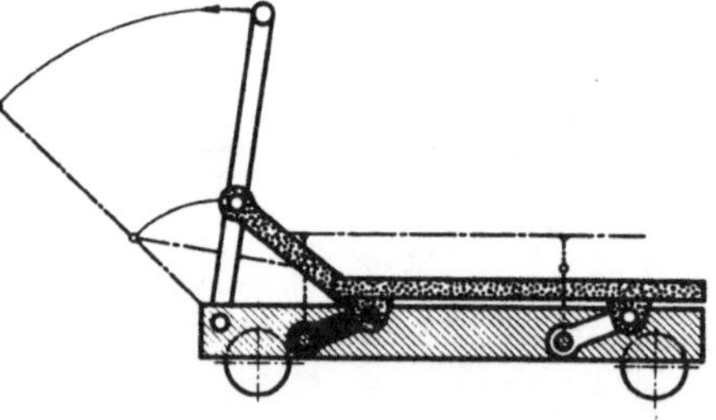

Abb. 20.5. Die Koppel einer Parallelkurbel bildet die Ladefläche eines Hubwagens. Die Höhenverstellung wird erreicht durch eine vorgeschaltete Kurbelschwinge

Text: Abschnitt 5.4

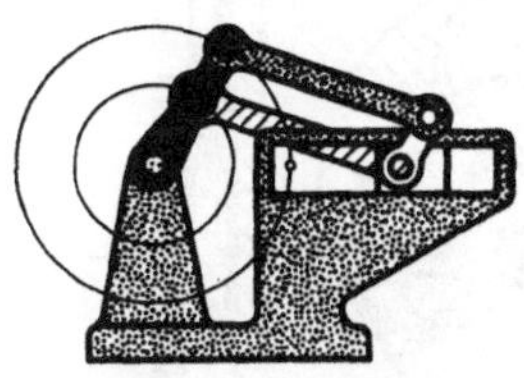

Abb. 21.1. Schubkurbel trägt eine Parallelkurbel

Abb. 21.2. Schubkurbel trägt einen Riementrieb

Abb. 21.3. Schubkurbel trägt einen Zahnradtrieb

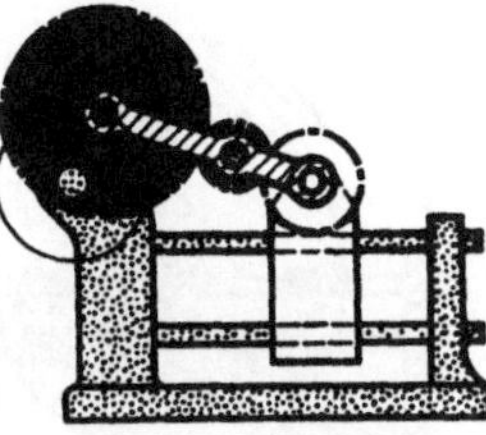

Abb. 21.4. Schubkurbel trägt einen Zahnradtrieb mit Übersetzung ins Schnelle

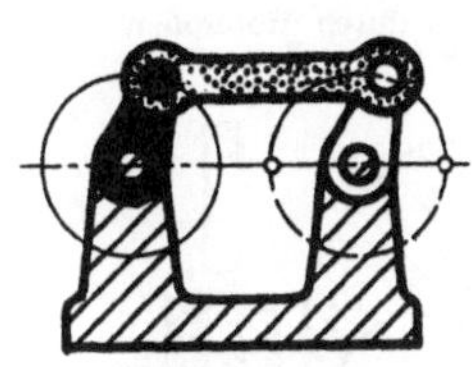

Abb. 21.5. Parallelkurbel

Abb. 21.7. Parallelkurbel

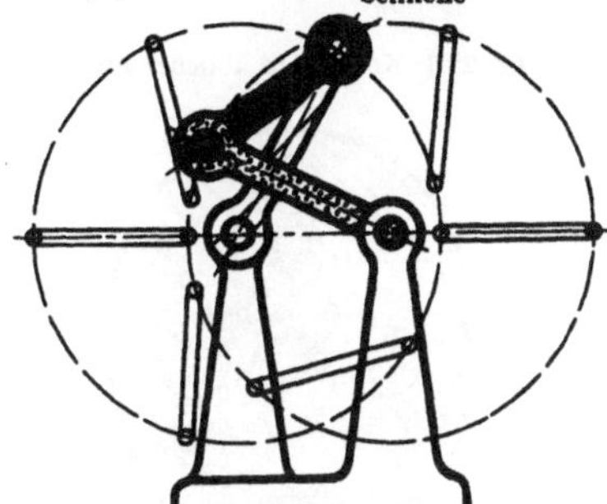

Abb. 21.8. Gleichläufige Antiparallelkurbel

Abb. 21.6. Gegenläufige Antiparallelkurbel

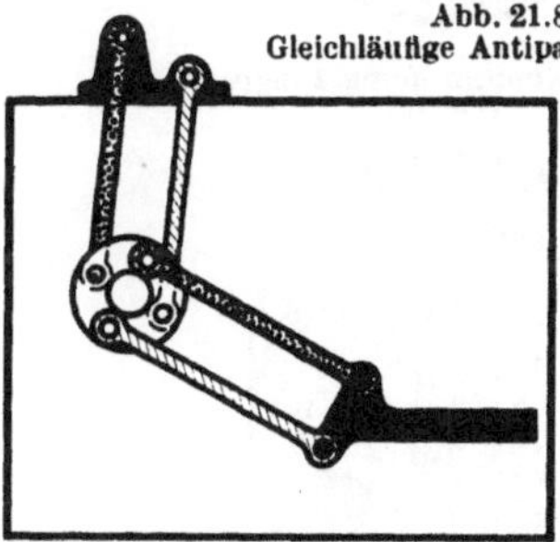

Abb. 21.10. Zwei Parallelkurbeln sind hintereinander angeordnet, wobei die untere Parallelkurbel in der Koppel der oberen Parallelkurbel (weiße Scheibe) um 90° versetzt angeordnet ist. Hierdurch kann jeder Punkt der Zeichenfläche erreicht werden

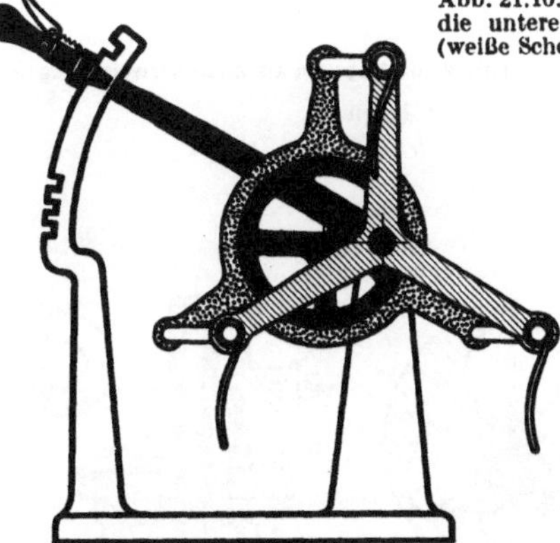

Abb. 21.9. Dreifache Anordnung der Parallelkurbel nach Abb. 21.7. Das Getriebe dient zur Veränderung der Zustellung der Rechenzinken beim Schwadrechen nach Abb. 20.3. Die Lage der Gestellmittellinie (schwarze Zapfenerweiterung) kann um den Drehpunkt des schraffierten, dreiarmigen Sternes im Lauf verschwenkt werden. Die weißen Koppeln müssen dieser Bewegung parallel folgen; sie werden also gezwungen, die Verschwenkung mitzumachen

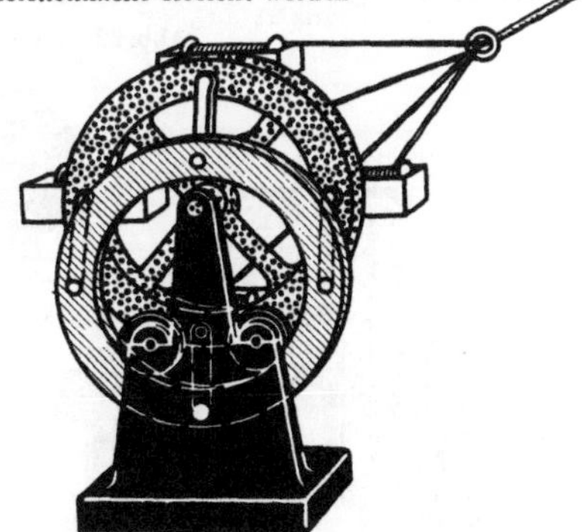

Abb. 21.11. Vierfache Anordnung einer Parallelkurbel zur Führung der Spulenkästen einer Verseilmaschine. Die beiden umlaufenden Kurbeln sind hier als Räder bzw. als Ringe ausgebildet. An Stelle der Zapfenerweiterung für den schraffierten Ring genügen zwei Führungsrollen. Eine dritte Rolle wird ersetzt durch die vier parallel liegenden Koppeln

Text: Abschnitt 5.4

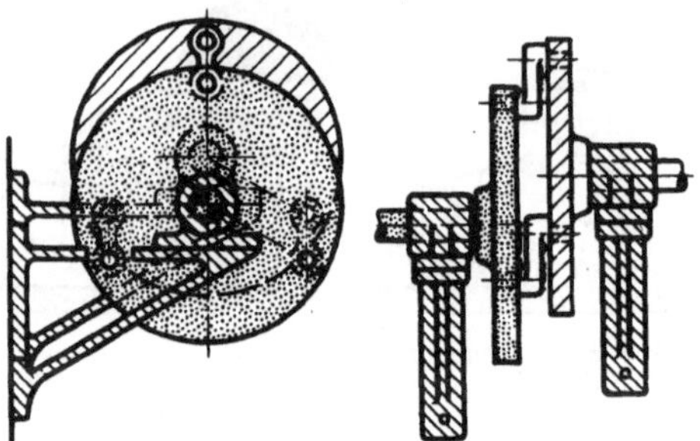

Abb. 22.1. Koppeln in üblicher Ausbildung

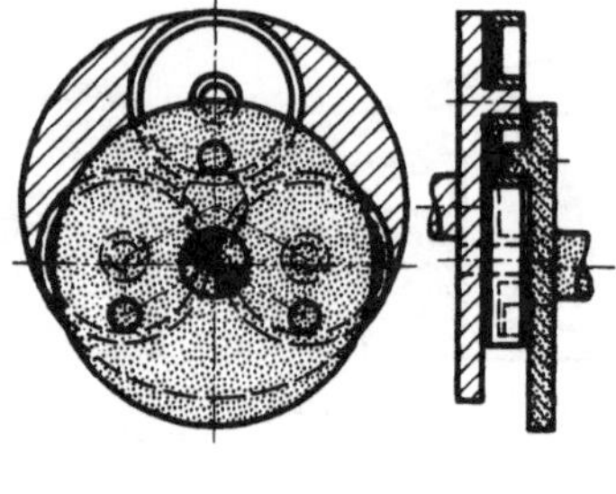

Abb. 22.4. Koppeln durch Hohlrollen ersetzt

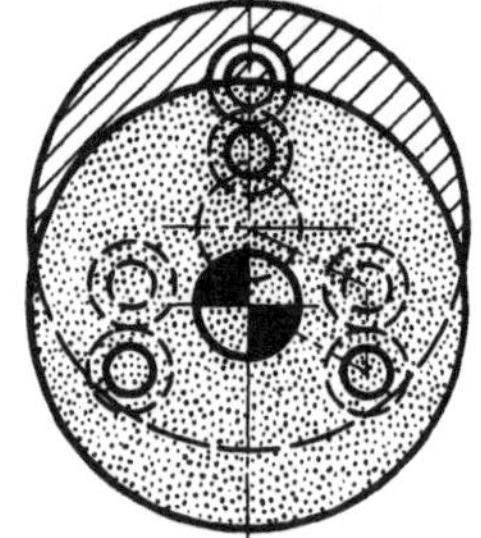

Abb. 22.2. Koppeln durch Ringpaare ersetzt

Abb. 22.5. Koppeln weglassen

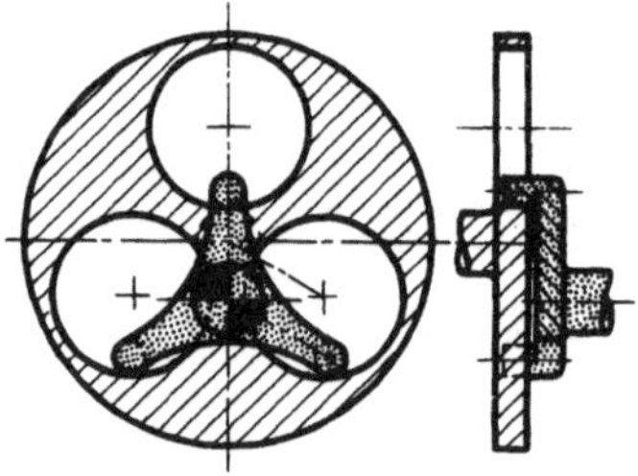

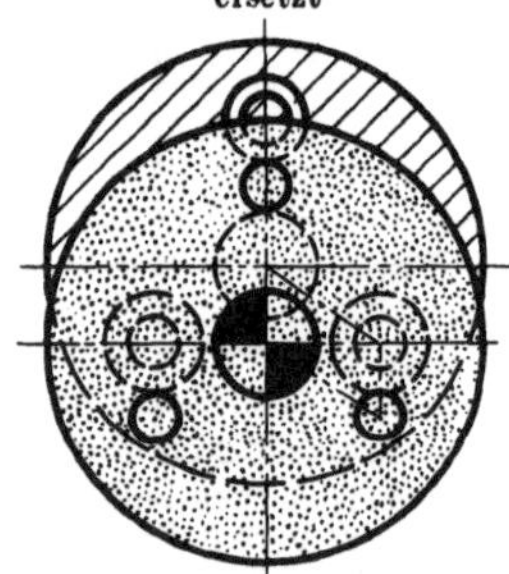

Abb. 22.3. Koppeln durch einzelne Ringe ersetzt

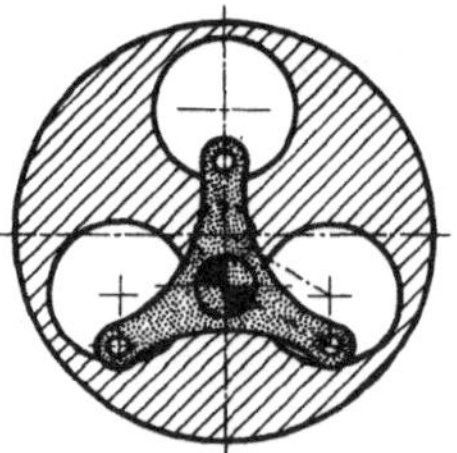

Abb. 22.6. Koppeln als Zapfenerweiterungen

Abb. 22.1 bis 22.6. Kupplung festgelagerter Wellen

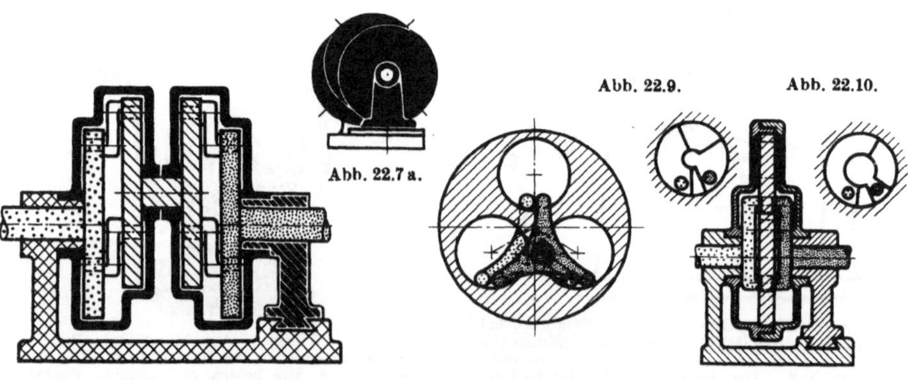

Abb. 22.7. Doppelte Anordnung des Getriebes nach Abb. 22.1

Abb. 22.8. Doppelte Anordnung des Getriebes nach Abb. 22.5

Abb. 22.9 u. 22.10. Ersatz der Koppeln durch Bogenführungen

Abb. 22.7 bis 22.10. Kupplung gegeneinander beweglicher Wellen

Text: Abschnitt 5.4

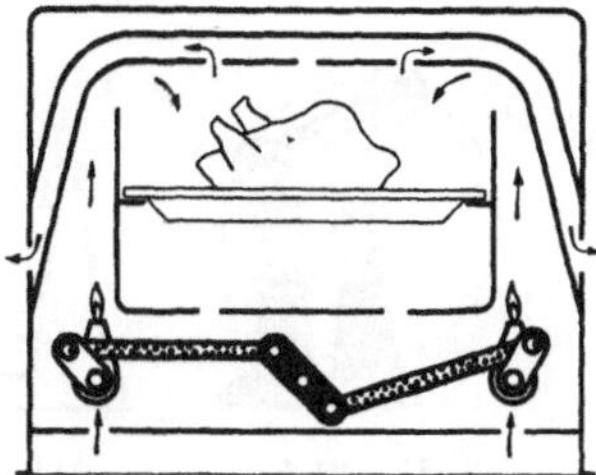

Abb. 23.1. Brennerverstellung an einem Gasbackofen (Junker & Ruh) mittels Parallel- und Antiparallelkurbel. Oberhitze beim Grillen, Unterhitze beim Backen

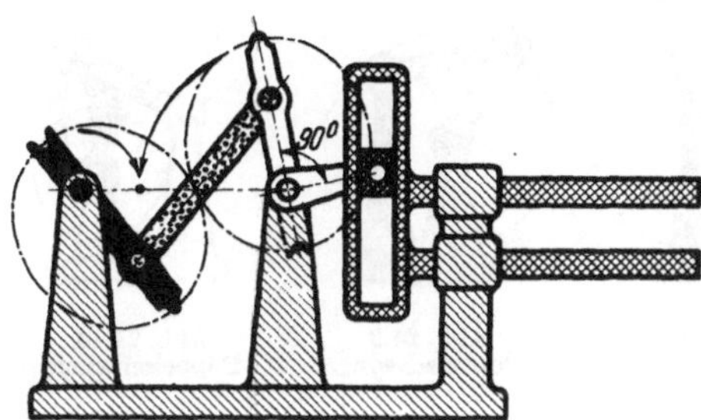

Abb. 23.2. Gegenläufige Antiparallelkurbel als Vorgelege zum Antrieb einer Kreuzschubkurbel. Die Polbahnen zwischen Antrieb und Abtrieb sind Ellipsen. Zur Sicherung der Durchschlagstellung sind bei den kleinen Scheitelkrümmungskreisen Hilfsverzahnungen ausgebildet. Es ergibt sich ein gleichförmiger Arbeitshub (während 35% des Hubes Ungleichförmigkeit kleiner als 1%). Die höchste Rücklaufgeschwindigkeit ist das Dreifache der Arbeitsgeschwindigkeit (im vorliegenden Fall große Halbachse der Ellipse gleich der Kurbellänge a; kleine Halbachse gleich 0,963 a)

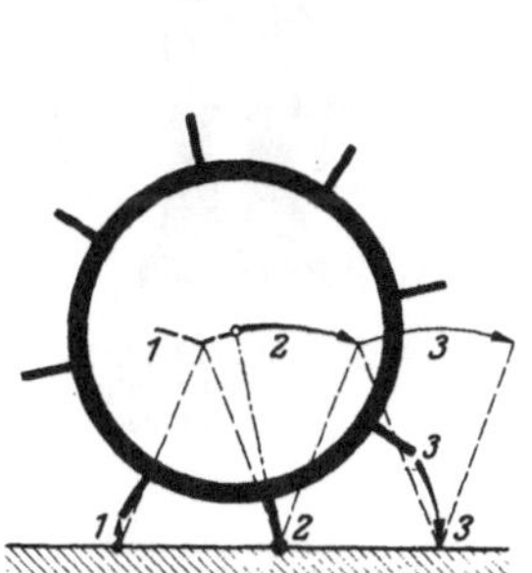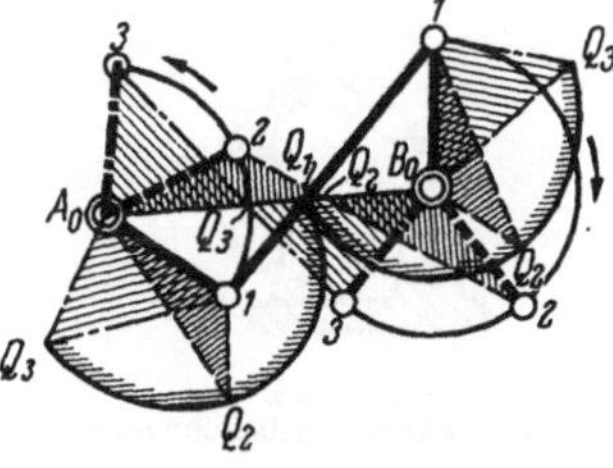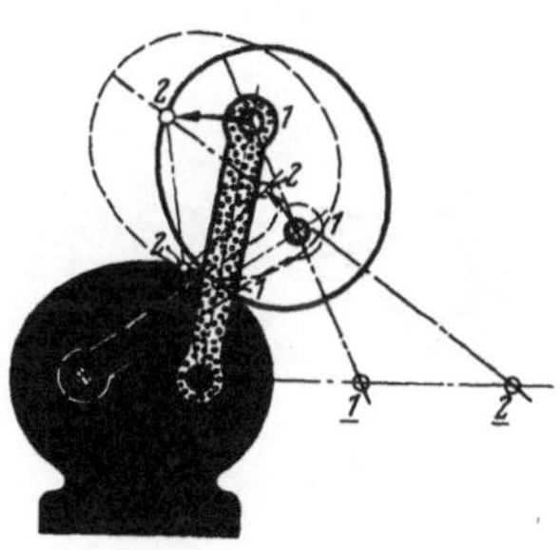

Abb. 23.3. Mit Greifern bewehrtes Schlepperrad

Abb. 23.4. Ermittlung der Relativpole Q_1, Q_2 und Q_3 für die Kurbelstellungen 1, 2 und 3. Die gefundenen (schraffierten) Dreiecke dreht man so, daß die stark ausgezogenen Seiten in einer Getriebestellung, z. B. Stellung 1 zusammenfallen. Die Dreieckspitzen Q_2 und Q_3 sind Punkte der Polbahnen von Antrieb und Abtrieb

Abb. 23.5. Bei der gleichläufigen Antiparallelkurbel erhält man die gleichen Ellipsenformen wie in Abb. 23.4. jedoch für die Ebenen von Koppel und Gestell

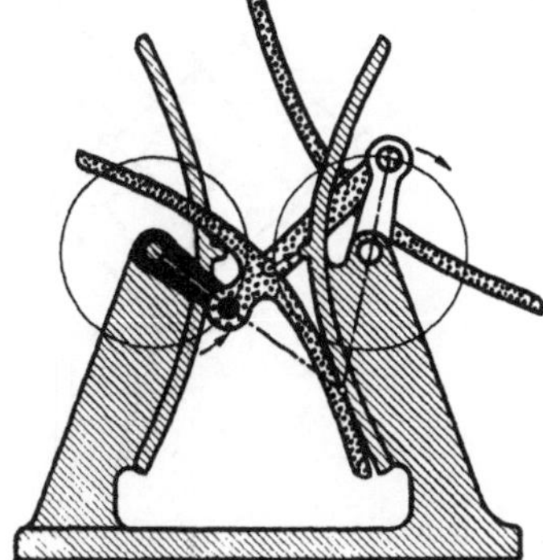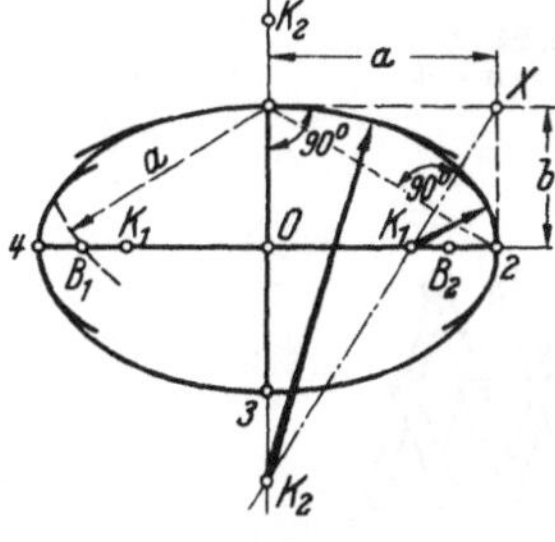

Abb. 23.6. Bei der gegenläufigen Antiparallelkurbel erhält man Hyperbeln als Polbahnen von Koppel und Gestell. (Überwindung der Getriebedecklagen mit Hilfsverzahnung)

Abb. 23.7. Ellipsenkonstruktion. Brennpunkt B_1 und B_2 durch Kreis mit Radius a (= große Halbachse) um die Endpunkte 1 und 3 der kleinen Achse. Mittelpunkte K_1 und K_2 der Scheitelkrümmungskreise auf der großen und kleinen Achse durch Lot von X (Rechteck 0—1—X—2 mit Scheitellänge a und b) auf die Verbindungslinie der Achsenendpunkte 1 und 2

Text: Abschnitt 5.4

Abb. 24.1.
Kette
$a + d = b + c$

Abb. 24.2.
Durchschlagende
Kurbelschwinge

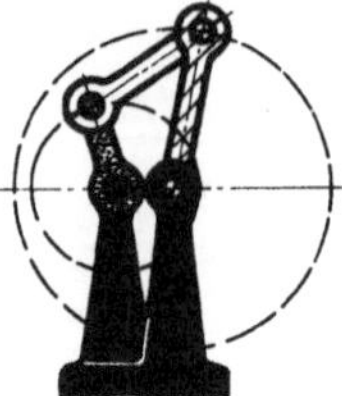

Abb. 24.3.
Durchschlagende
Doppelkurbel

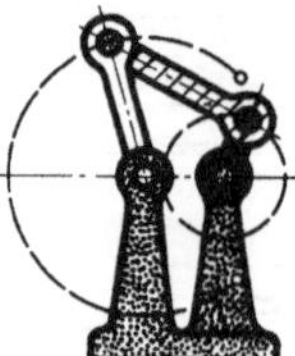

Abb. 24.4.
Durchschlagende
Kurbelschwinge

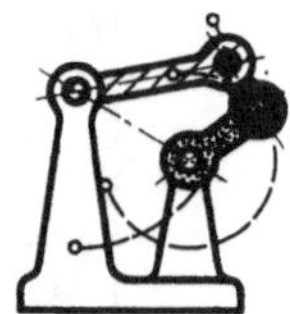

Abb. 24.5.
Durchschlagende
Doppelschwinge

Abb. 24.6.
Nur schwingfähige
Gelenke

Abb. 24.7.
Doppelschwinge

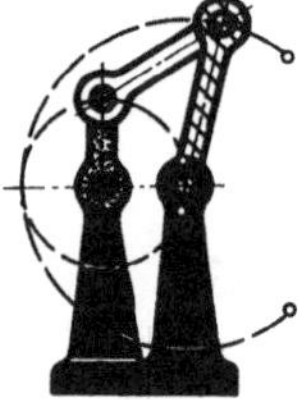

Abb. 24.8.
Doppelschwinge

Abb. 24.9.
Doppelschwinge

Abb. 24.10.
Doppelschwinge

Abb. 24.11.
$a = b; c = d$

Abb. 24.12.
Gleichschenklige Kurbelschwinge

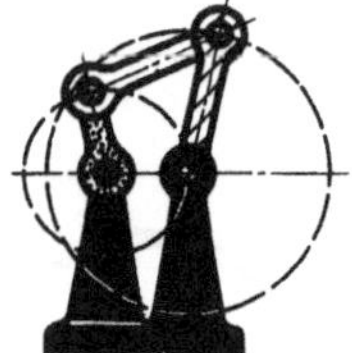

Abb. 24.13.
Gleichschenklige
Doppelkurbel

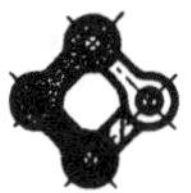

Abb. 24.14.
$a = b = c = d$

Abb. 24.15.
Rautenkurbel

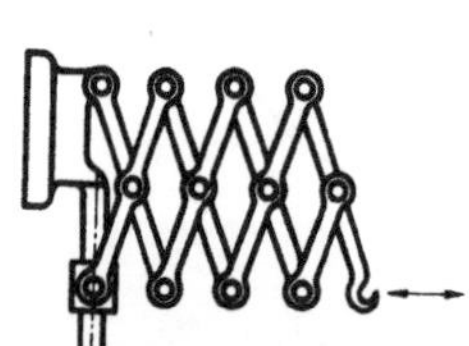

Abb. 24.16. Rautenkurbel
in Mehrfachanordnung
verbunden mit einer
gleichschenkligen Schub-
kurbel. Bekannt als
„Nürnberger Schere"
(Hubübersetzung)

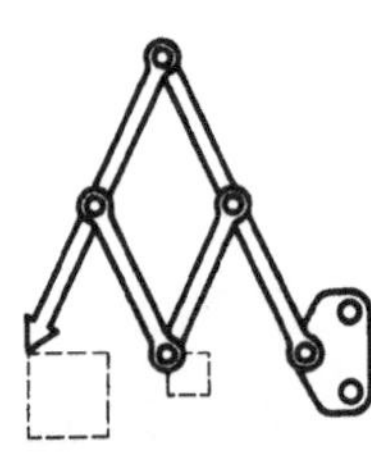

Abb. 24.17. Storchschnabel

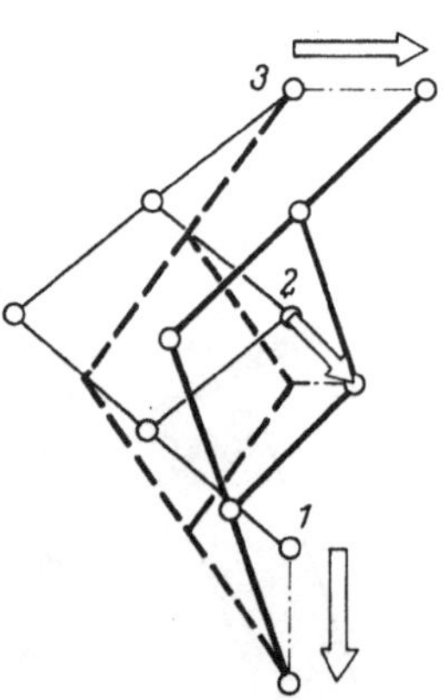

Abb. 24.18. Anwendung des
Storchschnabels zur geome-
trischen Addition gerichteter
Größen (Vektorenrechner)

Text: Abschnitt 5.5

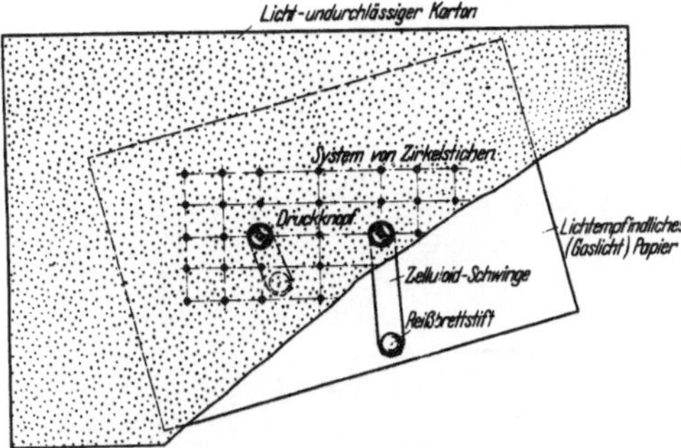

Abb. 25.1. Anordnung zum Aufzeichnen von Koppelkurven mit Hilfe von künstlichem Licht und lichtempfindlichem Papier. Nach LANGEN, Köln

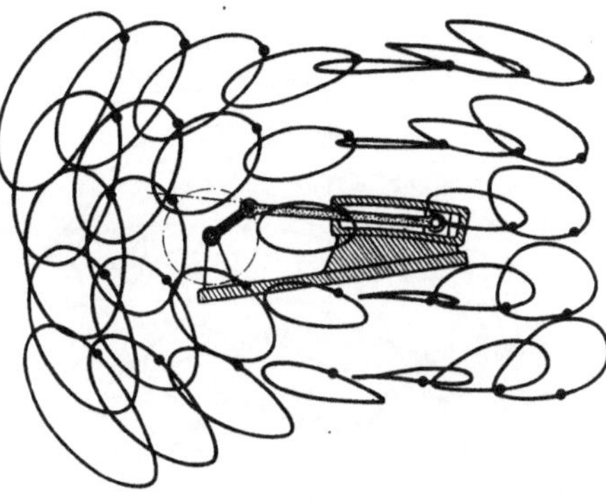

Abb. 25.5. Koppelkurven bei einer geschränkten Kurbelschwinge mit sehr langer Schwinge

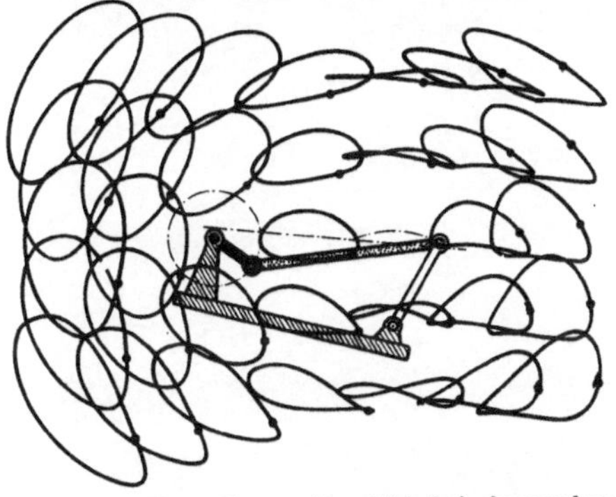

Abb. 25.2. Koppelkurvenübersicht bei einer nahezu zentrischen Kurbelschwinge (hergestellt mit einer Anordnung entsprechend Abb. 25.1)

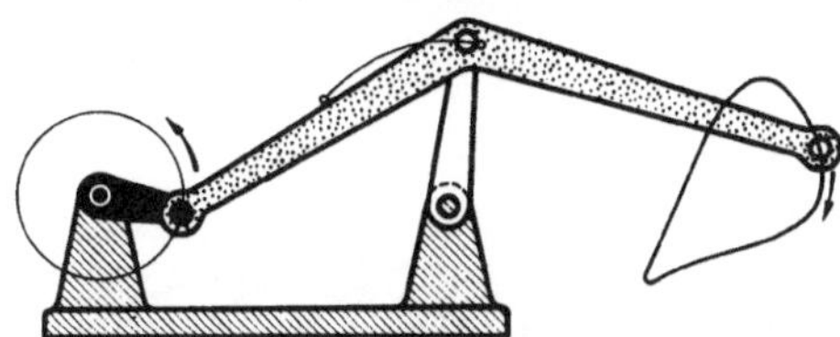

Abb. 25.3. Kurbelschwinge zur Ausnutzung der in Abb. 25.2 unten rechts liegenden dreieckähnlichen Koppelkurve

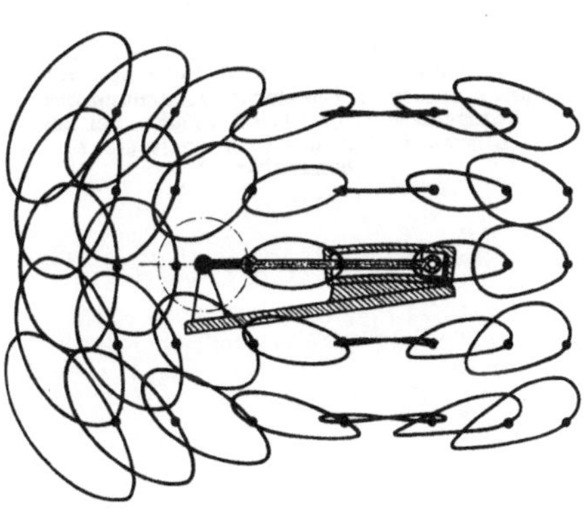

Abb. 25.6. Koppelkurven bei einer zentrischen Kurbelschwinge mit sehr langer Schwinge (Bogenführung)

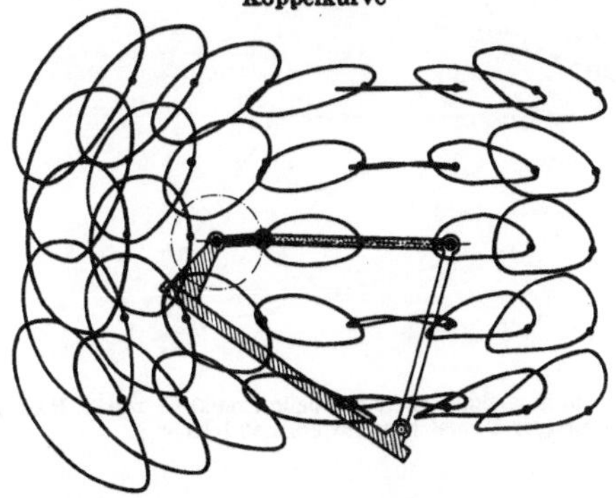

Abb. 25.4. Zentrische Kurbelschwinge mit doppelt so langer Schwinge wie bei dem Getriebe der Abb. 25.2. Die Koppelkurven oberhalb und unterhalb der Totlagengeraden zeigen zunehmende, spiegelbildliche Ähnlichkeit

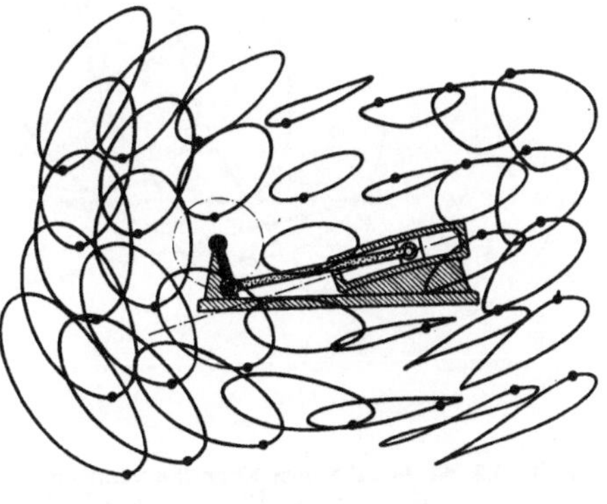

Abb. 25.7. Nach unten geschränkte Kurbelschwinge mit sehr langer Schwinge. Besonders interessant ist der Vergleich mit den Koppelkurven der nach oben geschränkten Kurbelschwinge in Abb. 25.5

Text: Abschnitt 5.6.1

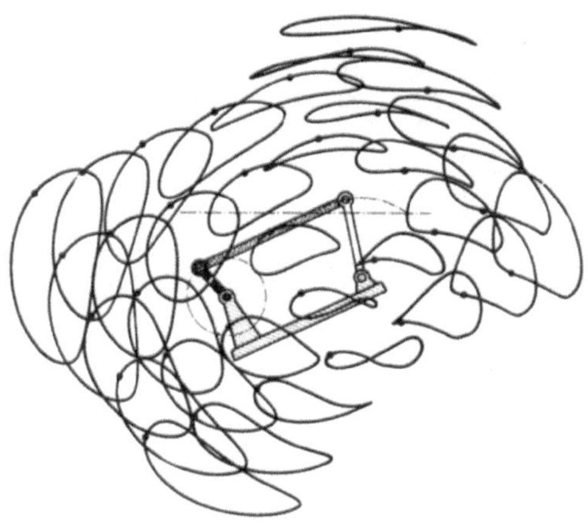

Abb. 26.1. Koppelkurvenübersicht bei einer nach oben geschränkten Kurbelschwinge mit kurzer Schwinge. Die starke Krümmung des Schwingenbogens macht sich vor allem bei den Kurven oberhalb des Schwingenzapfens bemerkbar

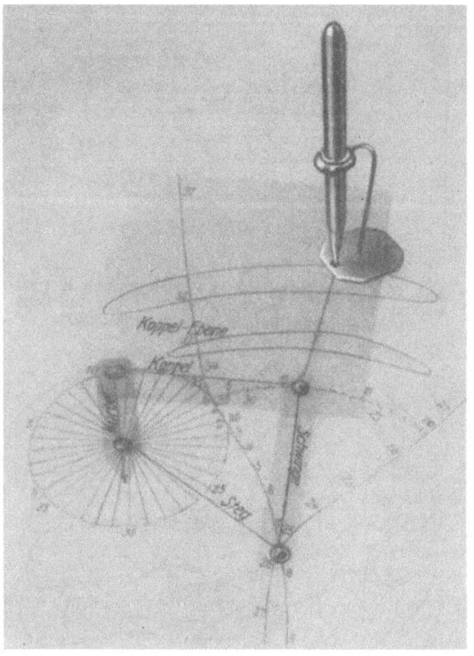

Abb. 26.2. Zelluloidgetriebe zum Aufzeichnen von Koppelkurven (nach KONEN)

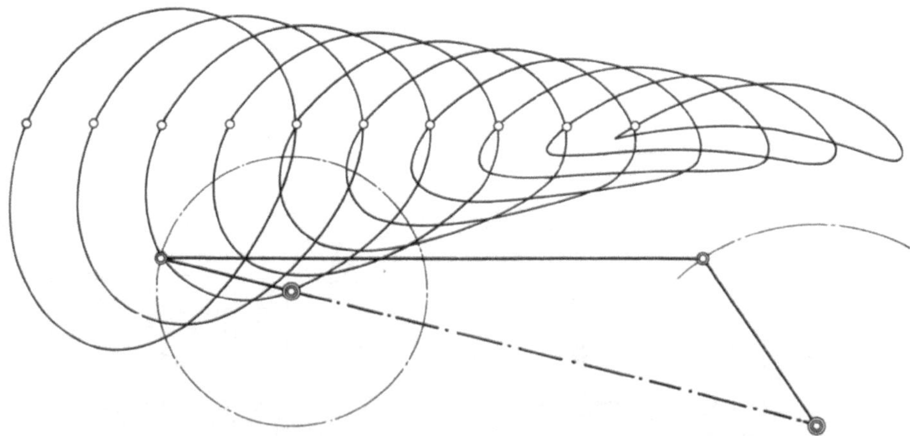

Abb. 26.3. Wiedergabe einer Koppelkurvenübersicht aus dem amerikanischen Koppelkurvenatlas von J. HRONES and G. NELSON. Der Atlas enthält über 730 derartiger Übersichten im Format DIN A 3

Text: Abschnitt 5.6.1

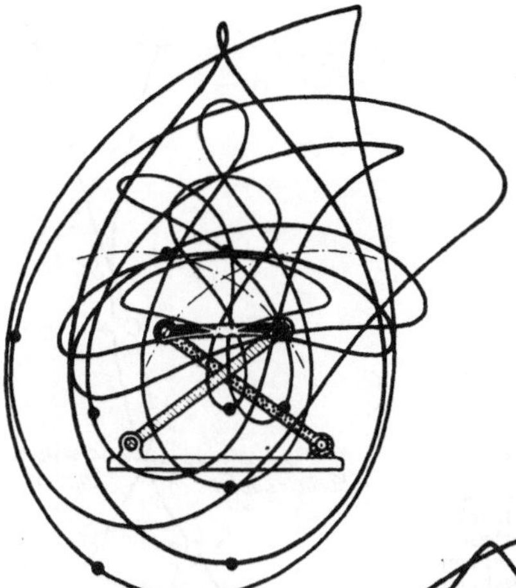

**Abb. 27.1. Koppelkurven-
übersicht bei einer symmetrischen Doppelschwinge.
Es sind nur Kurven von
Punkten auf der Mittelsenkrechten und auf der linken
Getriebeseite dargestellt.
Koppelpunkte in spiegel-
bildlicher Lage auf der
rechten Seite würden
spiegelbildliche Kurven
ergeben**

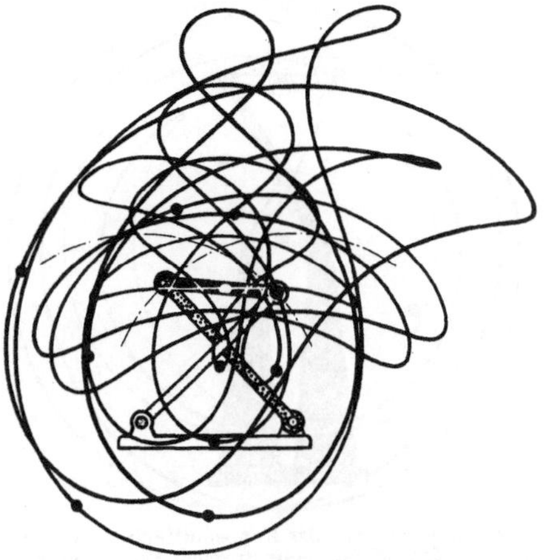

**Abb. 27.2. Koppelkurven
bei einer symmetrischen
Doppelschwinge, jedoch
mit kürzerem Gestellglied
als bei Abb. 27.1**

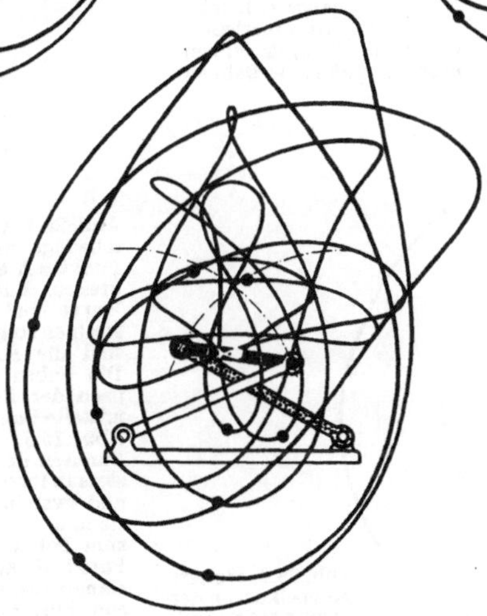

**Abb. 27.3. Koppelkurven bei einer symmetrischen Doppelschwinge,
jedoch mit längerem Gestellglied als in Abb. 27.1**

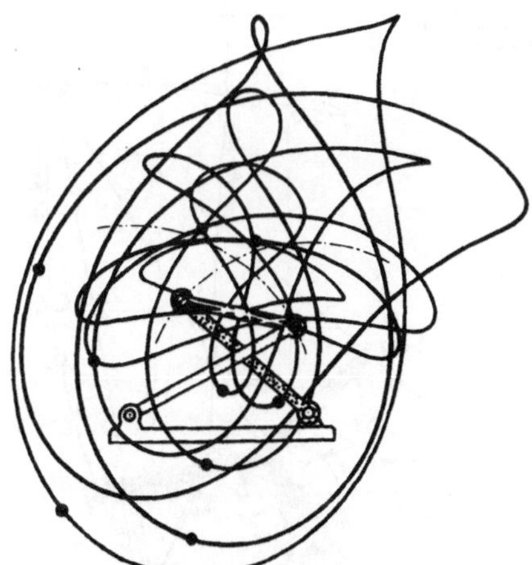

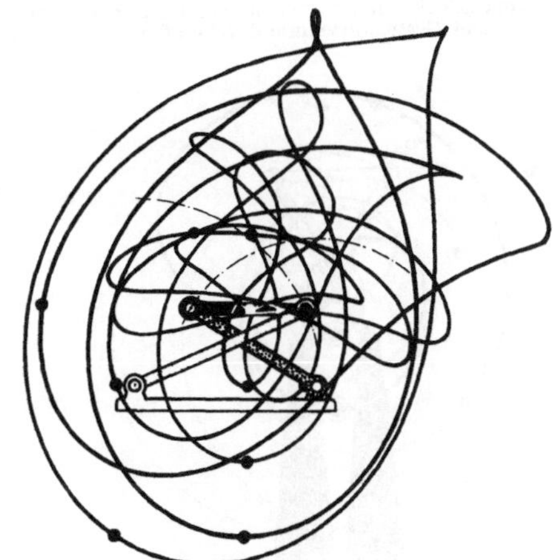

**Abb. 27.4. Koppelkurven bei einer nicht mehr
symmetrischen Doppelschwinge. Die rechts
gelagerte Schwinge ist kürzer als die linke**

**Abb. 27.5. Koppelkurvenübersicht
ähnlich Abb. 27.4. Die rechte Schwinge ist noch
mehr verkürzt**

Text: Abschnitt 5.6.1

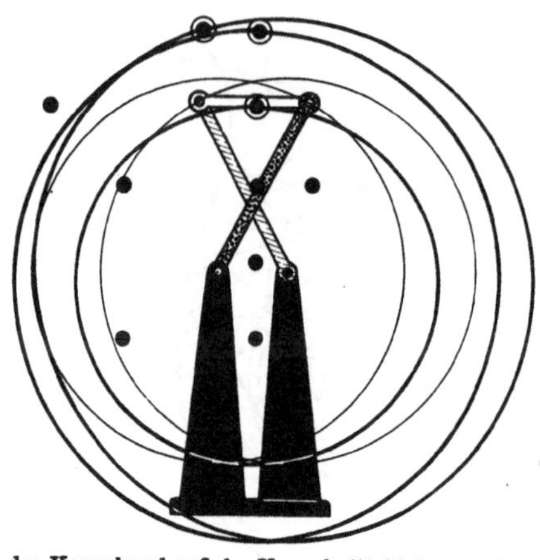

Abb. 28.1.
Koppelkurven bei
einer Doppelkurbel
(die symmetrische
Überkreuzlage ist
Ausgangsstellung).
Punkte außerhalb
der Koppel und auf der Koppelmittellinie zwischen den Koppelgelenken
durchlaufen bei der symmetrischen Doppelkurbel kreisähnliche Bahnen

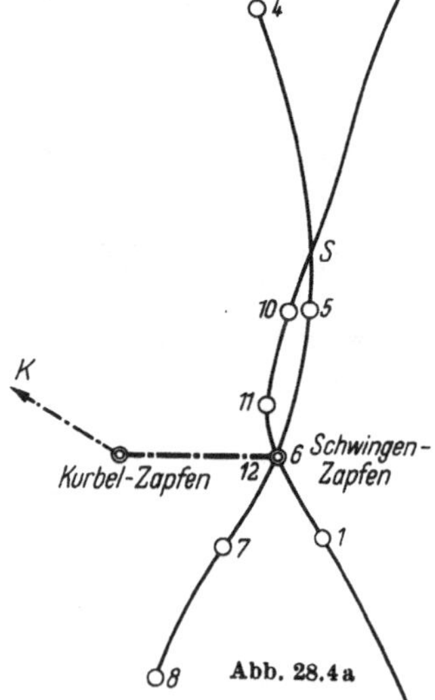

Abb. 28.4 a

Abb. 28.4 und 28.4a. Kurbelschwinge mit Koppelkurve des
Punktes *K* außerhalb des Kurbelkreises. Für den linken Teil der
Kurve sind die zugehörigen Polstrahlen eingezeichnet. Außerdem
sind die Polbahnen dargestellt.
Die Nebenfigur 28.4a zeigt die
nach der Deckblattmethode ermittelte Gangpolbahn. Vgl. hierzu
Abb. 15.5.   Koppelkurven von
Punkten der Gangpolbahn haben
stets in ihrem Verlauf eine Spitze
und zwar in derjenigen Getriebestellung, in der der Koppelpunkt
zum Pol wird (vgl. Pol 4). Der
Punkt *S* als Schnittpunkt der
Gangpolbahnäste wird zweimal
zum Pol; seine Kurve hat daher
zwei Spitzen

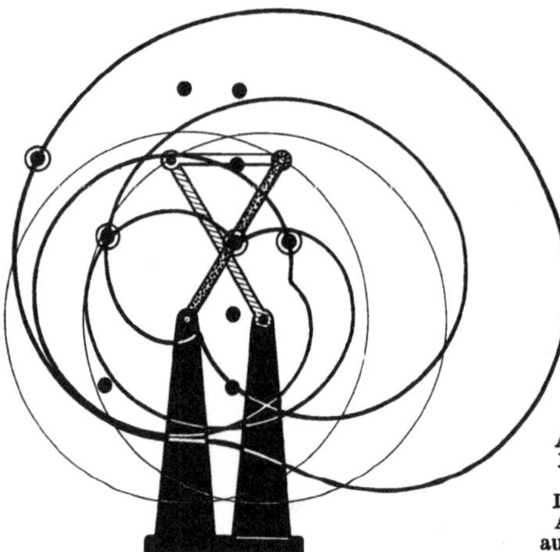

Abb. 28.2. Weitere
Koppelkurven der
symmetrischen
Doppelkurbel nach
Abb. 28.1. Punkte
auf der Koppelmittel-
linie außerhalb der
Koppelgelenke und Koppelpunkte im Bereich zwischen Koppelmittellinie
und Gestellmittellinie durchlaufen Kurven mit Wendepunkten

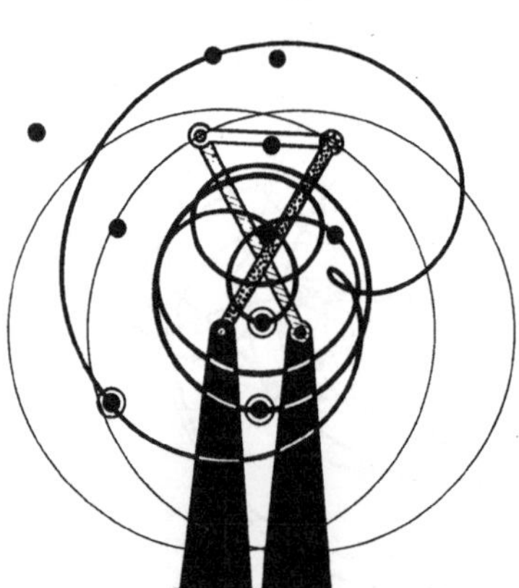

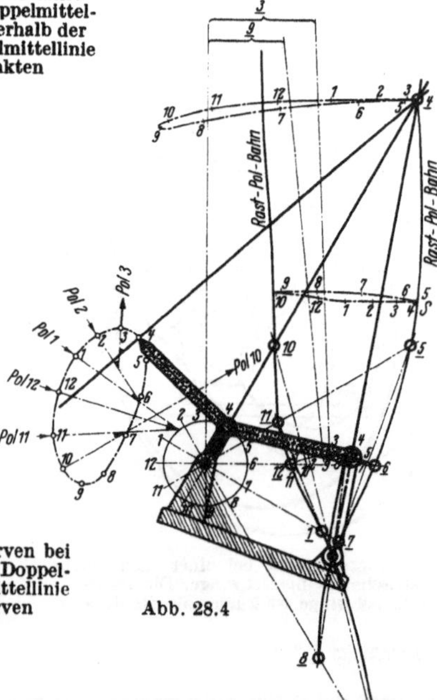

Abb. 28.3. Weitere Koppelkurven bei
der gleichen symmetrischen Doppel-
kurbel wie in Abb. 28.1 und 28.2. Punkte unterhalb der Gestellmittellinie
und auf der Gestellmittellinie durchlaufen verschlungene Kurven

Text: Abschnitt 5.6.2

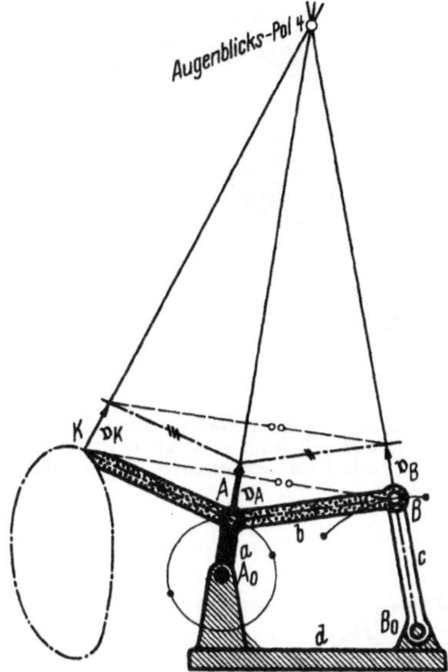

Abb. 29.1. Ermittlung der Geschwindigkeit des Koppelpunktes K nach dem gleichen Verfahren wie in Abb. 7.8 bis 7.11 beschrieben

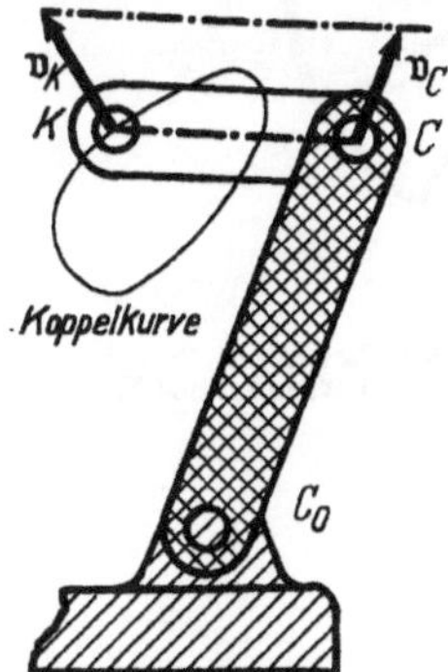

Abb. 29.3. Ermittlung der Geschwindigkeit v_C an einem Zweischlaggelenk von einer vorher ermittelten Koppelpunktsgeschwindigkeit v_K aus

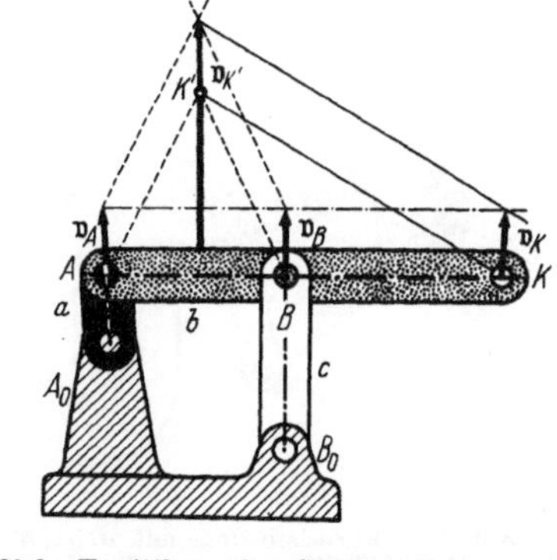

Abb. 29.2. Ermittlung der Geschwindigkeit des Koppelpunktes K ohne Benutzung des Poles über einen günstig gewählten Hilfskoppelpunkt K'

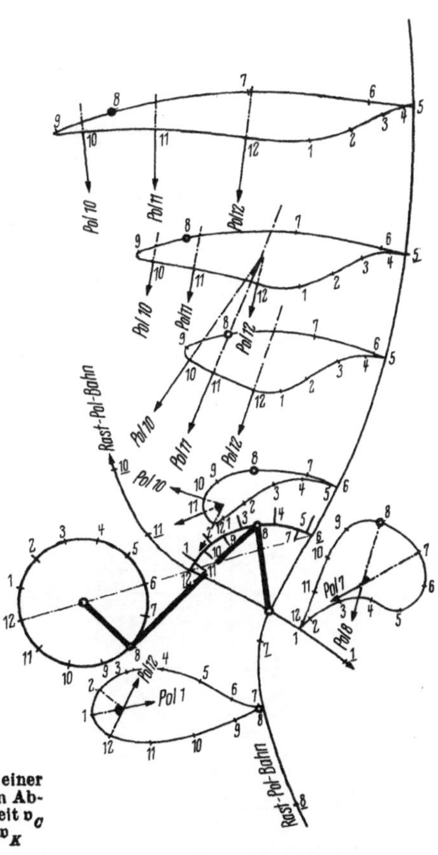

Abb. 29.4. Bewegungsableitung mit Hilfe einer schwingenden Kulisse; Ermittlung der am Abtrieb wirksamen anteiligen Geschwindigkeit v_C aus der Koppelpunktsgeschwindigkeit v_K

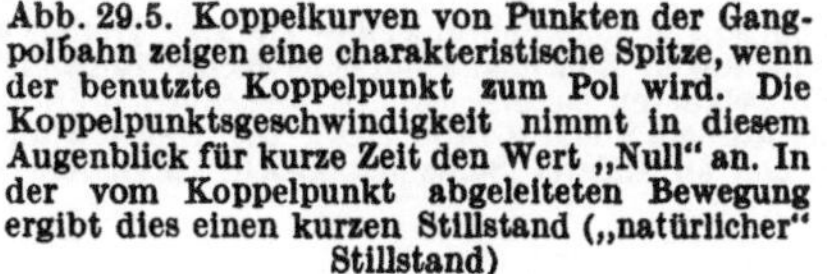

Abb. 29.5. Koppelkurven von Punkten der Gangpolbahn zeigen eine charakteristische Spitze, wenn der benutzte Koppelpunkt zum Pol wird. Die Koppelpunktsgeschwindigkeit nimmt in diesem Augenblick für kurze Zeit den Wert „Null" an. In der vom Koppelpunkt abgeleiteten Bewegung ergibt dies einen kurzen Stillstand („natürlicher" Stillstand)

Text: Abschnitt 5.6.2

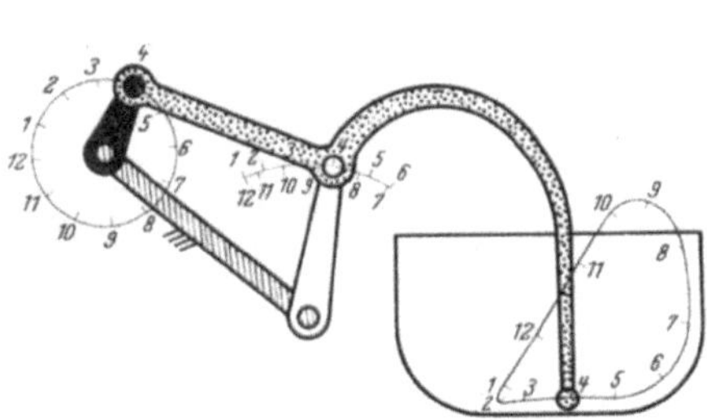

Abb. 30.1. Kurbelschwinge mit dreieckähnlicher Koppelkurve für die Bewegung des Knetarmes einer Teigknetmaschine

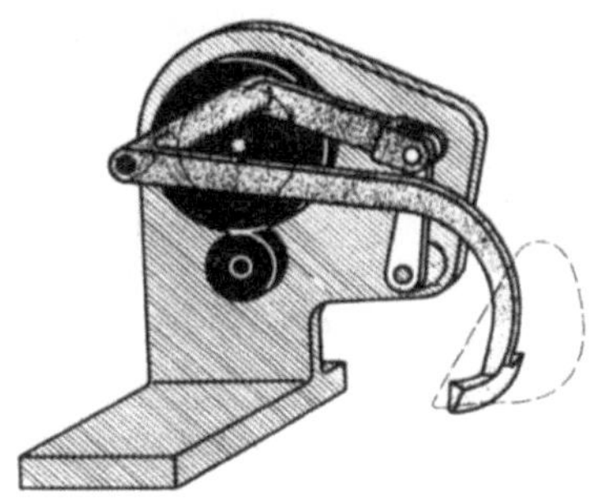

Abb. 30.2. Kurbelschwinge nach Abb. 30.1 mit räumlich ausgebildetem Knetarm (Gestell nur schematisch dargestellt)

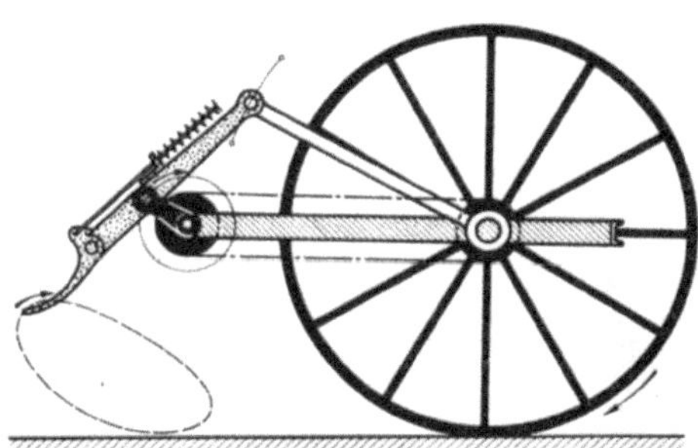

Abb. 30.3. Kurbelschwinge mit ellipsenähnlicher Koppelkurve für die Wurfbewegung von Heuwendergabeln. Antrieb vom Laufrad mit Kettenübertragung. Die Gabelzinken können beim Auftreffen auf Hindernisse federnd zurückweichen (Bruchsicherung!)

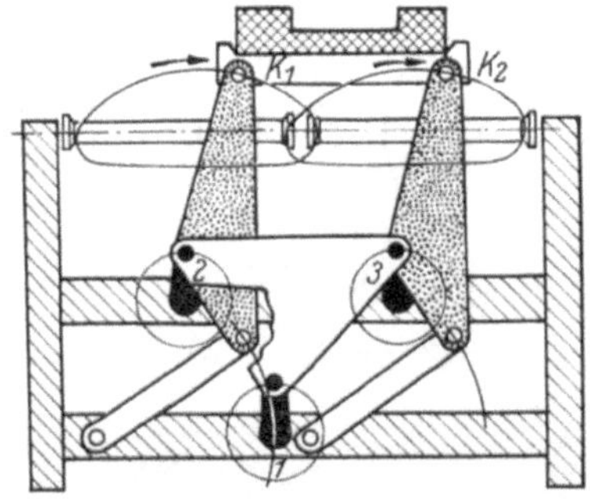

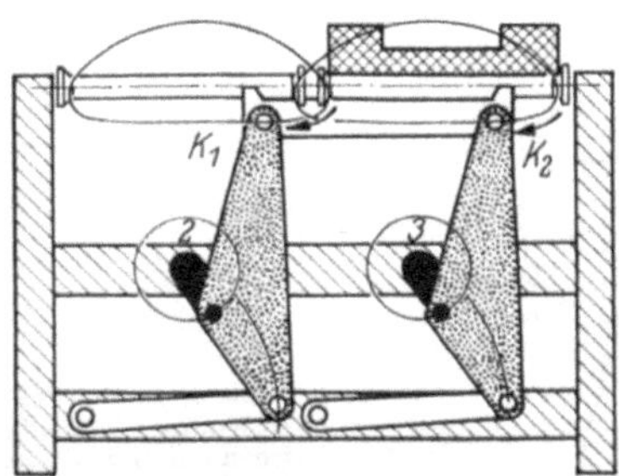

Abb. 30.4 u. 30.5. Führung eines Transportgreifers auf Koppelkurven. Ein Werkstück (Kreuzschraffur) wird von einer linken Rollenbahn auf eine rechte Rollenbahn umgesetzt. Zwei Koppelpunkte K_1 und K_2 werden auf Koppelkurven parallel geführt. Der Antrieb erfolgt über eine dreifache Parallelkurbel von der Kurbel 1 auf die Kurbeln 2 und 3 (Abb. 30.4). Die Wellen 2 und 3 werden unterhalb der Rollenbahnen weitergeführt und dienen an anderer Stelle der gleichen Maschine zum Antrieb eines weiteren Transportgetriebes (Abb. 30.5).

Text: Abschnitt 5.6.3

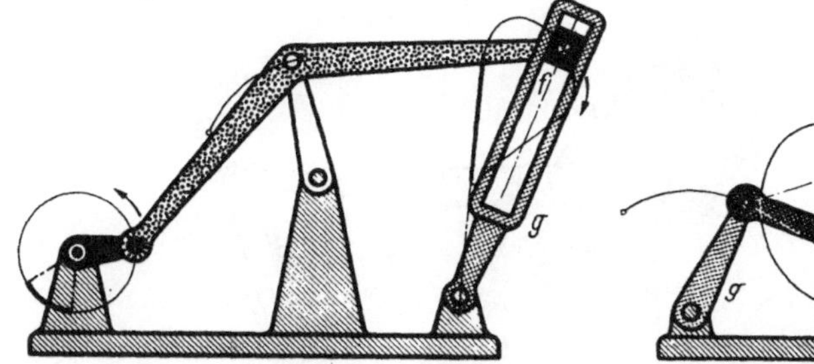

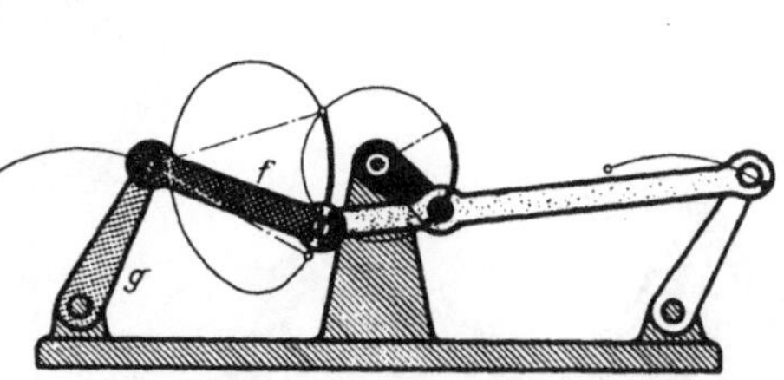

Abb. 31.1. Ableitung einer Schwingenbewegung mit Rast in der linken Totlage durch Ausnutzung eines angenähert geradlinigen Koppelkurvenstückes. In der Rastlage fällt die Mittellinie der Kulisse g mit diesem Koppelkurvenstück zusammen. Der zur Rast gehörende Kurbeldrehwinkel ist durch größere Strichstärke hervorgehoben (vgl. Abb. 25.3)

Abb. 31.2. Der aus den Lenkern f und g bestehende Zweischlag ist so ausgebildet, daß der Lenker f über einen größeren Bereich als Krümmungshalbmesser der Koppelkurve gelten kann. Der Lenker g macht eine Schwingenbewegung mit Rast in der rechten Totlage

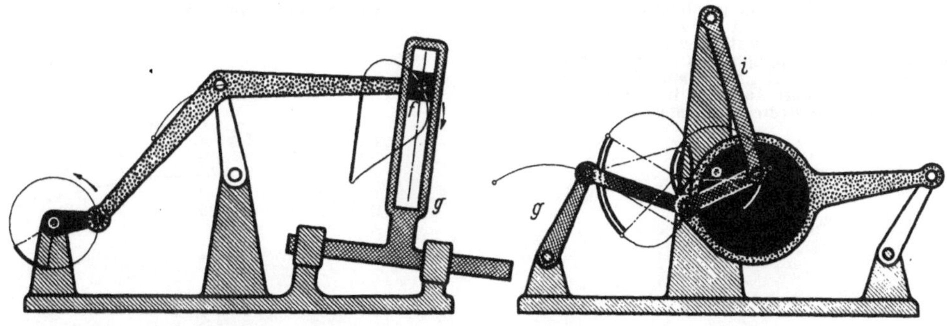

Abb. 31.3. Die gleiche Koppelkurve wie beim Getriebe Abb. 31.1 wird benutzt, um über einen Kreuzschieber eine geradlinige Bewegung mit Rast in der linken Totlage zu erreichen

Abb. 31.4. An dem bereits in Abb. 31.2 benutzten Koppelpunkt wird ein weiterer Zweischlag angelenkt, dessen Abtriebslenker i ebenso wie der Lenker g eine Schwingenbewegung mit Rast ausführt. Die Rasten liegen zu verschiedenen Zeiten und an entgegengesetzten Enden der Schwingenbögen. Der Kurbelzapfen wurde als Zapfenerweiterung ausgebildet

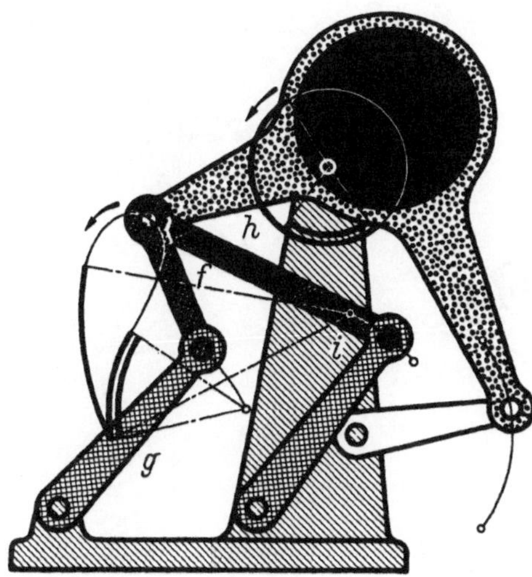

Abb. 31.5. Ähnlich wie bei Abb. 31.4 sind an einem Koppelpunkt zwei Lenkerpaare angeschlossen. Die Längen der Lenker f und h sind so gewählt, daß sie über einen größeren Bereich als Krümmungshalbmesser für bestimmte Teile der Koppelkurve gelten können. Die Anordnung der Lenker g und i ist so getroffen, daß die Zweischlaggelenke jeweils im entsprechenden Krümmungsmittelpunkt stehen. Die Rasten schließen sich zeitlich aneinander an

Text: Abschnitt 5.6.3

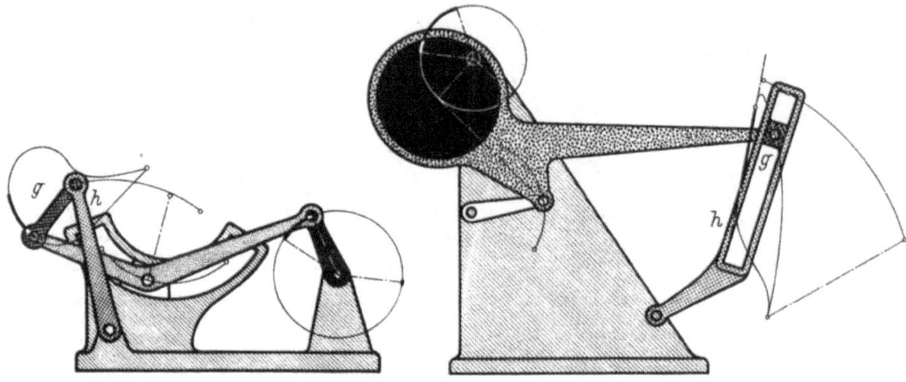

Abb. 32.1. Das Getriebe der Abb. 29.5 mit der rechts von der Schwinge dargestellten Koppelkurve wird benutzt zur Erzielung einer Schwingenbewegung des Lenkers *h* mit je einer Rast in beiden Totlagen. Der Lenker *g* stellt in der linken Totlage den angenäherten Krümmungshalbmesser für ein Koppelkurvenstück dar. In der rechten Totlage liegt ein „natürlicher" Stillstand vor, da die Geschwindigkeit des Koppelpunktes in der Koppelkurvenspitze den Wert „Null" annimmt. Das Getriebe ist gegenüber Abb. 29.5 in seiner Lage um 180° verdreht dargestellt

Abb. 32.2. Auch dieser Anordnung liegt das Getriebe der Abb. 29.5 zugrunde unter Ausnutzung der zweiten Koppelkurve von oben. Das Getriebe ist um etwa 90° geschwenkt dargestellt. Die angeschlossene Kulisse hat in der oberen Totlage eine längere, in der unteren dagegen eine kürzere Rast

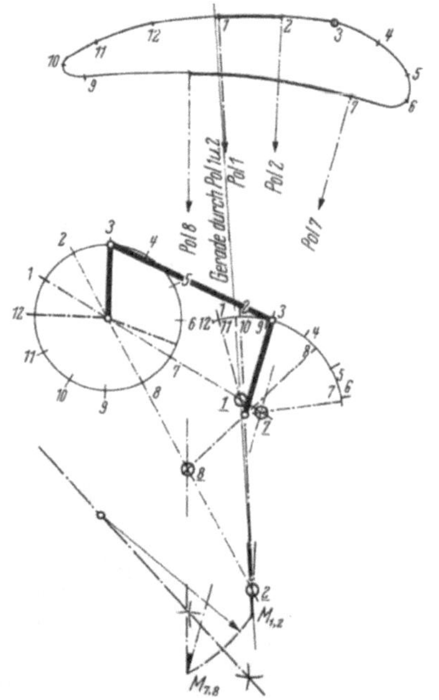

Abb. 32.3. Kurbelschwinge mit gestreckter Koppelkurve, die in gegenüberliegenden Bereichen gleichgerichtete und annähernd gleich große Krümmung aufweist

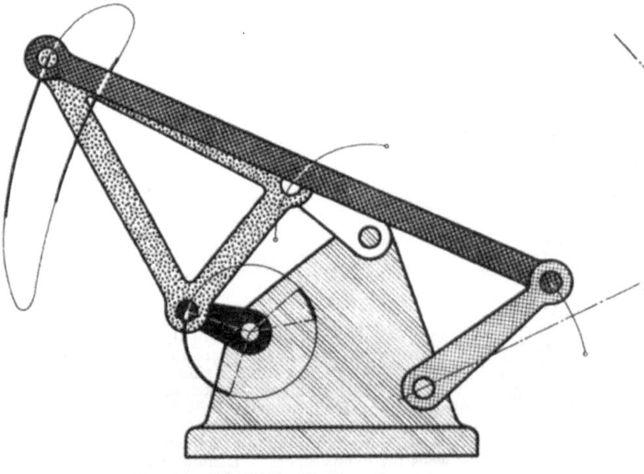

Abb. 32.4. Kurbelschwinge wie in Abb 32.3 mit angeschlossenem Zweischlag zur Ableitung einer Schwingbewegung mit zwei längeren Rasten

Text: Abschnitt 5.6.3

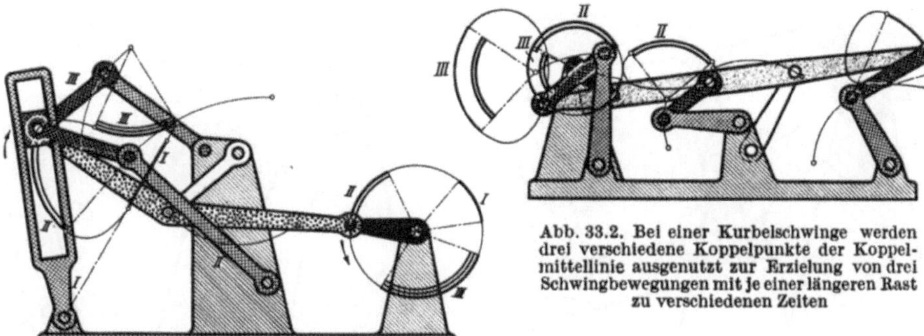

Abb. 33.2. Bei einer Kurbelschwinge werden drei verschiedene Koppelpunkte der Koppelmittellinie ausgenutzt zur Erzielung von drei Schwingbewegungen mit je einer längeren Rast zu verschiedenen Zeiten

Abb. 33.1. Bei einer Kurbelschwinge wird eine einzige Koppelkurve dreifach ausgenutzt zur Erzielung von drei Schwingbewegungen mit je einer Rast zu verschiedenen Zeiten

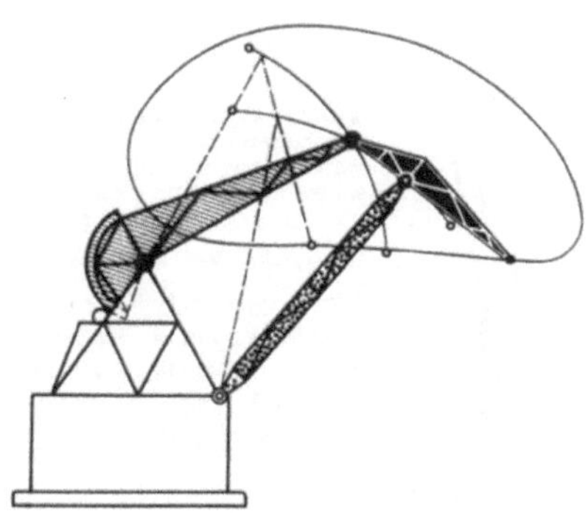

Abb. 33.3. Teilweise Ausnutzung einer Koppelkurve mit angenähert geradlinigem Bahnstück bei einer Doppelschwinge zur Führung der Schnabelrolle eines Wippkrans

Abb. 33.4. Wippkran nach Abb. 33.3 in eingeschwenkter Stellung (Demag)

Abb. 33.5. Wippkran nach Abb. 33.3 in ausgeschwenkter Stellung (Demag)

Text: Abschnitt 5.6.3

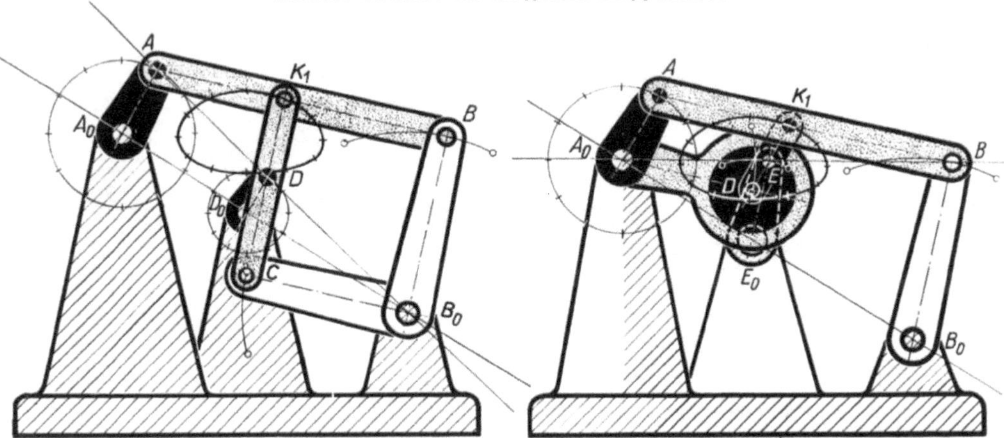

Abb. 34.1. Koppelkurve des Koppelpunktes K_1 erzeugt durch die zentrischen Kurbelschwingen A_0ABB_0 und D_0DCB_0.

Abb. 34.2. Koppelkurve des Koppelpunktes K_1 erzeugt von der zentrischen Kurbelschwinge A_0ABB_0 und von der Doppelschwinge A_0DEE_0.

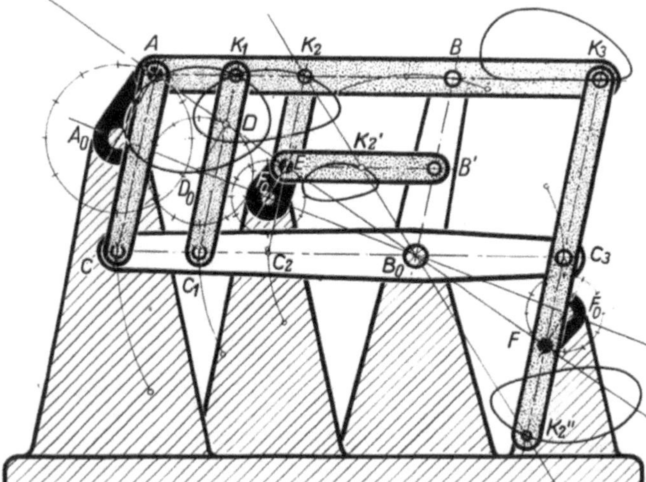

Abb. 34.3. Die Koppelkurven der Koppelpunkte K_1, K_2 und K_3 werden durch folgende Kurbelschwingen beschrieben:

$$A_0ABB_0 - D_0DC_1B_0 - E_0EC_2B_0 - F_0FC_3B_0$$

Die Koppelkurven der Koppelpunkte K_2 und K_2' sind ähnliche Kurven, diejenigen der Punkte K_2 und K_2'' sind gleiche, jedoch um 180° gedrehte Kurven

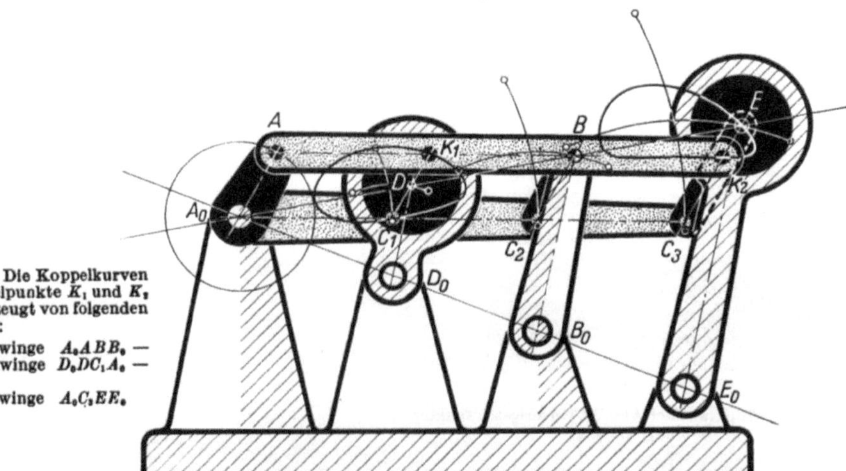

Abb. 34.4. Die Koppelkurven der Koppelpunkte K_1 und K_2 werden erzeugt von folgenden Getrieben:

Kurbelschwinge A_0ABB_0 —
Doppelschwinge $D_0DC_1A_0$ —
und
Doppelschwinge $A_0C_2EE_0$.

Text: Abschnitt 5.6.4

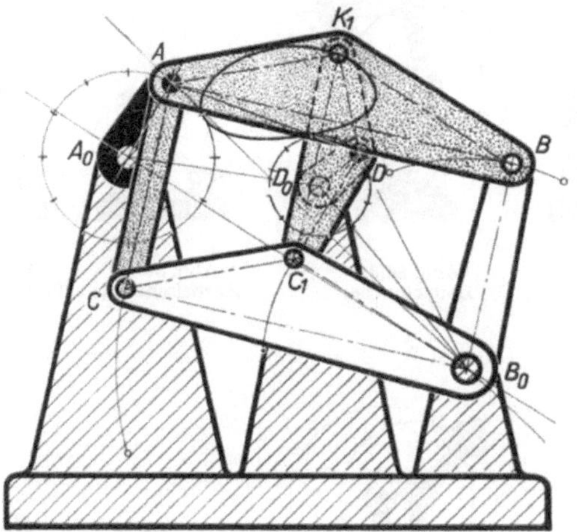

Abb. 35.1. Die Koppelkurve des Koppelpunktes K_1 wird durch folgende Kurbelschwingen erzeugt: A_0ABB_0 und $D_0DC_1B_0$

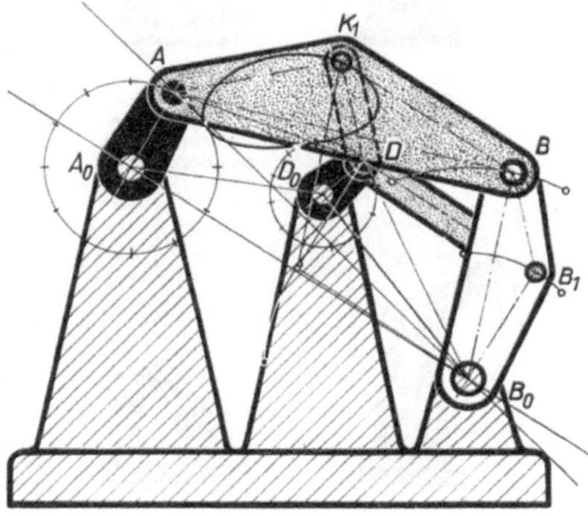

Abb. 35.2. An die Kurbelschwinge A_0ABB_0 der Abb. 35.1 wird ein Gelenkparallelogramm mit den Punkten K_1BB_1D angeschlossen. Der Punkt D führt eine Kreisbewegung um das Lager D_0 aus

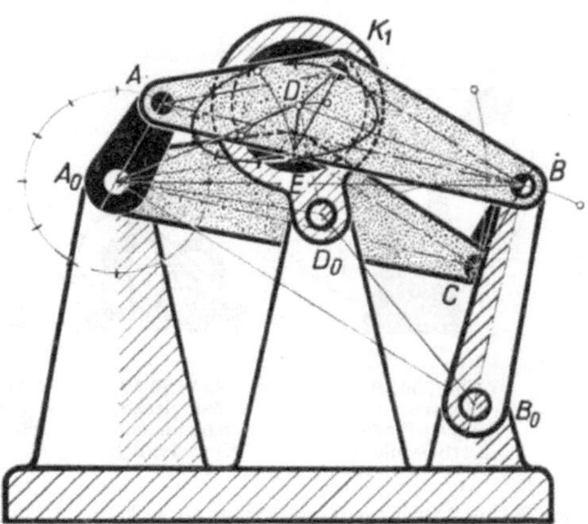

Abb. 35.3. Die Koppelkurve des Koppelpunktes K_1 wird beschrieben von der Kurbelschwinge A_0ABB_0 und von der Doppelschwinge D_0DEA_0.

Text: Abschnitt 5.6.4
11*

Abb. 36.1.
Viergelenkkette

Abb. 36.2.
Kurbelschwinge

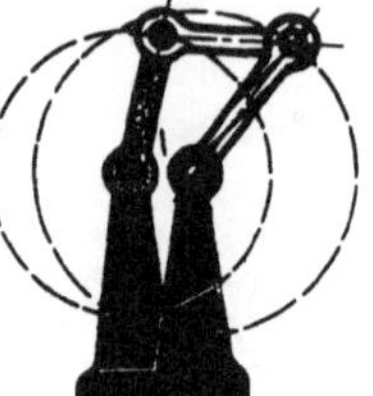

Abb. 36.3.
Doppelkurbel

Abb. 36.4.
Kurbelschwinge

Abb. 36.5.
Doppelschwinge

Abb. 36.6.
Viergelenkkette mit
Bogenschubgelenk

Abb. 36.7.
Bogenschubkurbel

Abb. 36.8.
Umlaufende
Kurbelschleife
mit Bogenkulisse

Abb. 36.9.
Schwingende
Kurbelschleife
mit Bogenkulisse

Abb. 36.10.
Schubschwinge
mit Bogenkulisse

Abb. 36.11.
Geschränkte
Schubkurbelkette

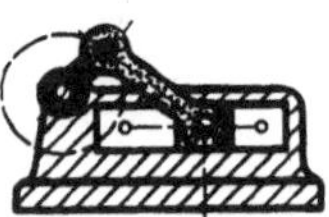

Abb. 36.12.
Geschränkte
Schubkurbel

Abb. 36.13.
Geschränkte,
umlaufende
Kurbelschleife

Abb. 36.14.
Geschränkte,
schwingende
Kurbelschleife

Abb. 36.15.
Geschränkte
Schubschwinge

Abb. 36.16.
Zentrische
Schubkurbelkette

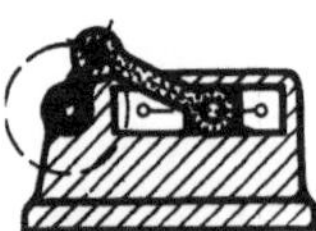

Abb. 36.17.
Zentrische
Schubkurbel

Abb. 36.18.
Zentrische,
umlaufende
Kurbelschleife

Abb. 36.19.
Zentrische,
schwingende
Kurbelschleife

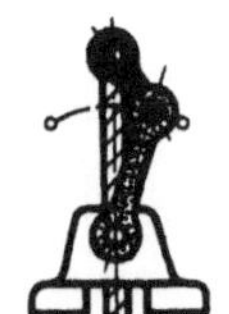

Abb. 36.20.
Zentrische
Schubschwinge

Abb. 36.1 bis 36.20. Das Gelenk 4 wird zur Geradführung entwickelt

Text: Abschnitt 6.1

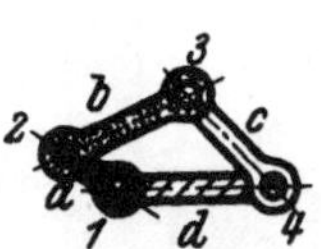

Abb. 37.1.
Viergelenkkette

Abb. 37.2.
Kurbelschwinge

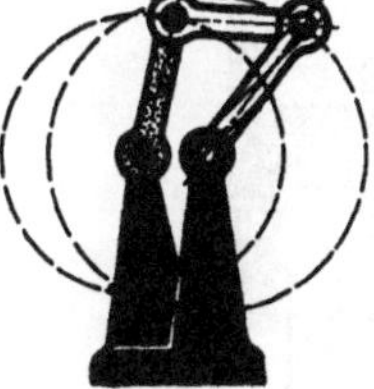

Abb. 37.3.
Doppelkurbel

Abb. 37.4.
Kurbelschwinge

Abb. 37.5.
Doppelschwinge

Abb. 37.6.
Viergelenkkette mit
Bogenschubgelenk

Abb. 37.7.
Schwingende
Kurbelschleife
mit Bogenkulisse

Abb. 37.8.
Umlaufende
Kurbelschleife
mit Bogenkulisse

Abb. 37.9.
Bogenschub-
kurbelgetriebe

Abb. 37.10.
Schubschwinge
mit Bogenführung

Abb. 37.11.
Geschränkte
Schubkurbelkette

Abb. 37.12.
Geschränkte,
schwingende
Kurbelschleife

Abb. 37.13.
Geschränkte,
umlaufende
Kurbelschleife

Abb. 37.14.
Geschränkte
Schubkurbel

Abb. 37.15.
Geschränkte
Schubschwinge

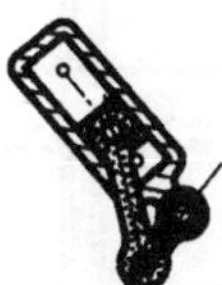

Abb. 37.16.
Zentrische
Schubkurbelkette

Abb. 37.17.
Zentrische,
schwingende
Kurbelschleife

Abb. 37.18.
Zentrische,
umlaufende
Kurbelschleife

Abb. 37.19.
Zentrische
Schubkurbel

Abb. 37.20.
Zentrische
Schubschwinge

Abb. 37.1 bis 37.20. Das Gelenk 3 wird zur Geradführung entwickelt

Text: Abschnitt 6.1

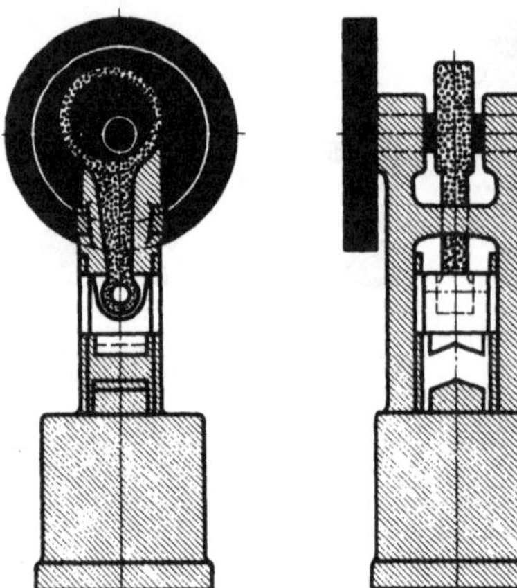

Abb. 38.1. Zentrische Schubkurbel mit Zapfenerweiterung (vgl. Abb. 1.4) als Exzenterpresse

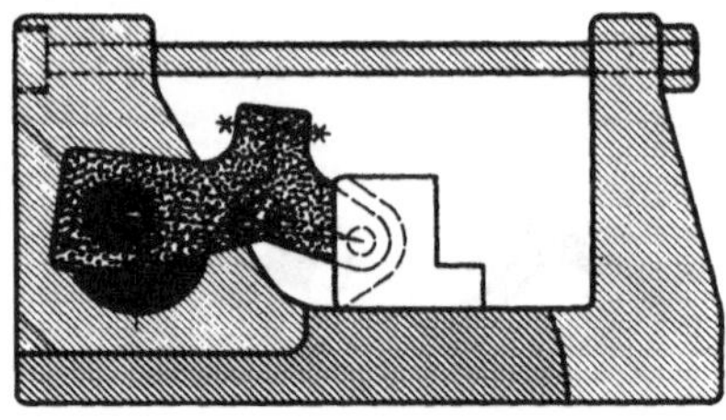

Abb. 38.2. Zentrische Schubkurbel als Horizontalschmiedepresse. Schubstange (Koppel) zweiteilig mit Zerreißschraube als Bruchsicherung

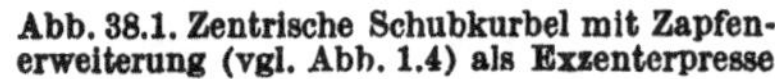

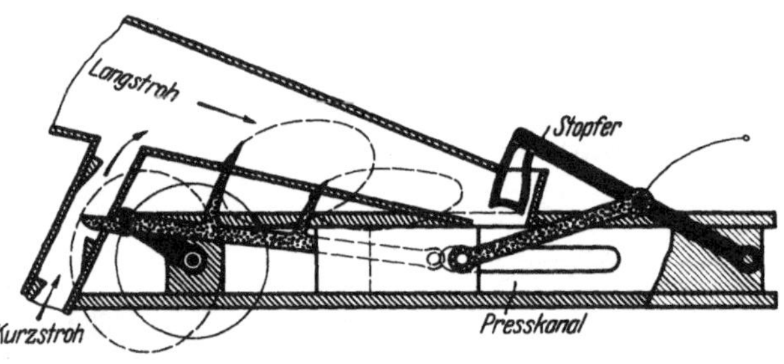

Abb. 38.3. Hauptgetriebe einer Strohpresse aus zwei Schubkurbeln mit gemeinsamem Gleitstein (Preßkolben). Antrieb von der links dargestellten vollumlaufenden Kurbel. Die zugehörige Schubstange mit dornartigen Fortsätzen zum Strohtransport (Koppelkurven), ähnlich wie in Abb. 20.1. An den Preßkolben nach rechts angeschlossene Schubkurbel ist in ihrer Bewegung nur begrenzt ausgenutzt (Stopfer)

Abb. 38.4. Nietmaschinengetriebe, zusammengesetzt aus einer Schubschwinge für die Bewegung des Niethammers (Kniehebelwirkung zur Erzielung großer Kräfte) und einer für den Antrieb vorgeschalteten Kurbelschwinge (Scheibenbildung!)

Abb. 38.5. Geschränkte Schubkurbel zum Antrieb des Werkzeugschlittens (Gleitstein) bei einer Keilnutfräsmaschine. Die verstellbare Kurbellänge dient der Einstellung des Fräsweges

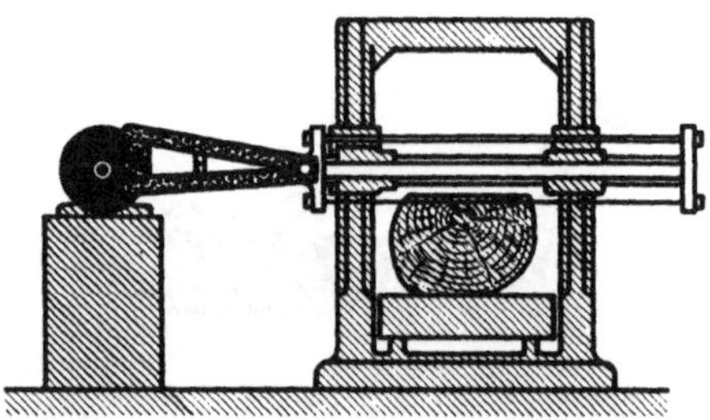

Abb. 38.6. Schubkurbel im Antrieb einer Horizontalsäge. Scheibenbildung bei der Kurbel. Elastische Koppel. Höhenverstellbare Geradführung

Text: Abschnitt 6.2

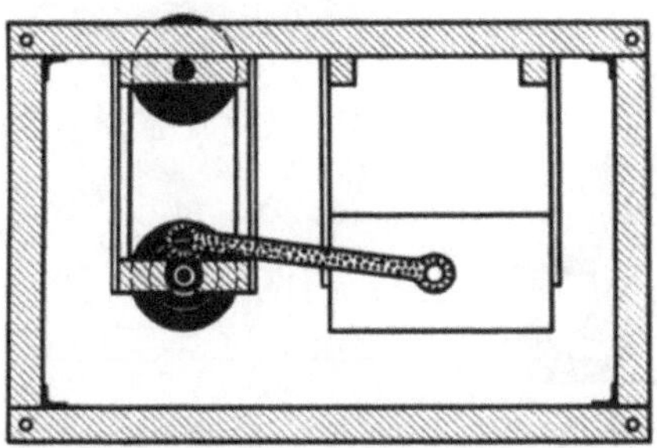

Abb. 39.1. Zentrische Kurbelschwinge mit ganz flachem Schwingenbogen als Plansichter (Siebeinrichtung). Scheibenbildung bei der Kurbel. Siebkasten und Kurbellager in Holzfedern aufgehängt. Zwanglauf nicht vorhanden. Erst bei hoher Betriebsdrehzahl kommt in gewisser Weise ein Zwanglauf zustande infolge des dynamischen Gleichgewichtszustandes

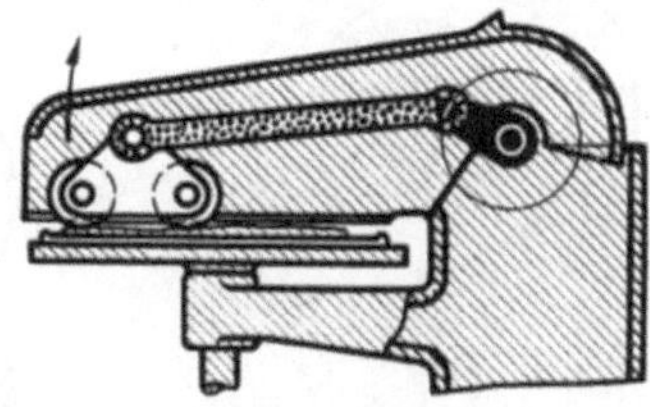

Abb. 39.2. Zentrische Schubkurbel zum Antrieb der Walzen eines Teigwalzgerätes. Gleitbahn ist der Kuchenteig (gestaltende Paarung). Zum Auswechseln des Teiges ist der obere Teil des Maschinengestelles mit dem Walzwagen aufklappbar (Pfeil)

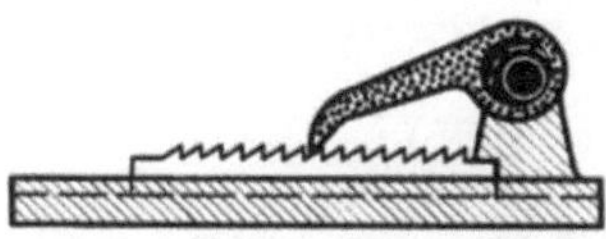

Abb. 39.3. Geschränkte Schubkurbel bei einem Schrittschaltwerk. Das Gelenk zwischen Koppel und Gleitstein ist nur teilweise ausgebildet und kann nur in einer Richtung Kraft und Bewegung übertragen

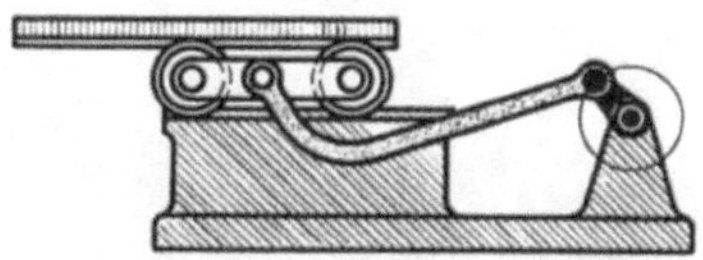

Abb. 39.4. Eisenbahnführung für die Bewegung des Drucksatzes in Plandruckmaschinen mit Schubkurbel als Antrieb. Die Platte mit dem Drucksatz macht den doppelten Gleitsteinhub durch zusätzliche Ausnutzung der Rollenbewegung im Gleitstein

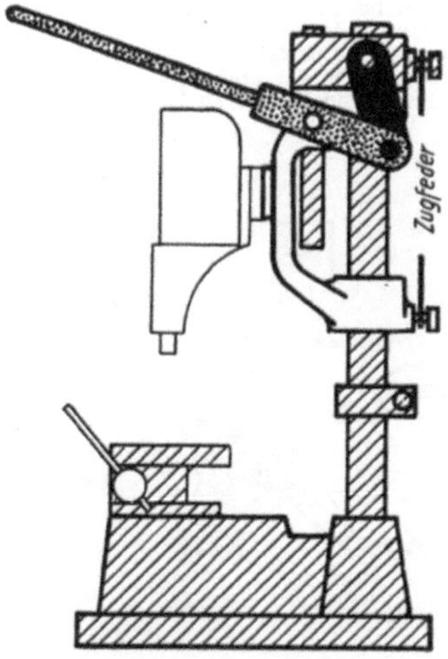

Abb. 39.5. Schubkurbel mit begrenztem Bewegungsbereich beim Handvorschub einer Tischbohrmaschine

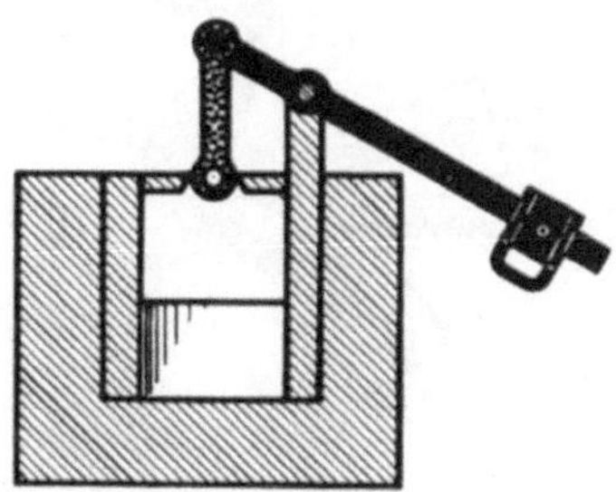

Abb. 39.6. Schubkurbel mit begrenztem Bewegungsbereich für die Betätigung einer Ofenschiebetür

Text: Abschnitt 6.2

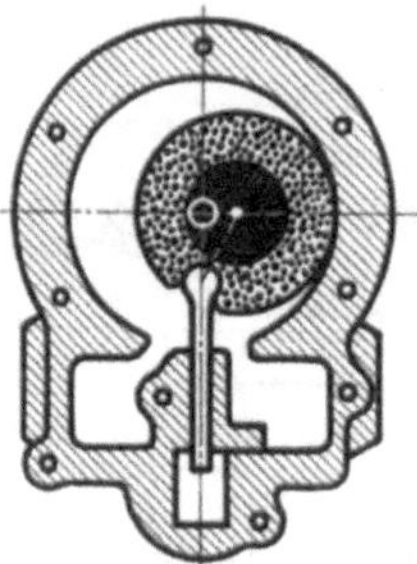

Abb. 40.1. Martinpumpe. Schubkurbel (vgl. Abb. 36.17). Kurbelzapfenerweiterung mit Koppel in Ringform. Zwischen Koppel und Gleitstein ein Walzengelenk zur besseren Abdichtung. Erweiterung eines Teiles des Kurbelgehäuses zum Pumpenarbeitsraum

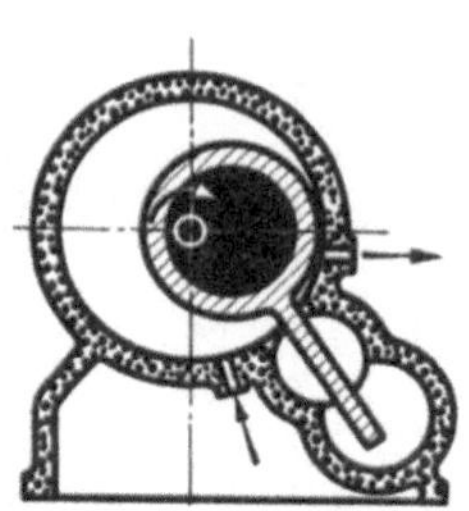

Abb. 40.2. Ibrapumpe. Schwingende Kurbelschleife mit Kurbelzapfenerweiterung. Gleitstein in Form eines erweiterten Zapfens umschließt die Geradführung

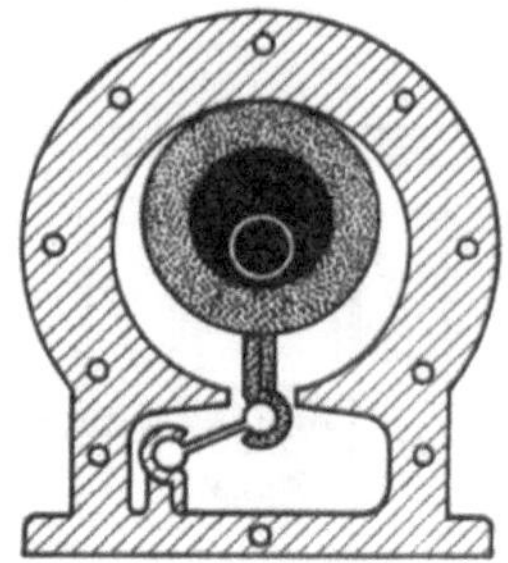

Abb. 40.3. Westfaliapumpe. Der Vergleich mit der Martinpumpe nach Abb. 40.1 zeigt die Westfaliapumpe als Rückkehr zur Kurbelschwinge. Es kann also mit Erfolg auch zu anderen Formen der Getriebeentwicklung übergegangen, gegebenenfalls sogar zu einfacheren Formen zurückgekehrt werden

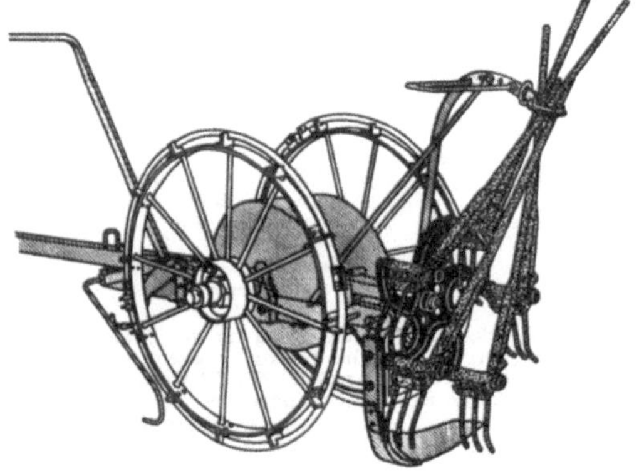

Abb. 40.4. Kartoffelroder (Bauart Harder) mit fünffacher Anordnung der schwingenden Kurbelschleife. Durch die räumlich versetzte Anordnung der Stabführung gegenüber der Ebene des Kurbelsternes wird die ungehinderte Bewegung der fünf Getriebe ermöglicht. Bei jeder Umdrehung drehen sich auch die Stäbe im Führungsring umeinander. Gabelspitzen beschreiben Koppelkurven. Antrieb über die Laufräder

Abb. 40.5. Bindemäher (Bauart Leege) für Lagerfrucht. Zum Anheben des Getreides wird das gleiche Getriebe benutzt wie in Abb. 40.4. Dreifache Anordnung der schwingenden Kurbelschleife. Arbeitsbereich der Greifer kann durch Verstellen des Führungsringes der Stäbe und durch Drehen der Kurbelradebene beeinflußt werden

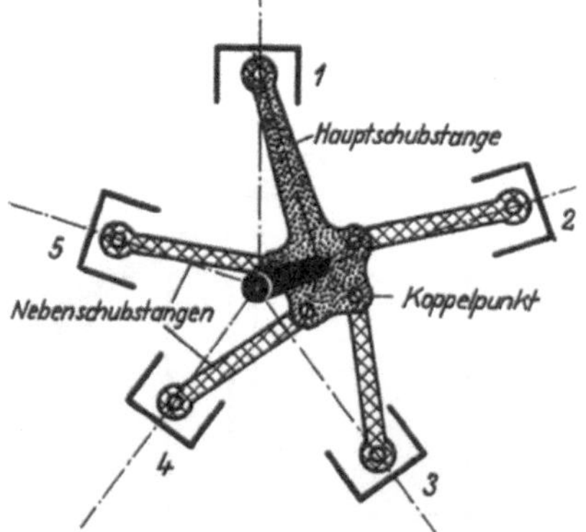

Abb. 40.6. Sternmotorgetriebe aus einer Schubkurbel und vier angelenkten Geradschubkoppeln (2—5), ausgehend von Koppelpunkten der Schubkurbel

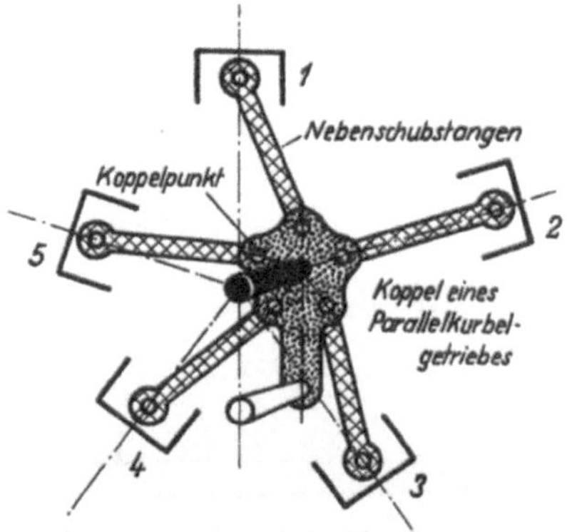

Abb. 40.7. Sternmotorgetriebe aus einer Parallelkurbel und fünf an die Koppel dieser Parallelkurbel angelenkten Schubkurbeln. Die Koppelkurven sind hier Kreise

Text: Abschnitt 6.2

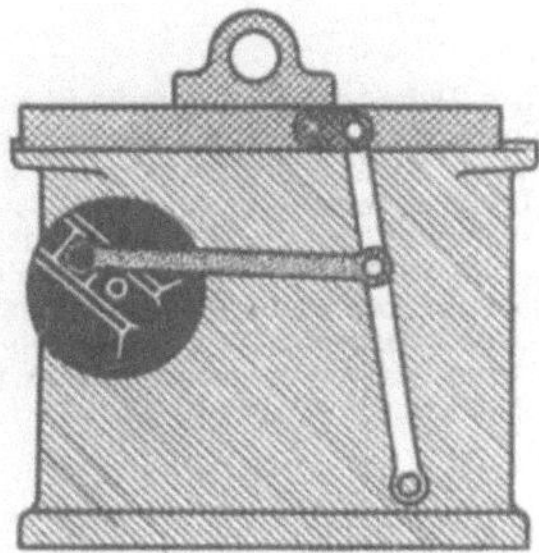

Abb. 41.1. Antrieb einer Schleifmaschine. Kurbelschwinge mit
langer Koppel und Kurbelscheibe
mit verstellbarer Kurbellänge
(vgl. Abb. 1.3). Weiterleitung der
Bewegung von der Schwinge auf
den Werkzeugschlitten. Geringe
Unterschiede zwischen Hin- und
Rückhub

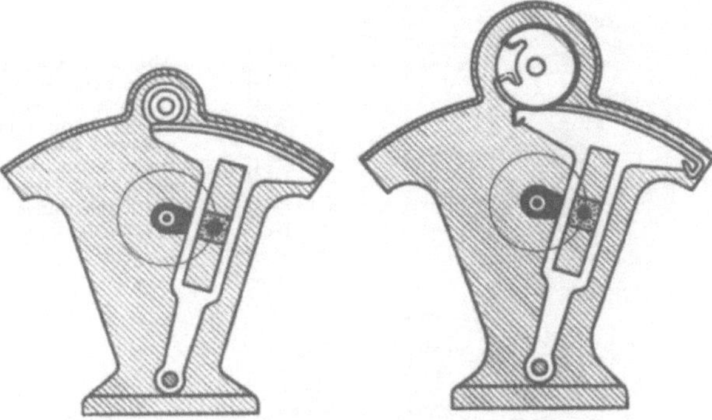

Abb. 41.2. Zentrische, schwingende
Kurbelschleife (vgl. Abb. 14.1) als
Waschmaschinenantrieb. Weiterleitung der Bewegung mit Zahn-
bogen und Zahnrad

Abb. 41.3. Zentrische, schwingende
Kurbelschleife wie bei Abb. 41.2.
Weiterleitung der Bewegung durch
zwei Stahlbänder

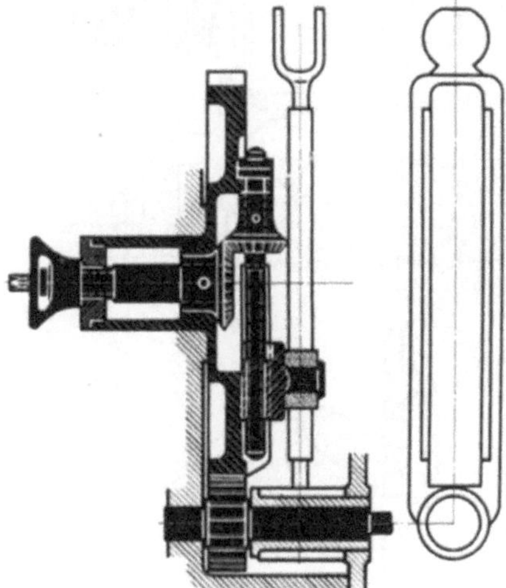

Abb. 41.4. Zentrische, schwingende Kurbelschleife mit verstellbarem Kurbelzapfen. Antrieb über Zahnkranz der Kurbelscheibe. Schwingenlager konstruktiv mit dem Lager der
Antriebswelle zusammengefaßt. Die Ausführung ist als Shaping-
antrieb bekannt, ebenso die Art der Verstellung und Ver-
spannung des Kurbelzapfens

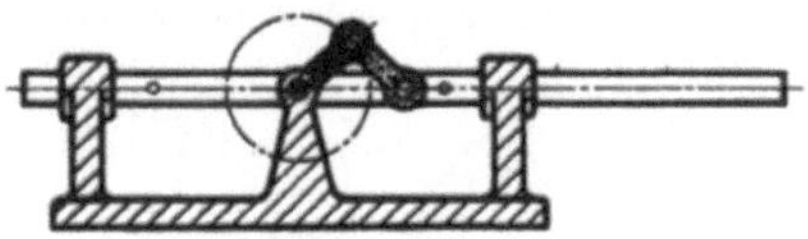

Abb. 41.5. Gleichschenklige Schubkurbel

Abb. 41.6.
Gleichschenklige,
umlaufende
Kurbelschleife

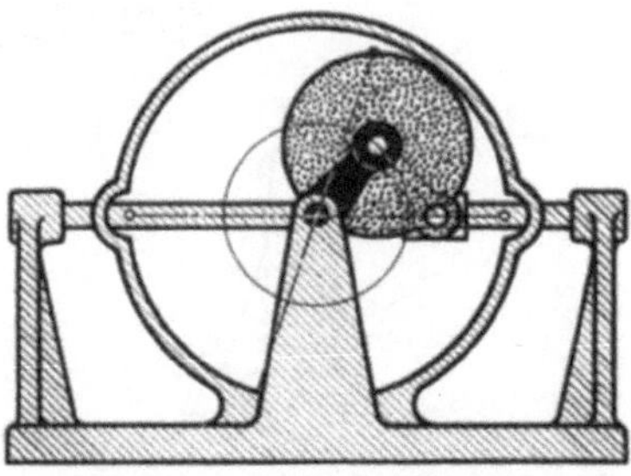

Abb. 41.7. Gleichschenklige Schubkurbel mit
Polbahnen für die Bewegung der Koppel gegenüber dem Gestell. Die Koppel als Vollrad rollt
in einem zum Gestell gehörenden Hohlrad vom
doppelten Durchmesser. Alle Umfangspunkte
des Koppelrades (Gangpolbahn) beschreiben
gerade Linien durch das Kurbellager
(Kardankreispaar)

Abb. 41.8.
Doppelte Anordnung der
gleichschenkligen, um-
laufenden Kurbelschleife
ergibt, wie die einge-
zeichneten Kardankreise
erkennen lassen, eine
Übersetzung der Drehbe-
wegung im Verhältnis 1:2

Text: Abschnitt 6.2 und 6.3

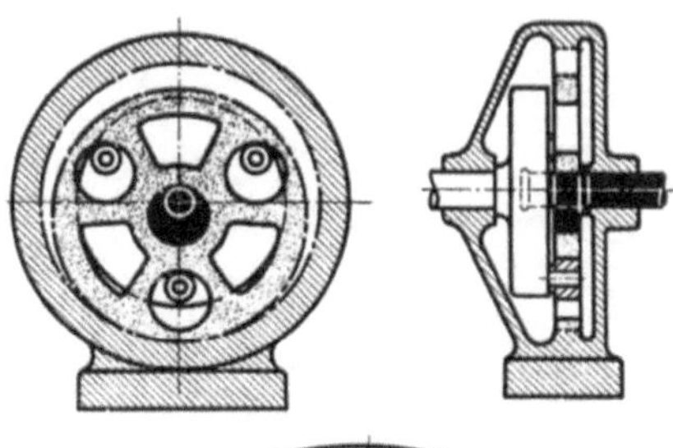

Abb. 42.1. Kardanähnliches Rädergetriebe für große Übersetzungen. Gegenüber der Abb. 41.7 ist das kleine Rad (Koppel) größer geworden, die Kurbel (Zapfenerweiterung) entsprechend kleiner. Dadurch macht das kleine Rad während einer Kurbeldrehung nur einen Bruchteil einer Umwälzung, während sein Mittelpunkt den Kurbelkreis einmal voll durchläuft. Die Übertragung der Drehbewegung des Koppelrades auf die weiß dargestellte Wellenscheibe (Querschnitt) kann mit einer Kupplung nach Abb. 22.1 bis 22.6 erfolgen

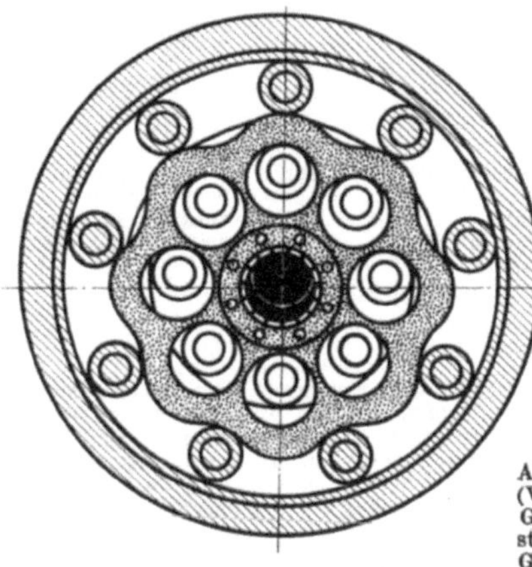

Abb. 42.2. Kardanähnliches Rädergetriebe (Wälzgetriebe) genau entsprechend dem Getriebe der Abb. 42.1 jedoch mit Triebstockverzahnung. Es handelt sich hier um Getriebe für hohe Übersetzung, die als Cyclogetriebe (Bauart Braaren K. G.) vor allem für Rührwerksantriebe bekannt wurden. Die Kupplung zur Weiterleitung der Drehbewegung entspricht der Abb. 22.5

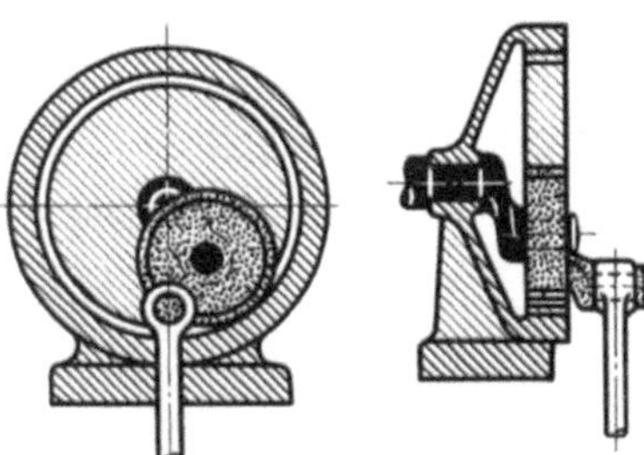

Abb. 42.3. Kardanräderpaar zur Erzielung einer sinuidischen Hubbewegung von vierfacher Kurbellänge als Tischantrieb in einer Schnellpresse

(vgl. Abb. 41.7)

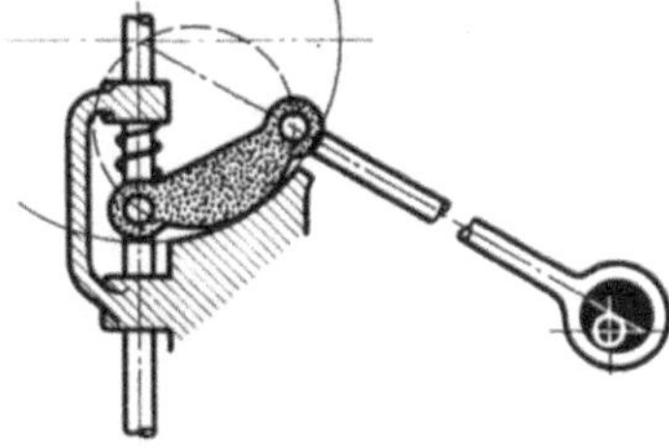

Abb. 42.4. Wälzhebelsteuerung. Der Wälzhebel ist ein Teil des kleinen Kardankreises, die Wälzbahn ein Teil des großen. Geradführung nach Abb. 41.7 vorhanden. Antrieb erfolgt von außen über einen Exzenter, dessen Pleuel an einem Umfangspunkt des kleinen Kardankreises angreift (Kraftschluß durch Feder!)

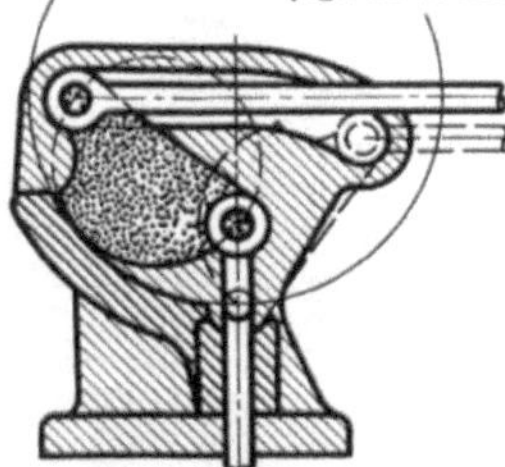

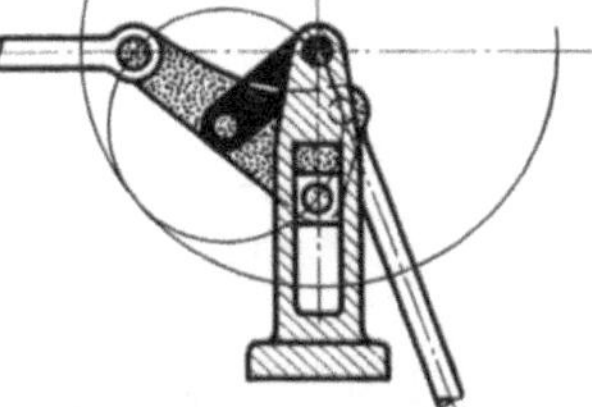

Abb. 42.5. Wälzhebelsteuerung nach HARTMANN, ähnlich wie Abb. 42.4. Waagerechte Antriebsbewegung. Die senkrechte Abtriebsbewegung verläuft mit einem teilweisen Stillstand im unteren Totpunkt während des rechten Bewegungsbereiches des Antriebsgelenkes (Kreisbogen um das Abtriebsgelenk)

Abb. 42.6. Getriebe wie Abb. 42.4, jedoch unter Verwendung einer zweifach angeordneten gleichschenkligen Schubkurbel an Stelle der Kardankreise. Gleitsteinzapfen und die beiden Stangengelenke liegen auf Umfangspunkten des nur noch teilweise vorhandenen kleinen Kardankreises

Abb. 42.7. Gleichschenklige Schubkurbel wie in Abb. 42.6. Der Gleitstein dient dabei jedoch nicht nur zur Führung, sondern ist als angetriebenes Glied verwendet, entsprechend Abb. 42.4 und 42.5

Text: Abschnitt 6.3

Abb. 43.1.
Geschränkte
Schubkurbelkette

Abb. 43.2.
Geschränkte
Schubkurbel

Abb. 43.3.
Geschränkte,
umlaufende
Kurbelschleife

Abb. 43.4.
Geschränkte,
schwingende
Kurbelschleife

Abb. 43.5.
Geschränkte
Schubschwinge

Abb. 43.6.
Schubkurbelkette
mit
Bogenschubgelenk

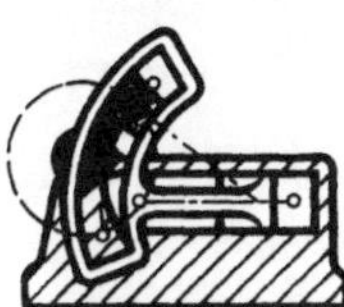

Abb. 43.7.
Schubkurbel mit
Bogenschubgelenk

Abb. 43.8.
Umlaufende
Kurbelschleife mit
Bogenschubgelenk

Abb. 43.9.
Schwingende
Kurbelschleife mit
Bogenschubgelenk

Abb. 43.10.
Schubschwinge mit
Bogenschubgelenk

Abb. 43.11.
Schiefe Kreuz-
schleifenkette

Abb. 43.12.
Schiefe Kreuz-
schubkurbel

Abb. 43.13.
Schiefe, umlaufende
Kreuzschleife

Abb. 43.14.
Schiefe Kreuz-
schubkurbel

Abb. 43.15.
Schiefe,
stehende
Kreuzschleife

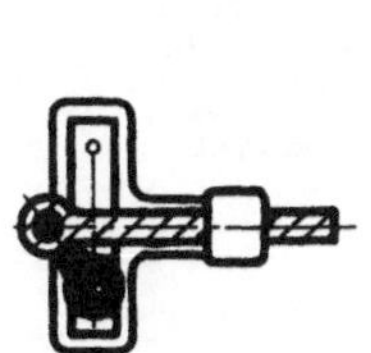

Abb. 43.16.
Kreuzschleifen-
kette

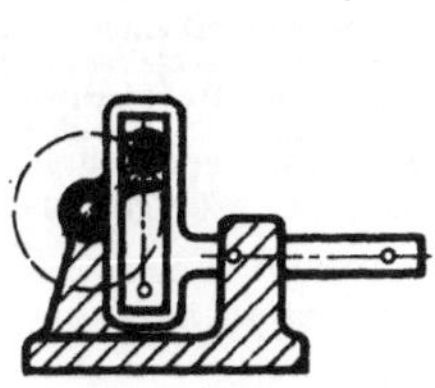

Abb. 43.17.
Kreuzschubkurbel

Abb. 43.18.
Umlaufende
Kreuzschleife
(Doppelschleife)

Abb. 43.19.
Kreuzschubkurbel

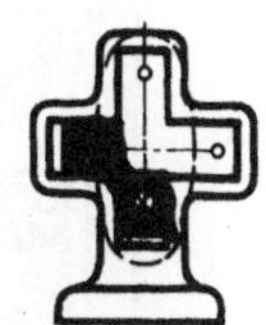

Abb. 43.20.
Stehende
Kreuzschleife
(Doppelschieber,
Ellipsenzirkel)

Abb. 43.1 bis 43.20. Ausbildung einer zweiten Geradführung in der Viergelenkkette

Text: Abschnitt 7.1

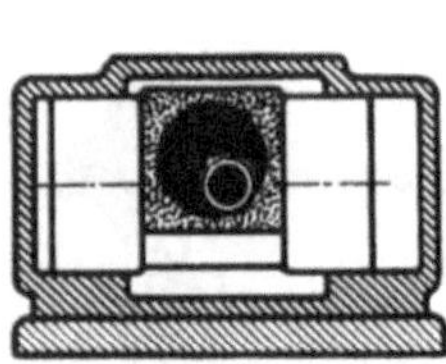
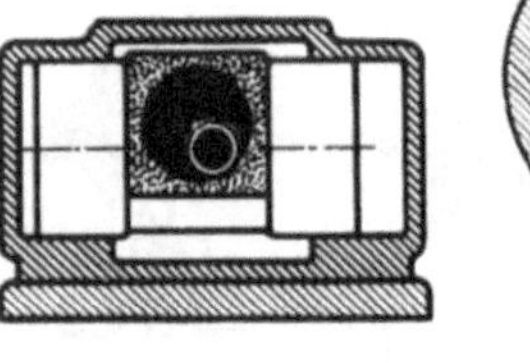

Abb. 44.1. Doppelt wirkende Knorrpumpe. Kreuzschubkurbel mit Kurbelzapfenerweiterung. Gedrängte Bauart

Abb. 44.2 u. 44.3. Vierfachwirkende Pumpe (Quadruplex). Kreuzschubkurbel. Beide Geradführungen sind nach beiden Richtungen als Pumpenräume ausgenutzt. Antriebswelle als Flüssigkeitsrohr. Kurbelzapfenerweiterung zur Flüssigkeitssteuerung ausgebildet

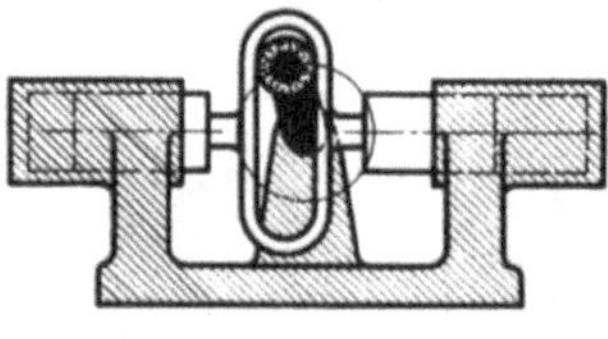

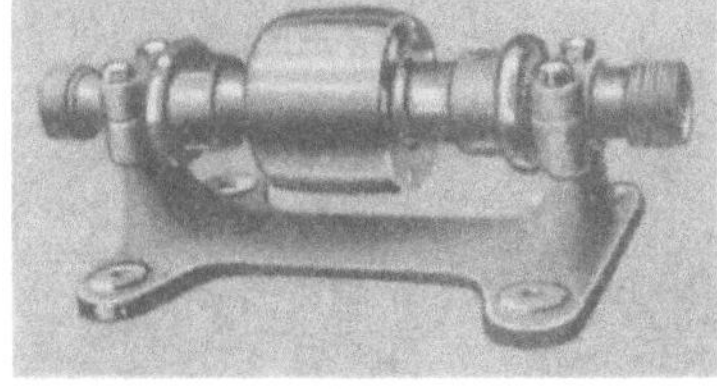

Abb. 44.4. Doppelt wirkende Holderpumpe. Kreuzschubkurbel mit Kugellager an Stelle eines Gleitsteines. (Höheres Elementenpaar!)

Abb. 44.5 u. 44.6. Vierfach wirkende Pumpe (Quadruplex). Gleiches Prinzip wie in Abb. 44.2 und 44.3, jedoch kinematische Umkehrung. Das Pumpengehäuse ist gleichzeitig Riemenscheibe und rotiert demzufolge

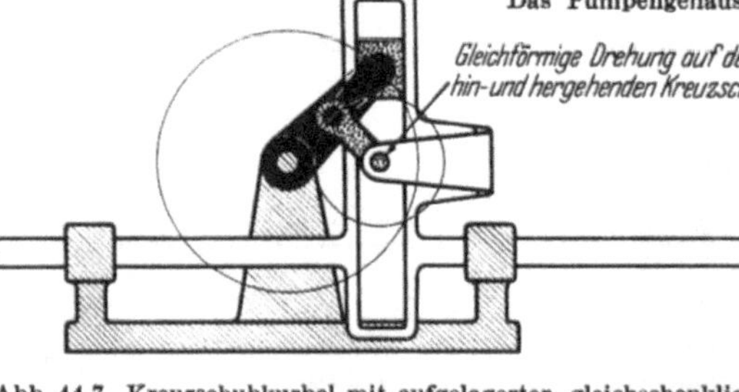

Abb. 44.7. Kreuzschubkurbel mit aufgelagerter, gleichschenkliger Schubkurbel zur Übertragung der Kurbeldrehung auf den hin- und hergehenden Kreuzschieber

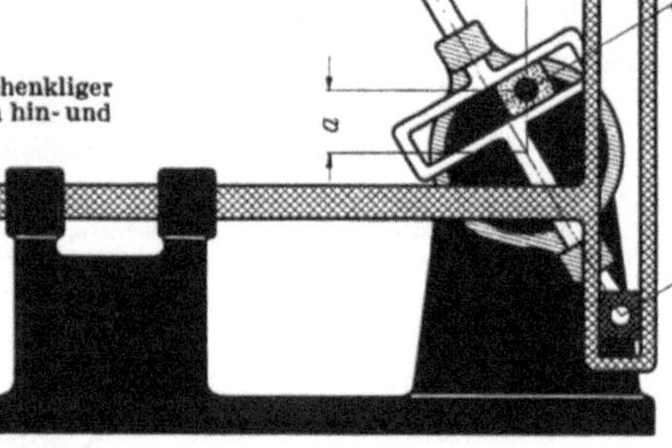

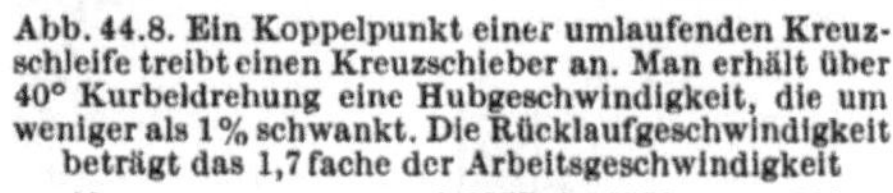

Abb. 44.8. Ein Koppelpunkt einer umlaufenden Kreuzschleife treibt einen Kreuzschieber an. Man erhält über 40° Kurbeldrehung eine Hubgeschwindigkeit, die um weniger als 1% schwankt. Die Rücklaufgeschwindigkeit beträgt das 1,7fache der Arbeitsgeschwindigkeit

Abmessungen: $a:c = 0{,}3357:1{,}33575$; $\gamma = 30°$

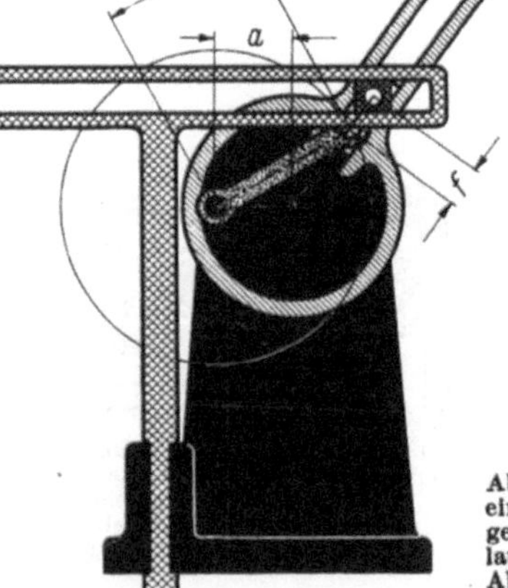

Abb. 44.9. Ein Koppelpunkt einer umlaufenden Kurbelschleife treibt einen Kreuzschieber an. Man erhält bei 90° Kurbeldrehung eine Hubgeschwindigkeit, die um weniger als 1% schwankt. Die größte Rücklaufgeschwindigkeit beträgt das 2,3fache der Arbeitsgeschwindigkeit. Abmessungen: $a:b:f = 1:2:0{,}5$. (Die Beispiele der Abbildungen 44.8 und 44.9 sind entnommen der Dissertation RAUH, Hannover 1927)

Text: Abschnitt 7.2

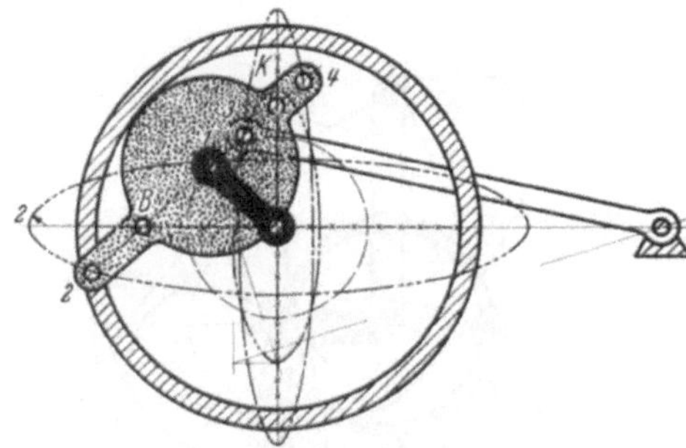

Abb. 45.1. Die Bewegungen
des Kardankreispaares

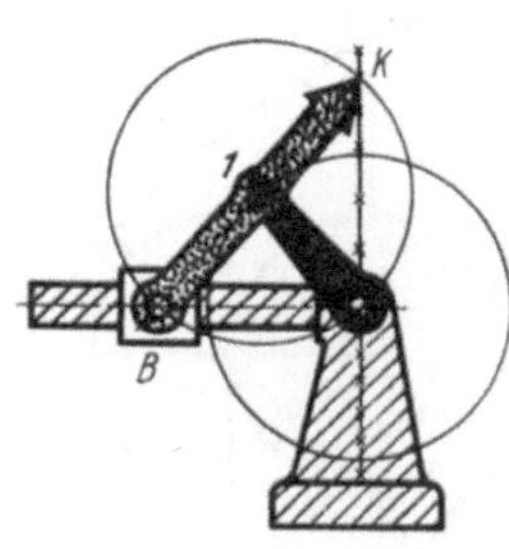

Abb. 45.2. Gleichschenklige Schubkurbel; genaue
Lenkergeradführung

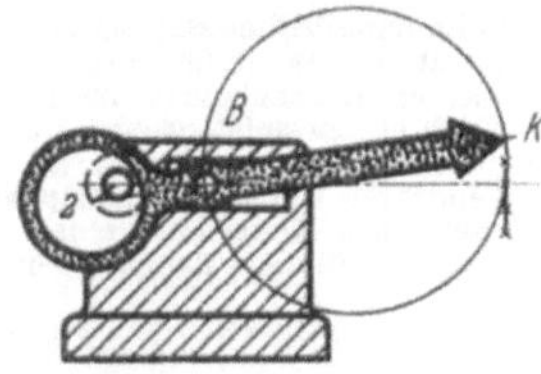

Abb. 45.3. Zentrische Schubkurbel;
angenäherte Lenkergeradführung

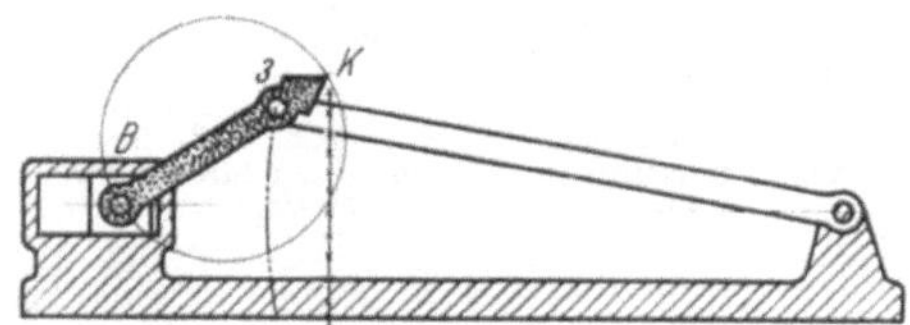

Abb. 45.5. Schubschwinge; angenäherte
Lenkergeradführung

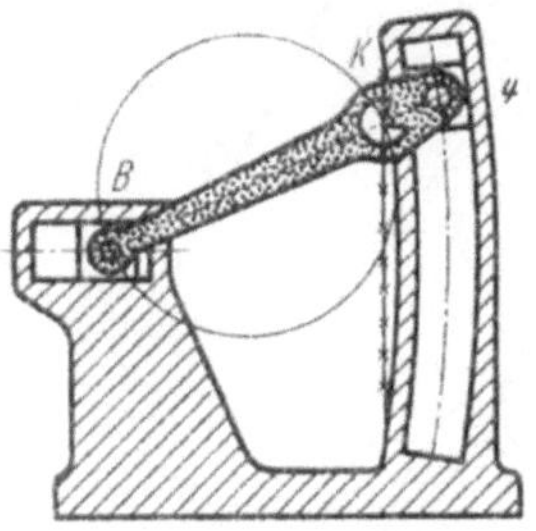

Abb. 45.4. Schubschwinge; angenäherte
Lenkergeradführung

Abb. 45.6. Zentrische Schubkurbel. Der Wendekreis ist der geometrische Ort aller Koppelpunkte, die in ihrer Bahn momentan die Krümmung Null aufweisen (Wendepunkte oder Flachpunkte). Die Bahntangenten laufen sämtlich durch den Wendepol

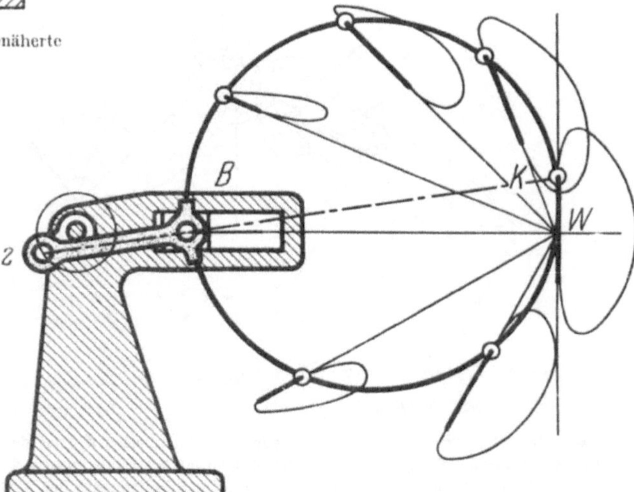

Text: Abschnitt 8.1.1

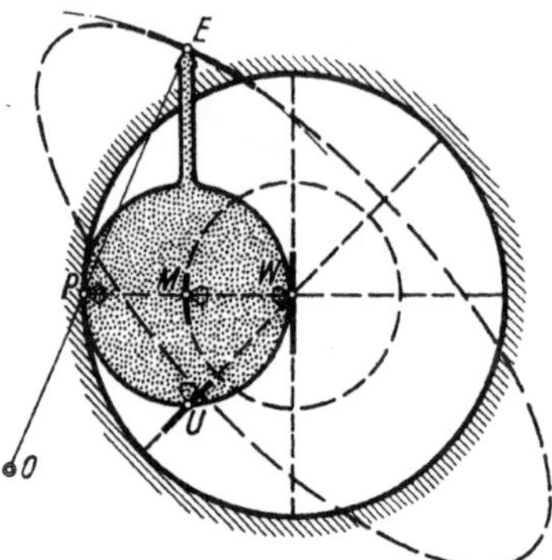

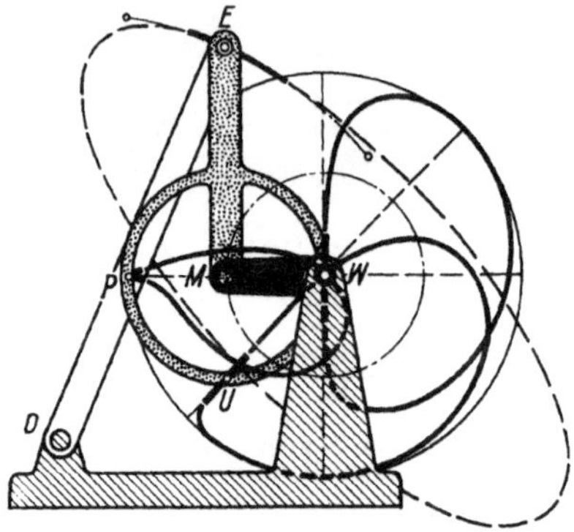

Abb. 46.1. Das Kardankreispaar. Bei der Abrollung des kleinen Kardankreises im gestellfesten großen bewegt sich der Punkt E als ein beliebiger Punkt der Fläche des kleinen Kardankreises auf einer Ellipse, deren Achsen sich in W, dem Mittelpunkt des großen Kardankreises, schneiden. Der Punkt M als Mittelpunkt des kleinen Kardankreises bewegt sich auf einem Kreis um W, die Punkte P, U und W als Umfangspunkte des kleinen Kardankreises bewegen sich auf geraden Bahnen durch W hindurch. Die von dem Punkt E gerade durchlaufene Ellipsenkrümmung besitzt in O ihren Krümmungsmittelpunkt und in der Strecke EO ihren Krümmungshalbmesser

Abb. 46.2. Der Krümmungshalbmesser EO ist durch einen Lenker ersetzt worden; dafür wird auf die Führung des kleinen Kardankreises im großen Kardankreis verzichtet. Es entsteht eine Kurbelschwinge, für die der kleine Kardankreis der Abb. 46.1 zum Wendekreis wird. Die Koppelpunkte P, W und U beschreiben Koppelkurven mit nur noch momentan geradlinigen Bahnstücken

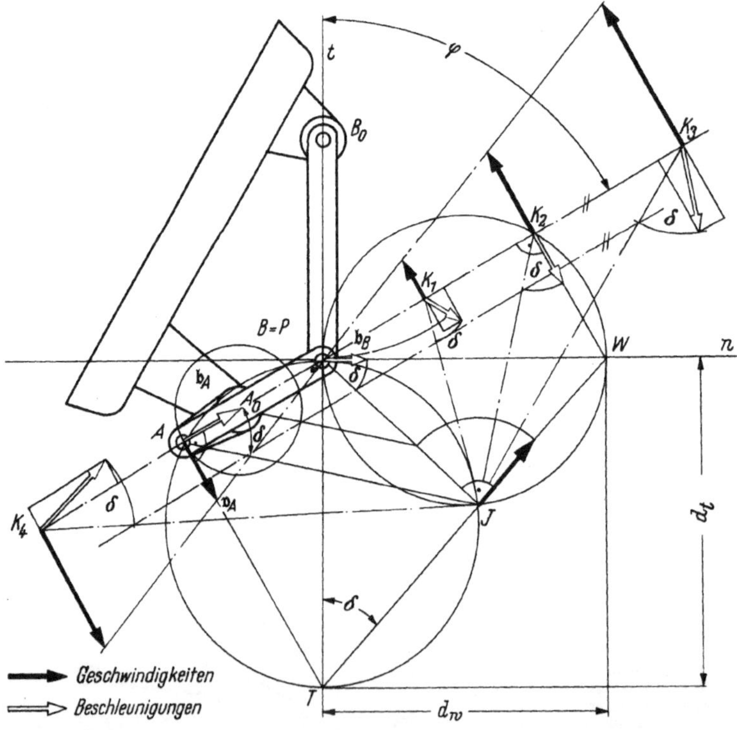

Abb. 46.3. Die BRESSESCHEN Kreise. Der Wendekreis (Durchmesser d_w) ist der geometrische Ort aller Koppelpunkte mit Normalbeschleunigung Null. Der Tangentialkreis (Durchmesser d_t) ist der geometrische Ort aller Koppelpunkte mit Tangentialbeschleunigung Null. Die Schnittpunkte der Kreise sind der Geschwindigkeitspol P und der Beschleunigungspol J

Text: Abschnitte 8.1.1 und 8.1.2

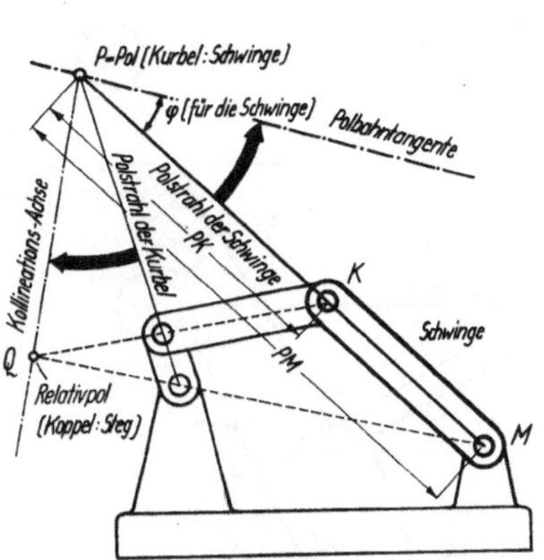

Abb. 47.1. Ermittlung der Polbahntangente bei einer Kurbelschwinge in Vierecklage

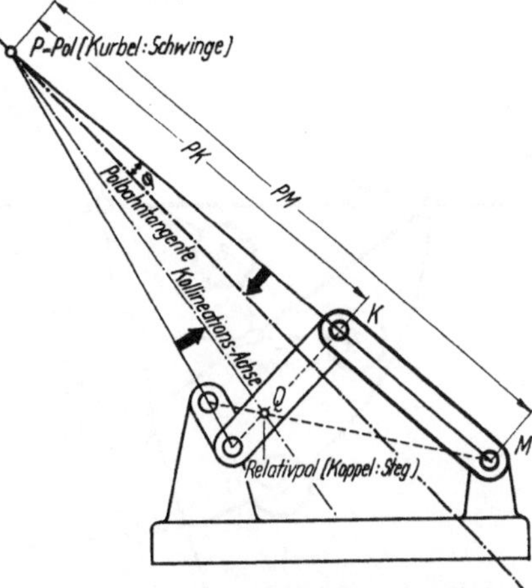

Abb. 47.2. Ermittlung der Polbahntangente bei einer Kurbelschwinge in Überkreuzlage

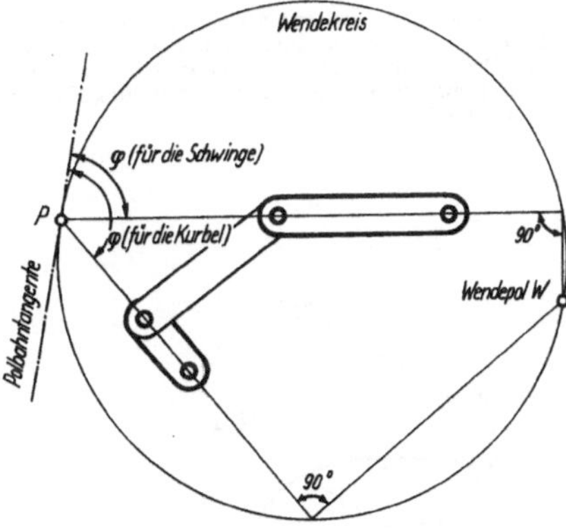

Abb. 47.3. Ermittlung des Wendepoles und des Wendekreisdurchmessers aus den Wendekreissehnen der Kurbel und der Schwinge

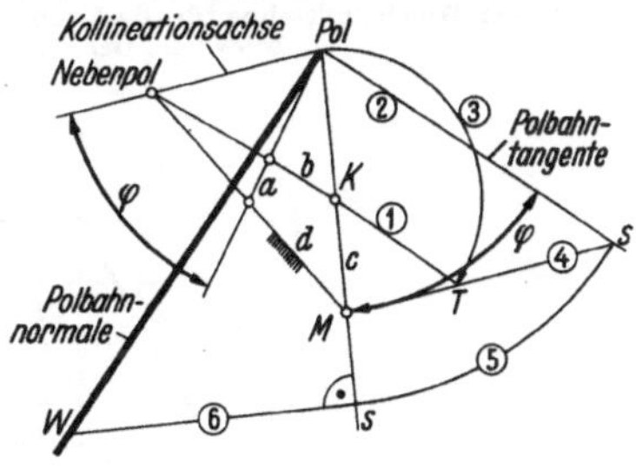

Abb. 47.4. Ermittlung des Wendekreisdurchmessers aus der Polbahntangentenkonstruktion nach Abb. 47.1. Daran anschließend Festlegung der Lage der Polbahnnormalen (senkrecht zur Polbahntangente im Pol) und aus einer Wendekreissehne (Schwinge c)

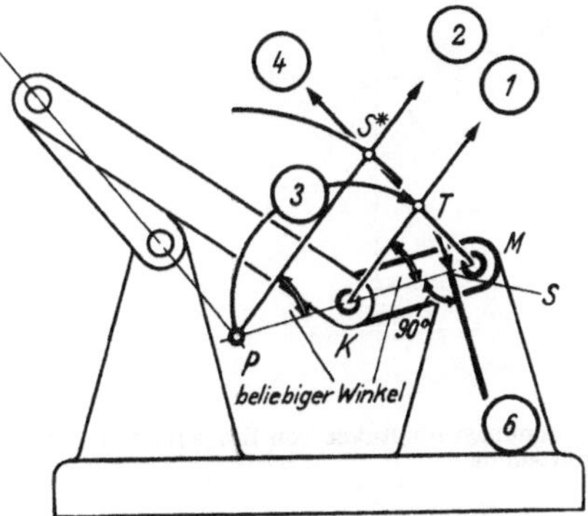

Abb. 47.5. Ermittlung der Wendekreissehne für die Kurbel in Überkreuzlage

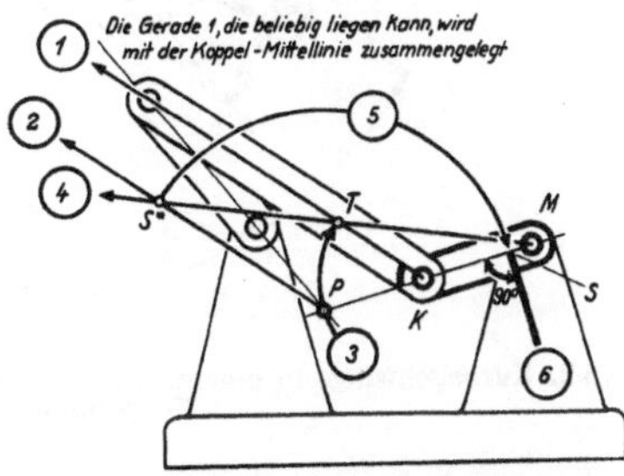

Abb. 47.6. Ermittlung der Wendekreissehne der Kurbel in Überkreuzlage des gleichen Getriebes und der gleichen Stellung wie in Abb. 47.5. Die Hilfslinie l liegt dabei jedoch auf der Koppelmittellinie

Text: Abschnitt 8.1.2

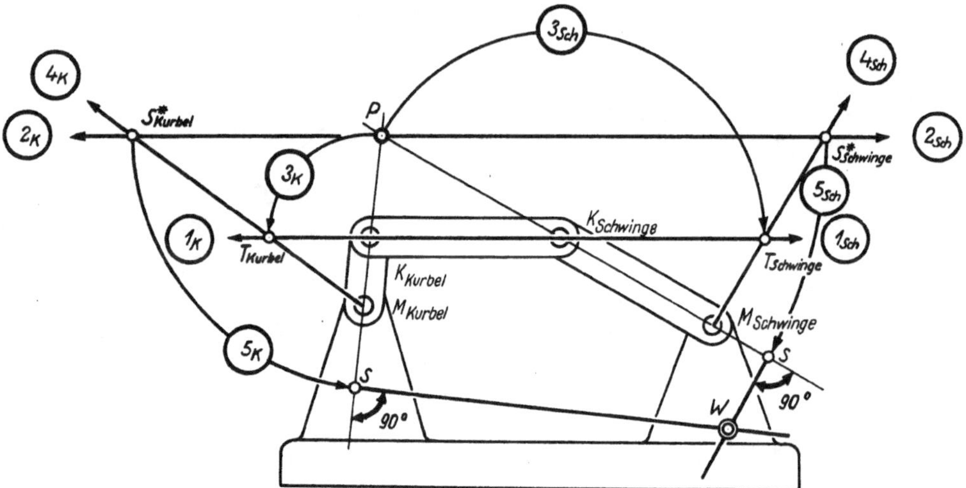

Abb. 48.1. Konstruktion der Wendekreissehnen für Kurbel und Schwinge, aufgebaut auf der gemeinsamen Hilfs-linie 1, zusammenfallend mit der Koppelmittellinie entsprechend Abb. 47.6. Die einzelnen Linien werden in der Reihenfolge der in Kreisen dargestellten Bezeichnungen durchgeführt, wobei sich die Benennung *K* auf die Ermittlung der Wendekreissehne für die Kurbel bezieht, die Bezeichnung *Sch* auf die gleiche Ermittlung für die Schwinge. Der Wendepol wird gefunden nach Abb. 47.3

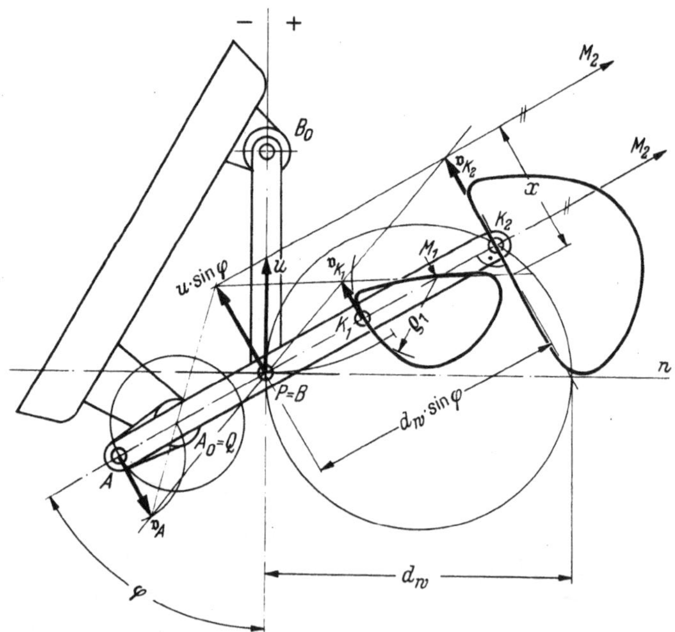

Abb. 48.2. Kurbelschwinge in innerer Totlage mit Wendekreis; Krümmungsverhältnisse von Koppelkurven bei Koppelpunkten auf der Koppelmittellinie

Text: Abschnitt 8.1.2

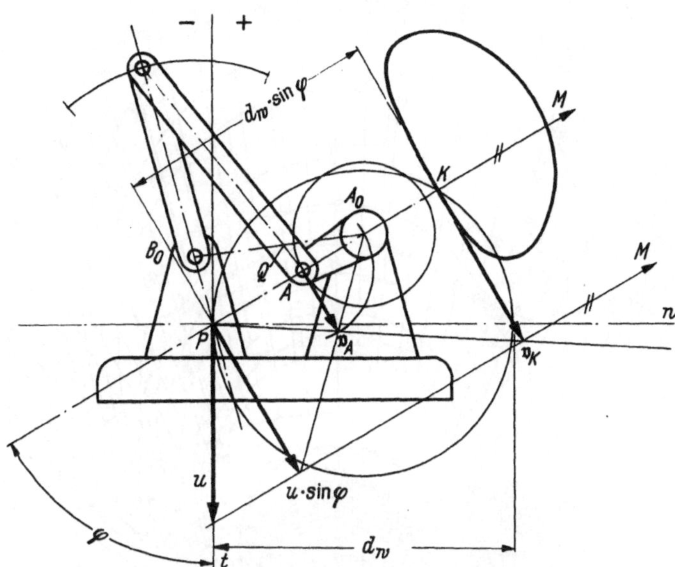

Abb. 49.1. Krümmungsverhältnisse der Koppelkurve des Schnittpunktes von Wendekreis und Kurbelpolstrahl bei einer Kurbelschwinge in beliebiger Lage

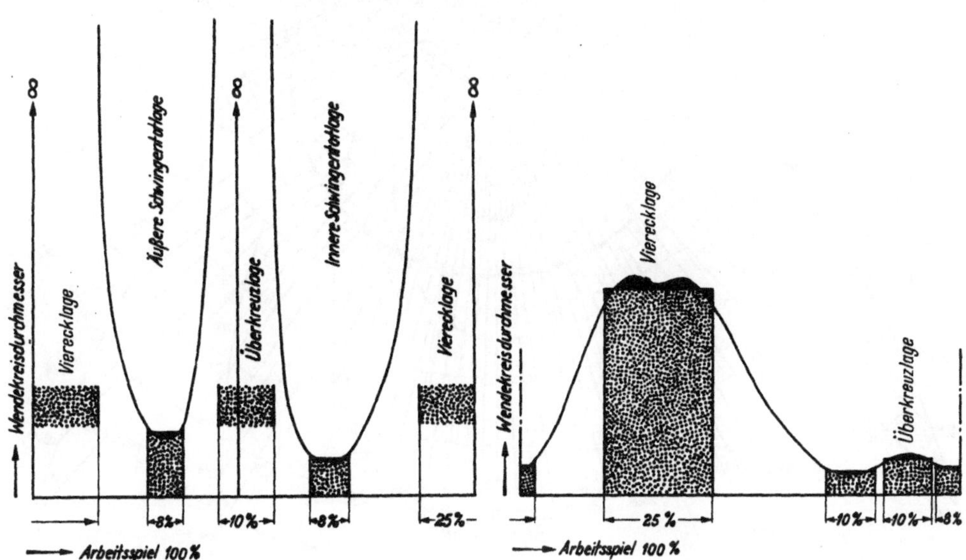

Abb. 49.2. Änderungen des Wendekreisdurchmessers während eines vollen Kurbelumlaufs bei einer Kurbelschwinge

Abb. 49.3. Änderung des Wendekreisdurchmessers für einen vollen Getriebeumlauf bei einer Doppelkurbel (bzw. Doppelschwinge)

Text: Abschnitte 8.1.2 und 8.1.3

Abb. 50.1. Verkleinerte Wiedergabe der Konstruktionstafel 1. „Bahnkrümmungen der Koppelpunkte." Koppelpunkte = Schnittpunkte der zum Mittelpunkt des kleinen Kardankreises konzentrischen Kreise mit den von diesem ausgehenden Strahlen, Bezifferung von links lesbar. Krümmungsmittelpunkt = Schnittpunkte der ovalen Kurvenzüge mit den teilweise gekrümmten Strahlen, Bezifferung von rechts lesbar. Zu den Schnittpunkten des Koppelpunktnetzes als Koppelpunkte gehören die ebenso bezeichneten Schnittpunkte im Krümmungsmittelpunktnetz als Bahnkrümmungsmittelpunkte. Koppelpunkt und zugehöriger Krümmungsmittelpunkt liegen auf einem Polstrahl

Text: Abschnitt 8.2.1

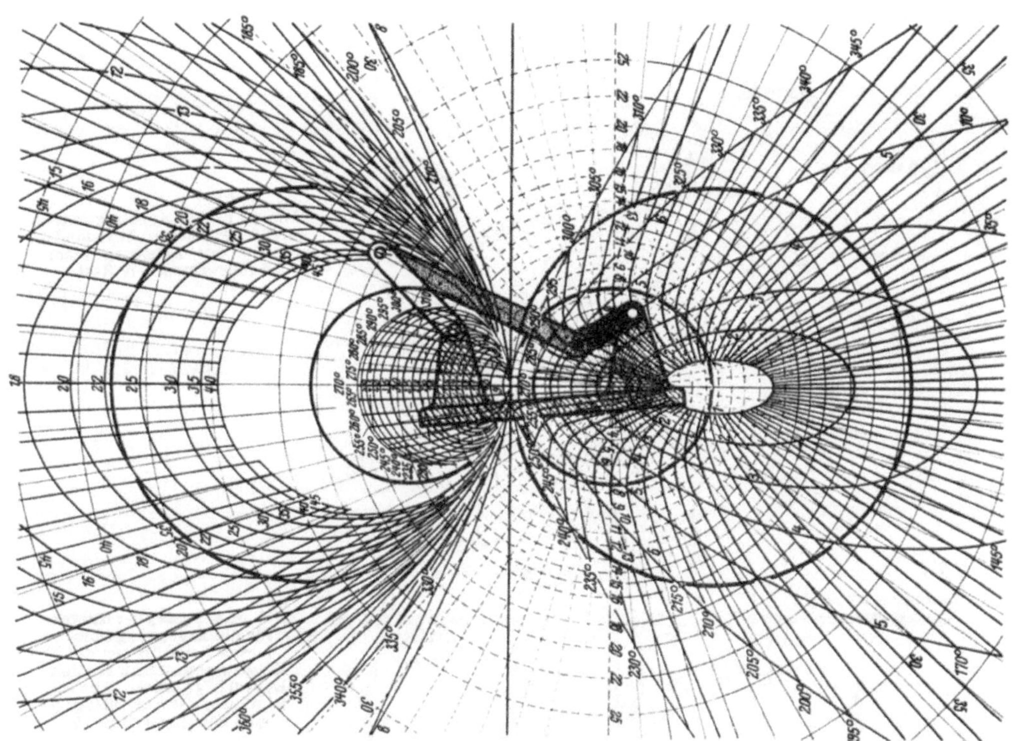

Abb. 51.1. Wahl einer Kurbelschwinge mit Hilfe von Konstruktionstafel 1. Kurbelzapfen = Schnittpunkt des Kreises 4 mit dem Strahl 320° des Koppelpunktnetzes. Kurbellager = Schnittpunkt der ovalen Kurve 4 mit dem gekrümmten Strahl 320° des Krümmungsmittelpunktnetzes. Schwingenzapfen = Schnittpunkt des Kreises 20 mit dem Strahl 300° des Koppelpunktnetzes. Schwingenlager = Schnittpunkt der ovalen Kurve 20 mit dem gekrümmten Strahl 300° des Krümmungsmittelpunktnetzes

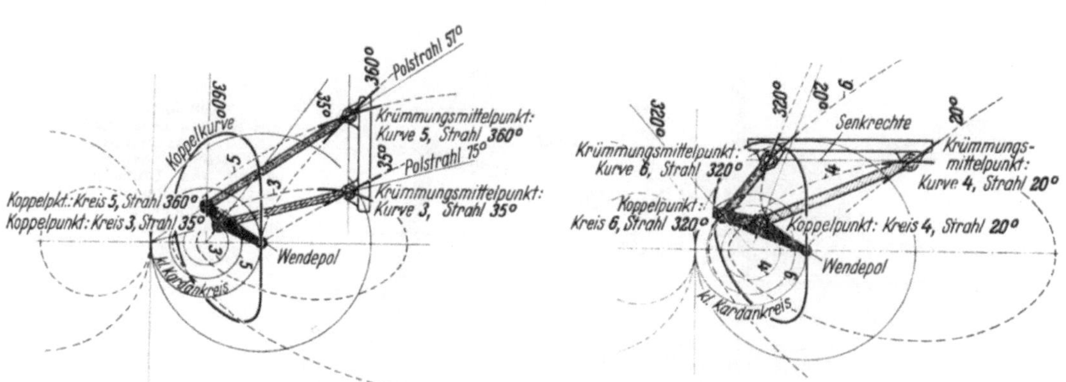

Abb. 51.2. Aus Tafel 1 ermitteltes Wippkrangetriebe (Doppelschwinge) mit parallel zur Lastverschiebungsrichtung angeordneten Gestellagern   Abb. 51.3. Aus Tafel 1 ermitteltes Wippkrangetriebe mit senkrecht zur Lastverschiebungsrichtung angeordneten Gestellagerungen

Text: Abschnitt 8.2.2

12*

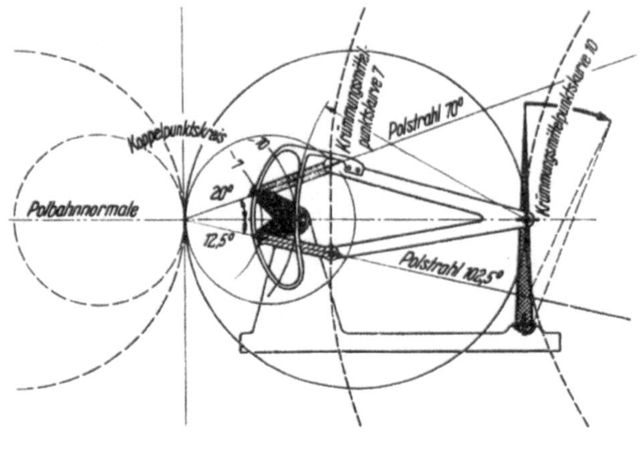

Abb. 52.1. Aus Konstruktionstafel 2 ermitteltes Zweistandgetriebe zur Ableitung einer Hubbewegung mit Rast

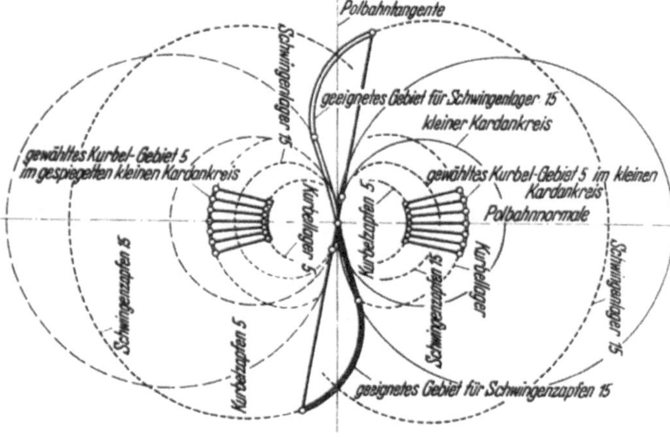

Abb. 52.2. Auszug der Kurven für die Krümmungshalbmesser 5 und 15 aus der Konstruktionstafel 3 für den Entwurf günstiger Kurbelschwingen mit Kurbellänge 5 und Schwingenlänge 15

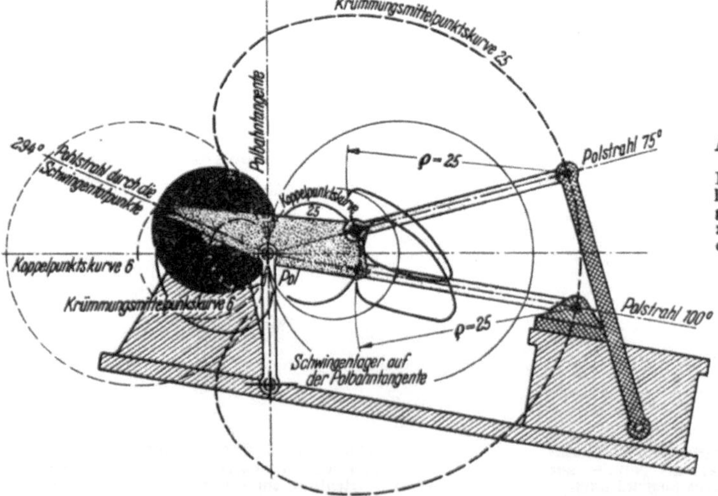

Abb. 52.3. Aus Konstruktionstafel 3 ermittelte zentrische Kurbelschwinge mit Ableitung von Hubbewegungen mit Rasten in zwei verschiedenen Anordnungen, jedoch mit gleich großen Krümmungslenkern

Text: Abschnitt 8.2.2

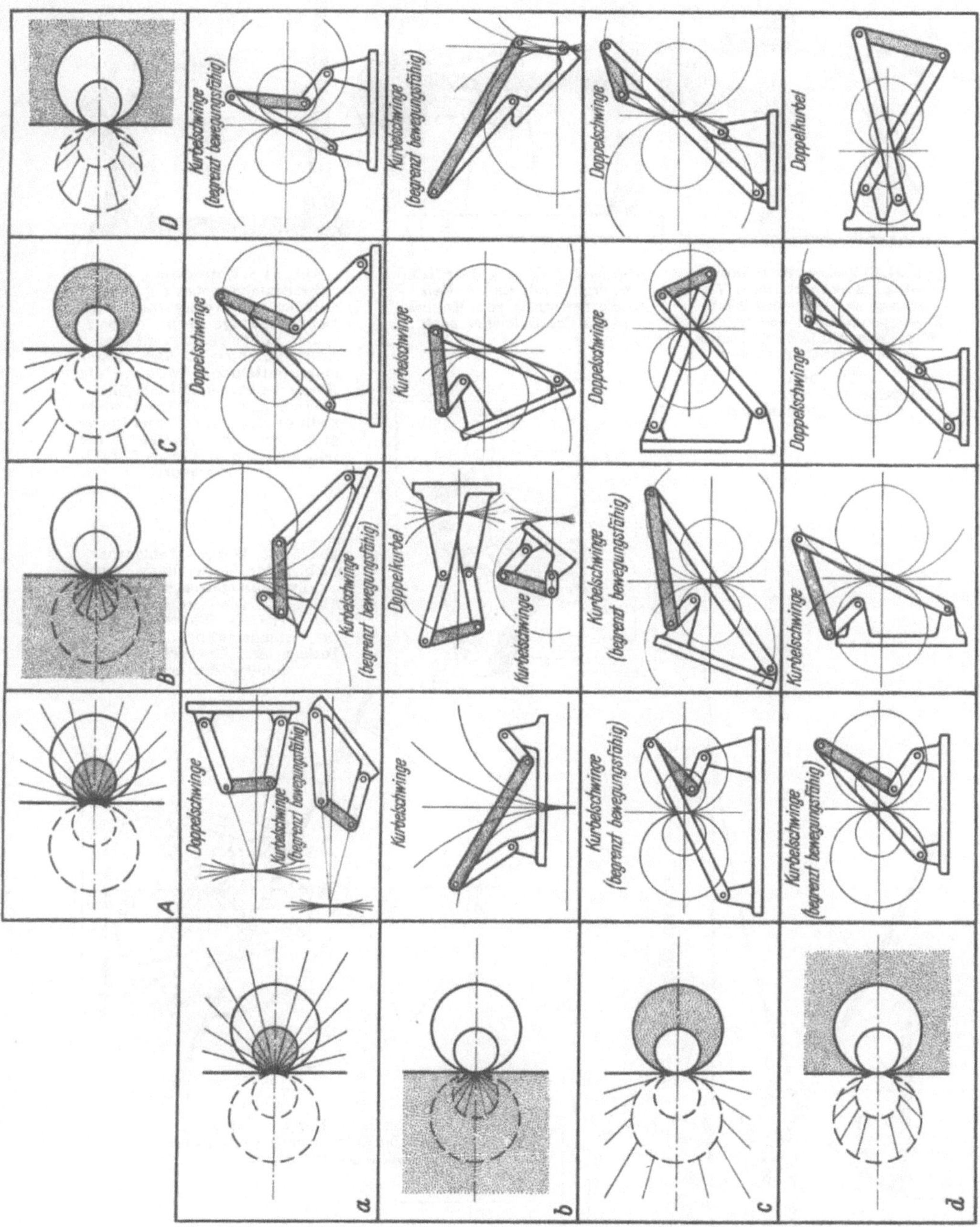

Abb. 53.1. Möglichkeiten der Getriebegestaltung je nach Wahl der Koppelpunktgebiete. In den Getriebedarstellungen sind die zugehörigen Kardankreise (rechts) und deren Spiegelung (links, dünn gestrichelt) eingezeichnet. Dabei ist der kleine Kardankreis gleichbedeutend mit dem Wendekreis

Text: Abschnitt 8.2.3

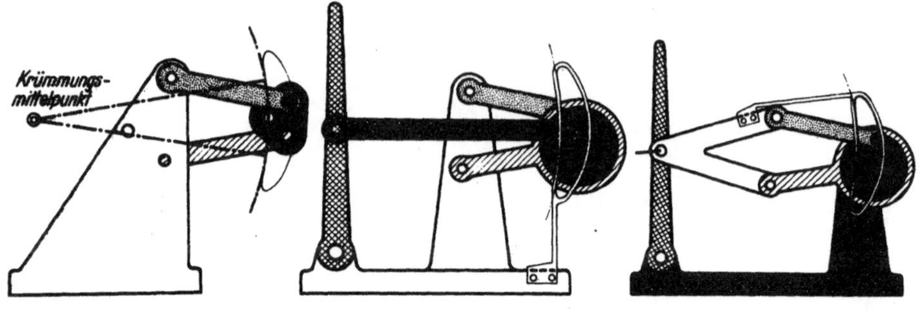

Abb. 54.1. Symmetrische Doppelschwinge in symmetrischer Vierecklage der Getriebeglieder. Koppelpunkt und zugehöriger Krümmungsmittelpunkt liegen auf der Polbahnnormalen

Abb. 54.1. Koppelpunktslenker = Krümmungshalbmesser

Abb. 54.2. Ableitung einer Hubbewegung mit Rast mittels Lenkerzweischlag vom Koppelpunkt des Getriebes nach

Abb. 54.3. Entwicklung eines Zweistandgetriebes unter Benutzung der Abmessungen der Doppelschwinge nach Abb. 54.2. Der Koppelpunkt wird zum Antriebsdrehpunkt. Der Krümmungsmittelpunkt wird in die Ebene des weißen Getriebegliedes übernommen, die ihrerseits nicht mehr ortsfest ist. Zu dieser Ebene gehört auch die Koppelkurve, die nun über den ortsfesten Koppelpunkt wandert

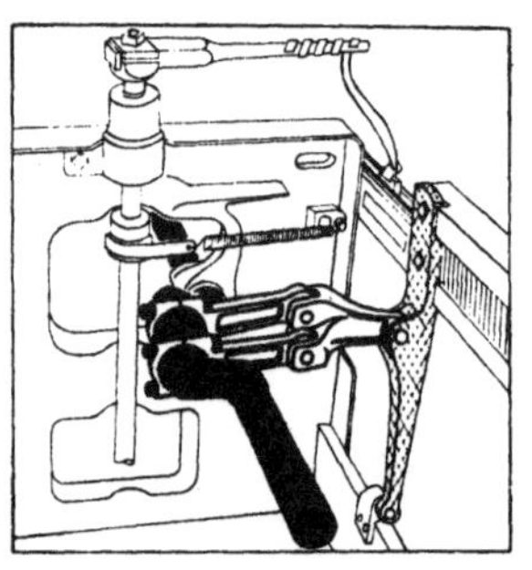

Abb. 54.4. Webpa - Webladenantrieb unter Verwendung eines Zweistandgetriebes nach Abb. 54.3. Die Kurbelwelle hat eine versetzte Doppelkröpfung. Die Weblade hat in ihrer hinteren Totlage eine Rast während des Schützendurchgangs

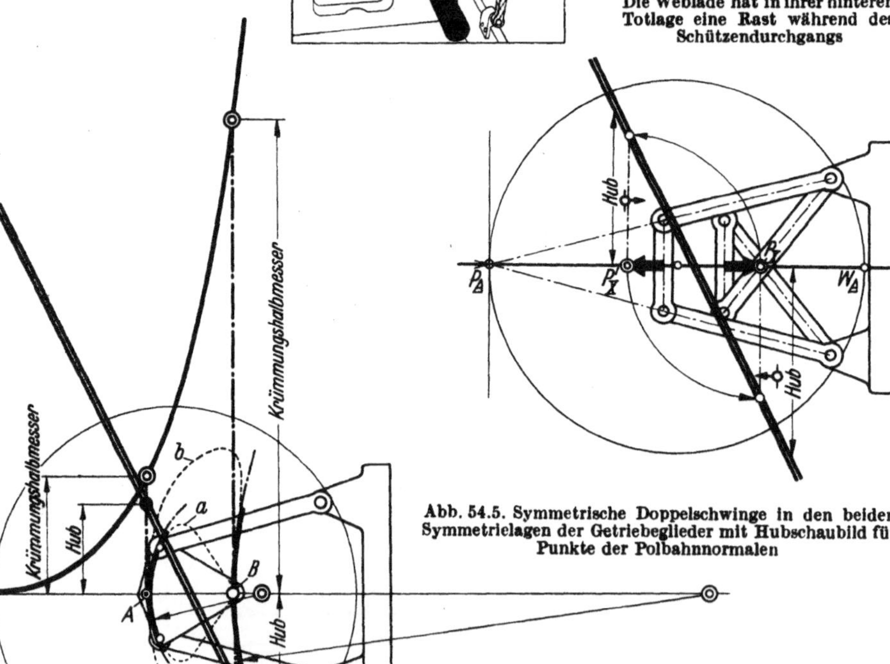

Abb. 54.5. Symmetrische Doppelschwinge in den beiden Symmetrielagen der Getriebeglieder mit Hubschaubild für Punkte der Polbahnnormalen

Abb. 54.6. Schaubilder der Hübe und Bahnkrümmungshalbmesser für Punkte auf der Polbahnnormalen der Vierecklage

Text: Abschnitt 8.2.4

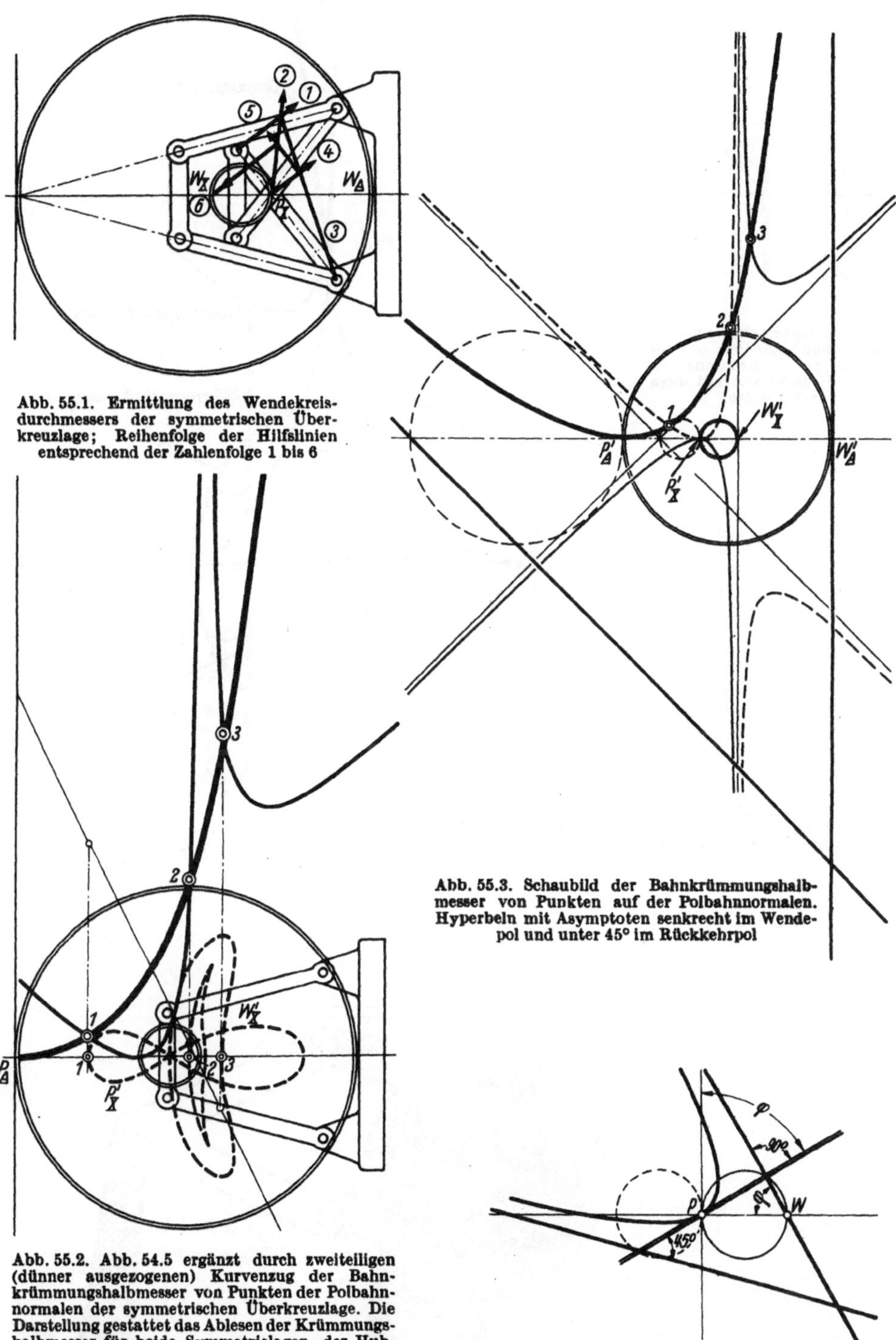

Abb. 55.1. Ermittlung des Wendekreisdurchmessers der symmetrischen Überkreuzlage; Reihenfolge der Hilfslinien entsprechend der Zahlenfolge 1 bis 6

Abb. 55.2. Abb. 54.5 ergänzt durch zweiteiligen (dünner ausgezogenen) Kurvenzug der Bahnkrümmungshalbmesser von Punkten der Polbahnnormalen der symmetrischen Überkreuzlage. Die Darstellung gestattet das Ablesen der Krümmungshalbmesser für beide Symmetrielagen, der Hublängen und der Hubrichtungen jedes Punktes der Polbahnnormalen. Bei 1, 2 und 3 gibt es gleich große, bei 3 auch gleichgerichtete Krümmungshalbmesser

Abb. 55.3. Schaubild der Bahnkrümmungshalbmesser von Punkten auf der Polbahnnormalen. Hyperbeln mit Asymptoten senkrecht im Wendepol und unter 45° im Rückkehrpol

Abb. 55.4. Hyperbelschaubild der Bahnkrümmungshalbmesser für Punkte auf einem beliebigen Polstrahl

Text: Abschnitt 8.2.4

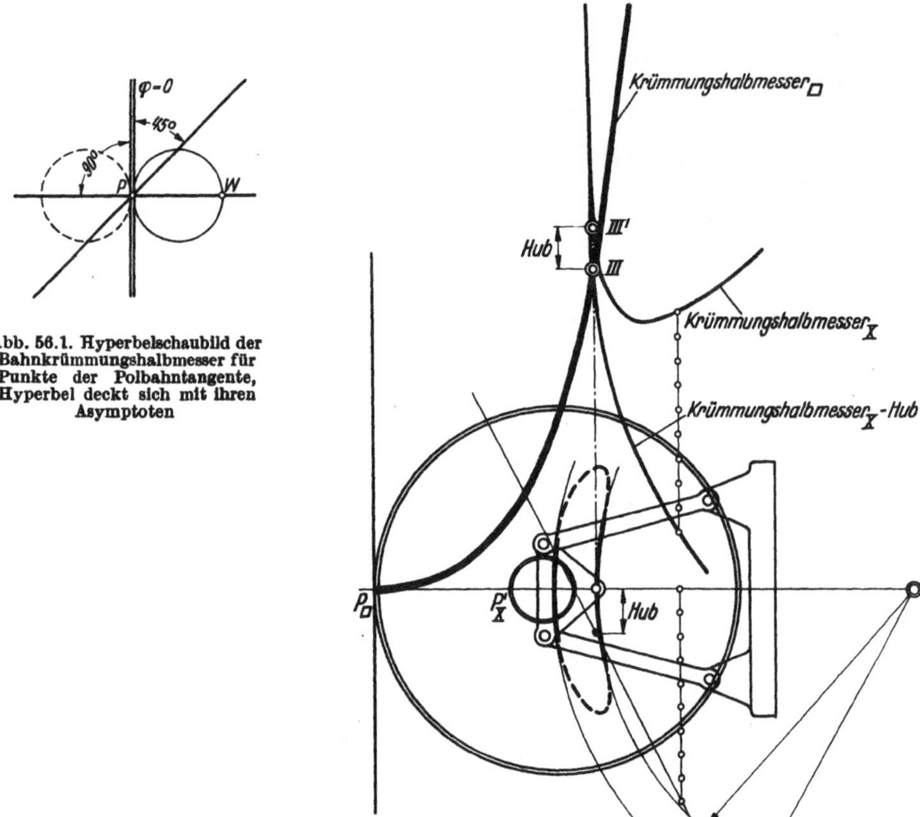

Abb. 56.1. Hyperbelschaubild der Bahnkrümmungshalbmesser für Punkte der Polbahntangente, Hyperbel deckt sich mit ihren Asymptoten

Abb. 56.2. Durch Abziehen des Hubschaubildes vom Krümmungshalbmesserschaubild erhält man im Punkt III gleichgerichtete Bahnkrümmungen mit gemeinsamem Krümmungsmittelpunkt. Zweistillstandsableitung nach Abb. 56.3

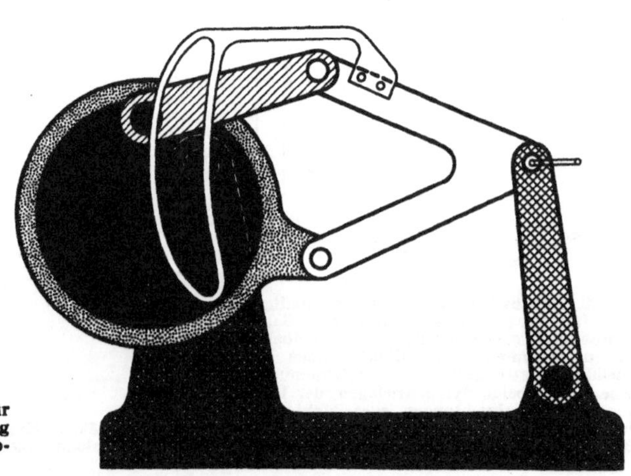

Abb. 56.3. Konstruktionsschema für Zweistandgetriebe unter Benutzung der in Abb. 56.2 ermittelten Abmessungen

Text: Abschnitt 8.2.4

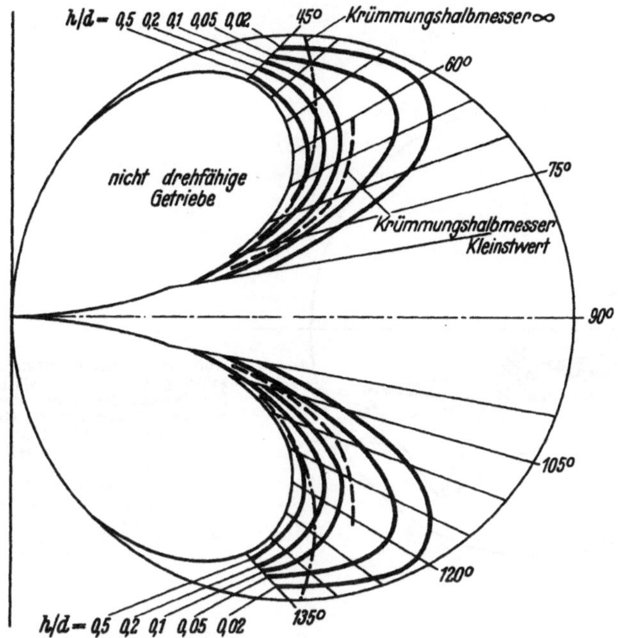

Abb. 57.1. Koppelpunktgebiet im Bereich des Wendekreises zum Entwurf symmetrischer Zweistandgetriebe für Hubbewegungen mit zwei Rasten. Im Wendekreisbereich gelten die ausgezogenen Linien für Getriebe mit bestimmtem Verhältnis des Hubes zum Wendekreisdurchmesser

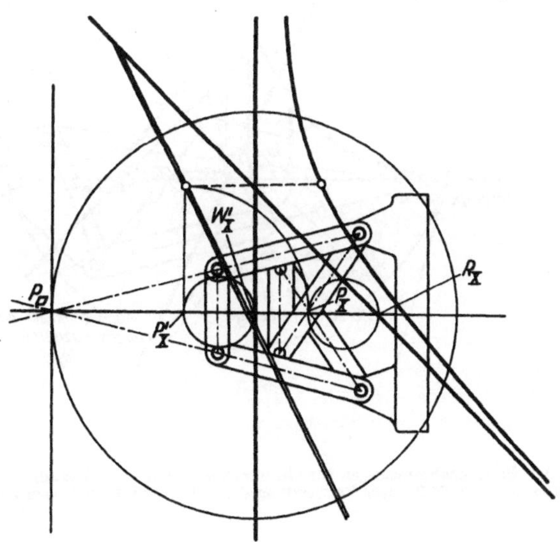

Abb. 57.2. Ermittlungsverfahren für Getriebeabmessungen von Zweistandgetrieben nach Abb. 56.2, jedoch in vereinfachter Weise zum sofortigen Aufzeichnen der Differenzhyperbel

Text: Abschnitt 8.2.4

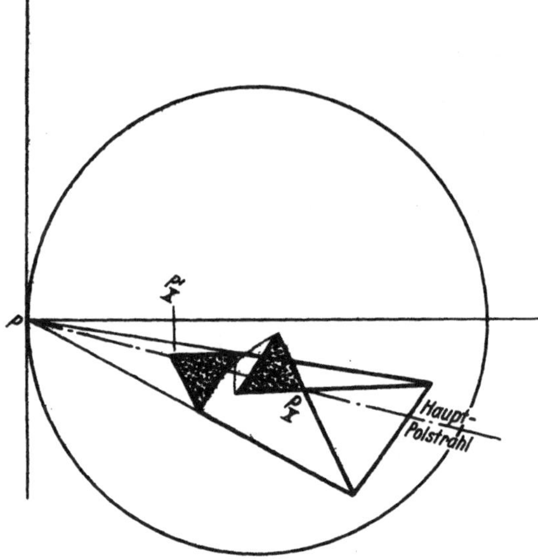

Abb. 58.1. Auch unsymmetrische Doppelschwingen eignen sich als Entwurfsgrundlage
für Zweistandgetriebe, die Hubbewegungen
mit zwei Rasten liefern. Grundlage des Ent-
wurfs sind die beiden Getriebelagen, in denen
Koppel und Gestell parallel liegen, also die
beiden Getriebelagen mit unendlich fernem
Relativpol. Die beiden Pole liegen auf einem
gemeinsamen Polstrahl, dem sogenannten
Hauptpolstrahl, der hier die gleiche Bedeutung
hat wie die Polbahnnormale in den Abb. 56.2
und 57.2

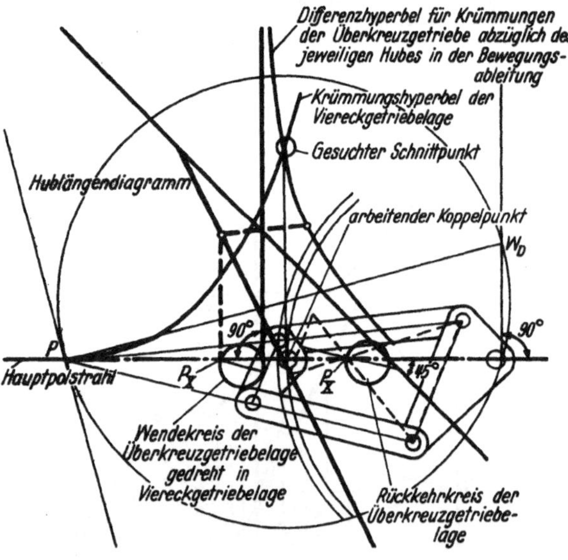

Abb. 58.2. Ermittlung der Getriebeabmessungen für ein unsymmetrisches Zweistandgetriebe entsprechend dem
Verfahren der Abb. 56.2 unter Verwendung der Differenzhyperbel nach Abb. 57.2

Text: Abschnitt 8.2.4

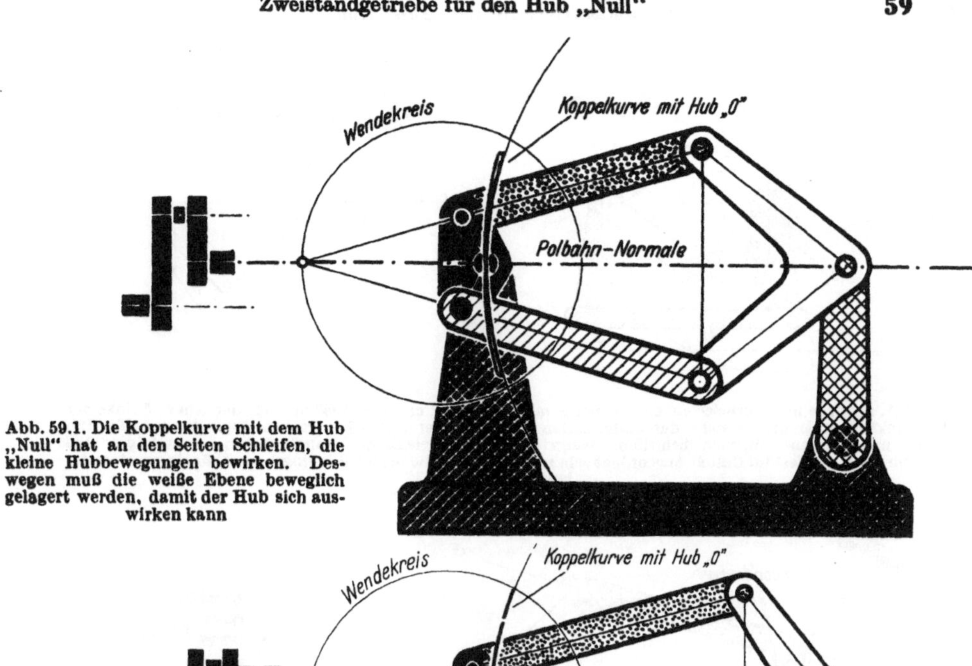

Abb. 59.1. Die Koppelkurve mit dem Hub „Null" hat an den Seiten Schleifen, die kleine Hubbewegungen bewirken. Deswegen muß die weiße Ebene beweglich gelagert werden, damit der Hub sich auswirken kann

Abb. 59.2. Die seitlichen Schleifen der Koppelkurve sind in diesem Getriebe verschwunden. Die Koppelkurve ist zu einem Kreisbogen um das Abtriebsgelenk geworden. Es findet somit keine Hubbewegung mehr statt. Der in Abb. 59.1 drehbar gelagerte Abtriebslenker kann daher mit dem Gestell vereinigt werden. Es entsteht ein fünfgliedriges, überbestimmtes Getriebe, das aufgefaßt werden kann als zwei gegeneinander versetzt angeordnete Kurbelschwingen mit gemeinsamer Kurbel und gemeinsamer Schwinge

Abb. 59.3. Konstruktionstafel. 90°-Strahl ist Polbahnnormale. Auf den Strahlen $\varphi = 60°$ bis $\varphi = 120°$ liegen die Mittellinien der beiden Koppeln für die gesuchten Zweistandgetriebe. Die kreisähnlichen Kurven 5 bis 40 dienen zum schnellen Finden der Kurbelgelenke. Wählt man z. B. ein Kurbelgelenk auf der Kurve 10 und auf dem Strahl 75°, so liegt das zugehörige Schwingengelenk auf dem gleichen Strahl, jedoch 10 Längeneinheiten entfernt vom Kurbelgelenk (Wendekreisdurchmesser = 15 Längeneinheiten). Ermittelt man die Kurbelgelenke dieser Getriebe links der strichpunktierten Grenzlinie, so erhält man Koppelkurven für Hub „Null" mit seitlicher Schleifenbildung; ermittelt man sie zwischen der ausgezogenen Grenzlinie und der strichpunktierten, so erhält man Koppelkurven mit kaum wahrnehmbaren Schleifen. Rechts der ausgezogenen Grenzlinie ergeben sich Getriebe mit Koppelkurven ohne Schleifen. (Getriebe, deren Kurbelgelenke links der gestrichelten Grenzlinie liegen, sind nicht voll umlauffähig)

Text: Abschnitt 8.2.5

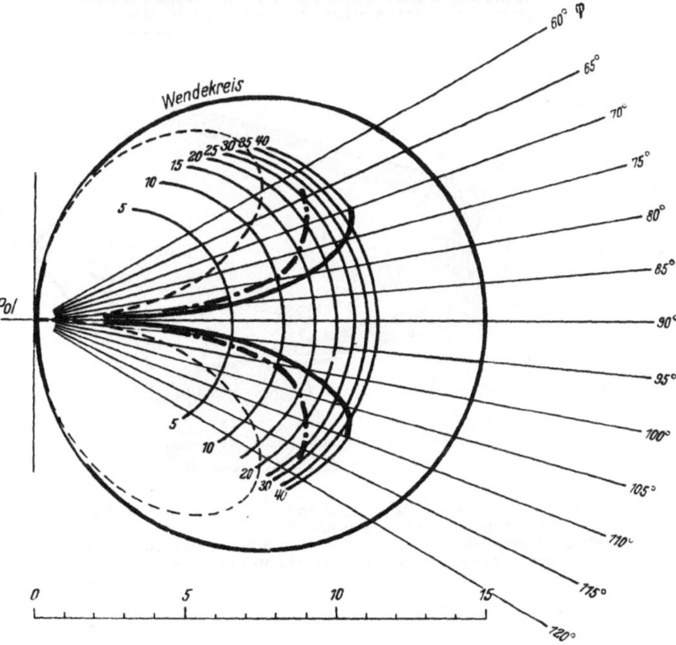

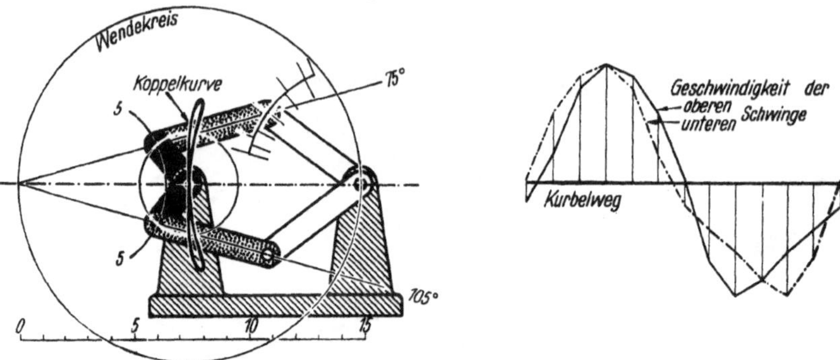

Abb. 60.1. Getriebe mit Kurbelgelenken auf den Strahlen $\varphi = 75°$ und $\varphi = 105°$ und auf der Kurve 5 links der strichpunktierten Grenzlinie nahe der gestrichelten Grenzlinie der Abb. 59.3 ergeben Koppelkurven für Hub „Null" mit starken seitlichen Schleifen. Wenn das Abtriebsgelenk des ursprünglichen Zweistandgetriebes (vgl. Abb. 59.1) ortsfest im Gestell angeordnet sein soll, so müssen die beiden Schwingen unabhängig voneinander beweglich sein

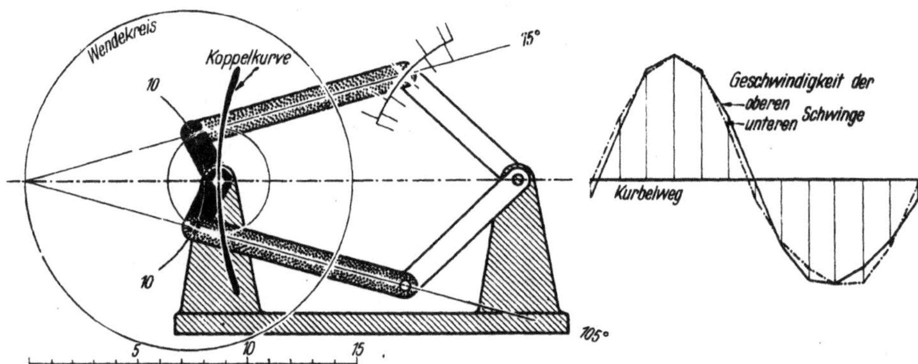

Abb. 60.2. Getriebe mit Kurbelgelenken auf den gleichen Strahlen wie bei Abb. 60.1, jedoch auf der Kurve 10 noch im gleichen Bereich, jedoch nahe der strichpunktierten Grenzlinie in Abb. 59.3 ergeben wesentlich schmalere Schleifen in der Koppelkurve für den Hub „Null". Wenn auch die Geschwindigkeiten an den beiden Schwingen weit weniger voneinander abweichen als in Abb. 60.1, so sind doch noch zwei gegeneinander versetzte Schwingen notwendig

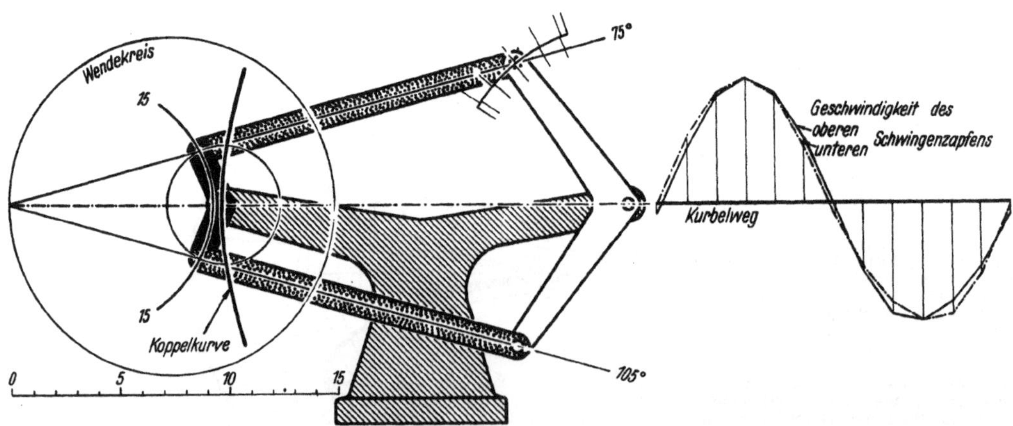

Abb. 60.3. Getriebe mit Kurbelgelenken auf den gleichen Strahlen wie in Abb. 60.1 und 60.2, jedoch auf der Kurve 15 und damit zugleich auf der strichpunktierten Grenzlinie der Abb. 59.3 hat eine Koppelkurve für Hub „Null" mit nicht mehr wahrnehmbaren Schleifen. Wenn man normales Spiel in den Gelenken zuläßt, kann für die beiden gegeneinander versetzten Kurbelschwingen eine in sich starre Abtriebsschwinge benutzt werden

Text: Abschnitt 8.2.5

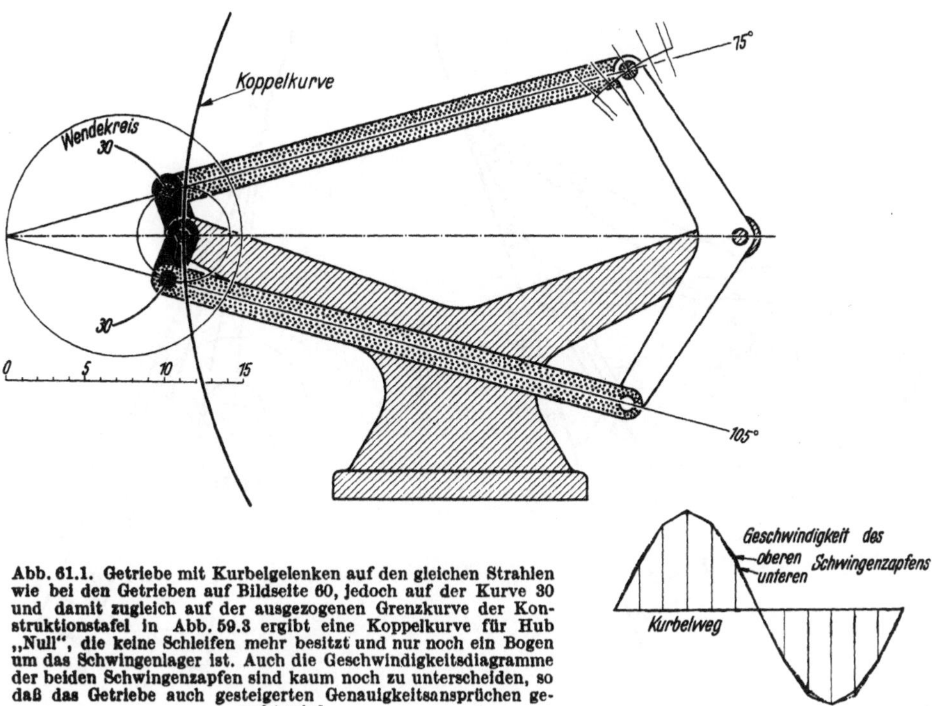

Abb. 61.1. Getriebe mit Kurbelgelenken auf den gleichen Strahlen wie bei den Getrieben auf Bildseite 60, jedoch auf der Kurve 30 und damit zugleich auf der ausgezogenen Grenzkurve der Konstruktionstafel in Abb. 59.3 ergibt eine Koppelkurve für Hub „Null", die keine Schleifen mehr besitzt und nur noch ein Bogen um das Schwingenlager ist. Auch die Geschwindigkeitsdiagramme der beiden Schwingenzapfen sind kaum noch zu unterscheiden, so daß das Getriebe auch gesteigerten Genauigkeitsansprüchen gerecht wird

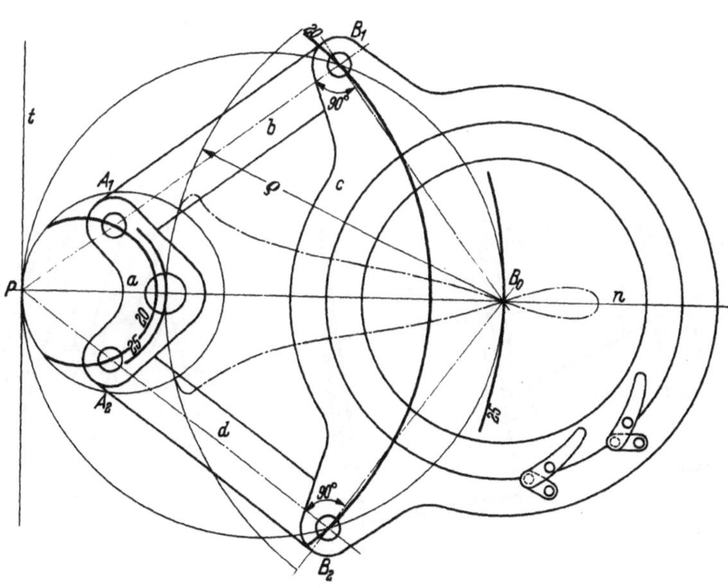

Abb. 61.2. Verstellgetriebe für die Leitschaufeln einer Wasserturbine. Es handelt sich um ein Zweistandgetriebe. Das Getriebe ist 5gliedrig und nur begrenzt bewegungsfähig, was jedoch für die vorliegende Funktion völlig ausreicht. Die dargestellte Koppelkurve wird nur soweit ausgenutzt, wie sie mit konstanter Krümmung zur Turbinenwelle B_0 verläuft

Text: Abschnitt 8.2.5

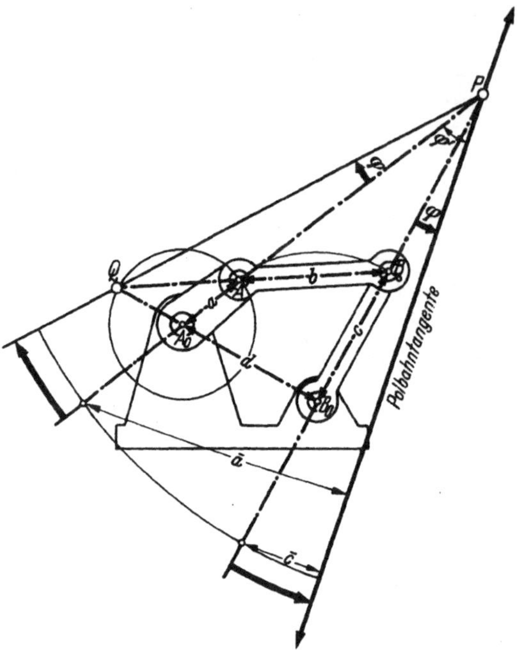

Abb. 62.1. Polbahntangente einer Kurbelschwinge in Vierecklage bei getriebenahem Augenblickspol P (vgl. hierzu Abb. 47.1)

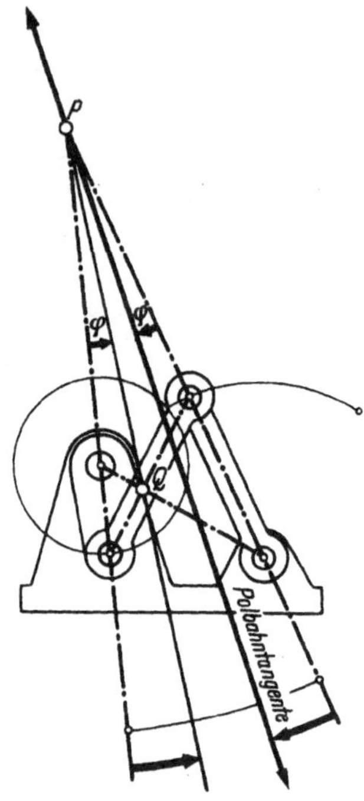

Abb. 62.3. Polbahntangente einer Kurbelschwinge in Überkreuzlage der Getriebeglieder bei getriebenahem Augenblickspol P (vgl. hierzu Abb. 47.2)

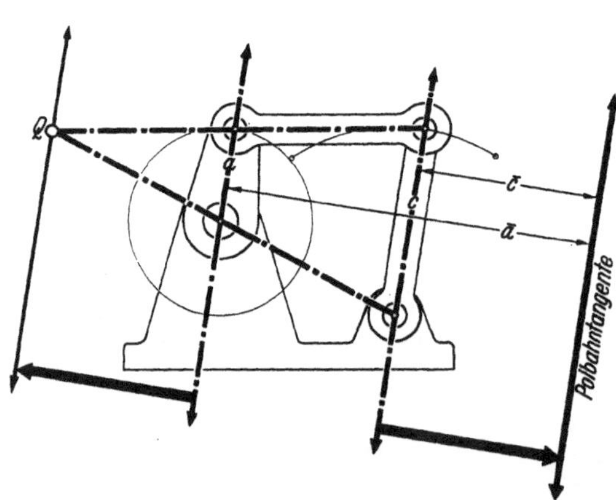

Abb. 62.2. Ermittlung der Polbahntangente bei einer Kurbelschwinge in Vierecklage der Getriebeglieder bei unendlich fernem Pol. Die Bögen zwischen den Schenkeln des Polwinkels φ in Abb. 62.1 werden hier zu geradlinigen Abständen zwischen parallelen Polstrahlen

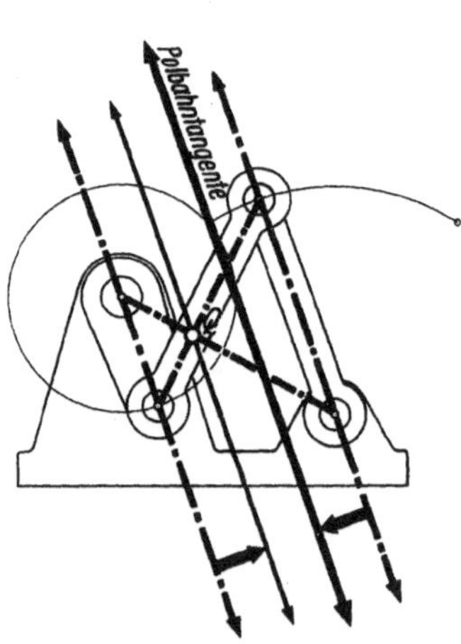

Abb. 62.4. Ermittlung der Polbahntangente einer Kurbelschwinge in Überkreuzlage der Getriebeglieder bei unendlich fernem Pol. Die Bögen zwischen den Schenkeln des Polwinkels φ in Abb. 62.3 werden hier zu geradlinigen Abständen zwischen parallelen Polstrahlen

Text: Abschnitt 8.3.1

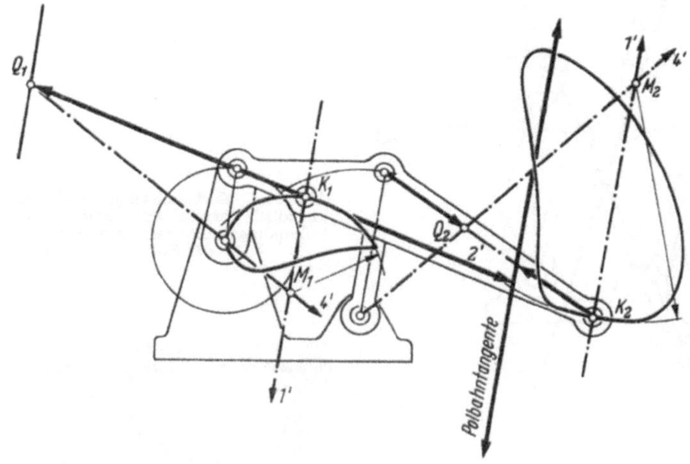

Abb. 63.1. Kurbelschwinge in Vierecklage bei parallelen Polstrahlen; Ermittlung von Bahnkrümmungshalb-
messern für beliebige Koppelkurven

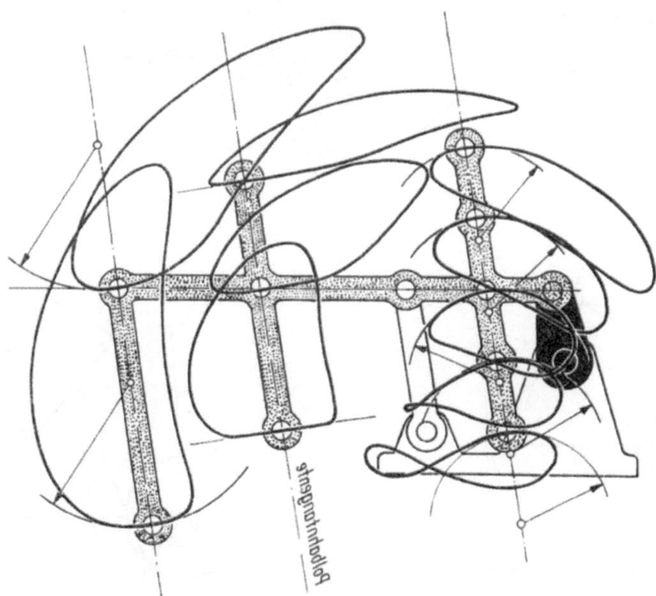

**Abb. 63.2. Kurbelschwinge in Vierecklage bei unendlich fernem Pol; alle Koppelpunkte auf dem gleichen Polstrahl
(Parallele zur Polbahntangente) haben den gleichen Krümmungshalbmesser, da sie praktisch alle den gleichen
Polabstand „Unendlich" haben**

Text: Abschnitt 8.3.2

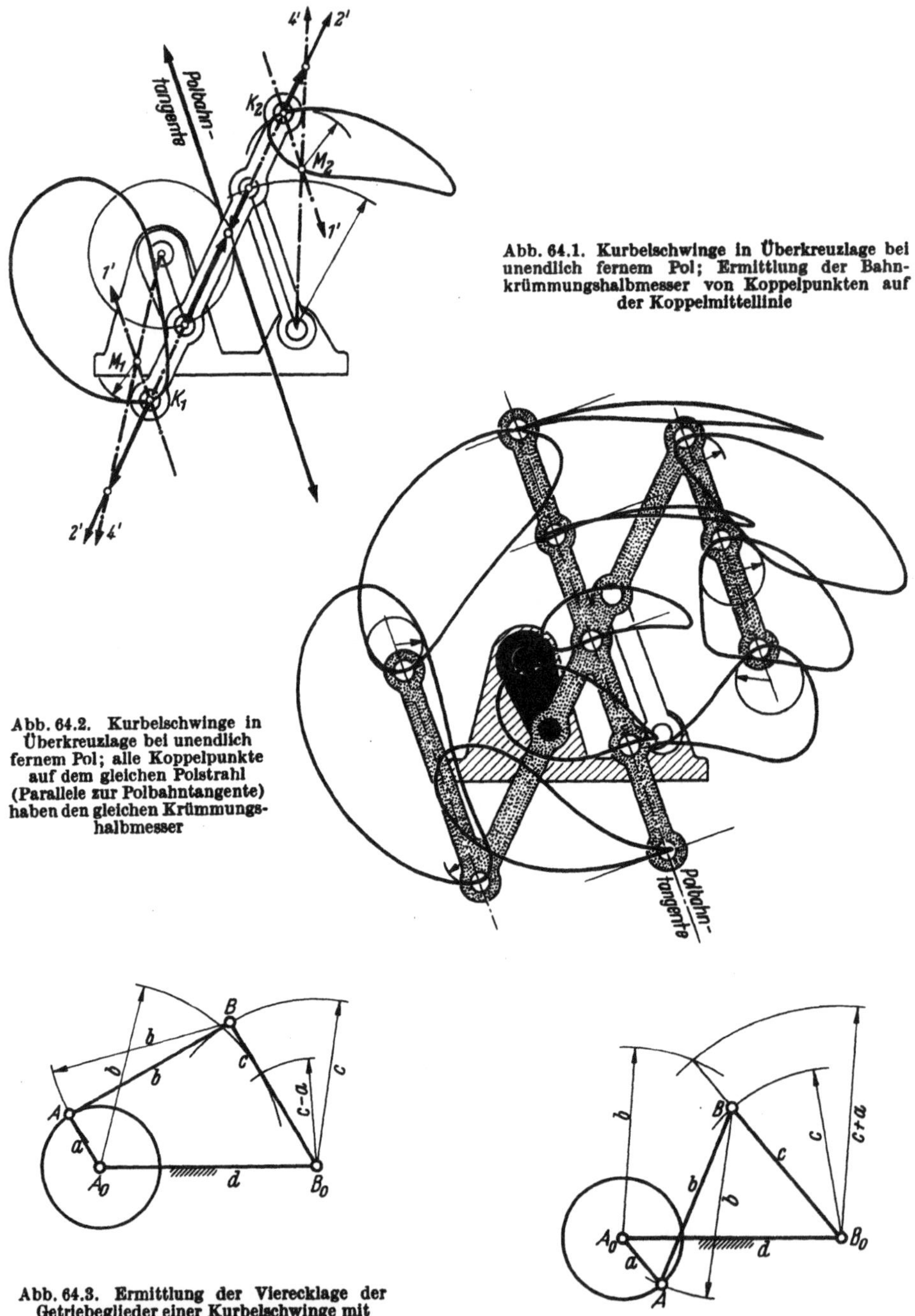

Abb. 64.1. Kurbelschwinge in Überkreuzlage bei unendlich fernem Pol; Ermittlung der Bahnkrümmungshalbmesser von Koppelpunkten auf der Koppelmittellinie

Abb. 64.2. Kurbelschwinge in Überkreuzlage bei unendlich fernem Pol; alle Koppelpunkte auf dem gleichen Polstrahl (Parallele zur Polbahntangente) haben den gleichen Krümmungshalbmesser

Abb. 64.3. Ermittlung der Vierecklage der Getriebeglieder einer Kurbelschwinge mit parallelen Polstrahlen; ein Kreisbogen um das Schwingenlager B_0 mit dem Halbmesser $c-a$ wird zum Schnitt gebracht mit einem Kreisbogen um das Kurbellager A_0 mit der Koppellänge b als Halbmesser. Durch diesen Schnittpunkt verläuft die Schwinge c in der gesuchten Stellung. Die parallele Lage der Kurbel a erhält man durch einen Kreisbogen mit der Koppellänge b als Halbmesser um den Schwingenzapfen B

Abb. 64.4. Ermittlung der Überkreuzlage einer Kurbelschwinge mit parallelen Polstrahlen; die Konstruktion wird in gleicher Weise durchgeführt wie bei Abb. 64.3, jedoch mit dem einen Unterschied, daß der Kreisbogen um das Schwingenlager B_0 mit dem Halbmesser $c+a$ geschlagen wird

Text: Abschnitt 8.3.2

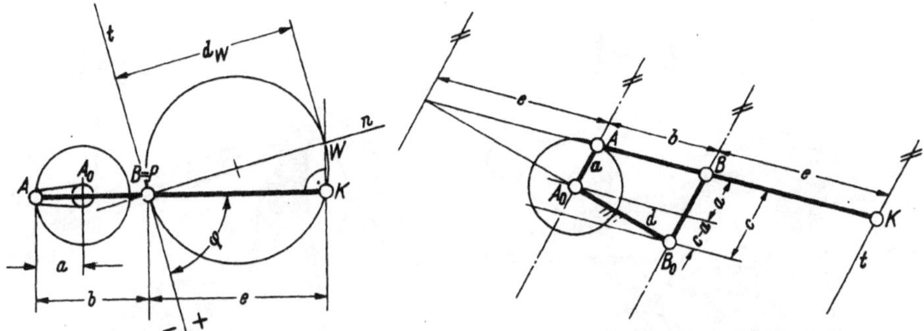

Abb. 65.1. Entwurfsstellung 1 einer Kurbelschwinge zur Ermittlung der Getriebeabmessungen für Koppelkurven mit zwei angenähert geradlinigen Bahnstücken (innere Totlage)

Abb. 65.2. Entwurfsstellung 2 einer Kurbelschwinge zur Ermittlung der Getriebeabmessungen für Koppelkurven mit zwei angenähert geradlinigen Bahnstücken (Vierecklage mit parallelen Polstrahlen)

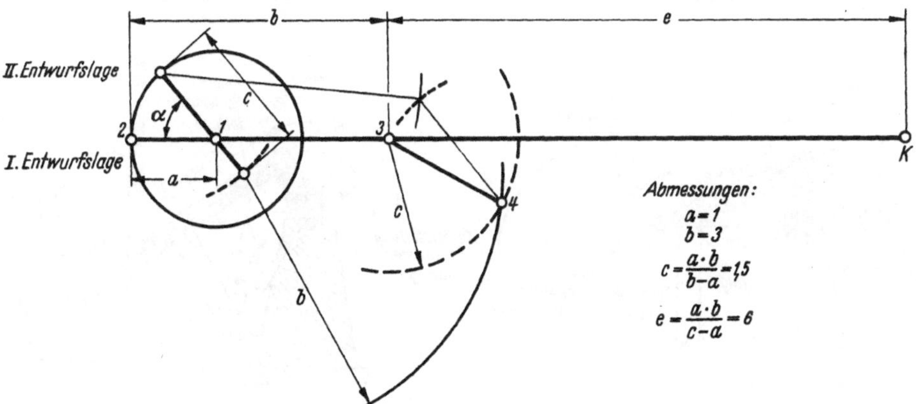

Abb. 65.3. Ermittlung des Schwingenlagers B_0 und damit Ermittlung der Gestellänge für eine Kurbelschwinge mit vorgeschriebenem Winkel α zwischen den Richtungen zweier angenähert geradliniger Bahnstücke in der Koppelkurve eines Koppelpunktes auf der Koppelmittellinie

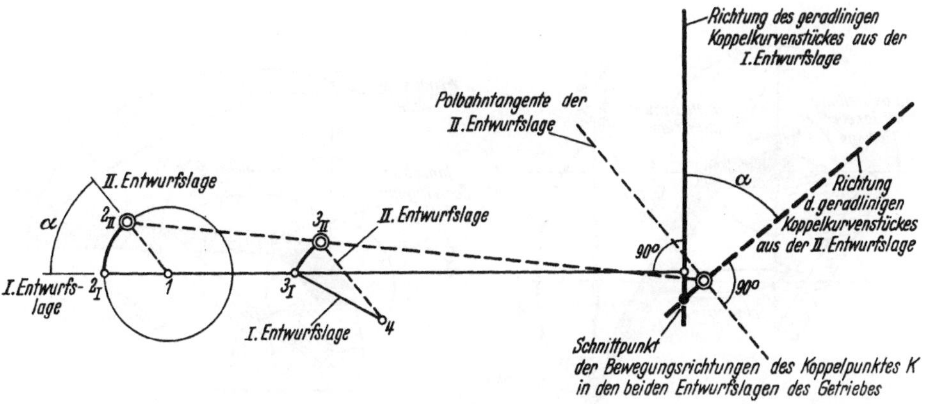

Abb. 65.4. Bestimmung der Lage der angenähert geradlinigen Bahnstücke in der Koppelkurve einer Kurbelschwinge entsprechend Abb. 75.3

Text: Abschnitt 8.3.4 und 8.3.5

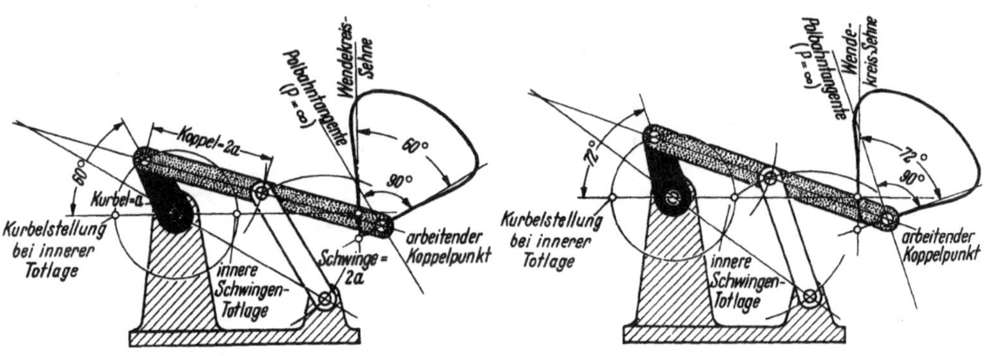

Abb. 66.1. Kurbelschwinge für eine symmetrische Koppelkurve mit zwei angenähert geradlinigen Bahnstücken unter 60°

Abb. 66.2. Kurbelschwinge für eine symmetrische Koppelkurve mit zwei angenähert geradlinigen Bahnstücken unter 72°

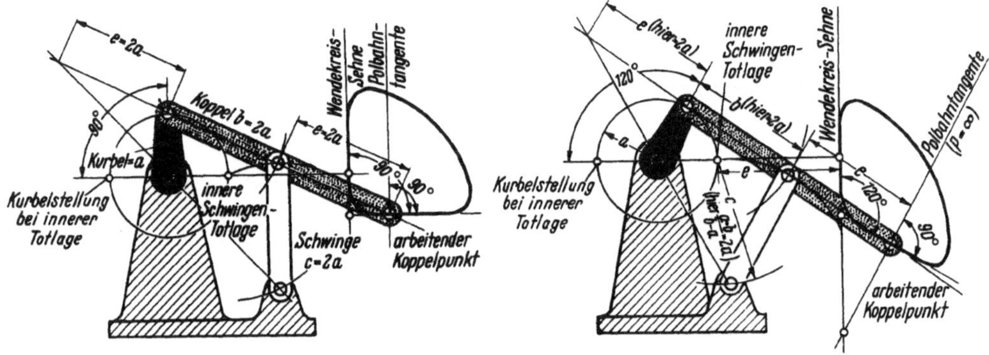

Abb. 66.3. Kurbelschwinge für eine symmetrische Koppelkurve mit zwei angenähert geradlinigen Bahnstücken unter 90°

Abb. 66.4. Kurbelschwinge für eine symmetrische Koppelkurve mit zwei angenähert geradlinigen Bahnstücken unter 120°

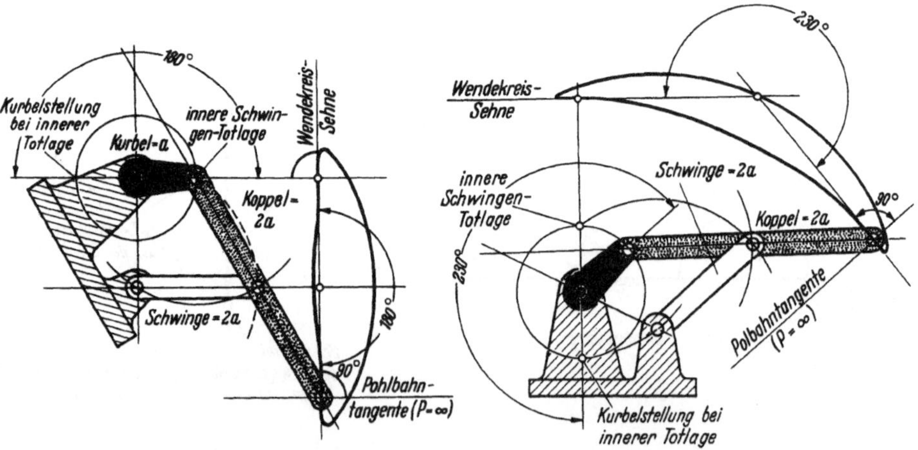

Abb. 66.5. Kurbelschwinge für eine symmetrische Koppelkurve mit zwei angenähert geradlinigen Bahnstücken unter 180°

Abb. 66.6. Kurbelschwinge für eine symmetrische Koppelkurve mit zwei angenähert geradlinigen Bahnstücken unter 230°

Text: Abschnitt 8.3.6

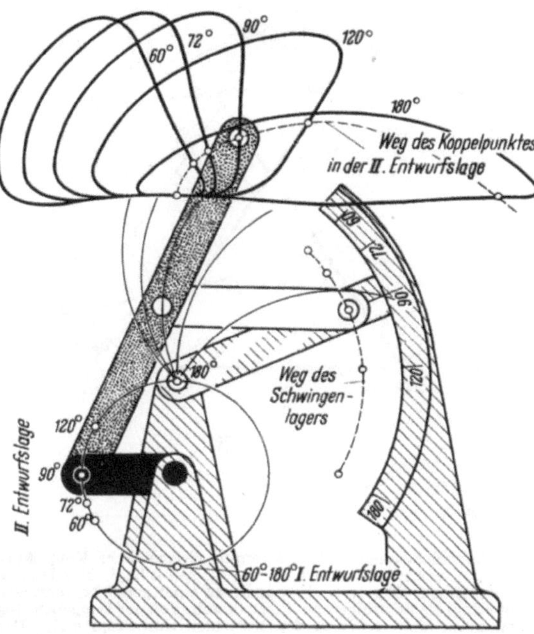

Abb. 67.1. Zusammenfassung der Getriebe aus den Abb. 66.1 bis 66.5 zu einem einzigen Getriebe mit verstellbarem Schwingenlager. Hierbei wird deutlich, daß zur Erzeugung der verschiedenen Koppelkurven mit je zwei angenähert geradlinigen Bahnstücken die Kurbelschwinge bis auf die Gestellänge unverändert bleibt. Auch die hier nicht dargestellten Zwischenstellungen ergeben Koppelkurven mit angenähert geradlinigen Bahnstücken, jedoch mit dem Unterschied, daß der von den geradlinigen Bahnstücken eingeschlossene Winkel nicht in einem ganzzahligen Verhältnis zu dem Wert 360° steht

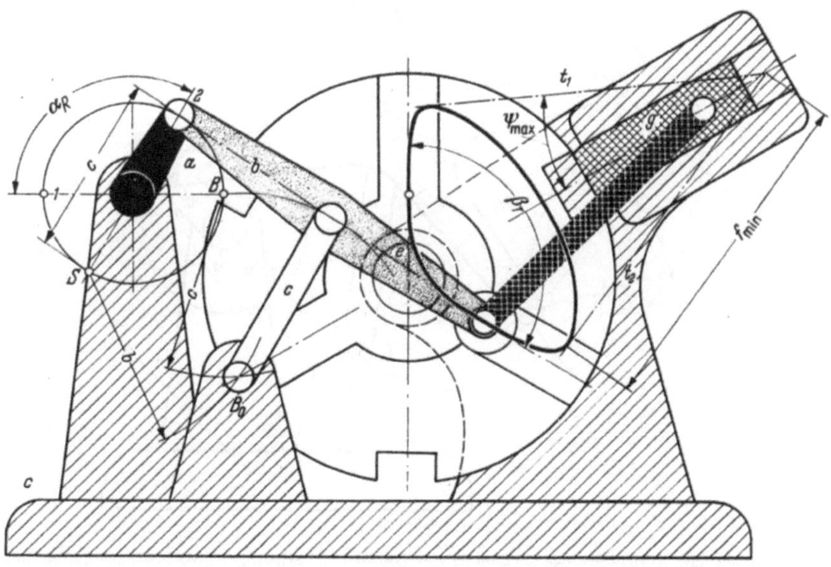

Abb. 67.2. Ausnutzung einer symmetrischen Koppelkurve mit zwei angenähert geradlinigen Bahnstücken unter 120° zum Antrieb einer Malteserscheibe (vgl. Abb. 66.4). Die Verriegelung während der Schaltpause erfolgt durch einen vom Koppelpunkt gesteuerten Schieber

Text: Abschnitt 8.3.6
13*

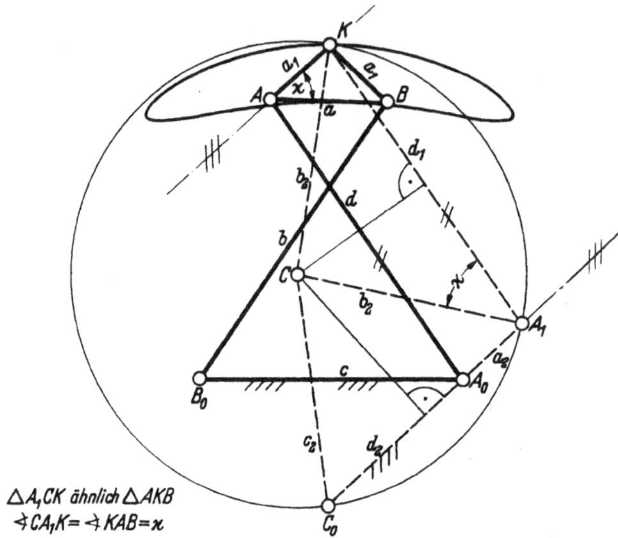

Abb. 68.1. Die symmetrische Doppelschwinge (a, b, c, d) ergibt symmetrische Koppelkurven, wenn man einen Koppelpunkt K benutzt, der auf der Mittelsenkrechten der Koppel a liegt. Das Dreieck ABK ist ein gleichschenkliges Dreieck. Der Koppelpunkt K gehört gleichzeitig zu einer gestrichelt dargestellten Kurbelschwinge mit a_1 als Kurbel, b_1 als Koppel, c_1 als Schwinge und d_1 als Gestell. Von der Doppelschwinge ausgehend zeichnet man je eine Parallele zu a_1 und d. Man erhält so den gesuchten Kurbelzapfen A_1. Den Schwingenzapfen C findet man als Schnittpunkt zweier Mittelsenkrechten und zwar jeweils auf den Strecken A_1K und A_1C_0.

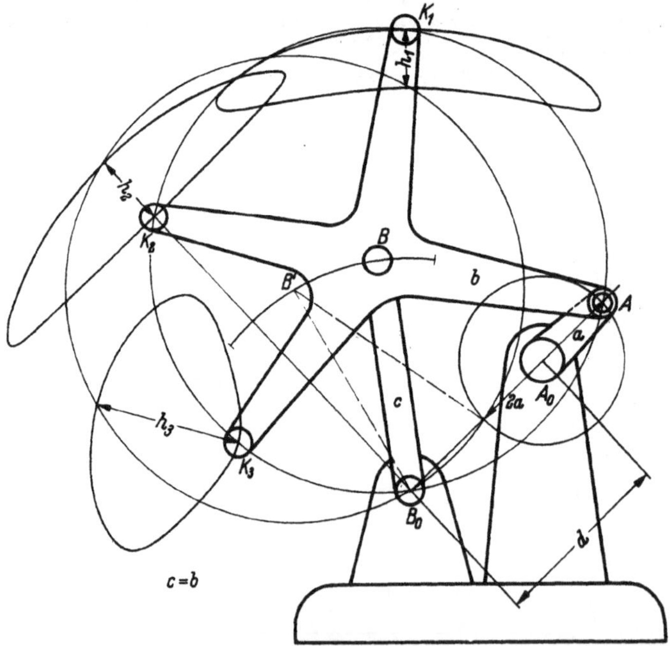

Abb. 68.2. Wenn bei einer Kurbelschwinge die Längen von Koppel b und Schwinge c übereinstimmen, so entstehen unter anderem symmetrische Koppelkurven. Koppelpunkte, deren Bahnkurven symmetrisch sind, findet man auf einem Kreis mit der Koppellänge um den Schwingenzapfen. Befindet sich der Schwingenzapfen B in einer der beiden Stellungen, die zur sogenannten Steglage der Kurbel gehören, so ist die Verbindungslinie eines beliebigen Koppelpunktes (auf dem vorgenannten Kreis) mit dem Schwingenlager B_0 die Symmetrieachse seiner Koppelkurve

Text: Abschnitt 8.3.7

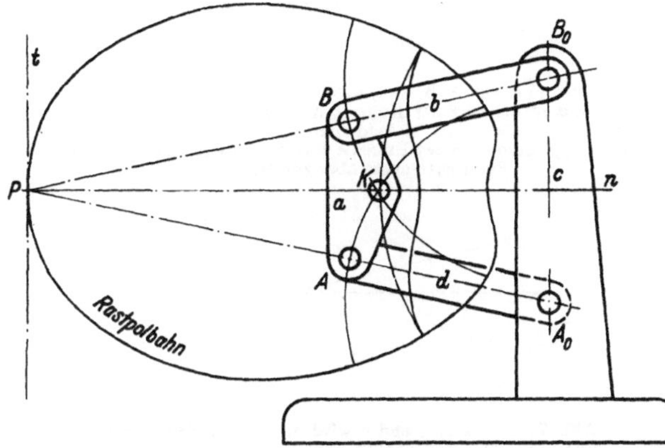

Abb. 69.1. Symmetrische Doppelschwinge in Mittelstellung mit Rastpolbahn, Polbahntangente und Polbahnnormale. Ein Koppelpunkt K auf der Polbahnnormalen durchläuft eine symmetrische Koppelkurve mit zwei Spitzen. Diese Spitzen liegen auf der Rastpolbahn an den Stellen, in denen der Koppelpunkt zum Pol wird

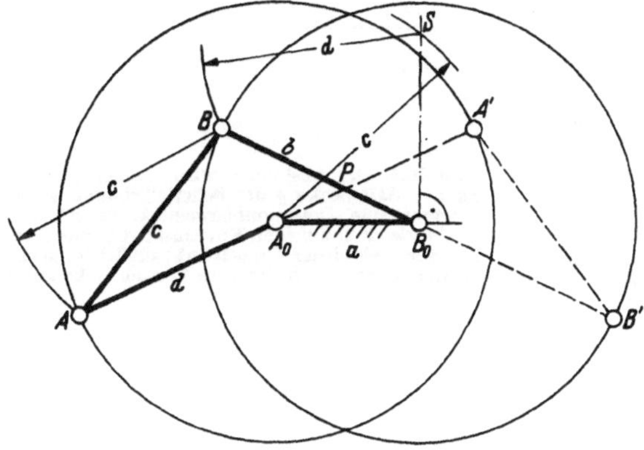

Abb. 69.2. Ermittlung der natürlichen Relativlagen bei einer symmetrischen Doppelkurbel. Die Abmessungen des Gelenkviereckes stimmen mit denen in Abb. 69.1 überein. Die Senkrechte in B_0 auf a wird zum Schnitt gebracht mit einem Kreisbogen um A_0 mit c als Halbmesser. Um diesen Schnittpunkt (S) bestimmt ein Kreisbogen mit dem Halbmesser d die Lage des Koppelgelenkes B. Ein weiterer Kreisbogen mit c um B bestimmt die Lage des Koppelpunktes A. Der Pol P dieser Getriebelage wird nach 180° Drehung beider Kurbeln nochmals zum Pol (Polbahnschnittpunkt)

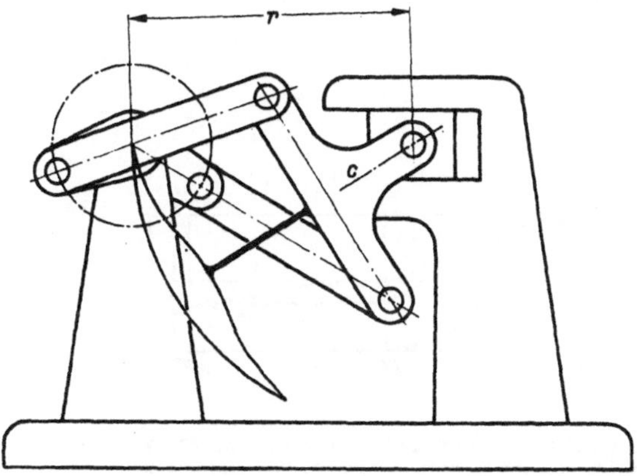

Abb. 69.3. Zweistandgetriebe entwickelt aus den Abmessungen der Doppelschwinge Abb. 69.1. Der Koppelpunkt K ist zum Antriebsdrehpunkt geworden. Als Abtriebsbewegung wurde eine zentrische Schubbewegung gewählt. Das Abtriebsgelenk gehört zur Ebene c, die sich gegenüber dem Antriebslager so bewegt, daß die bei der Doppelschwinge ermittelte Koppelkurve über den Antriebsdrehpunkt läuft. Die Wahl des Abstandes r zwischen Antriebsdrehpunkt und Abtriebsgelenk beeinflußt die Art der Abtriebsbewegung

Text: Abschnitt 8.3.8

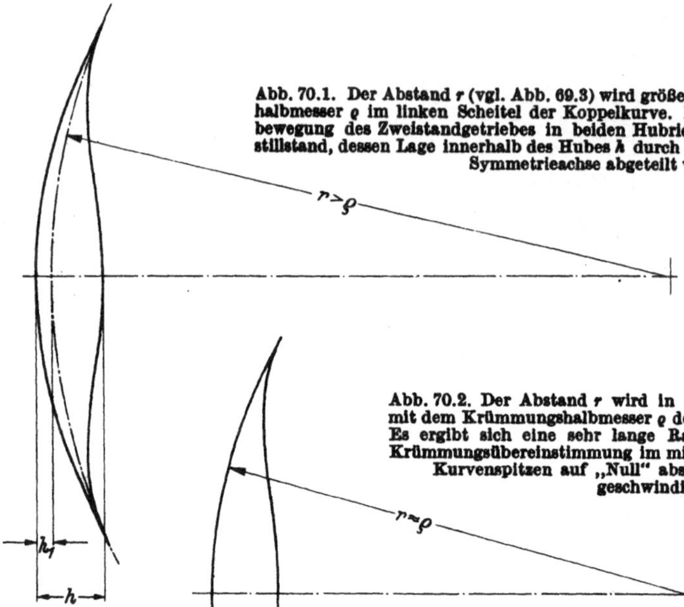

Abb. 70.1. Der Abstand r (vgl. Abb. 69.3) wird größer gewählt als der Krümmungshalbmesser ϱ im linken Scheitel der Koppelkurve. Es ergibt sich in der Abtriebsbewegung des Zweistandgetriebes in beiden Hubrichtungen ein kurzer Zwischenstillstand, dessen Lage innerhalb des Hubes h durch den Kreisbogen selbst auf der Symmetrieachse abgeteilt wird

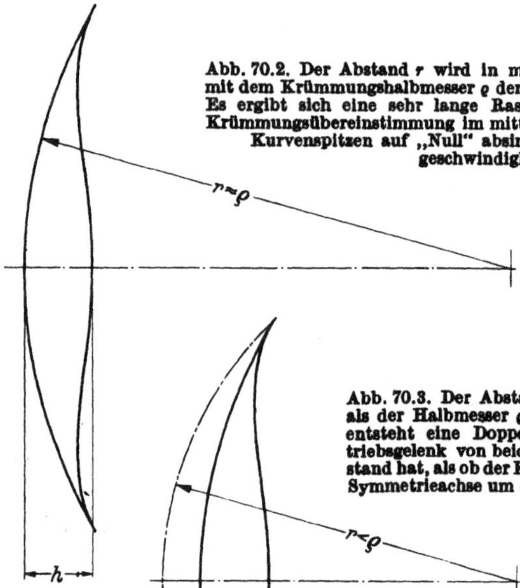

Abb. 70.2. Der Abstand r wird in möglichster Übereinstimmung mit dem Krümmungshalbmesser ϱ der Scheitelkrümmung gewählt. Es ergibt sich eine sehr lange Rast am Abtrieb als Folge der Krümmungsübereinstimmung im mittleren Bereich und der in den Kurvenspitzen auf „Null" absinkenden Koppelpunktsgeschwindigkeit

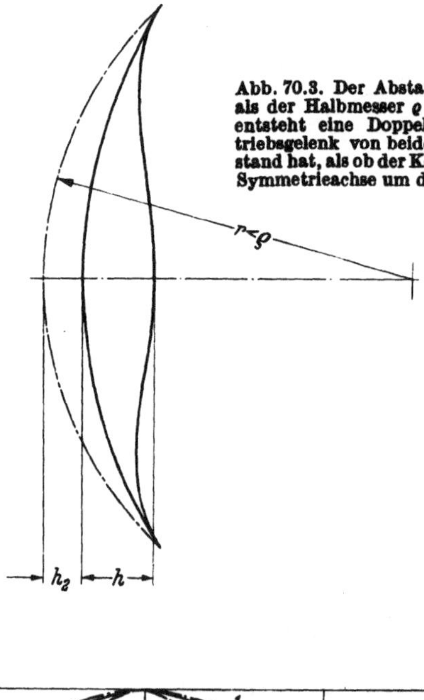

Abb. 70.3. Der Abstand r wird kleiner gewählt als der Halbmesser ϱ der Scheitelkrümmung. Es entsteht eine Doppelhubbewegung, da das Abtriebsgelenk von beiden Kurvenspitzen einen Abstand hat, als ob der Koppelpunkt zunächst auf der Symmetrieachse um den Hub h_2 nach links ginge

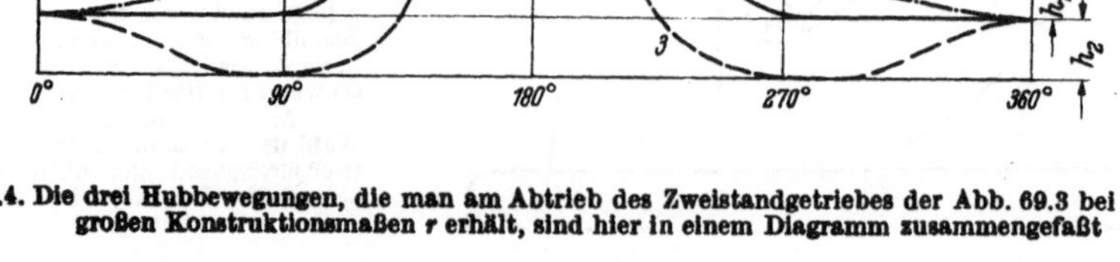

Abb. 70.4. Die drei Hubbewegungen, die man am Abtrieb des Zweistandgetriebes der Abb. 69.3 bei verschieden großen Konstruktionsmaßen r erhält, sind hier in einem Diagramm zusammengefaßt

Text: Abschnitt 8.3.8

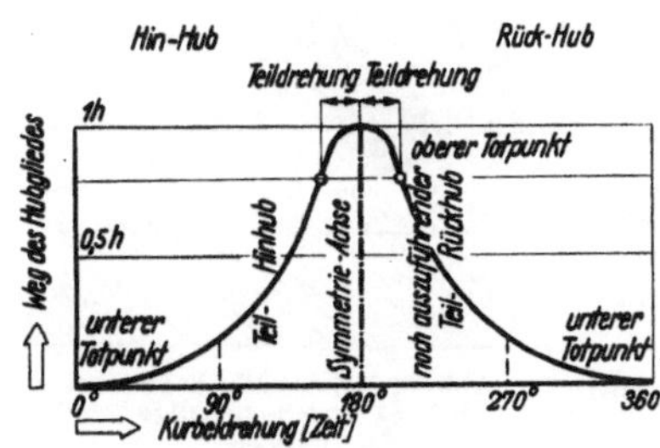

Abb. 71.1. Allgemeine Form einer symmetrischen Hubbewegung

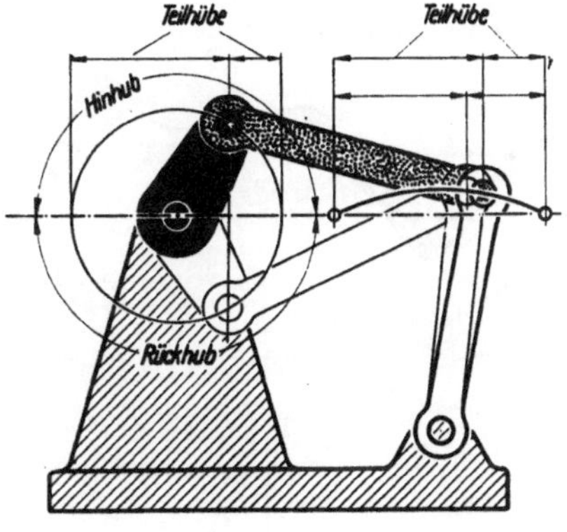

Abb. 71.4. Nach oben geschränkte Schubkurbel in zwei zur inneren Totlage symmetrischen Kurbelstellungen

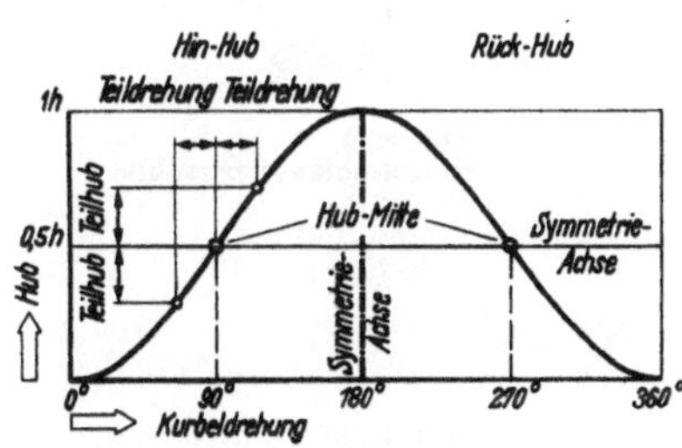

Abb. 71.2. Doppelt symmetrische Hubbewegung am Beispiel der Sinuslinie

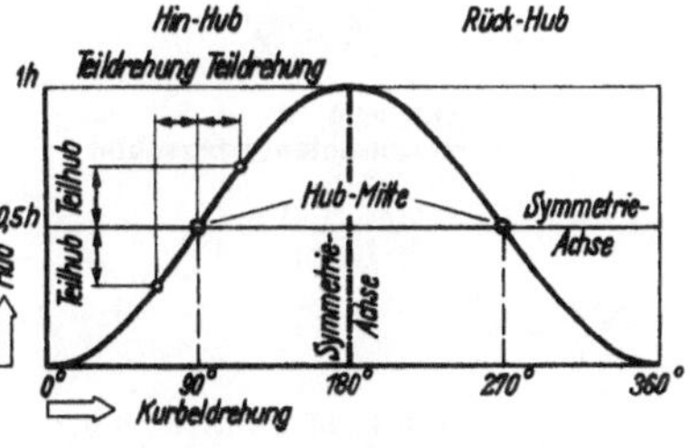

Abb. 71.5. Zentrische Kurbelschwinge in zwei zur Totlagengeraden symmetrischen Kurbelstellungen

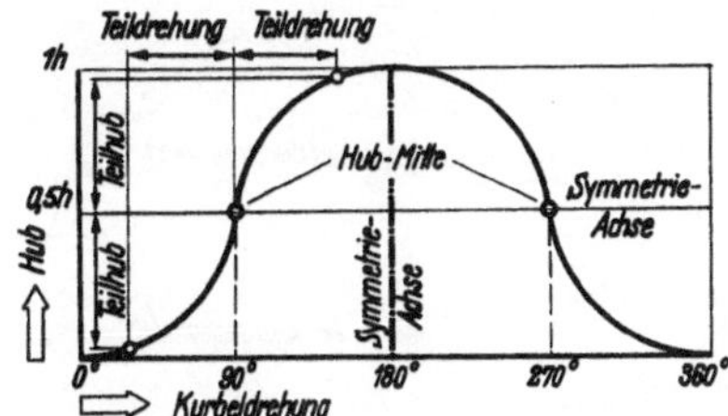

Abb. 71.3. Doppelt symmetrische Hubbewegung am Beispiel einer aus Kreisbogen zusammengesetzten Bewegungsschaulinie

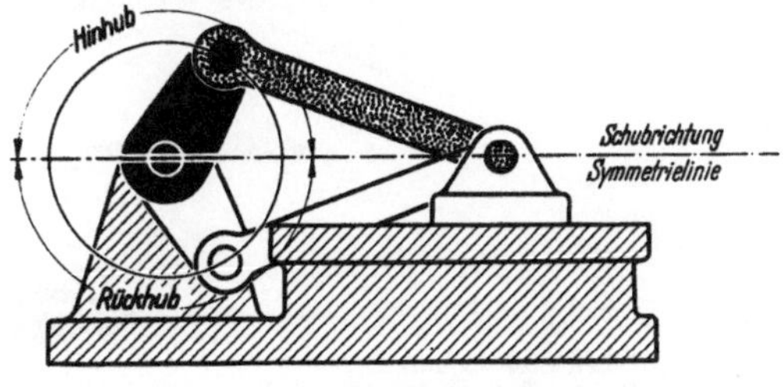

Abb. 71.6. Zentrische Schubkurbel in zwei zur Totlagengeraden symmetrischen Kurbelstellungen

Text: Abschnitt 9.1.1

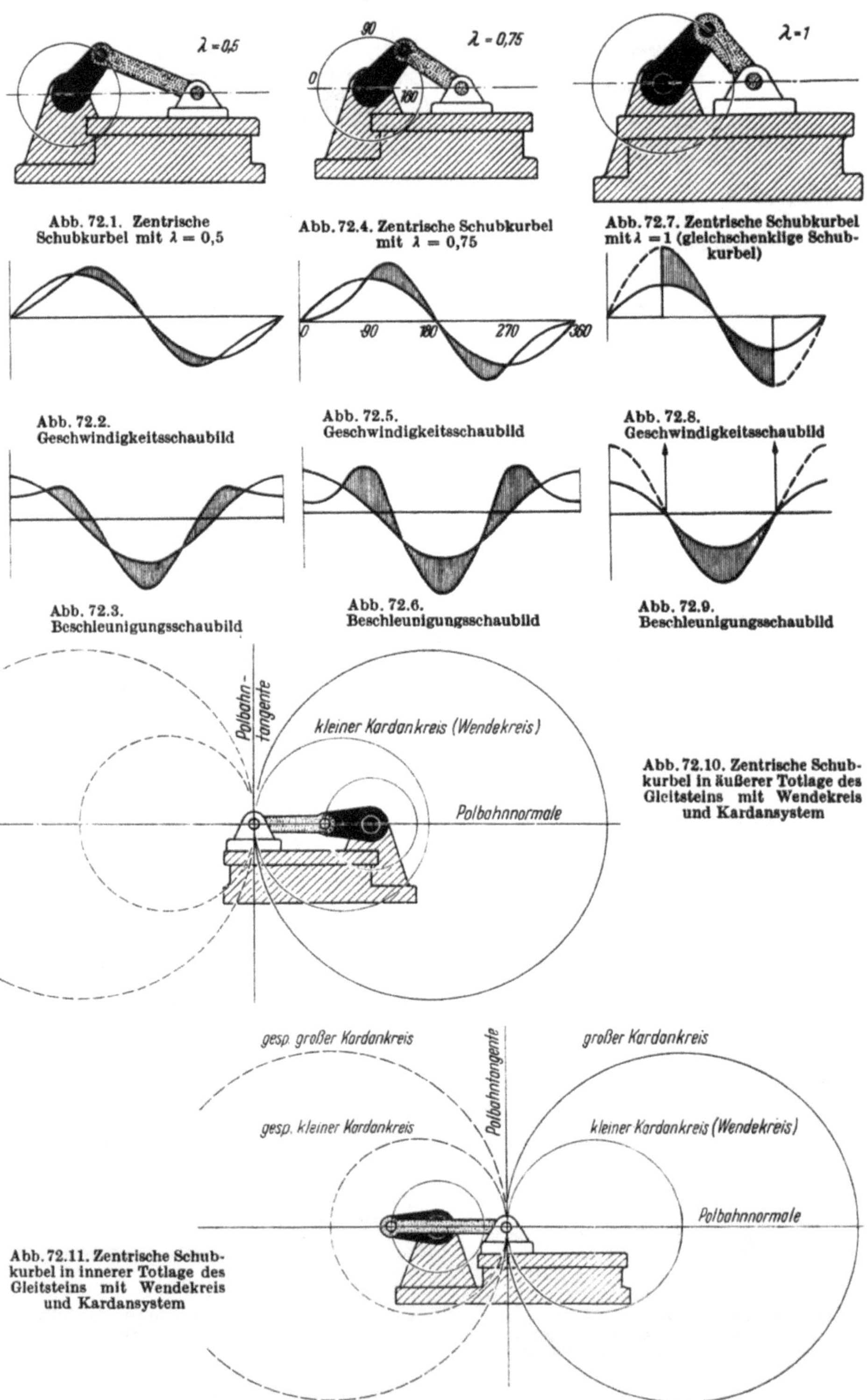

Abb. 72.1. Zentrische Schubkurbel mit λ = 0,5

Abb. 72.4. Zentrische Schubkurbel mit λ = 0,75

Abb. 72.7. Zentrische Schubkurbel mit λ = 1 (gleichschenklige Schubkurbel)

Abb. 72.2. Geschwindigkeitsschaubild

Abb. 72.5. Geschwindigkeitsschaubild

Abb. 72.8. Geschwindigkeitsschaubild

Abb. 72.3. Beschleunigungsschaubild

Abb. 72.6. Beschleunigungsschaubild

Abb. 72.9. Beschleunigungsschaubild

Abb. 72.10. Zentrische Schubkurbel in äußerer Totlage des Gleitsteins mit Wendekreis und Kardansystem

Abb. 72.11. Zentrische Schubkurbel in innerer Totlage des Gleitsteins mit Wendekreis und Kardansystem

Text: Abschnitt 9.1.1

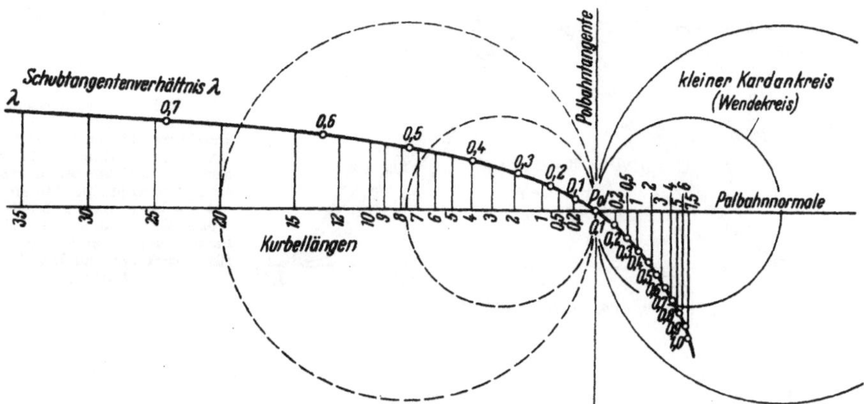

Abb. 73.1. Das Schubstangenverhältnis λ bei zentrischen Schubkurbeln, aufgetragen über der Polbahnnormalen im Kardansystem

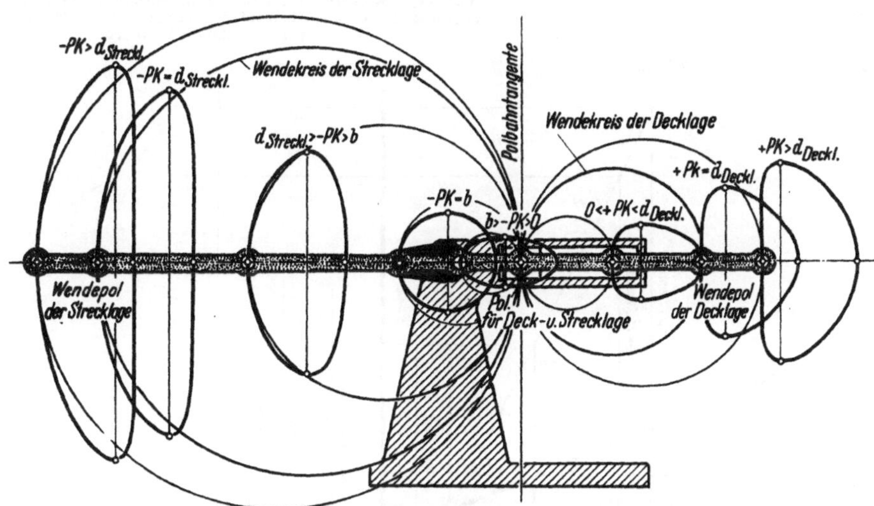

Abb. 73.2. Die Koppelkurven von Punkten der Koppelmittellinie einer zentrischen Schubkurbel und ihre Beziehung zu den Wendekreisen der beiden Getriebetotlagen

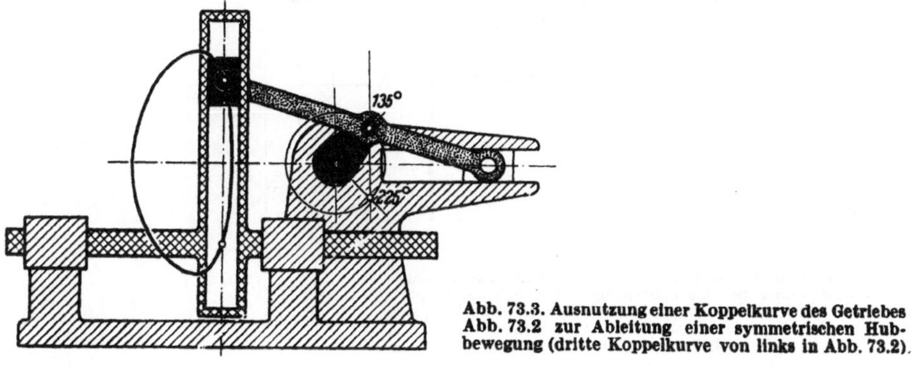

Abb. 73.3. Ausnutzung einer Koppelkurve des Getriebes Abb. 73.2 zur Ableitung einer symmetrischen Hubbewegung (dritte Koppelkurve von links in Abb. 73.2).

Text: Abschnitt 9.1.1

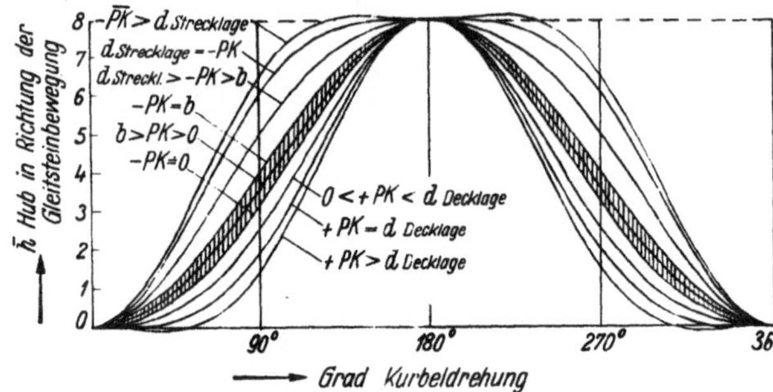

Abb. 74.1. Bewegungsschaubild der von den Koppelkurven des Getriebes Abb. 73.2 in Gleitsteinrichtung ableitbaren Hubbewegungen. Die Polabstände (PK) der einzelnen Koppelpunkte sind dabei in Beziehung gebracht zur Koppellänge b und zu den Durchmessern der beiden Wendekreise d für Strecklage und Decklage des Getriebes

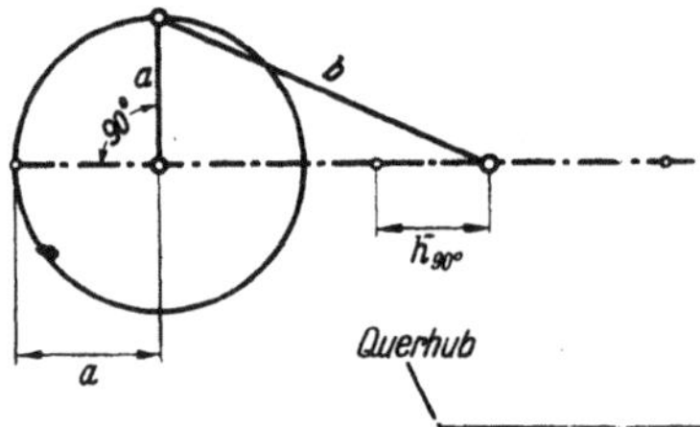

Abb. 74.2. Ermittlung der Bewegungsausschläge in Gleitsteinrichtung für den Kurbelzapfen und für den Gleitsteinzapfen bei einer zentrischen Schubkurbel

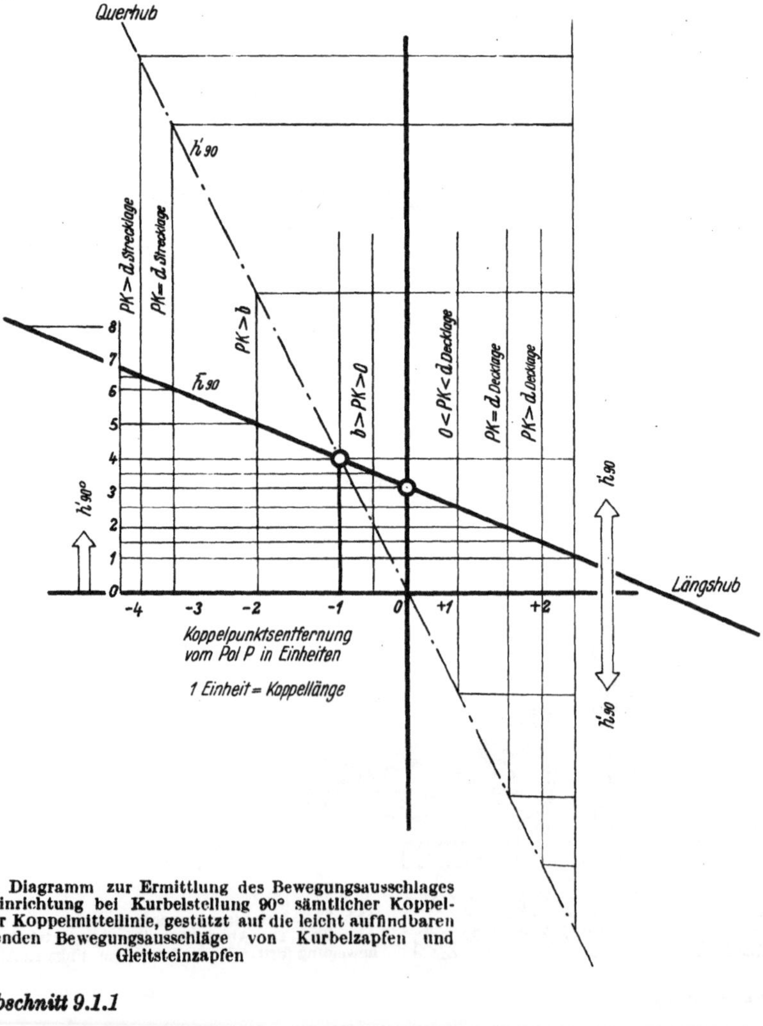

Abb. 74.3. Diagramm zur Ermittlung des Bewegungsausschlages in Gleitsteinrichtung bei Kurbelstellung 90° sämtlicher Koppelpunkte der Koppelmittellinie, gestützt auf die leicht auffindbaren entsprechenden Bewegungsausschläge von Kurbelzapfen und Gleitsteinzapfen

Text: Abschnitt 9.1.1

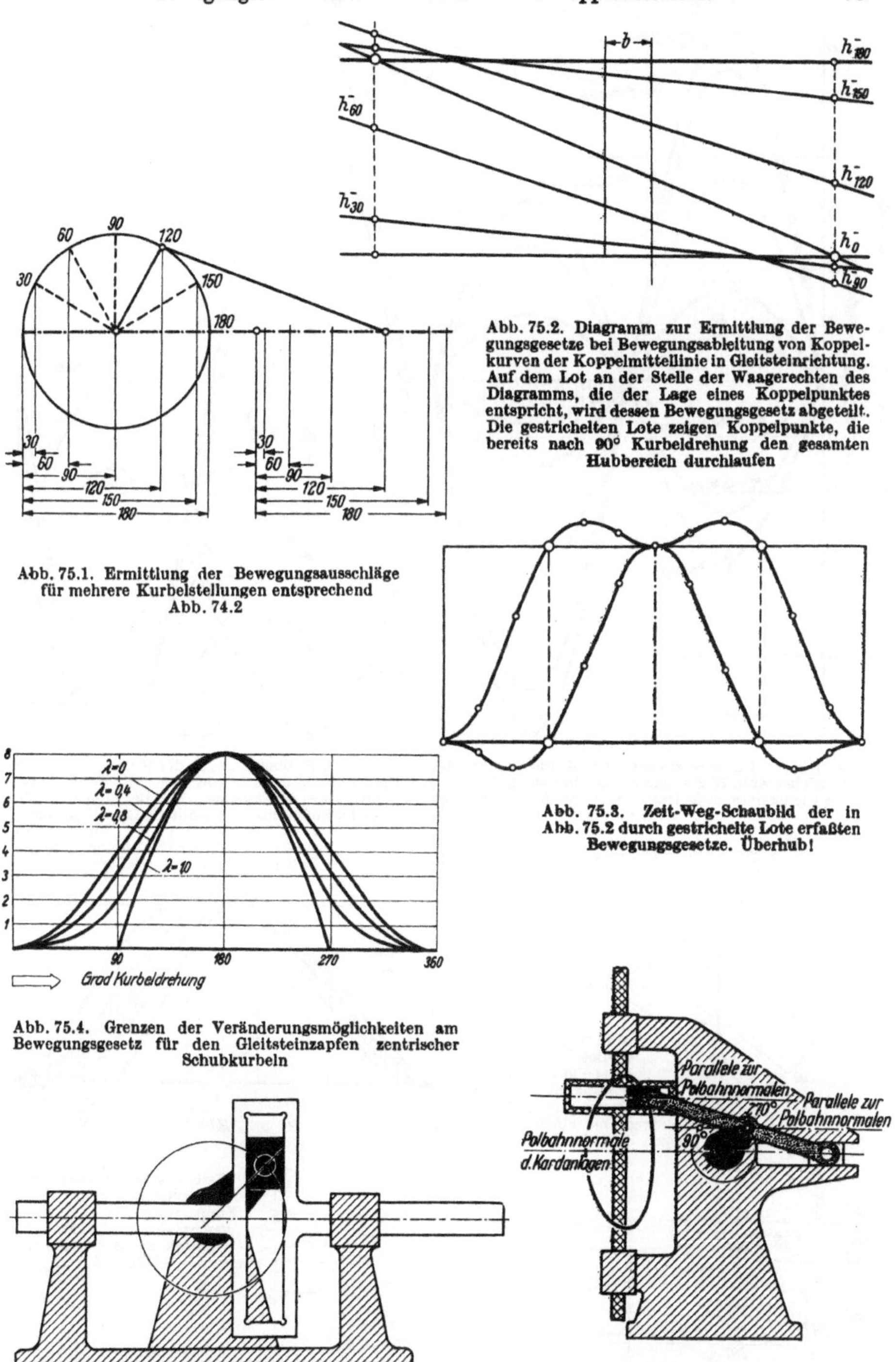

Abb. 75.1. Ermittlung der Bewegungsausschläge für mehrere Kurbelstellungen entsprechend Abb. 74.2

Abb. 75.2. Diagramm zur Ermittlung der Bewegungsgesetze bei Bewegungsableitung von Koppelkurven der Koppelmittellinie in Gleitsteinrichtung. Auf dem Lot an der Stelle der Waagerechten des Diagramms, die der Lage eines Koppelpunktes entspricht, wird dessen Bewegungsgesetz abgeteilt. Die gestrichelten Lote zeigen Koppelpunkte, die bereits nach 90° Kurbeldrehung den gesamten Hubbereich durchlaufen

Abb. 75.3. Zeit-Weg-Schaubild der in Abb. 75.2 durch gestrichelte Lote erfaßten Bewegungsgesetze. Überhub!

Abb. 75.4. Grenzen der Veränderungsmöglichkeiten am Bewegungsgesetz für den Gleitsteinzapfen zentrischer Schubkurbeln

Abb. 75.5. Kreuzschubkurbel zum Vergleich mit dem Getriebe der Abb. 75.6, mit gleich großer und gleichartiger Bewegungsableitung

Abb. 75.6. Ausnutzung der bereits in Abb. 73.3 verwendeten Koppelkurve zur Ableitung einer Hubbewegung senkrecht zur Bewegungsrichtung des Gleitsteines

Text: Abschnitt 9.1.1

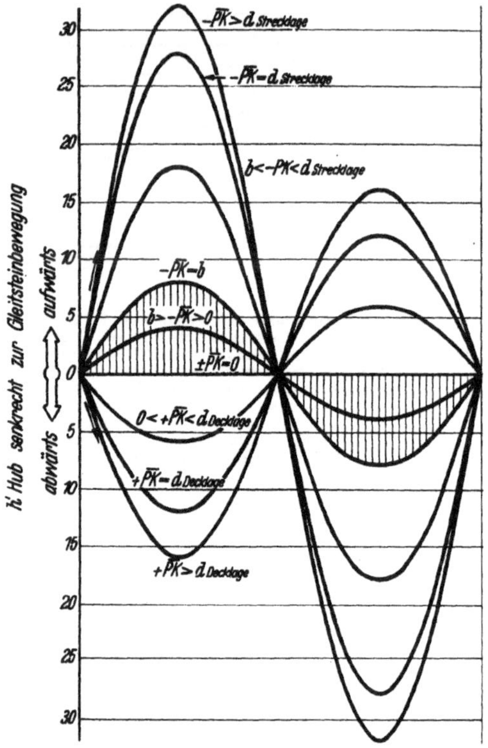

Abb. 76.1. Hubbewegungen der Koppelpunkte des Getriebes Abb. 73.2 senkrecht zur Bewegungsrichtung des Gleitsteines, aufgetragen über der Getriebestellung 0° als Grundlinie

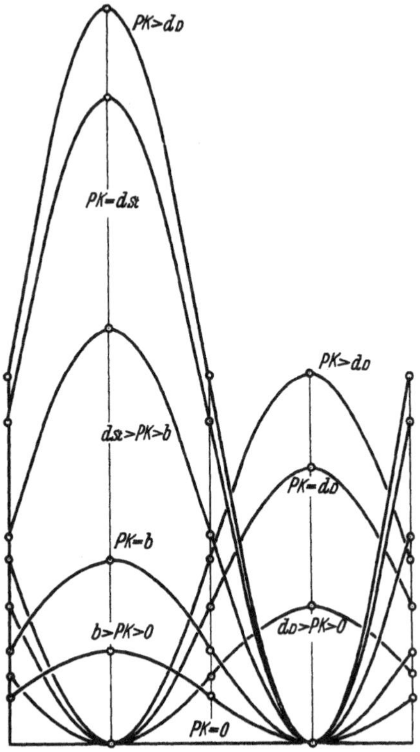

Abb. 76.2. Hubbewegungen der Koppelpunkte des Getriebes Abb. 73.2 senkrecht zur Bewegungsrichtung des Gleitsteines. Für die Koppelpunkte links der Polbahntangente gilt die Getriebestellung $\alpha = 270°$ als Grundlinie, für Koppelpunkte rechts der Polbahntangente die Getriebestellung mit $\alpha = 90°$

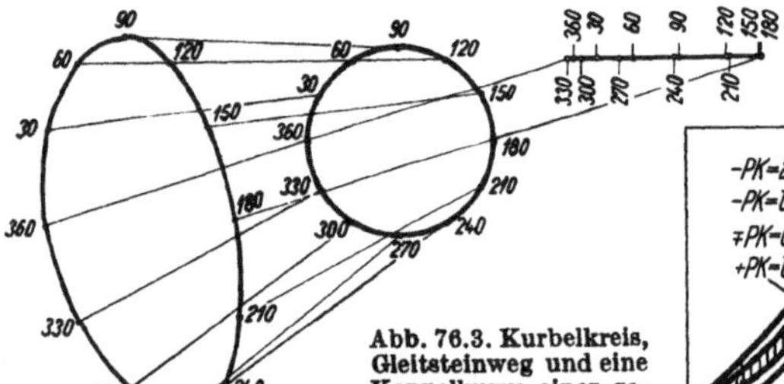

Abb. 76.3. Kurbelkreis, Gleitsteinweg und eine Koppelkurve einer geschränkten Schubkurbel mit Bewegungsintervallen, entsprechend einer gleichförmigen Kurbelkreisteilung

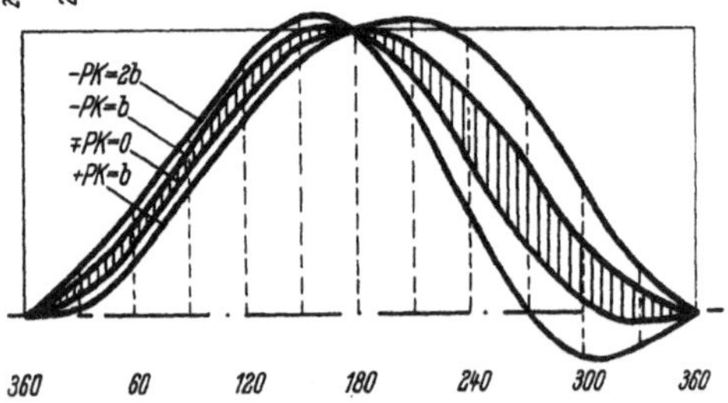

Abb. 76.4. Zeit-Weg-Schaubilder für verschiedene Punkte der Koppelmittellinie bei einer geschränkten Schubkurbel, ermittelt aus den Loten in Abb. 76.5

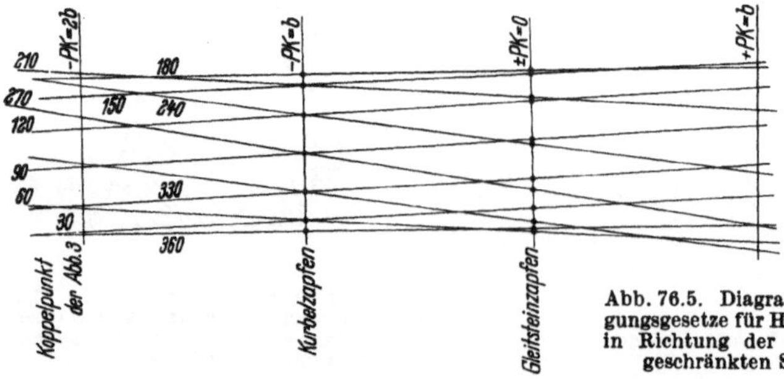

Abb. 76.5. Diagramm zur Ermittlung der Bewegungsgesetze für Hubableitung von Koppelkurven in Richtung der Gleitsteinbewegung bei einer geschränkten Schubkurbel nach Abb. 76.3

Text: Abschnitt 9.1.1 und 9.1.2

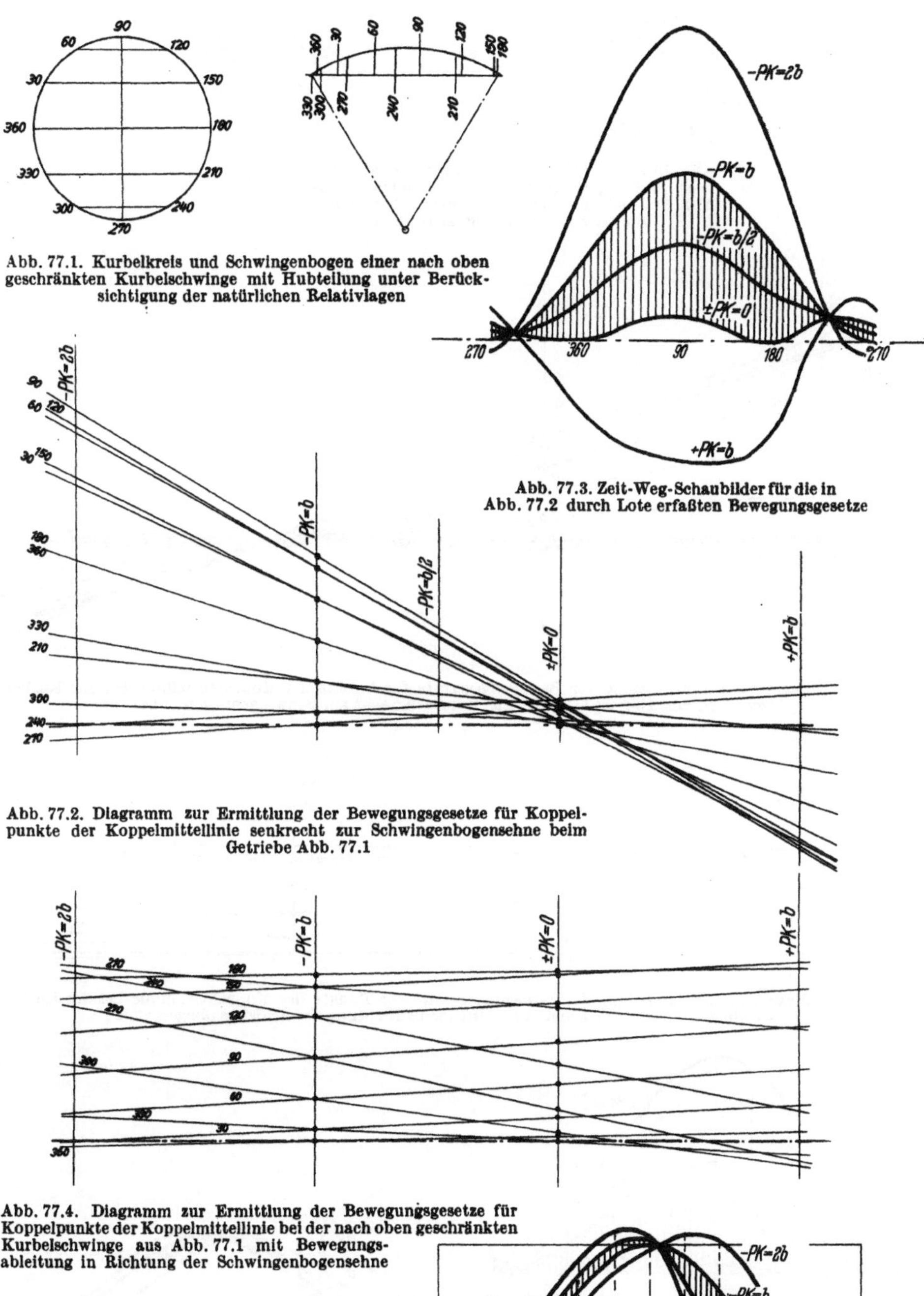

Abb. 77.1. Kurbelkreis und Schwingenbogen einer nach oben geschränkten Kurbelschwinge mit Hubteilung unter Berücksichtigung der natürlichen Relativlagen

Abb. 77.3. Zeit-Weg-Schaubilder für die in Abb. 77.2 durch Lote erfaßten Bewegungsgesetze

Abb. 77.2. Diagramm zur Ermittlung der Bewegungsgesetze für Koppelpunkte der Koppelmittellinie senkrecht zur Schwingenbogensehne beim Getriebe Abb. 77.1

Abb. 77.4. Diagramm zur Ermittlung der Bewegungsgesetze für Koppelpunkte der Koppelmittellinie bei der nach oben geschränkten Kurbelschwinge aus Abb. 77.1 mit Bewegungsableitung in Richtung der Schwingenbogensehne

Abb. 77.5. Zeit-Weg-Schaubilder der in Abb. 77.4 durch Lote erfaßten Bewegungsgesetze

Text: Abschnitt 9.1.3

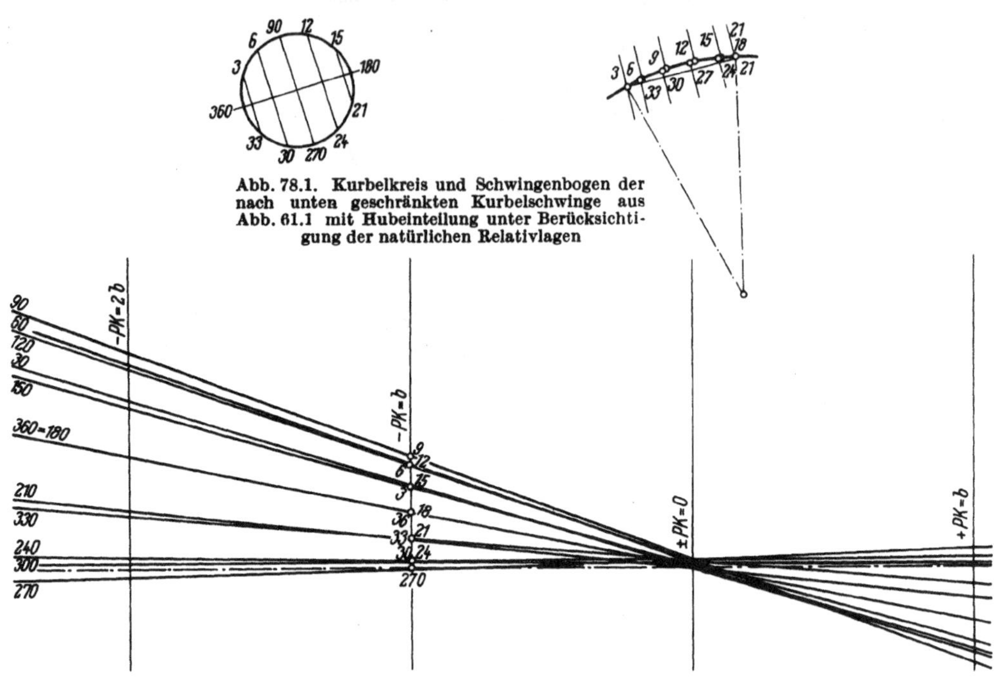

Abb. 78.1. Kurbelkreis und Schwingenbogen der nach unten geschränkten Kurbelschwinge aus Abb. 61.1 mit Hubeinteilung unter Berücksichtigung der natürlichen Relativlagen

Abb. 78.2. Diagramm zur Ermittlung der Bewegungsgesetze für Punkte der Koppelmittellinie bei der Kurbelschwinge aus Abb. 78.1 für Hubableitung senkrecht zur Schwingenbogensehne

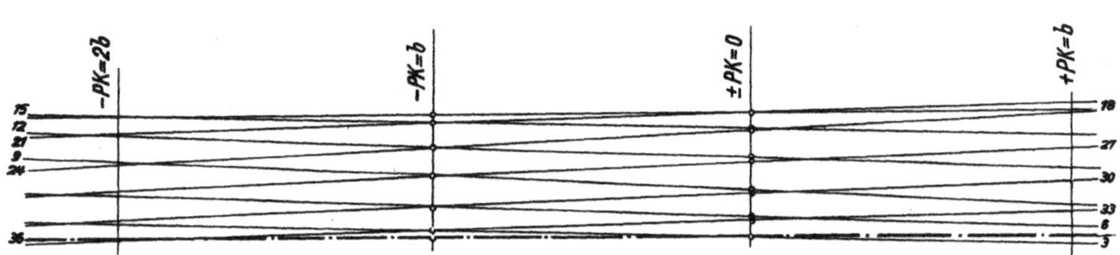

Abb. 78.3. Diagramm zur Ermittlung der Bewegungsgesetze für Punkte der Koppelmittellinie bei der Kurbelschwinge nach Abb. 78.1 und Hubableitung in Richtung der Schwingenbogensehne

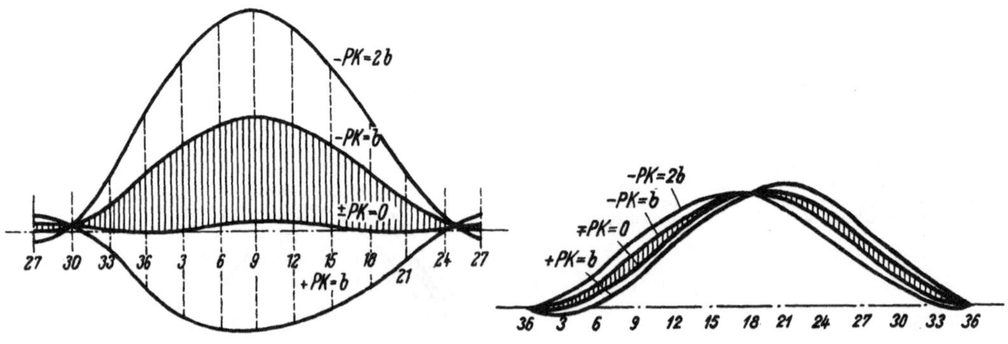

Abb. 78.4. Zeit-Weg-Schaubilder der in Abb. 78.2 durch Lote erfaßten Bewegungsgesetze

Abb. 78.5. Zeit-Weg-Schaubilder der in Abb. 78.3 durch Lote erfaßten Bewegungsgesetze

Text: Abschnitt 9.1.3

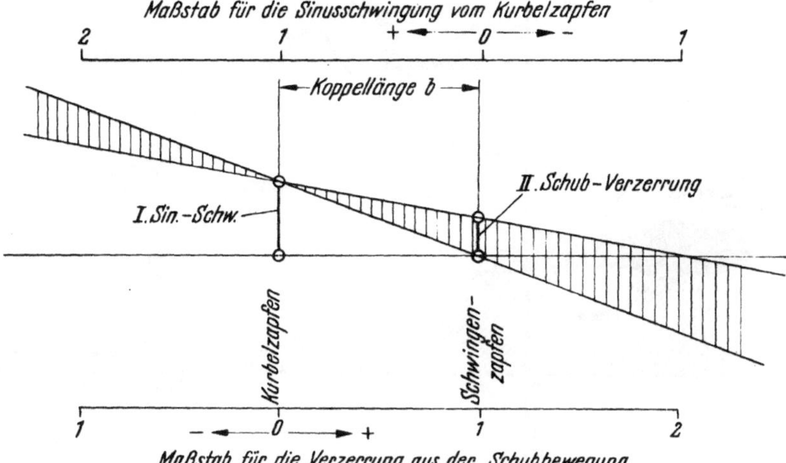

Abb. 79.1. Aufbau der Hubbewegung von Koppelpunkten der Koppelmittellinie senkrecht zur Richtung der Gleitsteinbewegung, bzw. zur Schwingenbogensehne

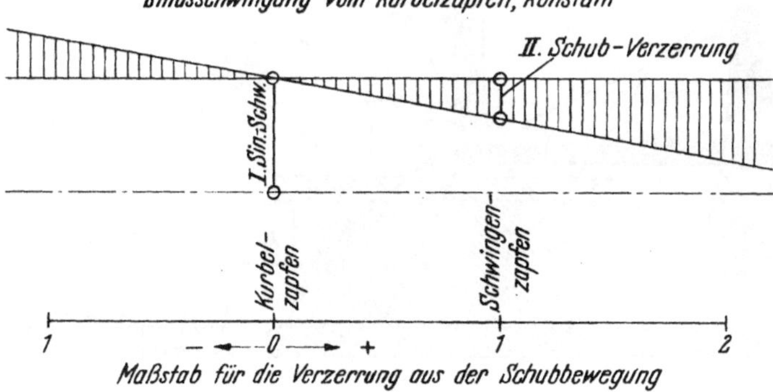

Abb. 79.2. Aufbau der Hubbewegung von Koppelpunkten der Koppelmittellinie in Richtung der Gleitsteinbewegung, bzw. der Schwingenbogensehne

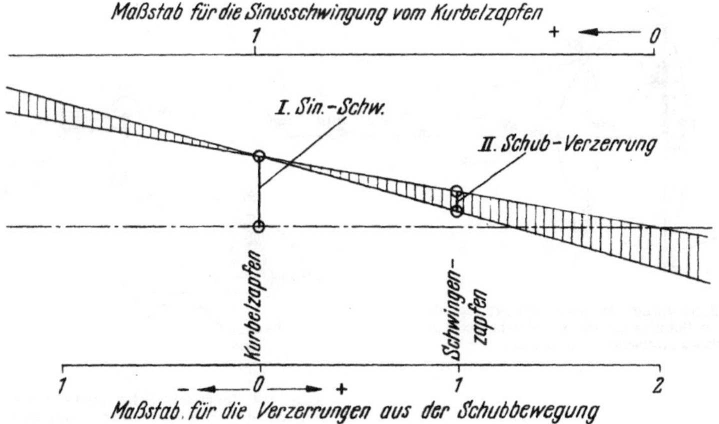

Abb. 79.3. Aufbau der allgemeinen Hubbewegung von Koppelpunkten der Koppelmittellinie

Text: Abschnitt 9.1.4
14*

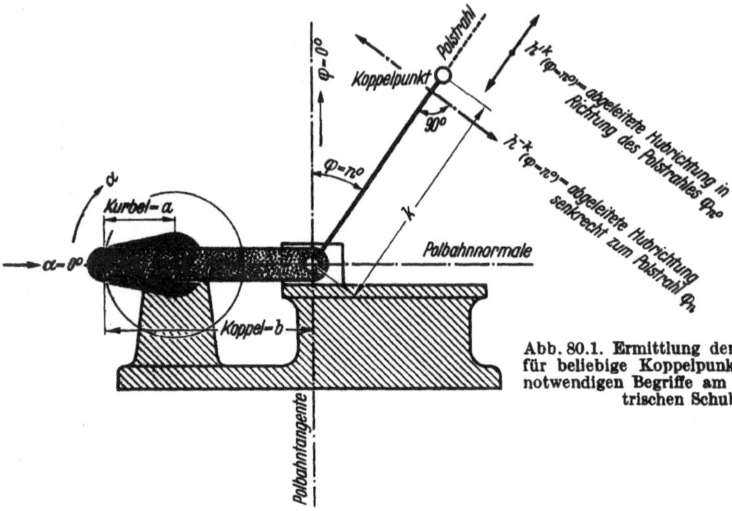

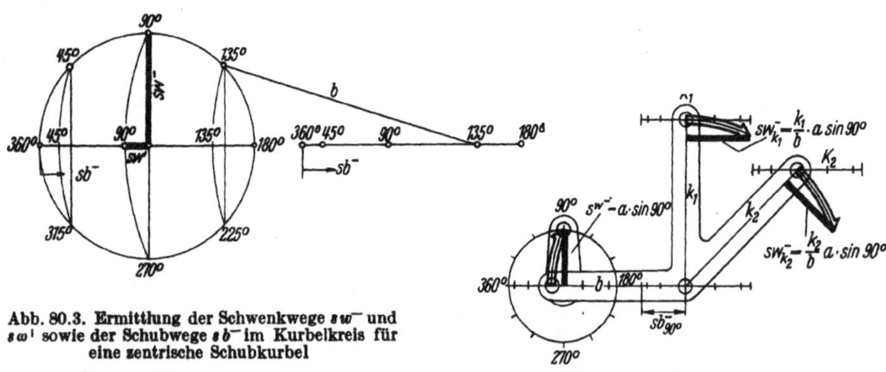

Abb. 80.1. Ermittlung der Bewegungsgesetze für beliebige Koppelpunkte. Erklärung der notwendigen Begriffe am Beispiel einer zentrischen Schubkurbel

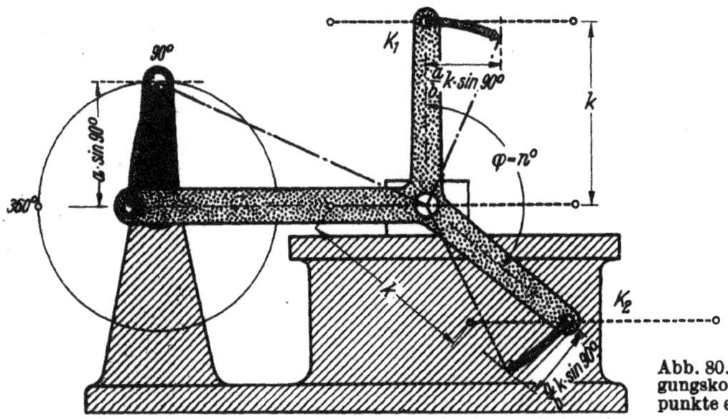

Abb. 80.2. Untersuchung der Bewegungskomponenten für zwei Koppelpunkte einer zentrischen Schubkurbel

Abb. 80.3. Ermittlung der Schwenkwege sw^- und sw^1 sowie der Schubwege sb^- im Kurbelkreis für eine zentrische Schubkurbel

Abb. 80.4. Zentrische Schubkurbel zur Veranschaulichung der Schubbewegung und der Schwenkbewegung, aus denen sich jede Koppelpunktbewegung zusammensetzt

Text: Abschnitt 9.2.1

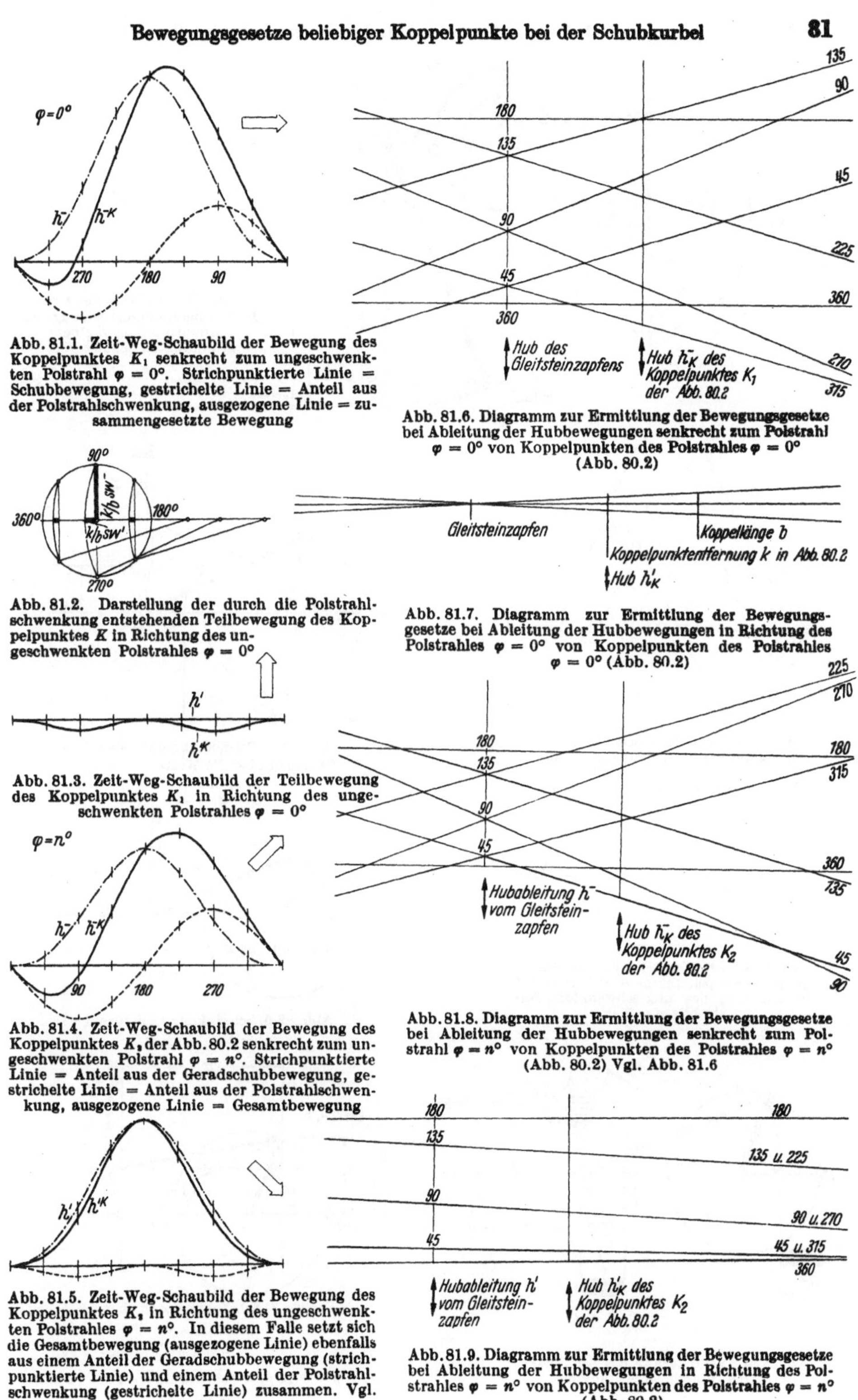

Abb. 81.1. Zeit-Weg-Schaubild der Bewegung des Koppelpunktes K_1 senkrecht zum ungeschwenkten Polstrahl $\varphi = 0°$. Strichpunktierte Linie = Schubbewegung, gestrichelte Linie = Anteil aus der Polstrahlschwenkung, ausgezogene Linie = zusammengesetzte Bewegung

Abb. 81.2. Darstellung der durch die Polstrahlschwenkung entstehenden Teilbewegung des Koppelpunktes K in Richtung des ungeschwenkten Polstrahles $\varphi = 0°$

Abb. 81.3. Zeit-Weg-Schaubild der Teilbewegung des Koppelpunktes K_1 in Richtung des ungeschwenkten Polstrahles $\varphi = 0°$

Abb. 81.4. Zeit-Weg-Schaubild der Bewegung des Koppelpunktes K_2 der Abb. 80.2 senkrecht zum ungeschwenkten Polstrahl $\varphi = n°$. Strichpunktierte Linie = Anteil aus der Geradschubbewegung, gestrichelte Linie = Anteil aus der Polstrahlschwenkung, ausgezogene Linie = Gesamtbewegung

Abb. 81.5. Zeit-Weg-Schaubild der Bewegung des Koppelpunktes K_2 in Richtung des ungeschwenkten Polstrahles $\varphi = n°$. In diesem Falle setzt sich die Gesamtbewegung (ausgezogene Linie) ebenfalls aus einem Anteil der Geradschubbewegung (strichpunktierte Linie) und einem Anteil der Polstrahlschwenkung (gestrichelte Linie) zusammen. Vgl. Abb. 81.3

Text: Abschnitt 9.2.1

Abb. 81.6. Diagramm zur Ermittlung der Bewegungsgesetze bei Ableitung der Hubbewegungen senkrecht zum Polstrahl $\varphi = 0°$ von Koppelpunkten des Polstrahles $\varphi = 0°$ (Abb. 80.2)

Abb. 81.7. Diagramm zur Ermittlung der Bewegungsgesetze bei Ableitung der Hubbewegungen in Richtung des Polstrahles $\varphi = 0°$ von Koppelpunkten des Polstrahles $\varphi = 0°$ (Abb. 80.2)

Abb. 81.8. Diagramm zur Ermittlung der Bewegungsgesetze bei Ableitung der Hubbewegungen senkrecht zum Polstrahl $\varphi = n°$ von Koppelpunkten des Polstrahles $\varphi = n°$ (Abb. 80.2) Vgl. Abb. 81.6

Abb. 81.9. Diagramm zur Ermittlung der Bewegungsgesetze bei Ableitung der Hubbewegungen in Richtung des Polstrahles $\varphi = n°$ von Koppelpunkten des Polstrahles $\varphi = n°$ (Abb. 80.2)

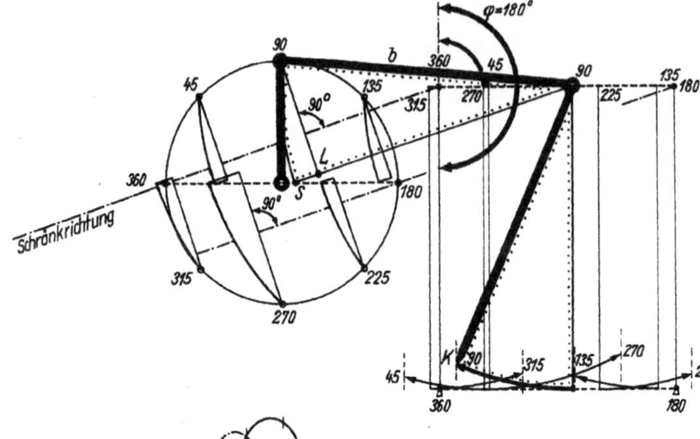

Abb. 82.1. Untersuchung der
Bewegungszusammensetzung des
Koppelpunktes K einer
geschränkten Schubkurbel

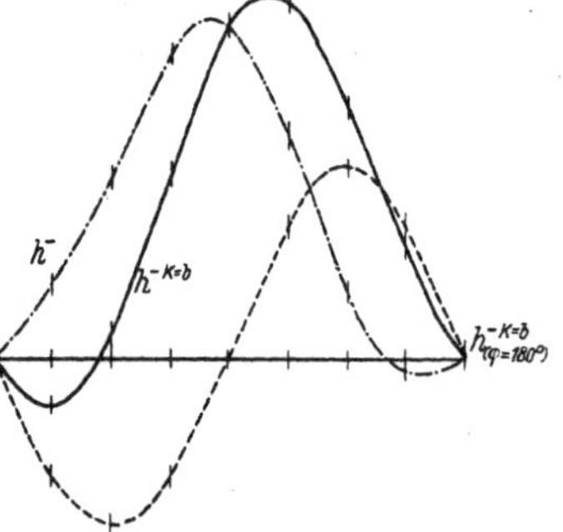

Abb. 82.2. Zeit-Weg-Schaubild der
Bewegung des Koppelpunktes K aus
Abb. 82.1 senkrecht zum
ungeschwenkten Polstrahl $\varphi = 180°$

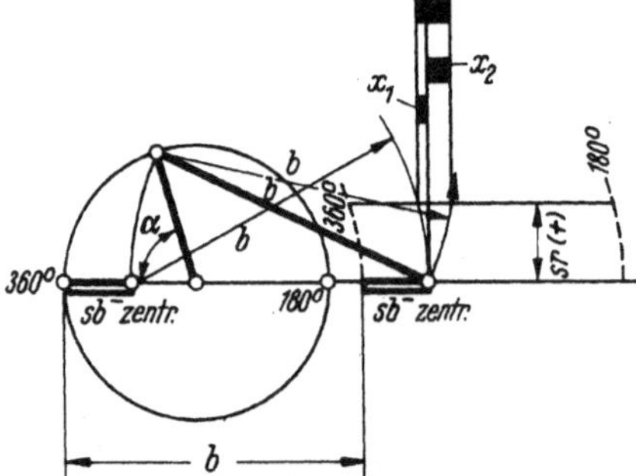

Abb. 82.5. Schränkung nach oben $(+)$
Übersicht über die Werte
$x_1\ x_1$ und x_2
$x = x_1 + x_2$

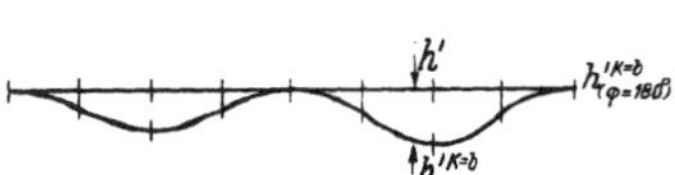

Abb. 82.3. Zeit-Weg-Schaubild der Bewegung des Koppelpunktes K aus Abb. 82.1
in Richtung des ungeschwenkten Polstrahles $\varphi = 180°$

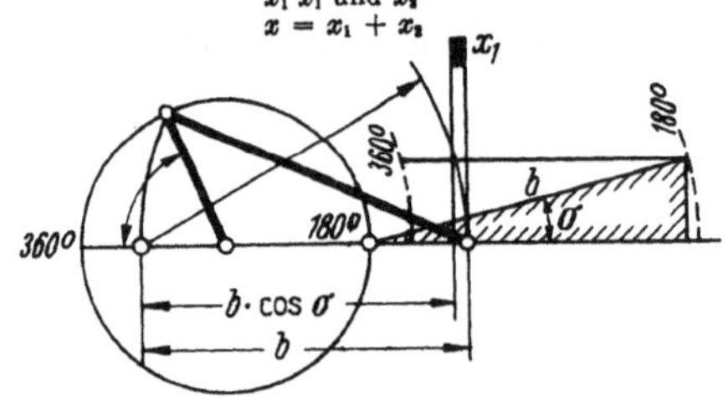

Abb. 82.6. Schränkung nach oben $(+)$:
$$x_1 = b\,(1 - \cos \sigma)$$

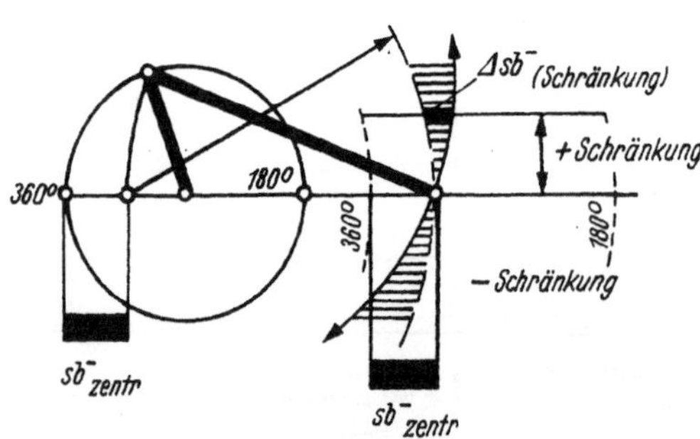

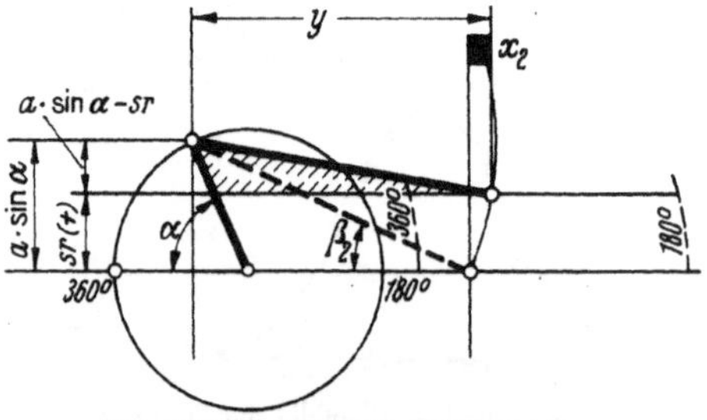

Abb. 82.4. Veränderung des Schubweges
durch zusätzliche Schränkung

Text: Abschnitt 9.2.1

Abb. 82.7. Schränkung nach oben $(+)$:
$$(a \sin \alpha - s\,r)^2 + y^2 = b^2,$$
$$y = \sqrt{b^2 - (a \sin \alpha - s\,r)^2}$$
$$x_2 = y - b \cos \beta_3 = \sqrt{b^2 - (a \sin \alpha - s\,r)^2} - b \cos \beta_3$$

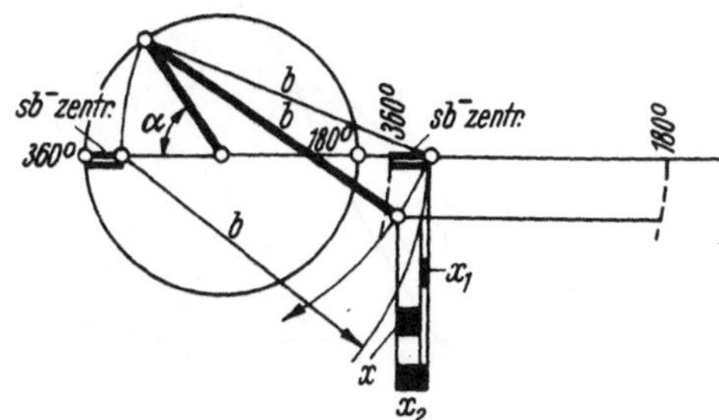

Abb. 83.1. Schränkung nach unten (—).
Übersicht über die Werte
x_1 x_1 und x_2
$x = x_2 - x_1$

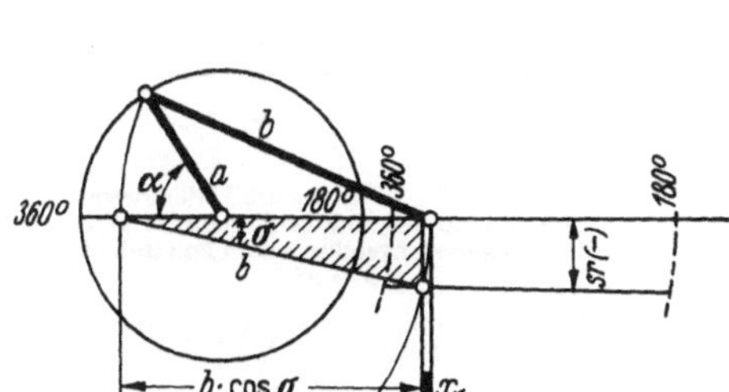

Abb. 83.2. Schränkung nach unten (—):
$$x_1 = b\,(1 - \cos \sigma)$$

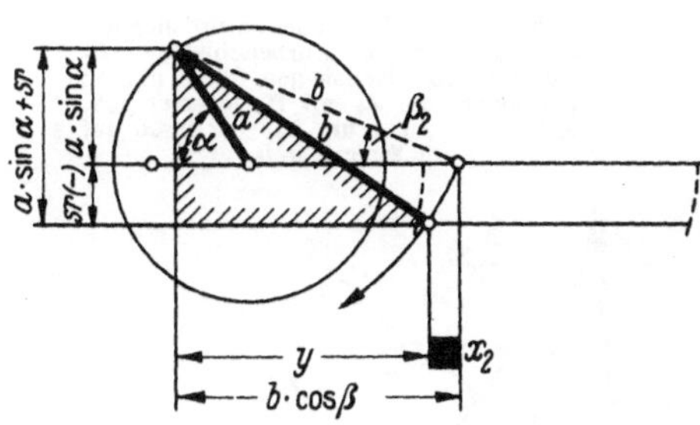

Abb. 83.3. Schränkung nach unten (—):
$$(a \sin \alpha + sr)^2 + y^2 = b^2,$$
$$y^2 = b^2 - (a \sin \alpha + sr)^2$$
$$x_2 = b \cos \beta_2 - y = b \cos \beta_2 - \sqrt{b^2 - (a \sin \alpha + sr)^2}$$

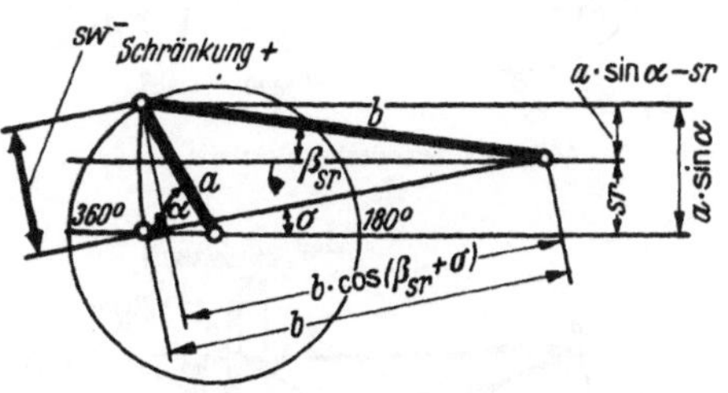

Abb. 83.4. Die geometrischen Beziehungen zur Festlegung des Schwenkweges bei Schränkung nach oben:
$$sw_{Schränkung+}^- = b \sin (\beta_{sr} + \sigma)$$
der Schwenkung nach außen zu:
$$sw'_{Schränkung+} = b\,[1 - \cos (\beta_{sr} + \sigma)],$$
wobei der Winkel β_{sr} bei Schränkung nach oben (+) zu bestimmen ist aus der Gleichung:
$$\sin \beta_{sr} = \frac{a \sin \alpha - sr}{b}$$

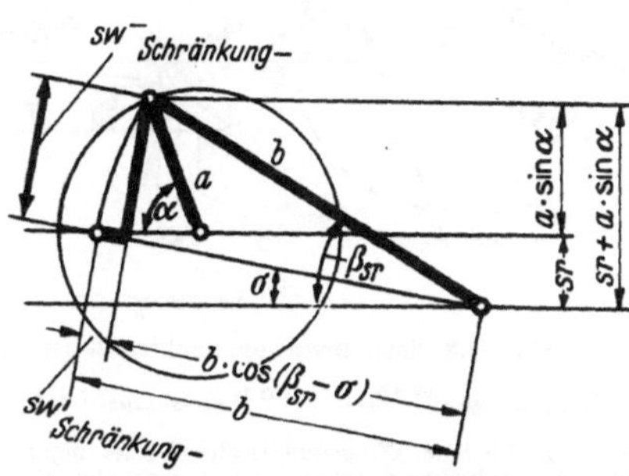

Abb. 83.5. Die geometrischen Beziehungen zur Festlegung des Schwenkweges bei Schränkung nach unten:
$$sw_{Schränkung-}^- = b \sin (\beta_{sr} - \sigma),$$
die Schwenkung nach außen zu
$$sw'_{Schränkung-} = b\,[1 - \cos (\beta_{sr} - \sigma)],$$
wobei der Winkel β_{sr} bei Schränkung nach unten (—) zu bestimmen ist aus der Gleichung:
$$\sin \beta_{sr} = \frac{a \sin \alpha + sr}{b}$$

Text: Abschnitt 9.2.1

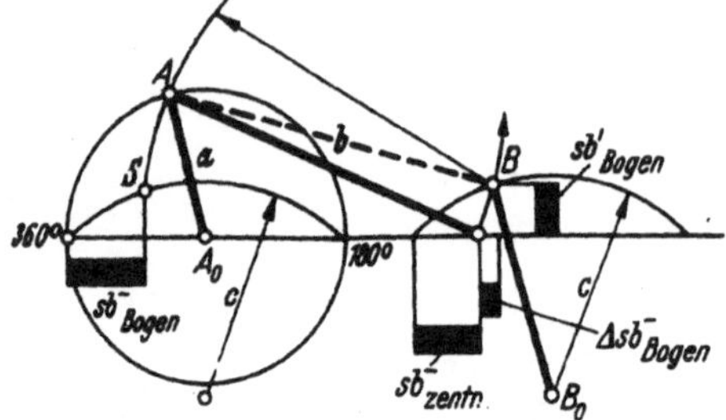

Abb. 84.1. Zentrisches Getriebe

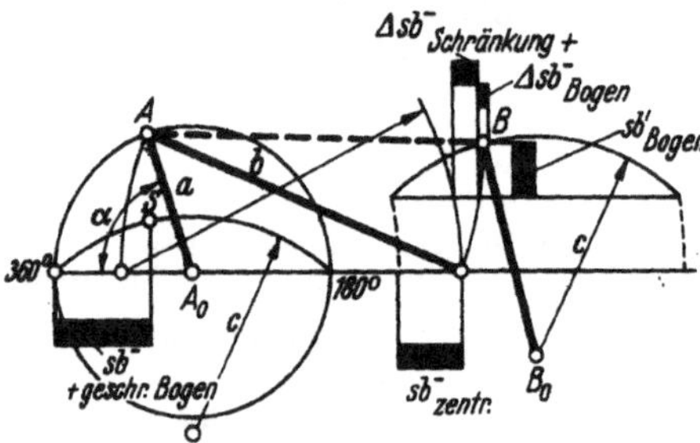

Abb. 84.2. Nach oben geschränktes Getriebe:

$$s\,b^-_{+\,geschr.\,Bogen} = s\,b^-_{zentr.} + \Delta\,s\,b^-_{Schränkung} + \Delta\,s\,b^-_{Bogen}$$

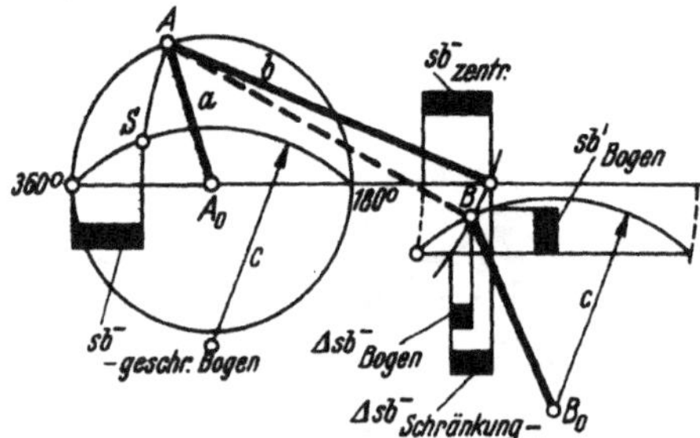

Abb. 84.3. Nach unten geschränktes Getriebe:

$$s\,b^-_{-\,geschr.\,Bogen} = s\,b^-_{zentr.} - \Delta\,s\,b^-_{Schränkung} + \Delta\,s\,b^-_{Bogen}$$

Abb. 84.1 bis 84.3. Die geometrischen Beziehungen für den Weg des Schwingenzapfens bei verschiedenen Kurbelschwingen

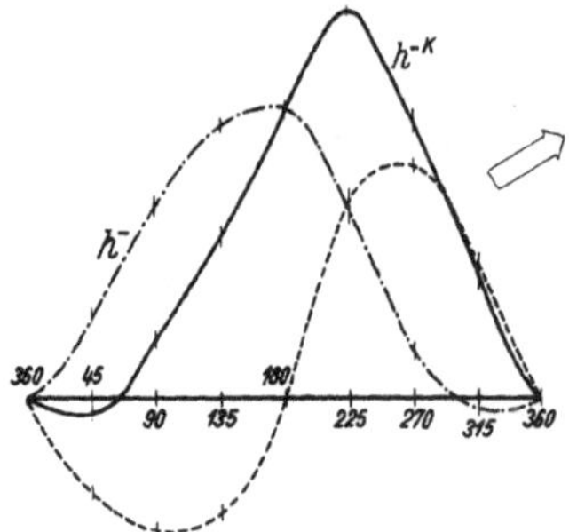

Abb. 84.5. Zeit-Weg-Schaubild der Bewegung des Koppelpunktes K (Abb. 84.4) senkrecht zum ungeschwenkten Polstrahl $\varphi = n^\circ$

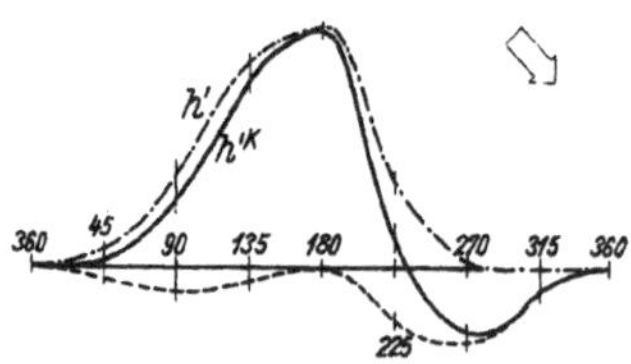

Abb. 84.6. Zeit-Weg-Schaubild der Bewegung des Koppelpunktes K (Abb. 84.4) in Richtung des ungeschwenkten Polstrahles $\varphi = n^\circ$

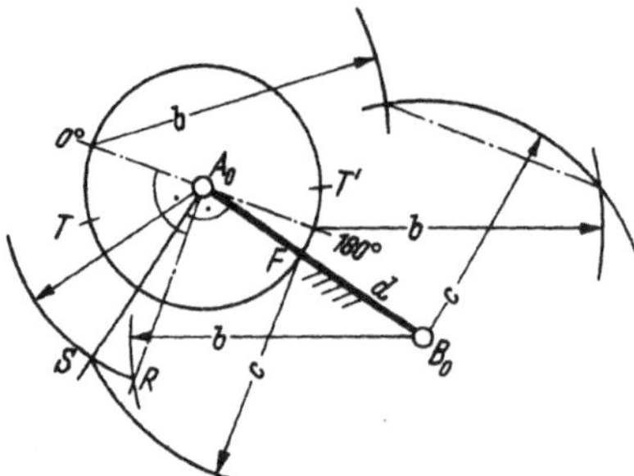

Abb. 84.7. Ermittlung der natürlichen Relativlagen für eine Kurbelschwinge. Lot auf d in A_0; Kreisbogen mit c um F; Kreisbogen um A_0 mit Halbmesser A_0S; Kreisbogen mit b um B_0; Lot in A_0 auf Strecke A_0R

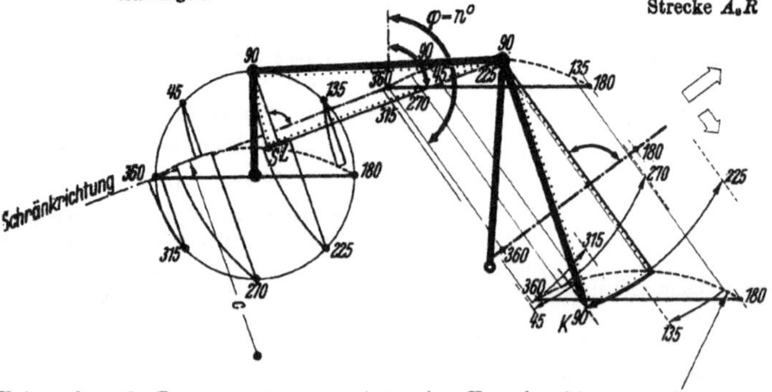

Abb. 84.4. Untersuchung der Bewegungszusammensetzung eines Koppelpunktes K bei einer nach oben geschränkten Kurbelschwinge

Text: Abschnitt 9.2.2

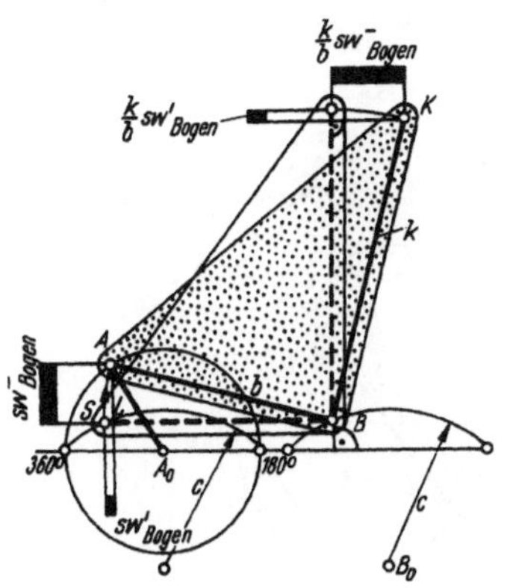

Abb. 85.1. Zentrische Kurbelschwinge

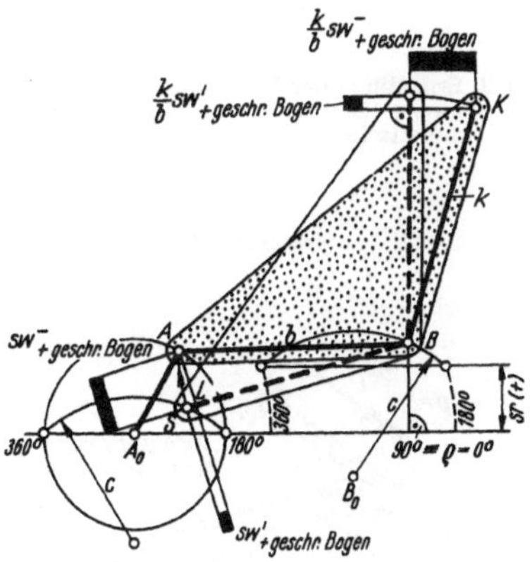

Abb. 85.2.
Nach oben geschränkte Kurbelschwinge

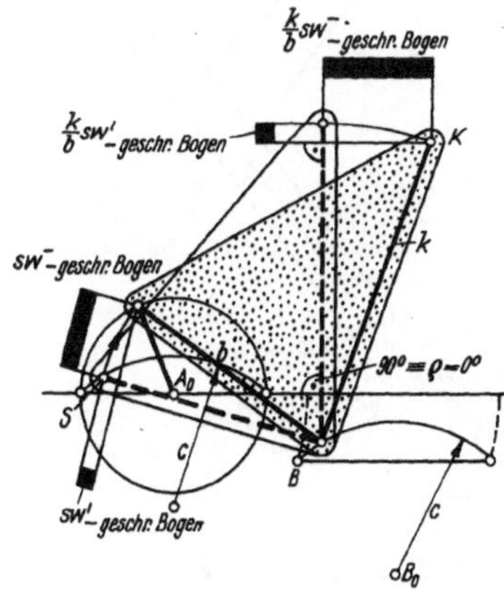

Abb. 85.3.
Nach unten geschränkte Kurbelschwinge

Abb. 85.1 bis 85.3. Die geometrischen Beziehungen zur Festlegung des Schwenkweges bei verschiedenen Kurbelschwingen

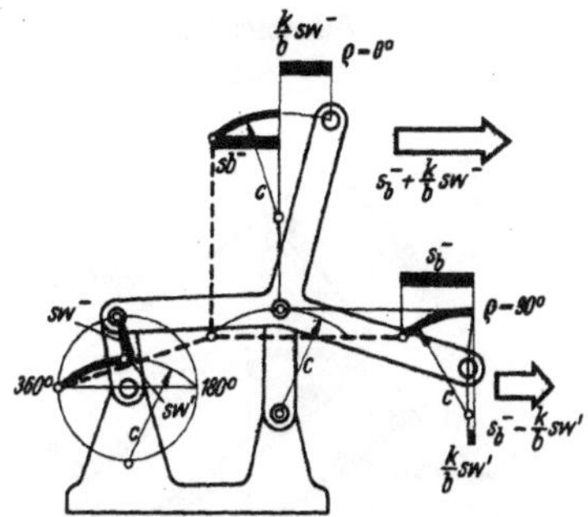

Abb. 85.4. Bewegungsableitung in Richtung der Schwingenbogensehne. Zusammensetzung aus Schubweg und Schwenkweg

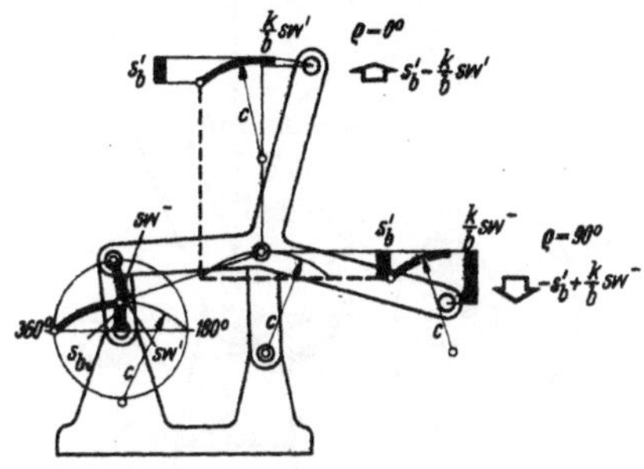

Abb. 85.5. Bewegungsableitung senkrecht zur Richtung der Schwingenbogensehne. Zusammensetzung aus Schubweg und Schwenkweg

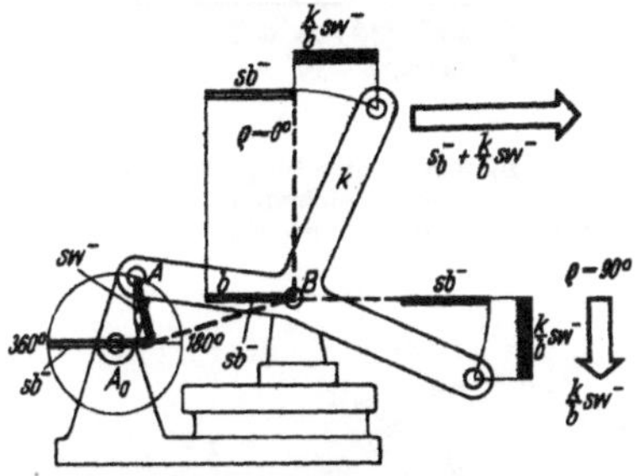

Abb. 85.6. Bewegungsableitung senkrecht zum ungeschwenkten Polstrahl bei einer Schubkurbel

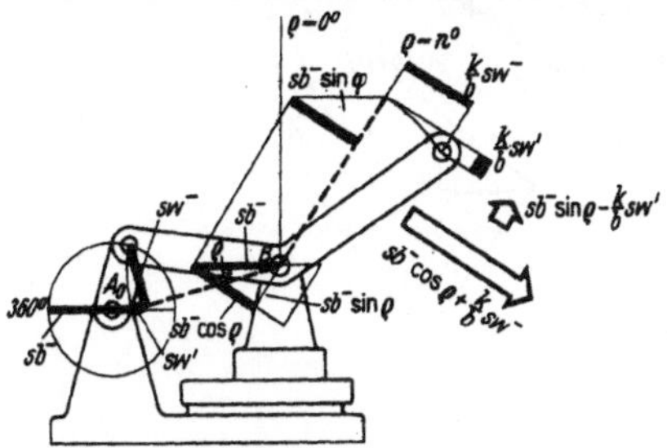

Abb. 85.7. Bewegungsableitung in Richtung und senkrecht zum Polstrahl bei einem beliebigen Polstrahlwinkel $\varphi = n°$

Text: Abschnitt 9.2.2

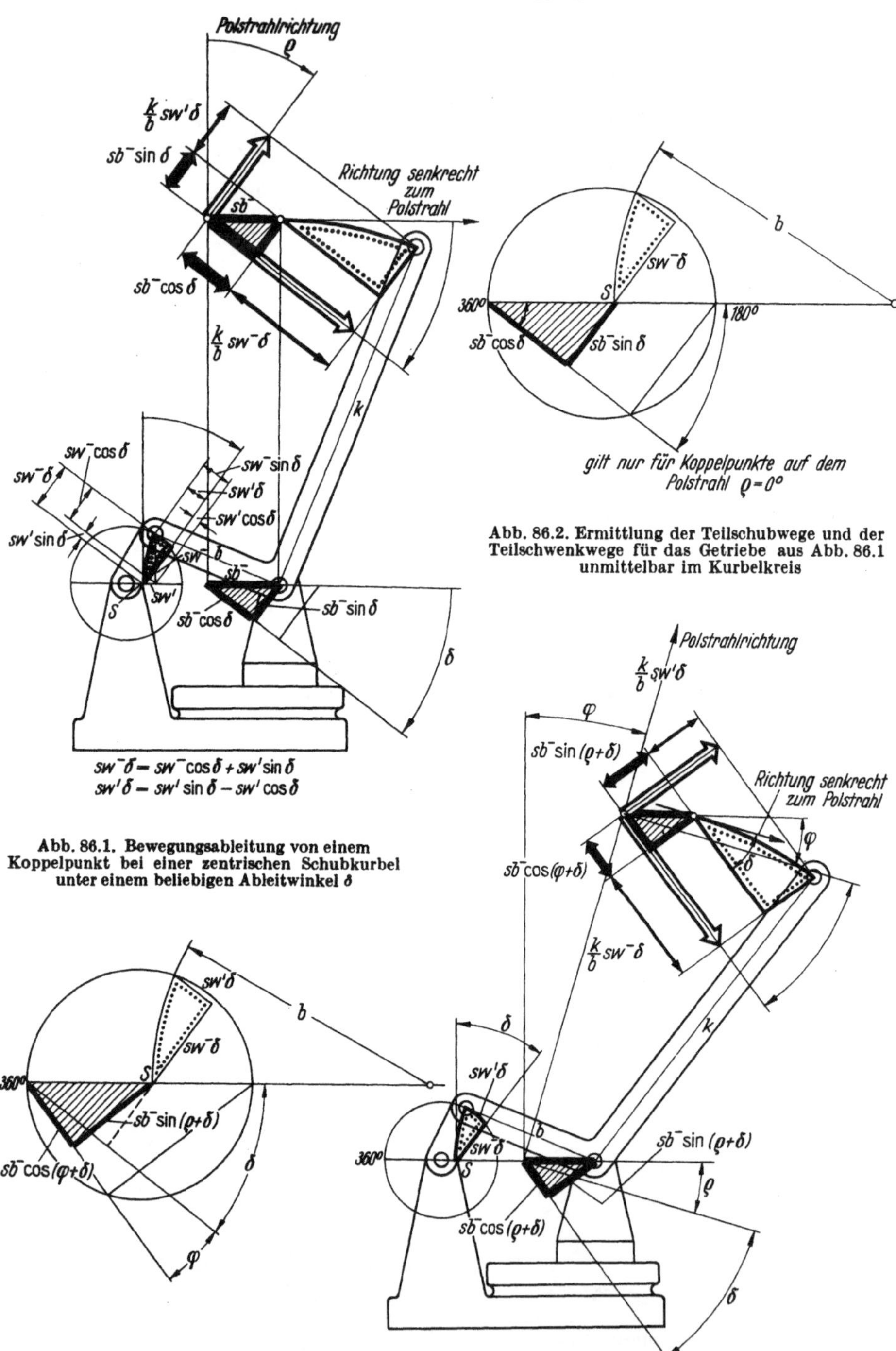

$$sw^-\delta = sw^-\cos\delta + sw'\sin\delta$$
$$sw'\delta = sw'\sin\delta - sw'\cos\delta$$

Abb. 86.1. Bewegungsableitung von einem Koppelpunkt bei einer zentrischen Schubkurbel unter einem beliebigen Ableitwinkel δ

Abb. 86.2. Ermittlung der Teilschubwege und der Teilschwenkwege für das Getriebe aus Abb. 86.1 unmittelbar im Kurbelkreis

Abb. 86.3. Ermittlung der Teilschubwege und der Teilschwenkwege für das Getriebe aus Abb. 86.4 unmittelbar im Kurbelkreis

Abb. 86.4. Bewegungsableitung von einem Koppelpunkt bei einer zentrischen Schubkurbel unter einem beliebigen Ableitwinkel δ und bei Lage des Koppelpunktes auf einem beliebigen Polstrahl φ

Text: Abschnitt 9.3

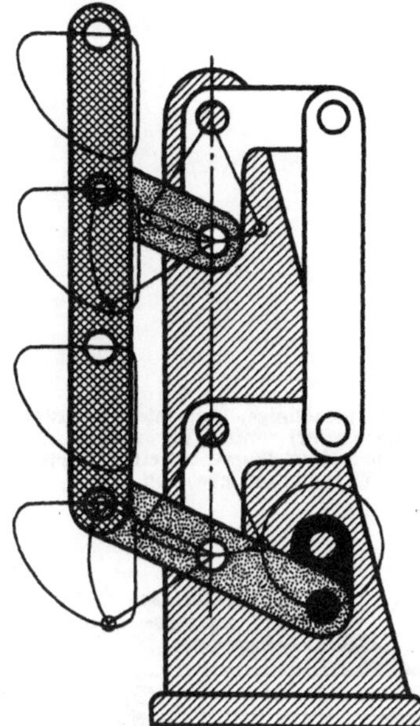

Abb. 87.1. Parallelführung auf einer Koppelkurve durch doppelte Anordnung der Schwingen und der Verbindung beider nach Art eines Parallelkurbelgetriebes. An die parallelgeführte Schwinge ist ein Stück Koppel angelenkt zur Führung des kreuzschraffierten Gliedes

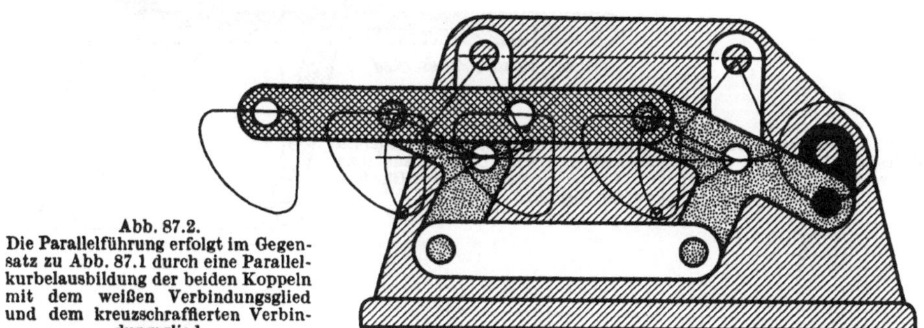

Abb. 87.2.
Die Parallelführung erfolgt im Gegensatz zu Abb. 87.1 durch eine Parallelkurbelausbildung der beiden Koppeln mit dem weißen Verbindungsglied und dem kreuzschraffierten Verbindungsglied

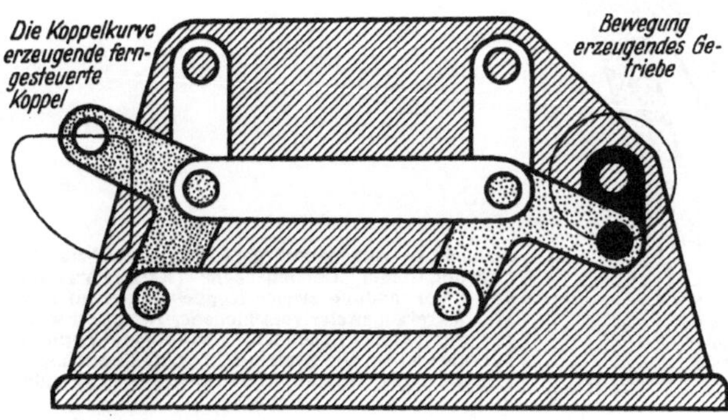

Abb. 87.3. Im Gegensatz zu den Getrieben in Abb. 87.1 und 87.2 ist der für die gewünschte Bewegung benutzte Koppelpunkt beim Antriebsgelenkviereck nicht ausgebildet, sondern erst am Abtrieb, also dort wo die Kurve benötigt wird

Text: Abschnitt 10

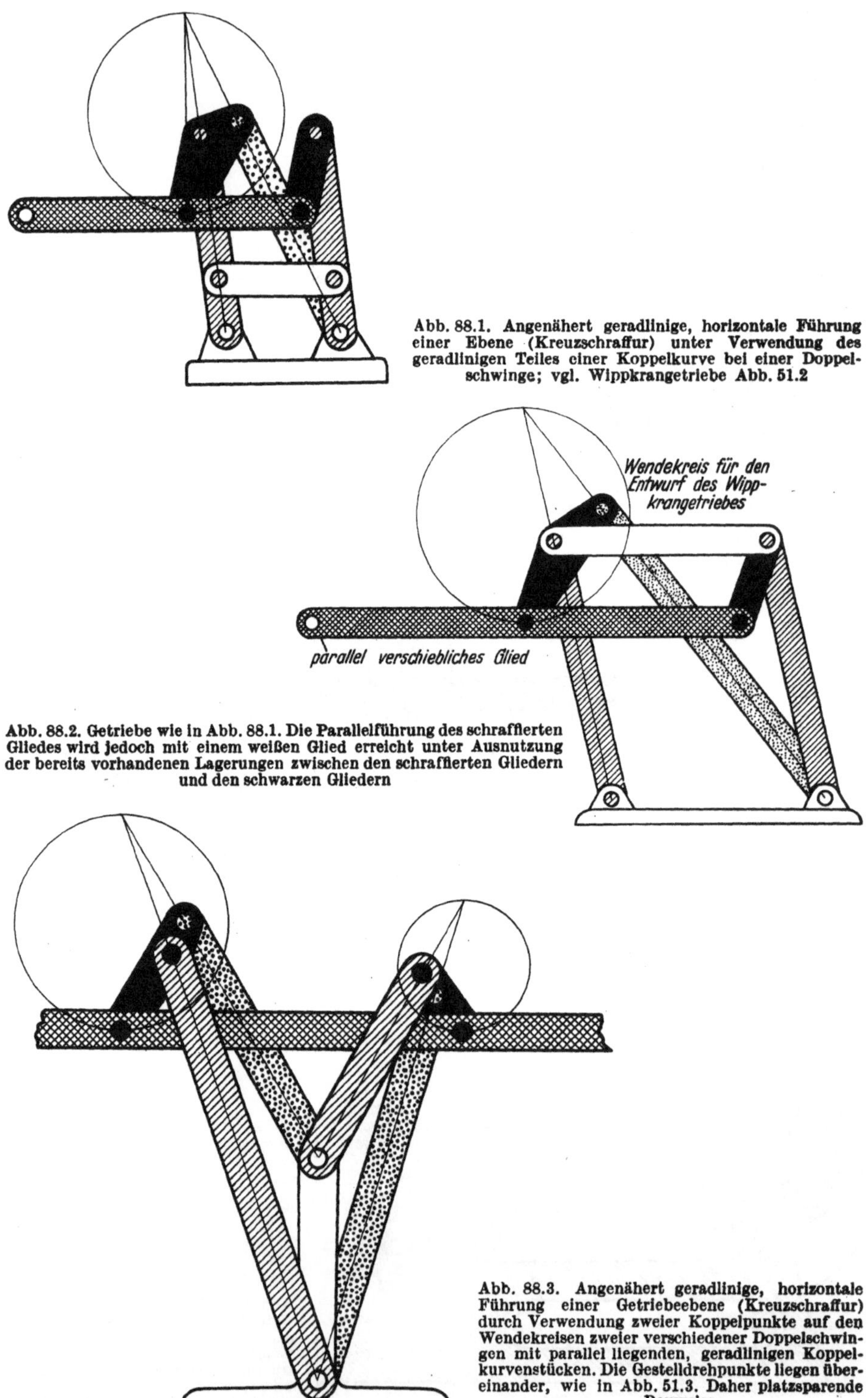

Abb. 88.1. Angenähert geradlinige, horizontale Führung einer Ebene (Kreuzschraffur) unter Verwendung des geradlinigen Teiles einer Koppelkurve bei einer Doppelschwinge; vgl. Wippkrangetriebe Abb. 51.2

Abb. 88.2. Getriebe wie in Abb. 88.1. Die Parallelführung des schraffierten Gliedes wird jedoch mit einem weißen Glied erreicht unter Ausnutzung der bereits vorhandenen Lagerungen zwischen den schraffierten Gliedern und den schwarzen Gliedern

Abb. 88.3. Angenähert geradlinige, horizontale Führung einer Getriebeebene (Kreuzschraffur) durch Verwendung zweier Koppelpunkte auf den Wendekreisen zweier verschiedener Doppelschwingen mit parallel liegenden, geradlinigen Koppelkurvenstücken. Die Gestelldrehpunkte liegen übereinander, wie in Abb. 51.3. Daher platzsparende Bauweise

Text: Abschnitt 10

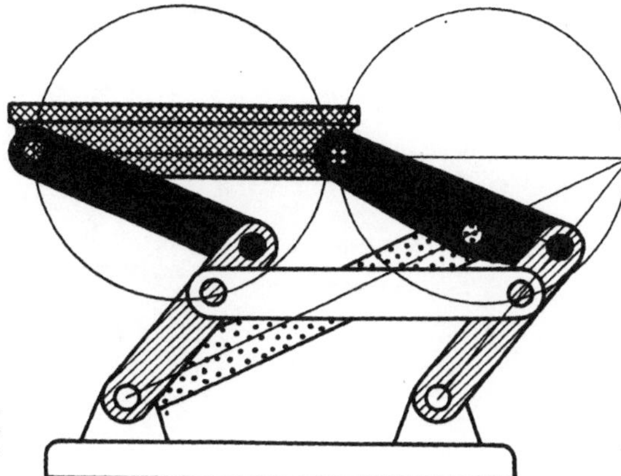

Abb. 89.1. Angenähert geradlinige Parallelführung in senkrechter Richtung als Hebebühne unter Verwendung einer Gliederanordnung, entsprechend Abb. 88.1

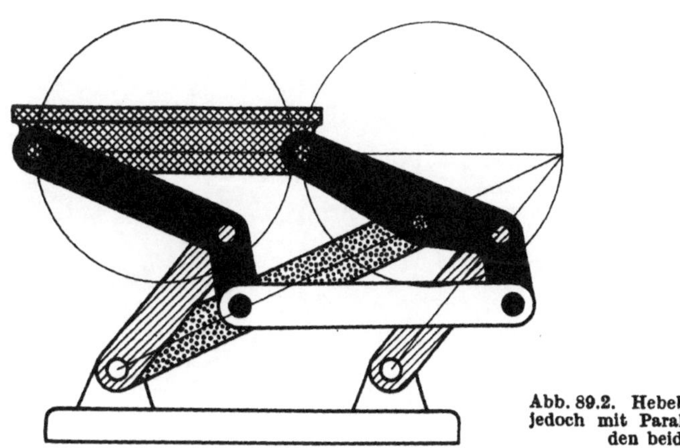

Abb. 89.2. Hebebühne entsprechend Abb. 89.1, jedoch mit Parallelogrammausbildung zwischen den beiden schwarzen Koppeln

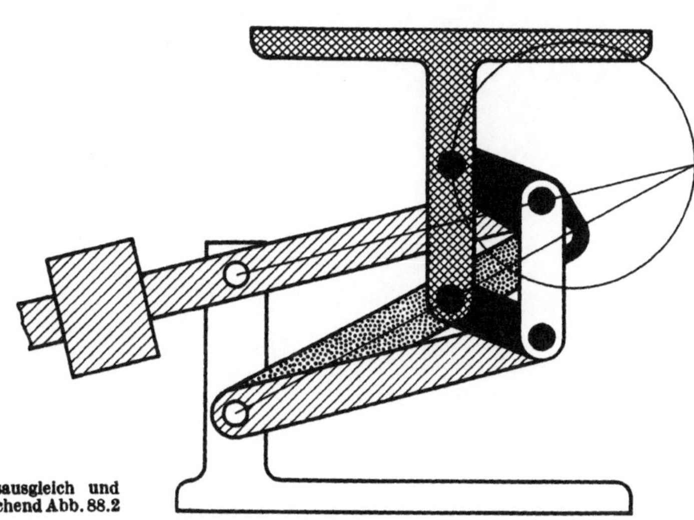

Abb. 89.3.
Hebebühne mit Gewichtsausgleich und Gliederanordnung, entsprechend Abb. 88.2

Text: Abschnitt 10